U0177321

Waveform Design

for Active Sensing Systems

A Computational Approach

有源感知系统波形设计算法

何 浩 李 荐 彼得·斯托伊卡 著

唐 波 王 海 师俊朋 等 译

中国科学技术大学出版社

安徽省版权局著作权合同登记号:第 12212027 号

图书在版编目(CIP)数据

有源感知系统波形设计算法/(美)何浩(Hao He),(美)李荐(Jian Li),(瑞典)彼得・斯托伊卡(Petre Stoica)著;唐波等译.—合肥:中国科学技术大学出版社,2022.2
ISBN 978-7-312-05366-5

Ⅰ.有… Ⅱ.①何… ②李… ③彼… ④唐… Ⅲ.有源雷达—理论 Ⅳ.TN958

中国版本图书馆 CIP 数据核字(2022)第 016320 号

有源感知系统波形设计算法
YOUYUAN GANZHI XITONG BOXING SHEJI SUANFA

出版 中国科学技术大学出版社
安徽省合肥市金寨路 96 号,230026
http://press.ustc.edu.cn
https://zgkxjsdxcbs.tmall.com
印刷 安徽国文彩印有限公司
发行 中国科学技术大学出版社
经销 全国新华书店
开本 787 mm×1092 mm 1/16
印张 17.5
字数 426 千
版次 2022 年 2 月第 1 版
印次 2022 年 2 月第 1 次印刷
印数 1—2000 册
定价 90.00 元

中 文 版 序

序列设计在通信、有源感知和导航定位等多个领域应用广泛，相关研究已经活跃了数十年．过往研究中通常基于数学分析和解析方法来构造序列．然而，使用这些方法所设计的序列长度往往有限且缺乏多样性，即无法生成相关特性相似的多个序列．随着计算能力的增长以及非受限波形发生器价格的下降，研究人员和相关从业人员日益重视采用优化方法来设计波形．本书重点关注基于快速傅里叶变换的优化算法设计序列和序列集，所述算法能够设计任意长度的序列且富有多样性．这些优点在保密通信以及有源感知系统中非常有用，它们有助于提高系统的干扰对消能力，且使得序列难以被敌方截获．本书所述算法已经启发了很多后续的序列设计研究工作，其中就包括超长二相序列设计方法．由于二相序列能够用成本较低的硬件设备生成，因此在诸如多输入多输出相位调制连续波汽车雷达等的应用中更受欢迎．

序列优化设计方法受到了中国学者的广泛关注，本书中文版在此时出版可谓恰逢其时．以唐波和王海教授为代表的译者们细致认真的工作和深厚的专业功底，促成了拙著的顺利出版，在此谨致谢意！

李　荐

彼得・斯托伊卡

译 者 序

有源感知系统可通过发射单个或多个波形并接收响应信号来完成对目标/环境/场景的探测和分析. 有源感知系统在人类探索未知世界的过程中发挥了重要作用,受到了国家安保和工业生产等部门以及科研人员的高度重视,其应用范围涵盖雷达、声呐、通信、医学成像以及无人驾驶等众多学科领域,前景极为广阔.

在很长一段时间内,在有源感知系统研究领域中存在着"重接收、轻发射"的现象,对于发射波形设计的重视程度不够,市面上关于波形设计的专著和教材也寥寥无几. 近年来,随着信息技术的快速发展以及复杂波形生成技术的不断进步,特别是随着认知雷达和多输入多输出雷达等新概念、新体制雷达的诞生,发射波形设计技术受到了前所未有的关注.

本书主要围绕有源感知系统的波形设计问题展开研究. 传统波形设计大都是基于解析构造法进行设计的,有别于此,本书作者开创性地引入了数值优化方法来解决各类波形设计问题,并巧妙地将谱分析技术与波形设计问题连接起来,提出了众多思路新颖的波形优化算法,在非周期相关波形设计、周期相关波形设计以及波束方向图综合等方面取得了创新性成果,并将这些研究结果应用到雷达成像、通信信道估计、超声系统以及水下扩频通信中,具有很高的学术价值和应用价值.

本书译者在清华大学电子工程系求学时,有幸被论文指导老师汤俊教授引领进入雷达波形设计领域,自此深深感受到雷达波形设计的有趣之处. 在研究各式雷达波形设计问题的过程中,译者所使用的工具也从早期的解析构造方法过渡到现代的优化方法. 这种过渡和转变,既源于人们对于波形设计算法越来越高的要求,亦和 Jian Li 教授及 Stoica 教授在这个领域打上的烙印有关. 幸运的是,本书在剑桥大学出版社出版多年后,译者终于有机会把它介绍给国内的读者. 译者在翻译本书的过程中,通读全书数次,再次领略到了书中波形优化思想的精妙,获益良多. 相信本书中文版的出版也一定能对从事波形设计研究的国内读者有所裨益.

在本译作出版过程中，国防科技大学电子对抗学院张剑云、刘雅奇、施自胜、马海波、李柔刚、李霞等专家教授对译文提出了很多宝贵的修改意见，博士生韩旭、欧阳小凤、许程成、黄科举、许信松，硕士生王旭阳以及本科生吴俣、许天行参与了对部分初稿的整理，在此一并表示感谢.

本译作得到了国家自然科学基金(61671453,6217450)、基础加强计划(17-JCJQ-QT-041)和安徽省自然科学基金(2108085T30)的资助. 由于译者水平有限，疏漏在所难免，恳请各位读者朋友批评指正. 意见和建议请发往 tangbo17@nudt.edu.cn.

译　者

2021年6月

序

本书的内容主要是研究雷达、声呐、通信和医学成像等有源感知系统的发射波形设计算法. 全书分为三个部分，分别设计三类波形以达成特定目标，即如何使波形具有良好的非周期相关性、周期相关性以及匹配期望波束方向图. 书中主要采用的方法是通过对实际问题进行数学建模，然后利用优化技术求解这些问题. 本书特别关注如何提高所研究算法的计算效率. 此外，本书提供了关于性能下界以及算法局限性的理论分析方法，并给出了所设计波形的各种应用，包括雷达成像、信道估计、医用超声系统以及水声扩频通信.

本书主要展示了作者近年来提出的一系列创新性波形设计算法. 围绕着有源感知应用展开，这些算法解决了各种特定的波形设计问题. 此外，书中所有算法用到的优化技术都采取了相似的思路(例如，运用了迭代、循环优化和快速傅里叶变换等). 值得注意的是，有别于经典波形采用解析方法进行设计，本书所述的所有方法均采用计算机程序来实现优化设计. 通过集结以上算法，本书在优化设计的框架下详细地阐述了有关波形设计的方方面面.

本书的主题属于电子工程领域，更准确地说，属于信号处理领域. 所面向的读者主要是对雷达、声呐和通信系统的信号设计感兴趣的研究人员. 本书以严格且自成一体的方式来展示这些算法，这样有兴趣的读者能够全面地学习这个新的波形设计框架. 除了上文所提的新算法，本书相当一部分的章节也可作为教学素材. 例如，本书回顾了已有波形，分析了模糊函数的性质，描述了各种应用场景. 除了基本的信号处理和线性代数知识，其他所需的背景知识极少. 因此，本书亦可以作为有源感知系统波形设计的入门教材.

本书第 1 章为引言，而其他章节分为 4 个部分：第 1 部分(第 2～8 章)讨论了非周期序列设计方法，核心在于如何设计单个序列或者序列集，使其具有所期望的相关特性. 除了相关性，对频率阻带、模糊函数以及接收机设计等问题也有讨论. 第 2 部分(第 9～12 章)讨论了周期序列设计方法，这一部分很大程度上与第 1 部分的前 4 章互相呼应. 第 3 部分(第 13～15 章)讨论了阵列波束方向图综合问题. 最后，第 4 部分(第 16～19 章)讨论了在实际应用中如何利用所设计的波形来提高系统性能.

在香农信息论和 Woodward 模糊函数的里程碑式工作之后，波形设计的研究蓬勃发展，目前已有大量的相关文献，因此，本书并不试图涵盖波形设计的所有方面．事实上，本书的大多数讨论均仅限于相位编码信号和相关特性，因此绝不能代表有源感知中的所有波形模型和应用场景．在此，通过聚焦于现代优化方法，作者希望引入一种新的方法，并贡献一种迥异于经典方法的视角来看待波形设计．可以预期，随着计算能力和优化技术的进步，波形设计方法将不断获得改进和创新．

笔者感谢 Jun Ling，William Roberts，Xumin Zhu，Bin Guo 和 Yao Xie 提供相关材料以及帮助进行仿真模拟．同时感谢剑桥大学出版社的 Phil Meyler 和 Mia Balashova 的专业协助．笔者也对那些科研项目资助机构表示感谢，它们包括美国海军研究局、美国陆军研究实验室和陆军研究局、中国国家自然科学基金、瑞典研究理事会以及欧洲研究委员会．最后，感谢 Yajie，Jerry，Vivian，Lillian 以及 Anca 的理解和支持．

目　　录

中文版序 …… （ⅰ）

译者序 …… （ⅲ）

序 …… （ⅳ）

1　引言 …… (001)

1.1　信号模型 …… (002)

1.2　设计准则 …… (003)

1.3　已有波形回顾 …… (005)

第 1 部分　非周期序列设计方法

2　单个非周期序列设计 …… (015)

2.1　CAN 算法 …… (016)

2.2　WeCAN 算法 …… (019)

2.3　数值仿真 …… (021)

2.4　本章小结 …… (030)

附录　本节所述算法与相位恢复算法之间的联系 …… (030)

3　非周期序列集设计 …… (034)

3.1　Multi CAN 算法 …… (035)

3.2　Multi-WeCAN 算法 …… (037)

3.3　Multi-CA-original (Multi-CAO)算法 …… (040)

3.4　数值仿真 …… (041)

3.5　本章小结 …… (054)

附录　若干证明 …… (057)

4　非周期序列下界 …… (059)

4.1　下界推导 …… (059)

4.2　接近下界 …… (060)

4.3　本章小结 …… (064)

5　阻带约束下的波形设计 …… (065)

5.1　SCAN 算法 …… (065)

5.2　WeSCAN 算法 …… (067)

5.3　数值仿真 …… (069)

5.4 本章小结 …………………………………………………… (076)

6 模糊函数 …………………………………………………… (077)

6.1 模糊函数性质 …………………………………………………… (077)

6.2 离散模糊函数 …………………………………………………… (085)

6.3 离散模糊函数旁瓣优化 …………………………………………………… (087)

6.4 本章小结 …………………………………………………… (089)

附录 宽带模糊函数 …………………………………………………… (089)

7 互模糊函数 …………………………………………………… (093)

7.1 离散互模糊函数综合 …………………………………………………… (093)

7.2 互模糊函数综合 …………………………………………………… (101)

7.3 本章小结 …………………………………………………… (105)

附录 离散互模糊函数的恒定体积特性 …………………………………………………… (107)

8 发射序列和接收滤波器的联合设计 …………………………………………………… (108)

8.1 数据模型和问题描述 …………………………………………………… (108)

8.2 梯度法 …………………………………………………… (110)

8.3 频域法 …………………………………………………… (111)

8.4 针对匹配滤波的专门优化 …………………………………………………… (117)

8.5 数值仿真 …………………………………………………… (118)

8.6 本章小结 …………………………………………………… (126)

附录 若干证明 …………………………………………………… (127)

第2部分 周期序列设计方法

9 单个周期序列设计 …………………………………………………… (131)

9.1 设计准则 …………………………………………………… (132)

9.2 周期CAN(PeCAN)算法 …………………………………………………… (134)

9.3 数值仿真 …………………………………………………… (135)

9.4 本章小结 …………………………………………………… (137)

附录 若干证明 …………………………………………………… (137)

10 周期序列集合设计 …………………………………………………… (139)

10.1 Multi-PeCAO算法 …………………………………………………… (140)

10.2 Multi-PeCAN算法 …………………………………………………… (141)

10.3 数值仿真 …………………………………………………… (143)

10.4 本章小结 …………………………………………………… (147)

11 周期序列的下界 …………………………………………………… (148)

11.1 下界推导 …………………………………………………… (148)

11.2 $\widetilde{ISL}$序列集优化 …………………………………………………… (150)

11.3 数值仿真 …………………………………………………… (152)

11.4 本章小结 …… (153)

12 周期模糊函数 …… (154)
12.1 周期模糊函数的性质 …… (154)
12.2 离散周期模糊函数 …… (160)
12.3 离散周期模糊函数的旁瓣最小化 …… (161)
12.4 本章小结 …… (163)

第3部分 阵列波束方向图综合问题

13 从窄带方向图到协方差矩阵 …… (167)
13.1 问题模型 …… (168)
13.2 最优设计 …… (169)
13.3 数值仿真 …… (175)
13.4 本章小结 …… (186)
附录 协方差矩阵的秩 …… (186)

14 从协方差矩阵到波形 …… (188)
14.1 问题模型 …… (188)
14.2 基于循环优化算法的信号合成 …… (190)
14.3 数值仿真 …… (190)
14.4 本章小结 …… (195)

15 宽带发射方向图合成 …… (196)
15.1 问题模型 …… (196)
15.2 优化方法 …… (198)
15.3 数值仿真 …… (201)
15.4 本章小结 …… (213)
附录 若干证明 …… (213)

第4部分 应用示例

16 雷达距离压缩与距离-多普勒成像 …… (217)
16.1 问题描述 …… (217)
16.2 接收机设计 …… (218)
16.3 迭代自适应方法(IAA) …… (220)
16.4 数值仿真 …… (221)
16.5 本章小结 …… (226)

17 用于乳腺癌热疗的超声系统 …… (227)
17.1 基于超声高热的波形分集 …… (227)
17.2 数值仿真 …… (229)
17.3 本章小结 …… (232)

18 隐蔽水声通信——相干体制 ······ (233)
18.1 问题建模 ······ (234)
18.2 扩频波形综合 ······ (235)
18.3 数值仿真 ······ (237)
18.4 本章小结 ······ (243)

19 隐蔽水声通信——非相干体制 ······ (244)
19.1 基于 RAKE 接收机输出能量的正交信号检测 ······ (244)
19.2 基于 RAKE 接收机的 DPSK 信号解调 ······ (247)
19.3 P 和 R 对于性能的影响以及一种改进的 RAKE 体制 ······ (249)
19.4 数值仿真 ······ (252)
19.5 本章小结 ······ (260)

参考文献 ······ (261)

1 引　　言

有源感知系统(例如,雷达或声呐)具有通过向感兴趣的区域发射特定波形并分析接收信号,来确定目标或传播介质的特性. 例如,陆基监视雷达向空中发射电磁波,飞机等目标能够将部分发射的电磁波信号反射回雷达. 由于电磁波传播速度已知(3×10^8 m/s),通过测量往返时延,便可估计出雷达和目标之间的距离. 在接收端经过进一步处理,还可获得目标更多的特性,例如,通过测量接收信号的多普勒频移,可以估计目标的径向速度.

1904 年,德国工程师 Christian Hülsmeyer 利用"电动镜"开展了第一次雷达实验,并利用无线电波发现了浓雾中的船只. 在声呐探测方面,加拿大工程师 Reginald Fessenden 在 1914 年使用声波装置在加拿大东海岸进行了冰山探测(尽管并不成功). 据称,这是由发生在 1912 年的泰坦尼克号海难事件促发的几个试验和专利之一.

在两次世界大战期间,雷达和声呐技术得到了蓬勃发展. 后来,这些技术又被应用到各领域,包括气象监测、飞行控制和水下感知. 接收滤波器性能以及探测波形性质是影响有源感知系统性能的重要因素. 接收滤波器用来从接收信号中提取感兴趣的信息,例如雷达或声呐中的目标位置(Skolnik 2008)或通信信道信息(Proakis 2001). 发射波形与接收滤波器相互作用,所以精心设计波形有助于精确估计参数,并减轻接收端的计算负担.

匹配滤波器是最常用的接收滤波器. 在加性随机白噪声中,匹配滤波器能够使信噪比(signal-to-noise ratio,SNR)最大(Turin 1960). 其他主要的接收滤波器包括失配滤波器(也被称为工具变量(instrumental variable,Ⅳ)法)(Ackroyd,Ghani 1973;Zoraster 1980;Stoica,Li,Xue 2008)、Capon 估计器(Capon 1969)、幅度和相位估计(Amplitude and phase estimation,APES)算法滤波器(Li,Stoica 1996;Stoica et al. 1998;Stoica et al. 1999)以及更先进的自适应技术,如迭代自适应法(iterative adaptive approach,IAA)滤波器(Yardibi et al. 2010).

本书主要关注发射波形设计. 特别地,本书主要研究具有良好相关特性的波形综合方法. 在雷达距离压缩中,低自相关旁瓣波形提高了对弱目标的检测性能(Stimson 1998;Levanon,Mozeson 2004);在码分多址(code-division multiple access,CDMA)系统中,同步过程亟需具有低自相关旁瓣的编码方案,而码间低互相关可以减少来自其他用户的干扰(Suehiro 1994;Tse,Viswanath 2005);在超声成像等其他有源感知系统中,也存在类似的情形(Diaz et al. 1999). 具有低自相关旁瓣的探测波形配合接收端滤波器使用,可使信噪比最大,同时显著削弱了来自相邻单元的信号干扰.

除了相关性之外,本书也讨论了发射波束方向图综合问题. 经典的相控阵通过调整各个天线阵元的波形相位,形成指向不同角度的窄波束. 现代多输入多输出(multi-input multi-output,MIMO)系统可以自由地选择波形,此波形分集能力允许更加灵活地合成方向图. 例如,在乳腺癌热疗中(Guo,Li 2008),波形分集可以使得超声聚焦点在不影响周围健康组织的情形下匹配整个肿瘤区域.

1.1 信号模型

设 $s(t)$表示发射信号,t 表示时间. 假设 $s(t)$由 N 个符号组成:

$$s(t) = \sum_{n=1}^{N} x(n) p_n(t), \tag{1.1}$$

其中,$p_n(t)$为成形脉冲;

$\{x(n)\}_{n=1}^{N}$表示其中的 N 个符号;

成形脉冲 $p_n(t)$(持续时间为 t_p)可以为理想的矩形脉冲,即

$$p_n(t) = \frac{1}{\sqrt{t_p}} \text{rect}\left[\frac{t-(n-1)t_p}{t_p}\right] \quad (n=1,\cdots,N), \tag{1.2}$$

其中

$$\text{rect}(t) = \begin{cases} 1 & (0 \leqslant t \leqslant 1) \\ 0 & (\text{其他}) \end{cases}, \tag{1.3}$$

也可以为升余弦脉冲等其他脉冲(Proakis 2001).

需要指出的是,实际的发射波形 $s(t)e^{j2\pi f_c t}$包含同相分量和正交分量,其中 f_c 是载波频率. 假设在接收端进行了信号解调,则在分析中可以忽略载波项 $e^{j2\pi f_c t}$.

在实际中,诸如模数转换器和功率放大器之类的硬件组件会对最大信号幅度进行限幅. 为了使得发射功率最大,期望发射序列恒模或峰均比(peak-to-average power ratios, PAR)很低. 在接下来的设计中,但凡可行,将施加以下恒模约束:

$$x(n) = e^{j\phi(n)} \quad (n=1,\cdots,N), \tag{1.4}$$

其中,$\{\phi(n)\}$为相位. 值得注意的是,式(1.1)与式(1.4)建立了相位编码信号的表示模型. 在已有文献中,也有许多其他类型的信号被广泛使用或被讨论过,包括众所周知的线性调频波形(见 1.3 节)、离散频率编码波形(Costas 1984;Deng 2004)以及从特定函数集构造的波形,如椭圆球面波函数(Moore, Cada 2004)或 Hermite 波函数(Gladkova, Chebanov 2004). 本书重点关注相位编码信号模型,因为基于该模型的框架实用且有效,还可以用来设计具有各种期望特性的波形.

向感兴趣的方向上发射波形 $s(t)$,该波形被不同距离处的各种目标反射. 反射信号是 $s(t)$经过时移后的加权,它们在接收端的线性组合为

$$y(t) = \sum_k \alpha_k s(t-\tau_k) + e(t), \tag{1.5}$$

其中,τ_k 是第 k 个目标的往返时延,α_k 是与目标反射相关的系数,例如雷达散射截面积(RCS),$e(t)$是噪声.

假设希望通过在接收机使用滤波器 $w(t)$来估计系数 $\alpha_{k'}$,则所估计的系数为

$$\hat{\alpha}_{k'} = \int_{-\infty}^{\infty} w^*(t) y(t) \mathrm{d}t. \tag{1.6}$$

更确切地说,根据卷积定义,式(1.6)为接收机在时刻 0 的输出,其中,$y(t)$为接收机输入,

$w(-t)$为滤波器响应. 在后续的讨论中,在不引起歧义的情况下,为简单起见,将式(1.6)中的 $w(t)$称为接收滤波器.

为了确定合适的滤波器响应 $w(t)$,将 $y(t)$分解为三部分：

$$y(t)=\underbrace{\alpha_{k'}s(t-\tau_{k'})}_{\text{信号}}+\underbrace{\sum_{k\neq k'}\alpha_k s(t-\tau_k)}_{\text{杂波}}+\underbrace{e(t)}_{\text{噪声}}. \tag{1.7}$$

如果没有杂波且 $e(t)$是零均值白噪声,那么匹配滤波器 $w(t)=s(t-\tau_{k'})$将取得最大信噪比. 证明过程如下：

$$\mathrm{SNR}\equiv\frac{\left|\int_{-\infty}^{\infty}w^*(t)\alpha_{k'}s(t-\tau_{k'})\mathrm{d}t\right|^2}{\mathrm{E}\left\{\left|\int_{-\infty}^{\infty}w^*(t)e(t)\mathrm{d}t\right|^2\right\}} \tag{1.8}$$

$$=\frac{|\alpha_{k'}|^2\left|\int_{-\infty}^{\infty}w^*(t)s(t-\tau_{k'})\mathrm{d}t\right|^2}{\sigma_{\mathrm{e}}^2\int_{-\infty}^{\infty}|w(t)|^2\mathrm{d}t} \tag{1.9}$$

$$\leqslant\frac{|\alpha_{k'}|^2\int_{-\infty}^{\infty}|s(t-\tau_{k'})|^2\mathrm{d}t}{\sigma_{\mathrm{e}}^2}=\frac{|\alpha_{k'}|^2\sigma_{\mathrm{s}}^2}{\sigma_{\mathrm{e}}^2}, \tag{1.10}$$

其中,E 表示期望运算,σ_{e}^2 和 σ_{s}^2 分别表示噪声功率和信号功率. 应注意到式(1.9)等号成立是因为白噪声假设,即 $\mathrm{E}\{e(t_1)e^*(t_2)\}=\sigma_{\mathrm{e}}^2\delta_{t_1-t_2}$,式(1.10)中的不等号成立则是因为柯西-施瓦茨不等式,当且仅当 $w(t)$与 $s(t-\tau_{k'})$成比例时,信噪比为最大值. 因此得证.

为便于归一化,选定 $w(t)$为 $\dfrac{s(t-\tau_{k'})}{\int|s(t)|^2\mathrm{d}t}$. 相应地,式(1.6)中 $\alpha_{k'}$的估计为

$$\hat{\alpha}_{k'}=\frac{\int_{-\infty}^{\infty}s^*(t-\tau_{k'})y(t)\mathrm{d}t}{\int_{-\infty}^{\infty}|s(t)|^2\mathrm{d}t}. \tag{1.11}$$

匹配滤波器可以增强信号分量、抑制噪声. 除此之外,如果对所有的 $\tau\neq0$,将

$$r(\tau)=\int_{-\infty}^{\infty}s(t)s^*(t-\tau)\mathrm{d}t\quad(-\infty<\tau<\infty) \tag{1.12}$$

取值为 0,则匹配滤波器也可以消除杂波分量(如式(1.7)和式(1.11)所示). 式(1.12)中的函数 $r(\tau)$也被称为 $s(t)$的自相关函数.

1.2 设计准则

上一节概述了自相关旁瓣 $r(\tau)(\tau\neq0)$取值低的益处. 在大多数时候,只需要关注延迟 τ 为符号长度 t_{p}的整数倍时的情况. 这是因为在现代系统中,通常会在接收端进行数字滤波,也就是说,式(1.11)中的积分实际上为采样信号的求和. 另外,如果使用矩形成形脉冲(见式(1.2)),则可以通过两个相邻自相关样本的线性插值精确地获得 $r(\tau)$的值(Levanon, Mozeson 2004,第 6 章)：

$$r(\tau)=\frac{\tau-t_1}{t_{\mathrm{p}}}r(t_2)+\frac{t_2-\tau}{t_{\mathrm{p}}}r(t_1), \tag{1.13}$$

其中，$t_1=\lfloor \tau/t_{\mathrm{p}}\rfloor$，$t_2=t_1+t_{\mathrm{p}}$. 对于 $k\geqslant 0$，自相关函数在整数倍延迟$\{kt_{\mathrm{p}}\}_{k=-N+1}^{N-1}$的取值为

$$\begin{aligned}
r(kt_{\mathrm{p}})&=\int_{-\infty}^{\infty}s(t)s^*(t-kt_{\mathrm{p}})\mathrm{d}t\\
&=\int_{kt_{\mathrm{p}}}^{Nt_{\mathrm{p}}}\sum_{n=k+1}^{N}x(n)p_n(t)x^*(n-k)p_n^*(t)\mathrm{d}t\\
&=(N-k)\sum_{n=k+1}^{N}x(n)x^*(n-k)\int_0^{t_{\mathrm{p}}}|p_n(t)|^2\mathrm{d}t\\
&=(N-k)\sum_{n=k+1}^{N}x(n)x^*(n-k).
\end{aligned} \tag{1.14}$$

自相关函数在负延迟处的取值满足 $r(kt_{\mathrm{p}})=r^*(-kt_{\mathrm{p}})$. 当使用矩形脉冲之外的成形脉冲时，只要 $r(k)$足够小，仍然可以将 $r(\tau)$控制在比较小的值上.

从上面的讨论可以得出，感兴趣的相关函数为

$$r(k)=\sum_{n=k+1}^{N}x(n)x^*(n-k)=r^*(-k)\quad (k=0,\cdots,N-1). \tag{1.15}$$

上述集合$\{r(k)\}$被称为离散序列$\{x(n)\}$的自相关. 注意到在式(1.12)和式(1.15)中使用了相同的符号 r 来表示连续时间和离散时间的自相关，但是通过检查两个不同的时间变量可以很容易将二者区分开来.

对于集合$\{r(k)\}_{k=-N+1}^{N-1}$，$r(0)$被称为同相相关，总是等于信号能量. 对于所有其他自相关值，即$\{r(k),k=-N+1,\cdots,N-1\}$被统称为自相关旁瓣. 本书的第 1 部分主要研究如何设计相位编码序列$\{x(n)\}$，使其自相关旁瓣尽可能低. 在这一部分中还讨论了模糊函数的合成问题，它可被视为相关性设计的二维拓展.

更确切地说，式(1.15)中定义的集合$\{r(k)\}$为非周期自相关函数. 序列$\{x(n)\}$的周期自相关函数定义为

$$\tilde{r}(k)=\sum_{n=1}^{N}x(n)x^*((n-k)\bmod N)=\tilde{r}^*(-k)=\tilde{r}^*(N-k)\quad (k=0,\cdots,N-1), \tag{1.16}$$

其中，“mod”为模余算子：

$$p\bmod N=\begin{cases}p-\left\lfloor\dfrac{p}{N}\right\rfloor N & (p\text{ 不是 }N\text{ 的整数倍})\\ N & (\text{其他})\end{cases}. \tag{1.17}$$

式(1.15)中的非周期相关函数与式(1.16)中的周期相关函数之间的关系为

$$\begin{aligned}
\tilde{r}(k)&=\sum_{n=1}^{k}x(n)x^*(n-k+N)+\sum_{n=k+1}^{N}x(n)x^*(n-k)\\
&=\sum_{m=(N-k)+1}^{N}x[m-(N-k)]x^*(m)+\sum_{n=k+1}^{N}x(n)x^*(n-k)\\
&=r^*(N-k)+r(k).
\end{aligned} \tag{1.18}$$

周期相关出现在许多应用中，例如 CDMA 系统的同步. 本书的第 2 部分主要涉及周期相关旁瓣的最小化.

在本书的第 3 部分，波形相关性可成为连接波形与天线阵列期望方向图之间的桥梁. 特别地，MIMO 系统中的波形分集可以通过控制波形相关性来灵活地合成发射波束方向图.

下一节将回顾几个广为人知且相关特性良好的波形，尤其是式(1.4)中所示的相位编码波形. 为简洁起见，但凡提及式(1.16)中的周期相关性时，都会明确使用“周期”一词；否则，意味着使用式(1.15)中定义的非周期相关性.

1.3 已有波形回顾

本节从众所周知的啁啾(Chirp)信号开始介绍. Chirp 信号是一种经过线性频率调制(linear frequency-modulated，LFM)的脉冲，其频率在持续时间 T 内线性地扫过带宽 B. 由于 Chirp 信号具有相对较低的旁瓣和较好的多普勒容忍性，所以自二战以来已广泛应用于雷达领域(Levanon，Mozeson 2004). 此外，Chirp 信号的功率均匀地分布于频带之中，频谱效率较高.

Chirp 信号可以表示为

$$s(t)=\frac{1}{\sqrt{T}}\exp\left(\mathrm{j}\pi\frac{B}{T}t^2\right)\quad(0\leqslant t\leqslant T),\tag{1.19}$$

其中，B/T 为调频斜率. 图 1.1(a)绘制了 $s(t)$的实部，其中 $T=100$ s，$B=1$ Hz；图 1.1(b)画出了其自相关函数 $r(\tau)$(利用 $r(0)$归一化，并使用 $20\log_{10}$ 标度)，其中峰值旁瓣为-13.4 dB.

基于 Chirp 信号可以导出许多类型的相位编码信号，以时间 $t_s=n/B$，$n=1,\cdots,N(N=BT)$对 $s(t)$进行采样，可得到如下序列：

$$\begin{aligned}x(n)\equiv s(nt_s)&=\exp\left[\mathrm{j}\pi\frac{B}{T}\left(\frac{n}{B}\right)^2\right]\\&=\exp\left[\mathrm{j}\pi\frac{n^2}{BT}\right]=\exp\left[\mathrm{j}\pi\frac{n^2}{N}\right]\quad(n=1,\cdots,N).\end{aligned}\tag{1.20}$$

如果 N 是偶数，则上序列$\{x(n)\}$具有完美的周期自相关性，也就是说所有周期自相关旁瓣为零，换句话说，只要 $k\neq0$，便有 $\tilde{r}(k)=0$.

对于任意奇数 N，改变式(1.20)中的序列相位，也可以构造具有完美周期相关的序列：

$$x(n)=\exp\left[\mathrm{j}\pi\frac{n(n-1)}{N}\right]\quad(n=1,\cdots,N).\tag{1.21}$$

上述序列即 Golomb 序列(Zhang，Golomb 1993). 有意思的是，Chu 序列是上述两种序列的组合(Chu 1972)：

$$x(n)=\begin{cases}\exp\left[\mathrm{j}Q\pi\dfrac{n^2}{N}\right] & (N\text{ 为偶数})\\[2ex]\exp\left[\mathrm{j}Q\pi\dfrac{n(n-1)}{N}\right] & (N\text{ 为奇数})\end{cases},\tag{1.22}$$

其中，Q 是任何与 N 互质的整数. 对于任意正整数 N，Chu 序列均具有完美的周期相关性.

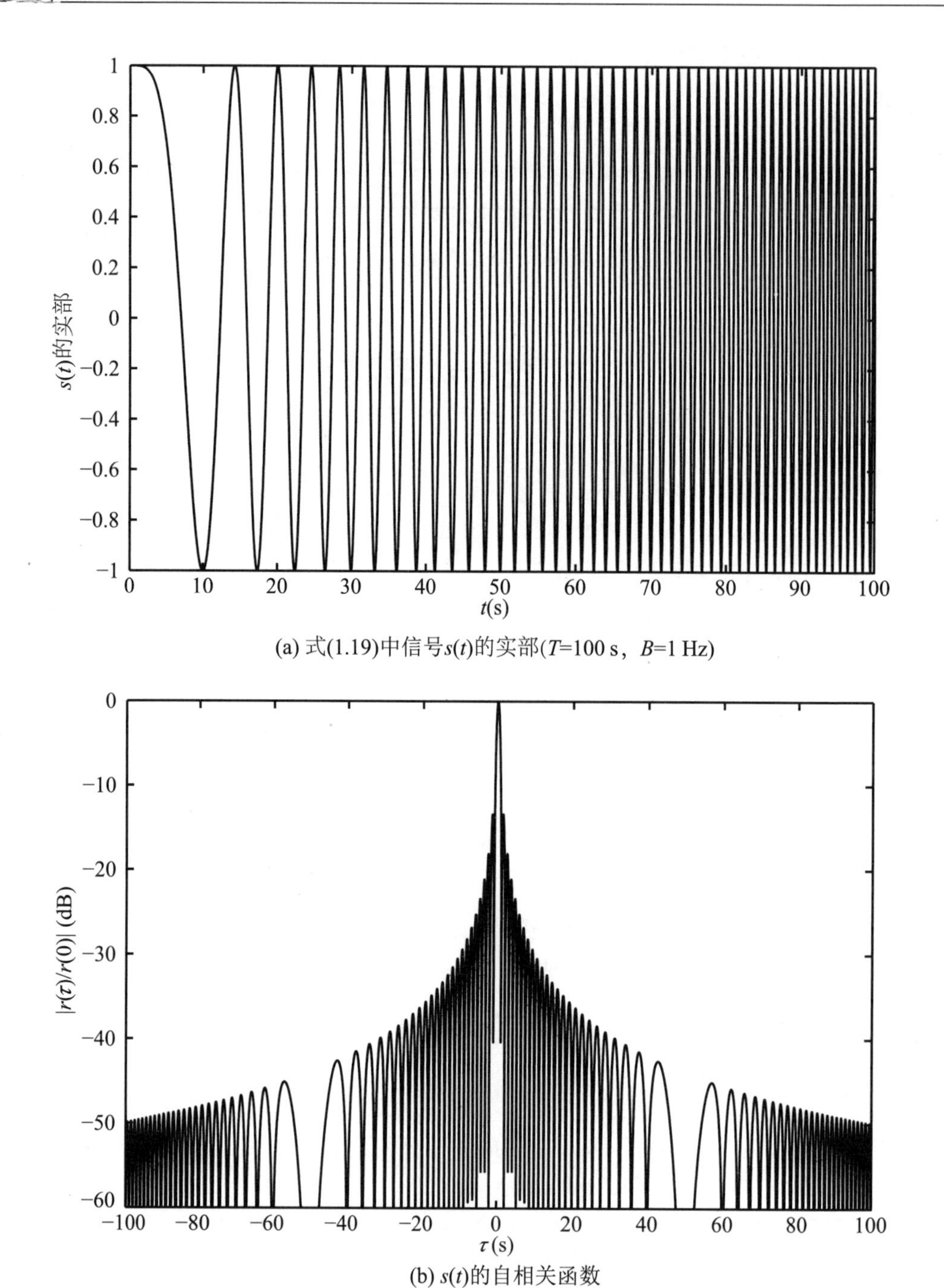

(a) 式(1.19)中信号 $s(t)$ 的实部(T=100 s，B=1 Hz)

(b) $s(t)$ 的自相关函数

图 1.1

除了 Golomb 序列和 Chu 序列之外，还有许多其他相位编码序列，它们的相位是 n 的二次函数，例如，Frank 序列和 P4 序列. Frank 序列的长度为 $N=L^2$，定义如下：

$$x((m-1)L+p)=\exp\left[\mathrm{j}2\pi\frac{(m-1)(p-1)}{L}\right]\quad(m,p=1,\cdots,L).\tag{1.23}$$

P4 序列的长度任意，定义如下：

$$x(n)=\exp\left[\mathrm{j}\,\frac{2\pi}{N}(n-1)\left(\frac{n-1-N}{2}\right)\right]\quad(n=1,\cdots,N)\tag{1.24}$$

Frank 序列和 P4 序列都具有完美的周期相关性.

图 1.2 绘制了长度 $N=100$ 的 P4 序列的自相关函数. 值得注意的是，基于序列$\{x(n)\}$可以使用式(1.1)构造连续时间波形 $s(t)$. 使用矩形成形脉冲并设置 $t_{\mathrm{p}}=1$ s，信号持续时间为 100 s，信号带宽约为 1 Hz(即 $1/t_{\mathrm{p}}$). 这与图 1.1 中使用的参数相同. 图 1.3(a)绘制了 $s(t)$的实部和虚部. $s(t)$的自相关函数 $r(\tau)$如图 1.3(b)所示，峰值旁瓣为−26.3 dB，远低于图 1.1(b)中的 Chirp 信号.

由于 Golomb 序列、Chu 序列、Frank 序列的自相关特性与 P4 序列类似，故而此处不再讨论.

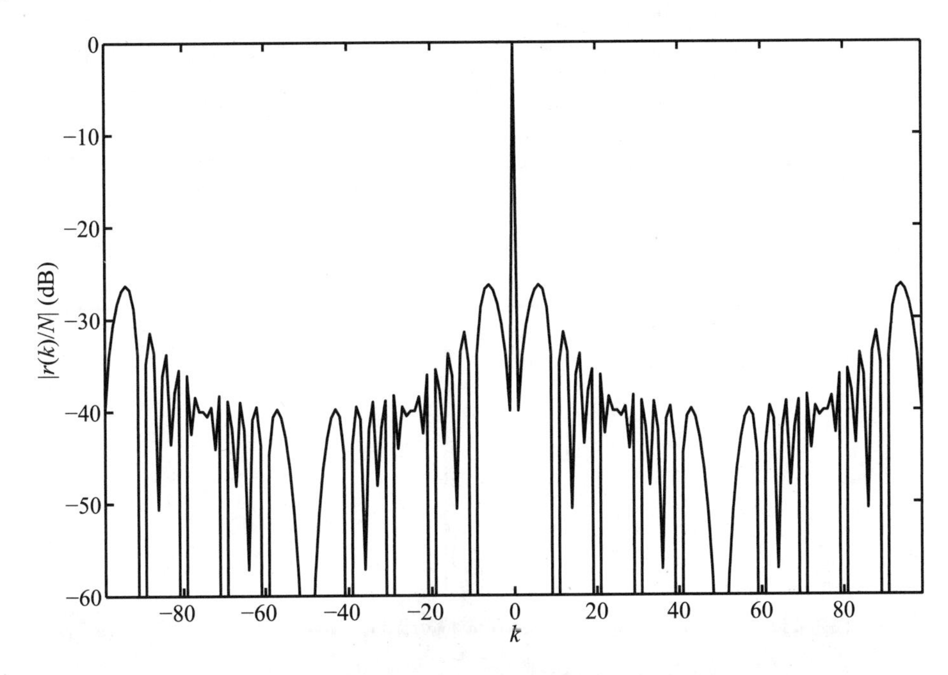

图 1.2　式(1.24)定义的 P4 序列的自相关函数(序列长度 $N=100$)

另一个广泛使用的序列是最大长度序列(m 序列)(Proakis 2001)，这是最常见的伪噪声(pseudo-noise，PN)序列之一. m 序列是一种由最大线性反馈移位寄存器(linear feedback shift register，LFSR)生成的伪随机二元序列. 图 1.4 所示为长度为 3 的反馈移位寄存器，其中加号表示"异或"运算符. 每个寄存器可以存储 0 或 1，因此三个寄存器可产生 8 个不同的状态. 当馈入任何初始二元序列(不全为 0)时，这种移位寄存器将循环输出除全零状态之外的所有状态. 例如，从 001 开始，图 1.4 中的寄存器将依次生成以下 7 个状态：001，100，010，101，110，111，011. 仅取第 3 个寄存器的输出并用−1 替换 0，可得到一个长度为 7 的 m 序列：{1，−1，−1，1，−1，1，1}，该序列的非周期和周期自相关函数如图 1.5 所示.

m 序列有一个突出特点，那就是周期自相关旁瓣总是等于−1，如图 1.5(b)所示. 然而，它的非周期相关旁瓣却没有规律，而且可能相对较高. 还应注意的是，很方便利用硬件高效实现反馈移位寄存器，这有利于在实际中使用 m 序列.

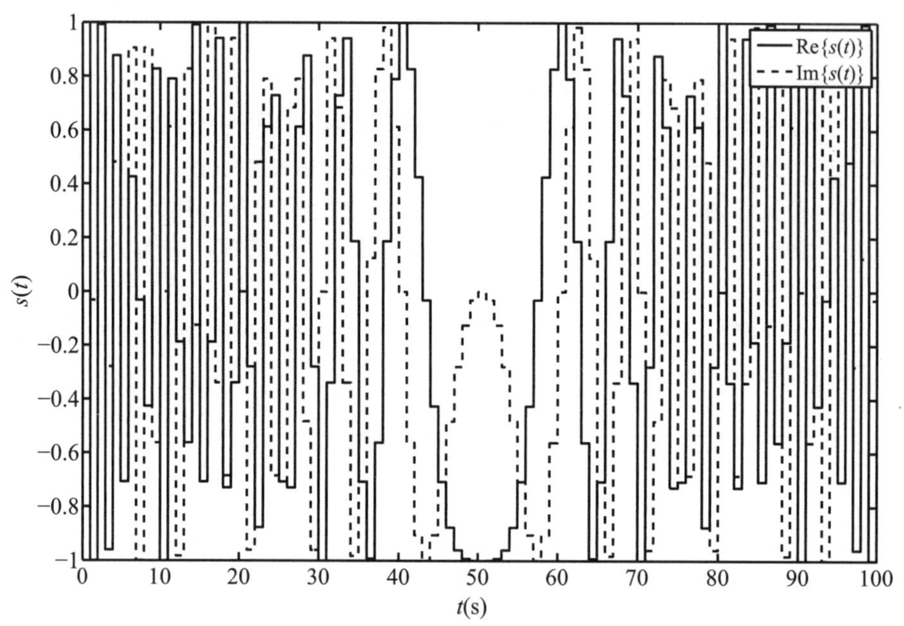

(a) 使用长度N=100的P4序列和矩形成形脉冲时，式(1.1)中$s(t)$的实部和虚部

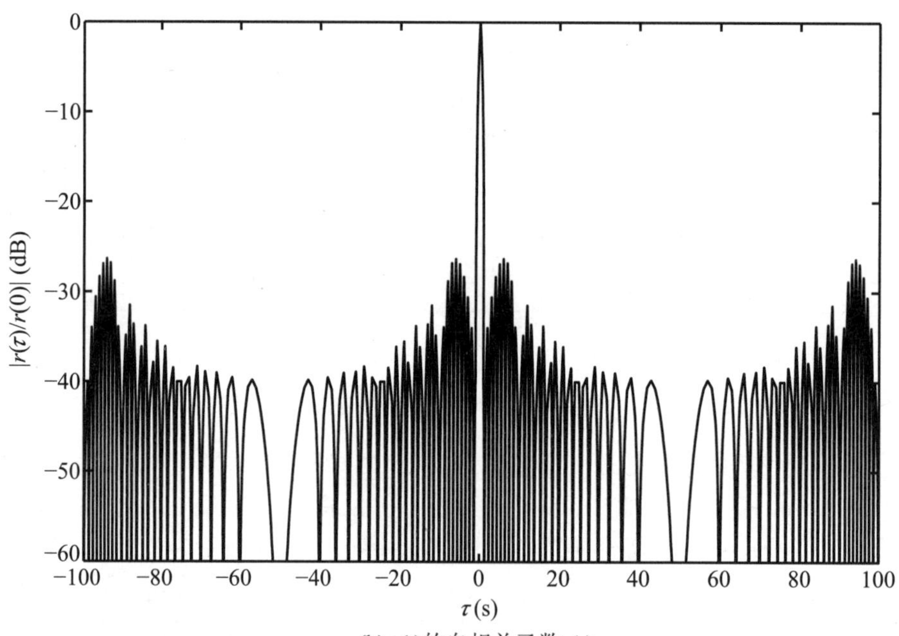

(b) $s(t)$的自相关函数$r(\tau)$

图 1.3

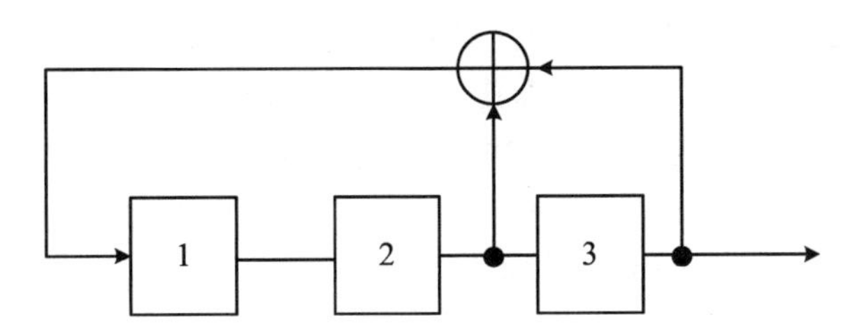

图 1.4　长度为 3 的线性反馈移位寄存器

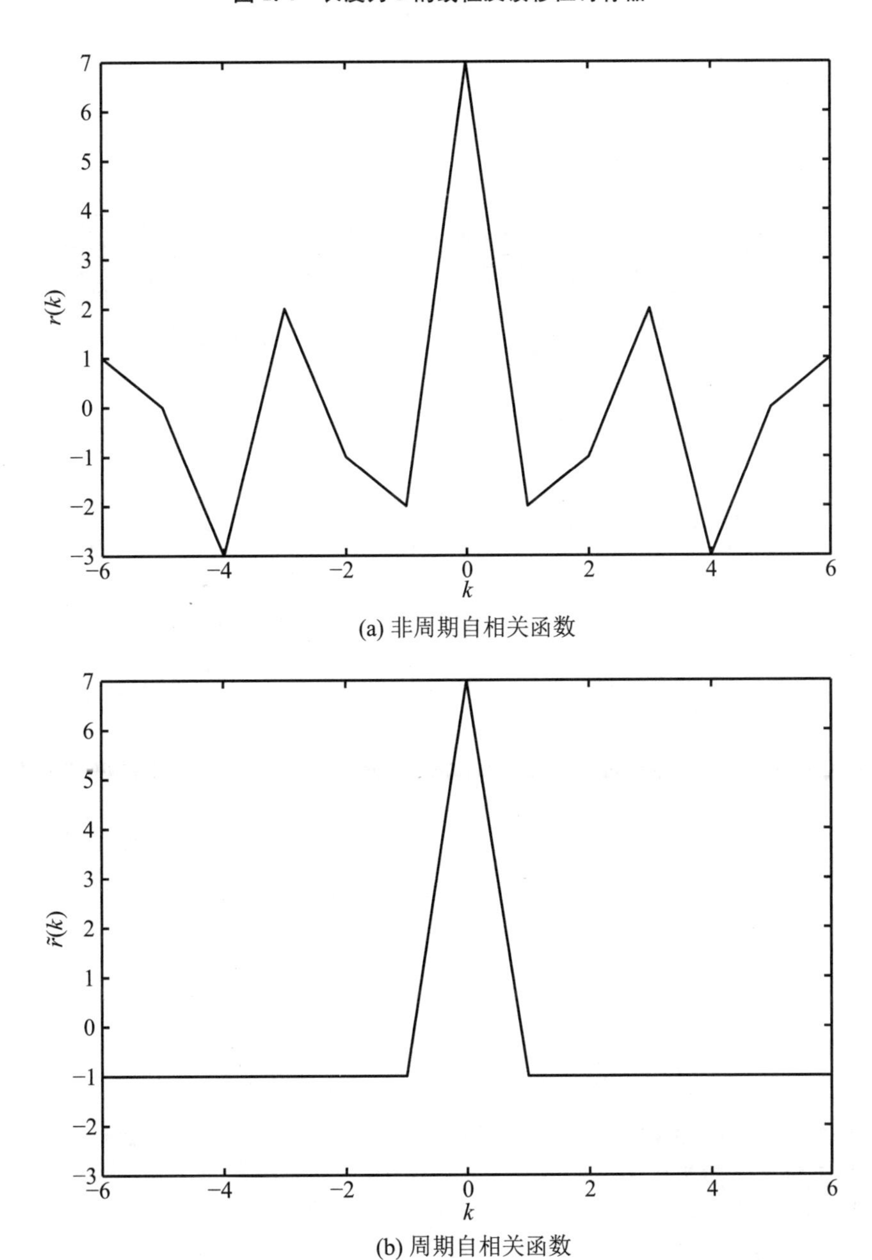

(a) 非周期自相关函数

(b) 周期自相关函数

图 1.5　长度为 7 的 m 序列{1,−1,−1,1,−1,1,1}的(a)非周期自相关函数;(b)周期自相关函数

图 1.6 比较了长度为 127 的 m 序列与 Golomb 序列(式(1.21))的非周期自相关特性.很明显,多相 Golomb 序列的自相关旁瓣比二元 m 序列要低.尽管多相序列的自相关旁瓣不一定比二元序列更低,但是多相序列的相位取值更多,因此设计自由度更高.如第 2 章所示,如果信号相位可以是 $0\sim2\pi$ 的任意值,而不是固定在某几个星座点上,则可以设计出比 Golomb 序列自相关旁瓣更低的恒模序列.

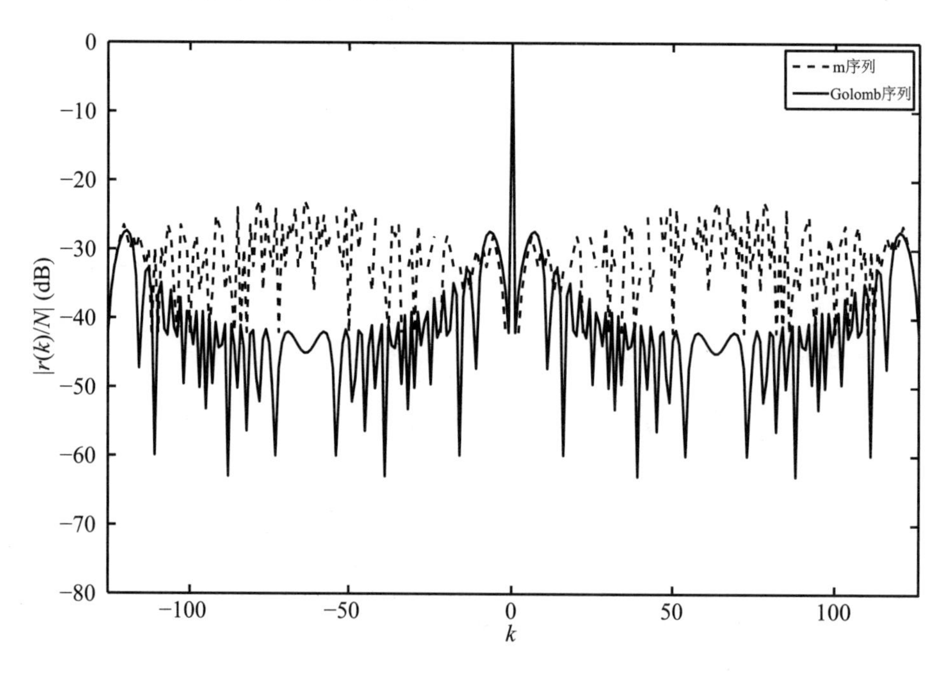

图 1.6　长度为 127 的 m 序列以及 Golomb 序列的自相关函数 $r(k)$

以上序列和波形都采用了闭式构造方法.此外,研究人员还使用梯度下降或随机优化技术来寻找具有较低自相关性的序列(Friese,Zottmann 1994;Brenner 1998;Borwein,Ferguson 2005),但这些算法通常计算量很大,仅适用于较小的序列长度 N(比如 $N\sim10^2$).采用上述方法已经找到了自相关旁瓣不超过 1 的多相巴克码.例如,长度为 45 的多相巴克码由下式给出(Brenner 1998):

$$x(n)=\exp\{\mathrm{j}\phi(n)\}\quad(n=1,\cdots,45),\tag{1.25}$$

其中,

$$\{\phi(n)\}=\frac{2\pi}{90}\{0\ \ 0\ \ 7\ \ 1\ \ 76\ \ 63\ \ 56\ \ 73\ \ 87\ \ 9\ \ 9\ \ 14\ \ 25\ \ 53\ \ 62\ \ 5\ \ 32\ \ 35\ \ 85\ \ 69\ \ 40\ \ 76\ \ 57\ \ 26\ \ 9\ \ 83\ \ 56\ \ 57\ \ 21\ \ 5\ \ 52\ \ 89\ \ 48\ \ 11\ \ 68\ \ 26\ \ 62\ \ 6\ \ 37\ \ 73\ \ 19\ \ 58\ \ 12\}.\tag{1.26}$$

该序列的自相关函数如图 1.7 所示,峰值旁瓣为 −33.1 dB.值得注意的是,对于恒模序列,可达到的最低峰值旁瓣为 1,这是因为

$$|r(N-1)|=|x(N)x^*(1)|=1.$$

当 $N=45$ 时,1 对应的旁瓣高度为 $20\lg(1/N)=-33.1$ dB.因此,以最低峰值旁瓣作为度量,上述多相巴克码具有最佳的自相关特性.这里顺便提一下,在原有定义中,巴克码是指自相关旁瓣不大于 1 的二元序列(Barker 1953).目前已知最长的巴克码长度为 13:

$$\{x(n)\}=\{1\quad 1\quad 1\quad 1\quad 1\quad -1\quad -1\quad 1\quad 1\quad -1\quad 1\quad -1\quad 1\},\qquad(1.27)$$

其自相关函数如图 1.8 所示.

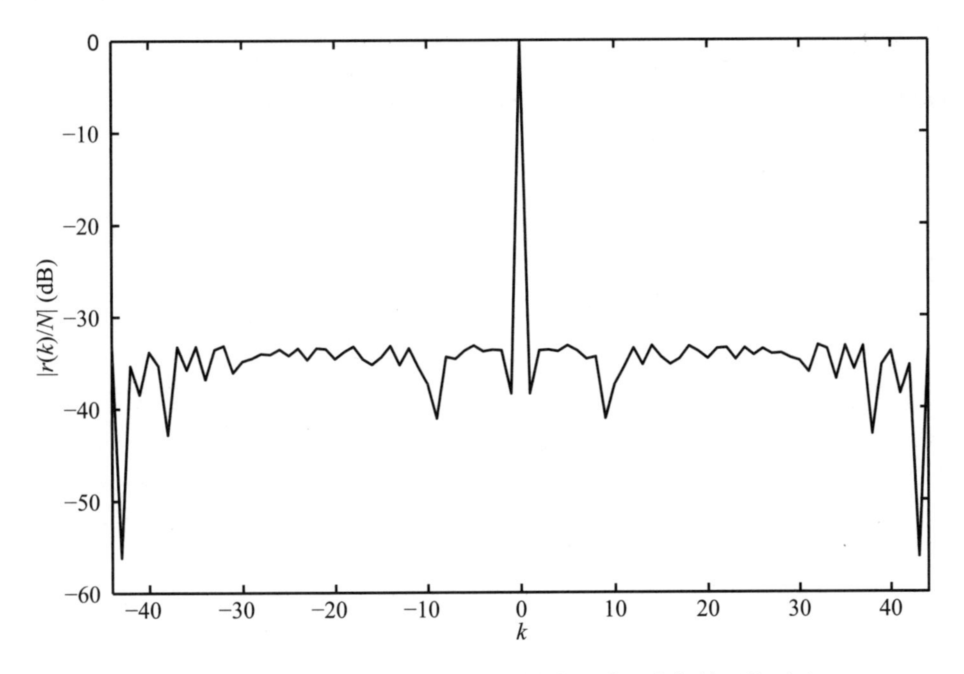

图 1.7　式(1.25)定义的长度为 45 的多相巴克码自相关函数 $r(k)$

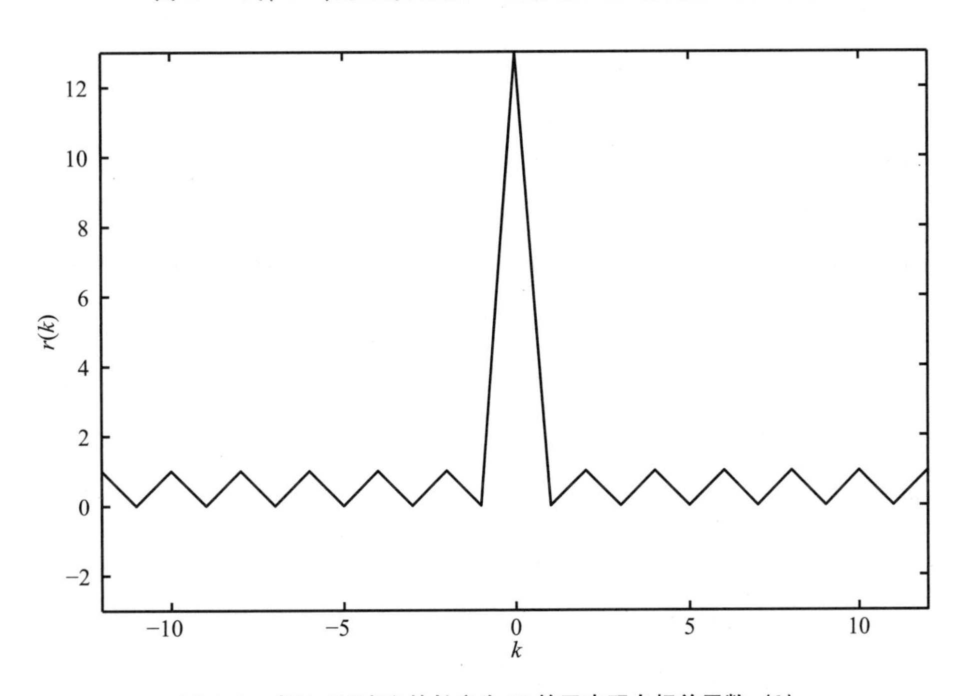

图 1.8　式(1.27)定义的长度为 13 的巴克码自相关函数 $r(k)$

最后指出,对于恒模序列设计问题,降低非周期自相关旁瓣要比降低周期自相关旁瓣要困难得多. 上述序列中,如 Chu 序列、P4 序列和 m 序列的周期自相关旁瓣很低甚至为零.除此之外，还有其他许多特性相同的序列，例如 Gold 序列（Gold 1967）和 Kasami 序列（Kasami 1966）.注意到式（1.16）中周期相关具有对称性：

$$\tilde{r}(k)=\tilde{r}^*(N-k).$$

这就导致了若要使周期相关旁瓣最小，则当 N 为偶数时，仅需优化 $\tilde{r}(1),\cdots,\tilde{r}(N/2)$；当 N 为奇数时，仅需优化 $\tilde{r}(1),\cdots,\tilde{r}((N-1)/2)$.相比之下，非周期相关不具备这种对称性.另外，因为恒模序列每个元素的模长均为 1，可得

$$|r(N-1)|=|x(N)x^*(1)|=1,$$

即 $r(N-1)$的绝对值总是等于 1（因此无法使其更小）.从式（1.18）还可以观察到零周期相关旁瓣意味着

$$r(k)=-r^*(N-k)\quad(k=1,\cdots,N-1),$$

反之亦然.

下一章将开始讨论更具挑战性的非周期相关序列设计问题，该问题在文献中较少提及.该章所设计的恒模序列的相位可以是 $0\sim2\pi$ 之间的任何值.相比于相位固定在若干星座点上的情况，这会带来更大的设计自由度.发射信号采用这样的相位也使得敌方难以分析，有利于开展隐蔽有源感知.实际上，波形发生器件的不断进步使得设计如此先进的序列成为可能.

第1部分

非周期序列设计方法

2 单个非周期序列设计

第 1 章清楚地指出了非周期序列设计的目标是使$\{r(k)\}_{k\neq 0}$尽可能小. 本章主要采用积分旁瓣电平(integrated sidelobe level, ISL)作为序列好坏的衡量准则,其中 ISL 的定义如下:

$$ISL = \sum_{k=-(N-1)}^{N-1} \left| r(k) \right|^2 = 2\sum_{k=1}^{N-1} \left| r(k) \right|^2. \tag{2.1}$$

本章的目标是通过对序列施加恒模约束,提出能使 ISL 或与 ISL 相关的准则最小的恒模序列高效优化方法. 注意到使 ISL 最小等价于使品质因数(merit factor, MF)最大,其中 MF 定义为

$$MF = \frac{|r(0)|^2}{\sum\limits_{\substack{k=-(N-1)\\ k\neq 0}}^{N-1} |r(k)|^2} = \frac{N^2}{ISL}. \tag{2.2}$$

正如第 1 章中所指出的,设计 ISL 值(或高 MF 值)较低的恒模序列具有很高的实用价值. 因此,大量文献对这个问题进行了广泛研究(Borwein, Ferguson 2005; Jedwab 2005; Khan et al. 2006; Høholdt 2006; Stoica, Li, Zhu 2008).

对 ISL 和 MF 进行些许推演,便能得到加权积分旁瓣电平(weighted ISL, WISL)及修正的品质因数(MMF),具体如下:

$$WISL = 2\sum_{k-1}^{N-1} w_k \mid r(k) \mid^2 \quad (w_k \geqslant 0), \tag{2.3}$$

$$MMF = \frac{\mid r(0) \mid^2}{WISL}, \tag{2.4}$$

其中,$\{w_k\}$是任意权重集合. 在一些应用中使用 WISL 准则十分重要. 比如,在多径传播路径或离散杂波位置已知时,使用 WISL 准则可以显著减少干扰. 此外,实际中存在目标信号与干扰信号的最大时延差远小于发射信号持续时间的情况(Kretschmer Jr., Gerlach 1991; Jakowatz Jr. et al. 1996; Khan et al. 2006; Ling, Yardibi, Su 2009). 在这种情况下,仅需使得$\{r(k)\}_{k=1}^{P-1}$尽可能小($P<N$),而无需优化整个相关旁瓣,其中 P 值通过相关应用场景的先验知识来设定(例如,在无线通信中,有显著影响的信道抽头系数所达到的最大时延通常已知,故可以将其设为 P).

由于 ISL 准则是多峰函数(即有多个局部极小点),现有文献大多建议使用随机优化算法来求最小值(Brenner 1998; Schotten, Lüke 2005; Borwein, Ferguson 2005). 然而,随着 N 增大,随机优化算法的计算量过高. 在现有的计算条件下,采用随机优化算法难以设计 $N\sim 10^3$或更长的序列. 也有学者提出面向 ISL 准则的局部优化算法. 当给定一个较好的初始点时,局部优化算法能够为进一步降低 ISL 值提供快速解决方案. 此外,这些算法也可成为

随机全局优化算法的局部优化模块. 然而,面向 ISL 准则的局部优化算法主要为梯度下降类方法,这类方法往往会存在收敛性问题. 此外,随着 N 增加,这类方法的计算复杂度明显提高.

本章引入两种循环优化算法来对与 ISL 相关的准则进行局部优化(Li et al. 2008; Stoica et al. 2009a):第一种为 CAN 算法,该算法可以用于 ISL 准则下的局部优化. CAN 算法基于 FFT 运算,可用于设计码长 $N\sim10^6$ 甚至更长的序列. 本章还对 CAN 算法进行修正使其适用于 WISL 准则. 改进后的算法被称为 WeCAN 算法(加权 CAN 算法). WeCAN 算法的计算量比 CAN 算法高 N 倍. 在普通个人电脑上,WeCAN 算法可用于设计码长达 10^4 的序列.

2.1 CAN 算法

CAN 算法的推导包括多个步骤,其中第一步是将 ISL 准则转换到频域表示. 众所周知对任意 $\omega\in[0,2\pi]$(Stoica, Moses 2005),有

$$\left|\sum_{n=1}^{N}x(n)\mathrm{e}^{-\mathrm{j}\omega n}\right|^2=\sum_{k=-(N-1)}^{N-1}r(k)\mathrm{e}^{-\mathrm{j}\omega k}\equiv\Phi(\omega). \tag{2.5}$$

此外,利用帕塞瓦尔定理可把式(2.1)中的 ISL 准则表示为

$$ISL=\frac{1}{2N}\sum_{p=1}^{2N}[\Phi(\omega_p)-N]^2, \tag{2.6}$$

其中,$\{\omega_p\}$是以下傅里叶频率:

$$\omega_p=\frac{2\pi}{2N}p\quad(p=1,\cdots,2N). \tag{2.7}$$

为证明式(2.6),令 δ_k 表示 Kronecker delta 函数. 利用式(2.5)中 $\Phi(\omega)$的周期图表示,可得

$$\begin{aligned}\sum_{p=1}^{2N}[\Phi(\omega_p)-N]^2&=\sum_{p=1}^{2N}\Big\{\sum_{k=-(N-1)}^{N-1}[r(k)-N\delta_k]\mathrm{e}^{-\mathrm{j}\omega_p k}\Big\}^2\\&=\sum_{k=-(N-1)}^{N-1}\sum_{\tilde{k}=-(N-1)}^{N-1}[r(k)-N\delta_k][r(\tilde{k})-N\delta_{\tilde{k}}]^*\Big(\sum_{p=1}^{2N}\mathrm{e}^{-\mathrm{j}\omega_p(k-\tilde{k})}\Big).\end{aligned} \tag{2.8}$$

对于$|k-\tilde{k}|<=2N-2$,由于

$$\sum_{p=1}^{2N}\mathrm{e}^{-\mathrm{j}\omega_p(k-\tilde{k})}=\mathrm{e}^{-\mathrm{j}\frac{2\pi}{2N}(k-\tilde{k})}\ \frac{\mathrm{e}^{-\mathrm{j}2\pi(k-\tilde{k})}-1}{\mathrm{e}^{-\mathrm{j}2\pi/2N(k-\tilde{k})}-1}=2N\delta_{(k-\tilde{k})}. \tag{2.9}$$

因此利用式(2.8)可得

$$\frac{1}{2N}\sum_{p=1}^{2N}[\Phi(\omega_p)-N]^2=\sum_{k=-(N-1)}^{N-1}|r(k)-N\delta_k|^2=2\sum_{k=1}^{N-1}|r(k)|^2=ISL, \tag{2.10}$$

即为式(2.6). 再次利用式(2.5)中 $\Phi(\omega)$的周期图表示,要使 ISL 最小,等价于使以下基于频域的度量准则最小:

$$\sum_{p=1}^{2N}\Big(\left|\sum_{n=1}^{N}x(n)\mathrm{e}^{-\mathrm{j}\omega_p n}\right|^2-N\Big)^2. \tag{2.11}$$

以上等价结果有着非常直观的解释：要使 ISL 最小，序列应像白噪声一样，周期图在频域的响应是近似恒定的.

接下来需要注意的是式(2.11)是$\{x(n)\}$的四次函数. 然而，可以验证，式(2.11)中关于$\{x(n)\}$的最小化问题"几乎等价于"下面的简化问题(其目标函数是$\{x(n)\}$的二次函数)：

$$\min_{\{x(n)\}_{n=1}^{N};\{\psi_p\}_{p=1}^{2N}} \sum_{p=1}^{2N} \left| \sum_{n=1}^{N} x(n)\mathrm{e}^{-\mathrm{j}\omega_p n} - \sqrt{N}\mathrm{e}^{\mathrm{j}\psi_p} \right|^2. \tag{2.12}$$

简言之，若式(2.12)的值较小，则式(2.11)的值也较小，反之亦然. 更具体地说，式(2.11)取值为 0 当且仅当式(2.12)等于 0. 因此，根据函数的连续性，若式(2.11)的全局最小值"足够小"，则使式(2.11)最小的序列应当与使式(2.12)最小的序列非常接近. 关于"几乎等价"的详细讨论参见附录 2.

令

$$\boldsymbol{a}_p^{\mathrm{H}} = [\mathrm{e}^{-\mathrm{j}\omega_p} \cdots \mathrm{e}^{-\mathrm{j}2N\omega_p}], \tag{2.13}$$

$\boldsymbol{A}^{\mathrm{H}}$ 为 $2N\times 2N$ 的 DFT 幺正矩阵，由下式给出：

$$\boldsymbol{A}^{\mathrm{H}} = \frac{1}{\sqrt{2N}}\begin{bmatrix} \boldsymbol{a}_1^{\mathrm{H}} \\ \vdots \\ \boldsymbol{a}_{2N}^{\mathrm{H}} \end{bmatrix}, \tag{2.14}$$

$\boldsymbol{z}$ 为序列$\{x(n)\}_{n=1}^{N}$补零(N 个 0)后组成的矢量：

$$\boldsymbol{z} = [x(1)\cdots x(N)\ 0\cdots 0]_{2N\times 1}^{\mathrm{T}}. \tag{2.15}$$

则式(2.12)中的目标函数可重写为更紧凑的形式(忽略了常系数)

$$\|\boldsymbol{A}^{\mathrm{H}}\boldsymbol{z} - \boldsymbol{v}\|^2, \tag{2.16}$$

其中

$$\boldsymbol{v} = \frac{1}{\sqrt{2}}[\mathrm{e}^{\mathrm{j}\psi_1} \cdots \mathrm{e}^{\mathrm{j}\psi_2 N}]^{\mathrm{T}}, \tag{2.17}$$

当$\{x(n)\}$给定时，可得使式(2.16)最小的$\{\psi_p\}$. 令

$$\boldsymbol{f} - \boldsymbol{A}^{\mathrm{H}}\boldsymbol{z} \tag{2.18}$$

表示 $\boldsymbol{z}$ 的快速傅里叶变换. 于是可得$\{\psi_p\}$的最优解为

$$\psi_p = \arg(f_p) \quad (p = 1,\cdots,2N), \tag{2.19}$$

类似地，当 $\boldsymbol{v}$ 给定时，令

$$\boldsymbol{g} = \boldsymbol{A}\boldsymbol{v}, \tag{2.20}$$

表示 $\boldsymbol{v}$ 的快速逆傅里叶变换. 由于 $\|\boldsymbol{A}^{\mathrm{H}}\boldsymbol{z}-\boldsymbol{v}\|^2 = \|\boldsymbol{z}-\boldsymbol{A}\boldsymbol{v}\|^2$，故而使式(2.16)最小的序列$\{x(n)\}$由下式给出：

$$x(n) = \mathrm{e}^{\mathrm{j}\arg(g_n)} \quad (n = 1,\cdots,N), \tag{2.21}$$

表 2.1 总结了对 ISL 准则进行循环局部最小化的 CAN 算法. 图 2.1 给出了 CAN 算法的流程图. 由于 CAN 算法仅涉及简单的快速(逆)傅里叶变换运算，因此 CAN 算法可用于在普通个人电脑上设计极长的序列，码长可长达 $N\sim 10^6$.

用上述 CAN 算法所设计的序列$\{x(n)\}$被约束为恒模，即其峰均比等于 1. 若允许序列的峰均比大于 1，则可进一步抑制旁瓣的高度. 在第 4 章中，提出了放宽峰均比约束下的扩展 CAN 算法.

下一节对 CAN 算法进行推广，推广后的算法可以优化式(2.3)定义的 WISL 准则(权

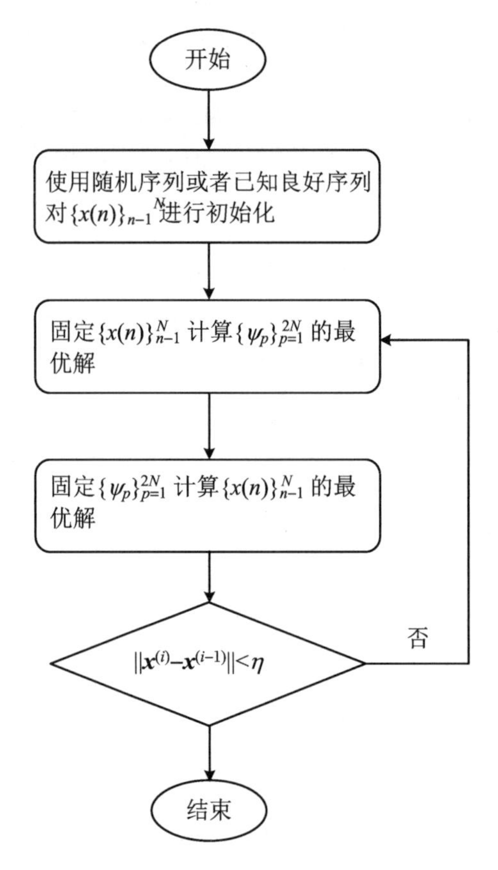

图 2.1　CAN 算法的流程图(具体步骤见表 2.1)

值可随意设定). 本书将推广后的算法称为 WeCAN 算法. 与 CAN 算法相比,WeCAN 算法适用于更一般化的 WISL 准则,但计算复杂度有所增加. 正如 2.2 节所示,WeCAN 算法每次迭代需要计算 N 次 $2N$ 点的快速(逆)傅里叶变换,故而 WeCAN 算法所需的浮点数运算次数大约比 CAN 算法多 N 倍. 尽管如此,WeCAN 仍能够设计相对较长的序列,码长可达 $N\sim10^4$.

表 2.1　CAN 算法

第 0 步	采用随机初始值对$\{x(n)\}_{n=1}^{N}$进行初始化(例如$\{x(n)\}$可以设为$\{e^{j2\pi\theta(n)}\}$,其中$\{\theta(n)\}$为均匀分布在$[0,2\pi]$之间的独立随机变量),或者用性质较好的已有序列初始化$\{x(n)\}_{n=1}^{N}$,如 Golomb 序列
第 1 步	将$\{x(n)\}_{n=1}^{N}$固定为最近一次的取值,计算$\{\psi_p\}_{p=1}^{2N}$的最优解(见式(2.19))
第 2 步	将$\{\psi_p\}_{p=1}^{2N}$固定为最近一次的取值,在约束$\|x(n)\|=1$下计算最优解$\{x(n)\}_{n=1}^{N}$(见式(2.21))
循环迭代	重复步骤 1 和 2 直至满足预设的终止条件,例如$\|\boldsymbol{x}^{(i)}-\boldsymbol{x}^{(i+1)}\|<\epsilon$,其中$\boldsymbol{x}^{(i)}$是第 i 轮迭代得到的序列且ϵ为预设的阈值,比如 10^{-3}

2.2 WeCAN 算法

与 2.1 节中式(2.6)的证明类似,可以得到如下式的 WISL 准则($w_k=\gamma_k^2$):

$$WISL=2\sum_{k=1}^{N-1}\gamma_k^2\mid r(k)\mid^2 \tag{2.22}$$

$$=\frac{1}{2N}\sum_{p=1}^{2N}[\widetilde{\Phi}(\omega_p)-\gamma_0 N]^2, \tag{2.23}$$

其中

$$\widetilde{\Phi}(\omega_p)\equiv\sum_{k=-(N-1)}^{N-1}\gamma_k r(k)\mathrm{e}^{-\mathrm{j}\omega_p k}\quad\left(\omega_p=\frac{2\pi}{2N}p;p=1,\cdots,2N\right), \tag{2.24}$$

$\{\gamma_k\}_{k=1}^{N-1}$ 为实数且 $\gamma_k=\gamma_{-k}$. 注意到通过对 $\{\gamma_k\}_{k=1}^{N-1}$ 进行合适的设定,可以采用任意方式对式(2.22)中的时延进行加权. 关于在式(2.22)中未出现的 γ_0,应当设定它来确保矩阵

$$\boldsymbol{\Gamma}=\frac{1}{\gamma_0}\begin{bmatrix}\gamma_0 & \gamma_1 & \cdots & \gamma_{N-1}\\ \gamma_1 & \gamma_0 & \cdots & \vdots\\ \vdots & \vdots & & \gamma_1\\ \gamma_{N-1} & \cdots & \gamma_1 & \gamma_0\end{bmatrix} \tag{2.25}$$

为半正定矩阵($\boldsymbol{\Gamma}\geqslant 0$). 这可以通过下面的简单方式实现. 将矩阵 $\gamma_0\boldsymbol{\Gamma}$ 的对角元素均设为 0,记为 $\widetilde{\boldsymbol{\Gamma}}$,并令 $\lambda_{\min}$ 为 $\widetilde{\boldsymbol{\Gamma}}$ 的最小特征值;则 $\boldsymbol{\Gamma}\geqslant 0$ 当且仅当 $\gamma_0+\lambda_{\min}\geqslant 0$. 通过选择 γ_0,总能满足这一条件.

接下来采用类似于上一节的方式推导与式(2.23)“几乎等价”的准则,并且该准则也是 $\{x(n)\}_{n=1}^N$ 的二次函数. 为此,需要得到式(2.24)中 $\widetilde{\Phi}(\omega_p)$ 的平方根,它是 $\{x(n)\}_{n=1}^N$ 的线性函数. 注意到下面的离散傅里叶变换对成立:

$$\begin{cases}\{r(k)\}\leftrightarrow\Phi(\omega)=\mid X(\omega)\mid^2\\ \{\gamma_k r(k)\}\leftrightarrow\widetilde{\Phi}(\omega)=\Gamma(\omega)*\mid X(\omega)\mid^2\end{cases}, \tag{2.26}$$

其中

$$\boldsymbol{X}(\omega)=\sum_{n=1}^{N}x(n)\mathrm{e}^{-\mathrm{j}n\omega},\quad \boldsymbol{\Gamma}(\omega)=\sum_{k=-(N-1)}^{N-1}\gamma_k\mathrm{e}^{-\mathrm{j}\omega k}, \tag{2.27}$$

$*$ 为卷积运算符. 因此 $\widetilde{\Phi}(\omega_p)$ 可以表示为

$$\begin{aligned}\widetilde{\Phi}(\omega_p)&=\frac{1}{2\pi}\int_{-\pi}^{\pi}\Gamma(\omega_p-\psi)\mid X(\psi)\mid^2\mathrm{d}\psi\\ &=\frac{1}{2\pi}\int_{-\pi}^{\pi}\sum_{k=-(N-1)}^{N-1}\gamma_k\mathrm{e}^{-\mathrm{j}k(\omega_p-\psi)}\sum_{n=1}^{N}x(n)\mathrm{e}^{-\mathrm{j}n\psi}\sum_{\tilde{n}=1}^{N}x^*(\tilde{n})\mathrm{e}^{\mathrm{j}\tilde{n}\psi}\mathrm{d}\psi\\ &=\sum_{k=-(N-1)}^{N-1}\sum_{n=1}^{N}\sum_{\tilde{n}=1}^{N}\gamma_k x(n)x^*(\tilde{n})\left[\frac{1}{2\pi}\int_{-\pi}^{N}\mathrm{e}^{\mathrm{j}\psi(k-n+\tilde{n})}\mathrm{d}\psi\right]\mathrm{e}^{-\mathrm{j}\omega_p k}.\end{aligned} \tag{2.28}$$

容易验证

$$\frac{1}{2\pi}\int_{-\pi}^{\pi}\mathrm{e}^{\mathrm{j}\psi(k-n+\tilde{n})}\,\mathrm{d}\psi=\delta_{k-(n-\tilde{n})}. \tag{2.29}$$

因此

$$\widetilde{\Phi}(\omega_p)=\sum_{n=1}^{N}\sum_{\tilde{n}=1}^{N}\gamma_{n-\tilde{n}}\,x(n)x^*(\tilde{n})\mathrm{e}^{-\mathrm{j}\omega_p(n-\tilde{n})}=\tilde{\boldsymbol{x}}_p^{\mathrm{H}}(\gamma_0\boldsymbol{\Gamma})\tilde{\boldsymbol{x}}_p, \tag{2.30}$$

其中

$$\tilde{\boldsymbol{x}}_p=[x(1)\mathrm{e}^{-\mathrm{j}\omega_p}\quad x(2)\mathrm{e}^{-\mathrm{j}2\omega_p}\quad\cdots\quad x(N)\mathrm{e}^{-\mathrm{j}N\omega_p}]^{\mathrm{T}}, \tag{2.31}$$

$\boldsymbol{\Gamma}$ 的定义参见式(2.25). 因此,式(2.23)中的 WISL 准则可以写为

$$WISL=\frac{\gamma_0^2}{2N}\sum_{p=1}^{2N}(\tilde{\boldsymbol{x}}_p^{\mathrm{H}}\boldsymbol{\Gamma}\tilde{\boldsymbol{x}}_p-N)^2. \tag{2.32}$$

利用该表达式,可以认为下面的优化问题与最小化 WISL 准则"几乎等价":

$$\begin{cases}\displaystyle\min_{\{x(n)\}_{n=1}^{N},\{\alpha_p\}_{p=1}^{2N}}\sum_{p=1}^{2N}\|\boldsymbol{C}\tilde{\boldsymbol{x}}_p-\boldsymbol{\alpha}_p\|^2\\ \text{s. t. }\|\boldsymbol{\alpha}_p\|^2=N\quad(p=1,\cdots,2N)\\ \quad|x(n)|=1\quad(n=1,\cdots,N)\end{cases}, \tag{2.33}$$

其中,"s. t."代表"受约束"(subject to),$N\times N$ 的矩阵 $\boldsymbol{C}$ 是 $\boldsymbol{\Gamma}$ 的均方根,即 $\boldsymbol{\Gamma}=\boldsymbol{C}^{\mathrm{T}}\boldsymbol{C}$.

用于式(2.33)的循环优化算法可以推导如下,后面将其称为 WeCAN 算法. 给定 $\{x(n)\}_{n=1}^{N}$,式(2.33)中的优化问题可以解耦为 $2N$ 个独立的问题,每个问题形如下式:

$$\begin{cases}\displaystyle\min_{\alpha_p}\|\boldsymbol{f}_p-\boldsymbol{\alpha}_p\|^2\\ \text{s. t. }\|\boldsymbol{\alpha}_p\|^2=N\end{cases}, \tag{2.34}$$

其中,$N\times 1$ 的矢量 $\boldsymbol{f}_p=\boldsymbol{C}\tilde{\boldsymbol{x}}_p$ 已经给定. 注意到利用约束条件 $\|\boldsymbol{\alpha}_p\|^2=N$ 可得

$$\begin{aligned}\|\boldsymbol{f}_p-\boldsymbol{\alpha}_p\|^2&=const-2\mathrm{Re}\{\boldsymbol{f}_p^{\mathrm{H}}\boldsymbol{\alpha}_p\}\\ &\geqslant const-2\|\boldsymbol{f}_p\|\,\|\boldsymbol{\alpha}_p\|=const-2\sqrt{N}\|\boldsymbol{f}_p\|,\end{aligned} \tag{2.35}$$

其中,等式成立当且仅当

$$\boldsymbol{\alpha}_p=\sqrt{N}\frac{\boldsymbol{f}_p}{\|\boldsymbol{f}_p\|}. \tag{2.36}$$

这就是给定 $\{x(n)\}_{n=1}^{N}$ 时优化问题(2.33)的最优解. 值得注意的是,$\{\boldsymbol{f}_p\}_{p=1}^{2N}$ 可以用快速傅里叶变换计算得到. 实际上,令 c_{kn} 为 $\boldsymbol{C}$ 的第(k,n)个元素,并定义

$$\boldsymbol{z}_k=[c_{k1}x(1)\cdots c_{kN}x(N)0\cdots 0]_{(2N\times 1)}^{\mathrm{T}} \tag{2.37}$$

以及

$$\boldsymbol{F}=\sqrt{2N}\boldsymbol{A}^{\mathrm{H}}[\boldsymbol{z}_1\cdots\boldsymbol{z}_N]_{2N\times N}, \tag{2.38}$$

其中,$\boldsymbol{A}^{\mathrm{H}}$ 为式(2.14)定义的 $2N\times 2N$ 的离散傅里叶变换幺正矩阵. 不难发现 $\boldsymbol{F}$ 的第 p 行即为矢量 $\boldsymbol{f}_p$ 的转置.

接下来证明,当给定 $\{\alpha_p\}_{p=1}^{2N}$ 时,式(2.33)中的优化问题也存在闭式解. 将 $\boldsymbol{\alpha}_p$ 的第 k 个元素记为 α_{pk},$\boldsymbol{a}_p^{\mathrm{H}}$ 由式(2.13)给出. 采用以上记号,式(2.33)的目标函数可以表示为

$$\begin{aligned}\sum_{p=1}^{2N}\|\boldsymbol{C}\tilde{\boldsymbol{x}}_p-\boldsymbol{\alpha}_p\|^2&=\sum_{k=1}^{N}\sum_{p=1}^{2N}|\boldsymbol{a}_p^{\mathrm{H}}\boldsymbol{z}_k-\alpha_{pk}|^2\\ &=\sum_{k=1}^{N}\|\boldsymbol{A}^{\mathrm{H}}\boldsymbol{z}_k-\boldsymbol{\beta}_k\|^2=\sum_{k=1}^{N}\|\boldsymbol{z}_k-\boldsymbol{A}\boldsymbol{\beta}_k\|^2,\end{aligned} \tag{2.39}$$

其中，

$$\boldsymbol{\beta}_k = \frac{1}{\sqrt{2N}}[\alpha_{1k}\cdots\alpha_{2N,k}]^{\mathrm{T}} \quad (k=1,\cdots,N). \tag{2.40}$$

任取$\{x(n)\}_{n=1}^{N}$中的一个元素，记为x，则式(2.39)变为

$$\sum_{k=1}^{N}|\mu_k x - v_k|^2 = const - 2\mathrm{Re}\left[\left(\sum_{k=1}^{N}\mu_k^* v_k\right)x^*\right], \tag{2.41}$$

其中，μ_k和ν_k分别为$\boldsymbol{z}_k$和$\boldsymbol{A\beta}_k$中对应的元素. 在单位模约束下，式(2.41)的最优解为

$$x = \mathrm{e}^{\mathrm{j}\phi}, \quad \phi = \arg\left(\sum_{k=1}^{N}\mu_k^* v_k\right). \tag{2.42}$$

以上就是 WeCAN 算法的主要推导步骤. 表 2.2 是对 WeCAN 算法的总结.

表 2.2 WeCAN 算法

第 0 步	设定$\{x(n)\}_{n=1}^{N}$的初始值，设定期望权重$\{\gamma_k\}_{k=1}^{N-1}$；设定合适的γ_0使式(2.25)中的矩阵$\boldsymbol{\Gamma}$为半正定矩阵
第 1 步	将$\{x(n)\}_{n=1}^{N}$固定为最近一次的取值，计算使得式(2.33)最小的$\{\alpha_p\}_{p=1}^{2N}$(见式(2.36))
第 2 步	将$\{\alpha_p\}_{p=1}^{2N}$固定为最近一次的取值，计算使得式(2.33)最小的序列$\{x(n)\}_{n=1}^{N}$(见式(2.42))
循环迭代	重复步骤 1 和步骤 2 直至满足预设的停止条件(停止条件见表 2.1 的 CAN 算法)

2.3 数值仿真

2.3.1 ISL 优化

本节比较 Golomb 序列(定义见式(1.21))、以 Golomb 序列作为初值的 CAN 算法所设计的序列、m 序列(见图 1.4 及相关讨论)及随机相位序列(即式(1.4)，其中$\{\phi(n)\}$为均匀分布在$[0,2\pi]$中的独立随机变量)的品质因数. 需要注意的是，m 序列的长度必须为2^n-1，其中n为整数，而其他序列的长度不受限制. 将以上 4 种序列标记为 Golomb 序列、CAN(G)序列、m 序列及随机相位序列，并分别计算它们的品质因数. 将序列长度N设为$N+1=2^5,2^6,2^7,2^8,2^9,2^{10},2^{11},2^{12},2^{13}$. 结果在双对数坐标系中展示(图 2.2). 可以看出对于所有序列长度，CAN(G)序列的品质因数最高. 当$N=2^{13}-1$时，CAN(G)序列的品质因数为 1 431.0，是 Golomb 序列的品质因数(142.2)的 10 倍以上. 图 2.3 比较了$N=127$时 CAN(G)序列、m 序列及随机相位序列的相关水平，其中相关水平定义如下：

$$\text{相关水平} = 20\lg\left|\frac{r(k)}{r(0)}\right| \quad (k=1,\cdots,N-1), \tag{2.43}$$

容易看出，CAN 序列的相关旁瓣比 m 序列和随机相位序列都低. 当码长N为10^2和10^3时，Golomb 序列与 CAN(G)序列的相关水平如图 2.4 和图 2.5 所示. 注意到 Golomb 序列的

相关旁瓣在 k 接近 0 和 $N-1$ 时相对更高，而在 k 从 0 增加到 $N-1$ 的过程中，CAN(G)序列的相关旁瓣相对更均匀.

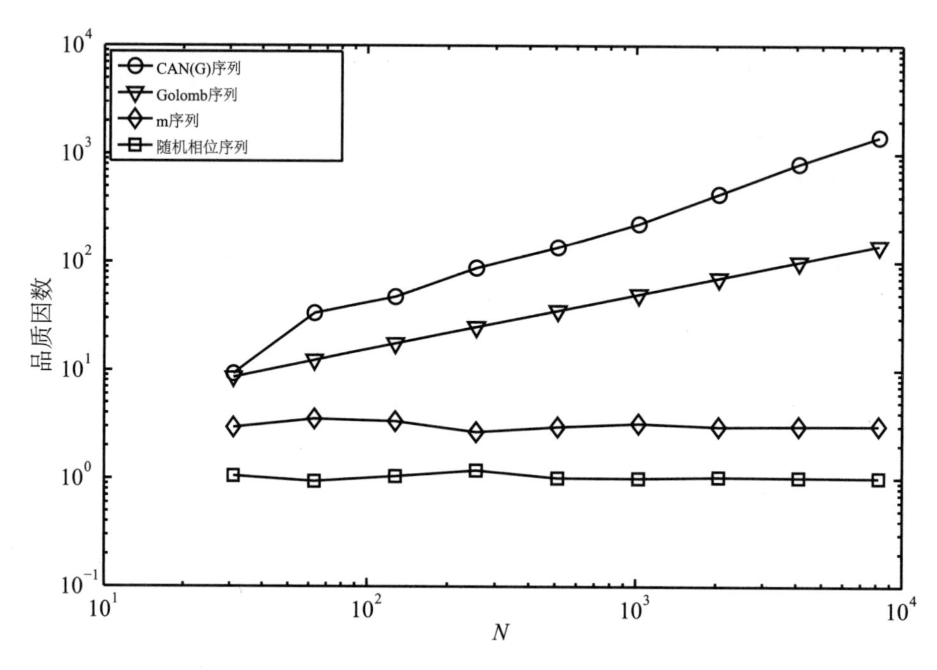

图 2.2　Golomb、CAN(G)、m 序列及随机相位序列的品质因数(序列长度 $2^5-1\sim2^{13}-1$)

2.3.2　WISL 优化

考虑设计长度 $N=100$ 的序列. 假定希望抑制相关系数 $r_1,\cdots,r_{25}$ 及 $r_{70},\cdots,r_{79}$. 在使用 WeCAN 算法时，式(2.25)中的矩阵 $\boldsymbol{\Gamma}$ 的权值按如下方法设置：

$$\gamma_k=\begin{cases}1 & k\in[1,25]\cup[70,79]\\0 & k\in[26,69]\cup[80,99]\end{cases},\tag{2.44}$$

另外，根据式(2.25)之后的讨论来选定 γ_0 以确保 $\boldsymbol{\Gamma}$ 的半正定性，此处将其设定为 $\gamma_0=12.05$. 在此条件下，修正品质因数由式(2.4)定义，其中

$$w_k=\gamma_k^2=\begin{cases}1 & k\in[1,25]\cup[70,79]\\0 & k\in[26,69]\cup[80,99]\end{cases}.\tag{2.45}$$

采用随机生成的序列初始化 WeCAN 算法，算法所得的序列相关水平如图 2.6 所示. 该序列在期望延迟处的相关旁瓣极其接近于 0，远远低于 2.3.1 节中 Golomb 序列和 CAN(G)序列的旁瓣(见图 2.4(a)，(b)). 所设计序列的修正品质因数见表 2.3. WeCAN 序列的 MMF 值(可视为无穷大)远大于表中其他序列的修正品质因数.

表 2.3　修正品质因数($N=100$，权重见式(2.45))

	Golomb	CAN(G)	WeCAN
修正品质因数	32.55	142.64	1.06×10^{21}

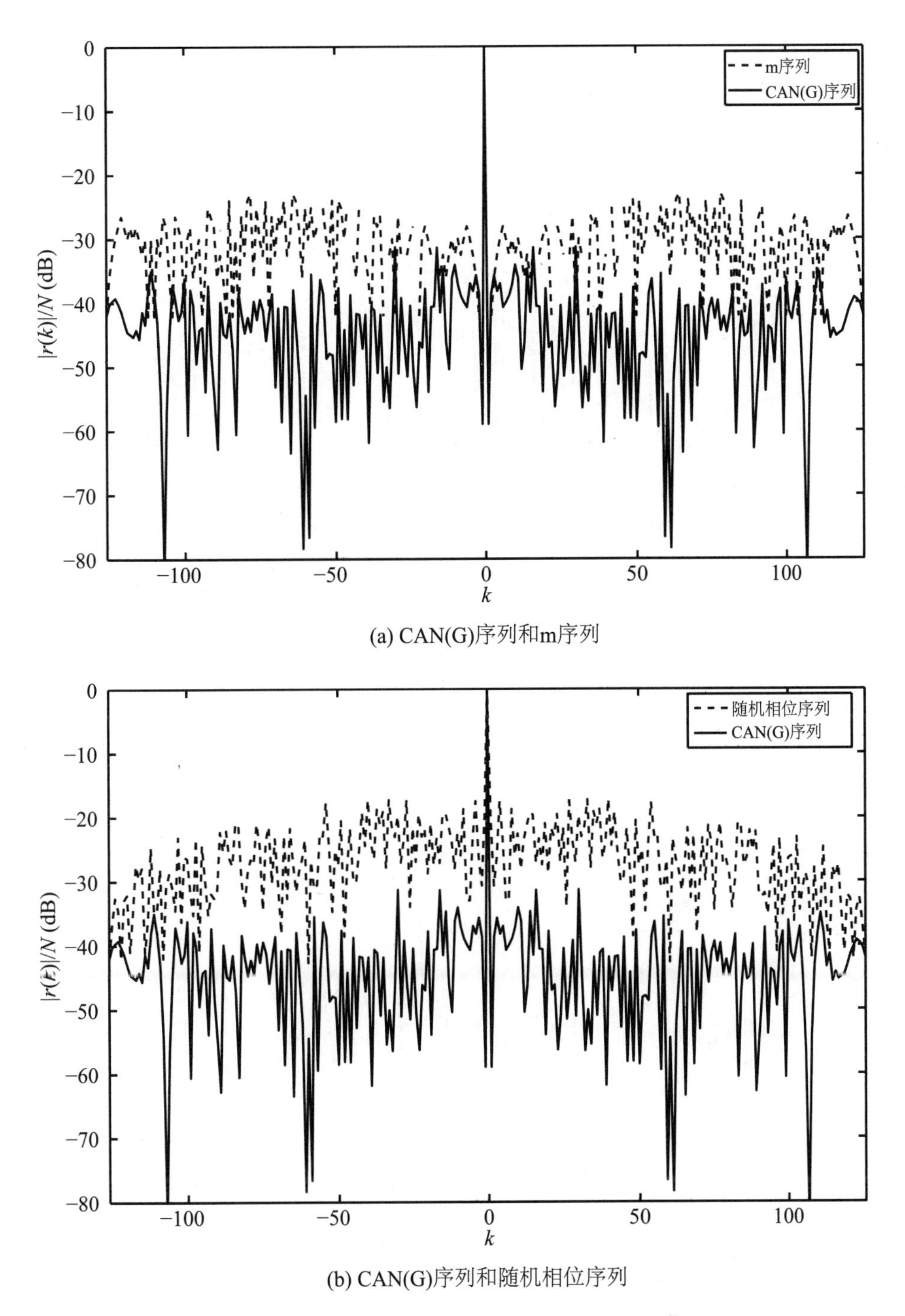

(a) CAN(G)序列和m序列

(b) CAN(G)序列和随机相位序列

图 2.3 CAN(G)序列、m 序列和随机相位序列的相关水平($N=127$)

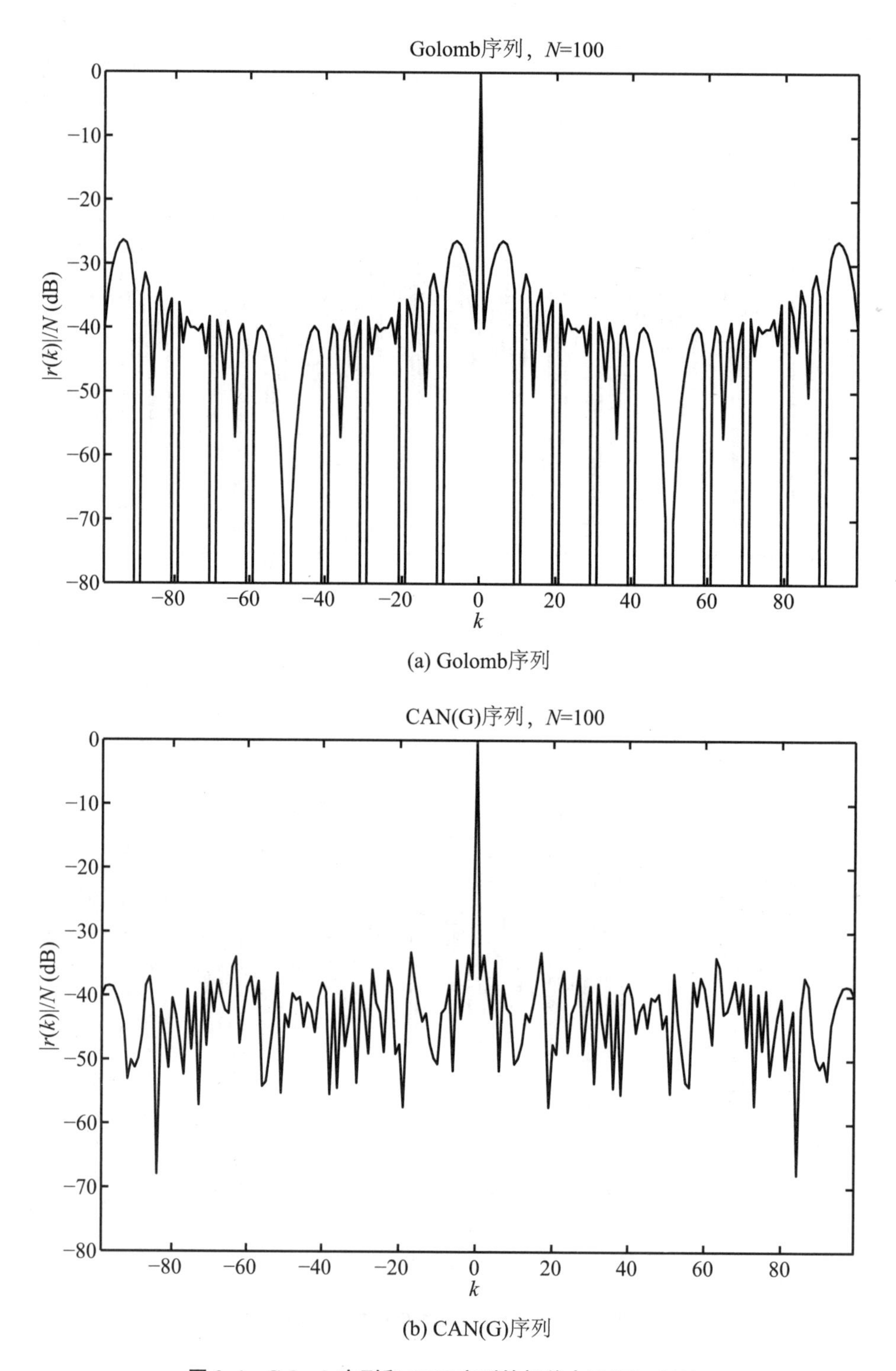

(a) Golomb序列

(b) CAN(G)序列

图 2.4　Golomb 序列和 CAN 序列的相关水平（$N=100$）

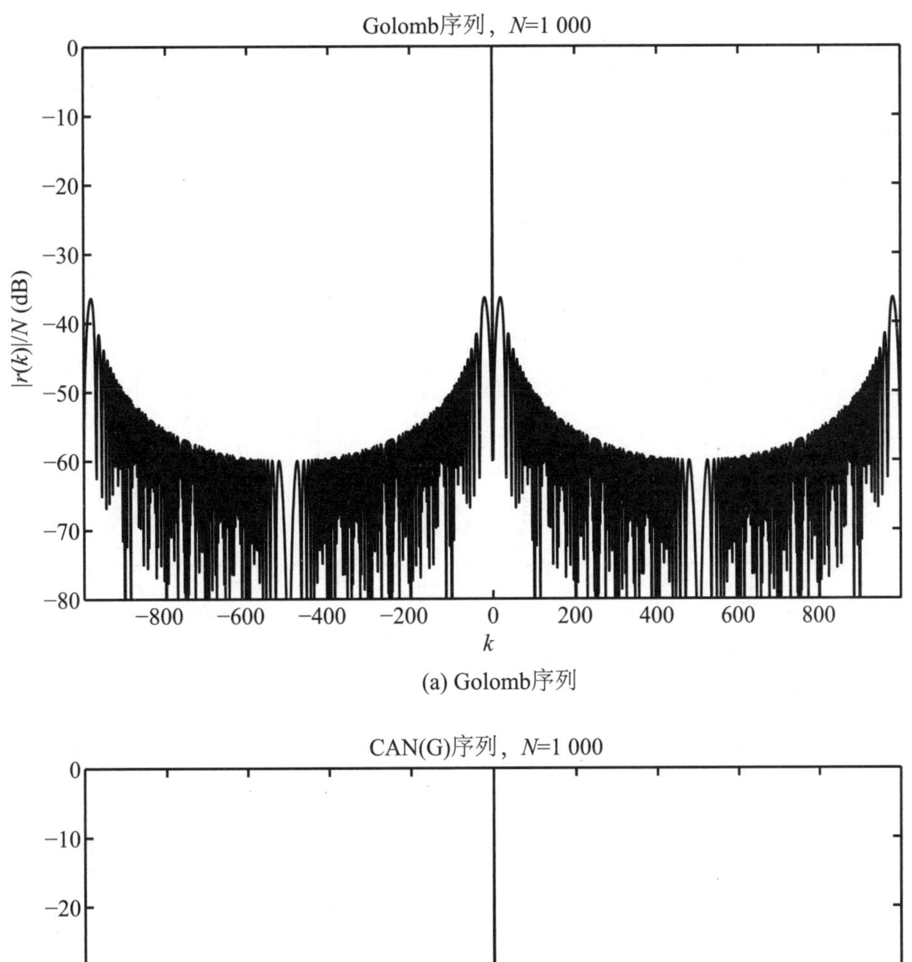

(a) Golomb序列

CAN(G)序列，N=1 000

0
−10
−20
−30
−40
−50
−60
−70
−80
|r(k)|/N (dB)
−800
−600
−400
−200
0
200
400
600
800
k

(b) CAN(G)序列

图 2.5　Golomb 序列和 CAN 序列的相关水平（$N=1\,000$）

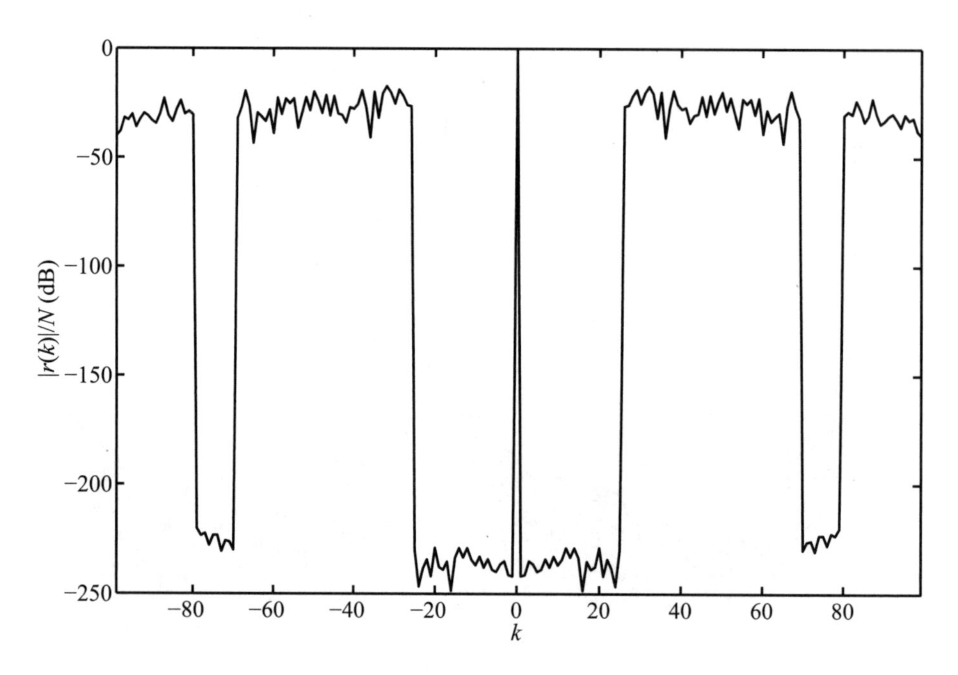

图 2.6　基于 WISL 准则所设计的 WeCAN 序列的相关水平(权重见式(2.45))

2.3.3　通信信道估计

考虑一个 FIR(有限冲激响应)信道,这里希望估计其冲激响应$\{h_p\}_{p=0}^{P-1}$(假定信道抽头数 P 已知). 假设发送信号为序列$\{x(n)\}_{n=1}^{N}$,所得的接收信号为

$$y_n = \sum_{p=0}^{P-1} h_p x(n-p) + e_n \quad (n=1,\cdots,N+P-1), \tag{2.46}$$

其中,$\{e_n\}_{n=1}^{N+P-1}$为独立同分布的复高斯白噪声序列,均值为 0,方差为 σ^2. 式(2.46)可紧凑地写为

$$\boldsymbol{y} = \bar{\boldsymbol{X}}\boldsymbol{h} + \boldsymbol{e} \tag{2.47}$$

其中

$$\bar{\boldsymbol{X}} = \begin{bmatrix} x(1) & & 0 \\ \vdots & \ddots & \\ \vdots & & x(1) \\ x(N) & & \vdots \\ & \ddots & \vdots \\ 0 & & x(N) \end{bmatrix}_{(N+P-1)\times P} \tag{2.48}$$

$$\boldsymbol{y} = [y_1 \quad \cdots \quad y_{N+P-1}]^{\mathrm{T}}, \boldsymbol{h} = [h_0 \quad \cdots \quad h_{P-1}]^{\mathrm{T}}, \boldsymbol{e} = [e_1 \quad \cdots \quad e_{N+P-1}]^{\mathrm{T}}. \tag{2.49}$$

将矩阵 $\bar{\boldsymbol{X}}$ 的第 p 列记为 $\bar{\boldsymbol{x}}_p$. 以 $\bar{\boldsymbol{x}}_p$ 作为"匹配滤波器"从 $\boldsymbol{y}$ 估计 h_p,可以得到的估计如下:

$$\hat{h}_p = \frac{1}{N}\bar{\boldsymbol{x}}_p^* \boldsymbol{y}. \tag{2.50}$$

令信道抽头数 P 为 40,信道冲激响应$\{h_p\}_{p=0}^{P-1}$的幅值如图 2.7(a)所示. 开展两组实验来比

较 Golomb 序列和 WeCAN 序列的性能,其中生成 WeCAN 序列时所使用的权值如下:

$$\begin{cases} \gamma_k = \begin{cases} 1 & k \in [1,39] \\ 0 & k \in [40,N-1] \end{cases} \\ w_k = \gamma_k^2 \quad (k = 1,\cdots,N-1) \end{cases} . \tag{2.51}$$

另外,同以往一样设定合适的 γ_0 来保证矩阵 $\boldsymbol{\Gamma}$ 为半正定. $N=100$ 时,WeCAN 序列的自相关水平如图 2.7(b)所示. 在一个实验中噪声功率 σ^2 固定为 10^{-4},序列长度 N 从 100 变化至 500;在另一个实验中 N 固定为 200,噪声功率 σ^2 从 10^{-6} 变化至 1. 对每个(N,σ^2)对分别进

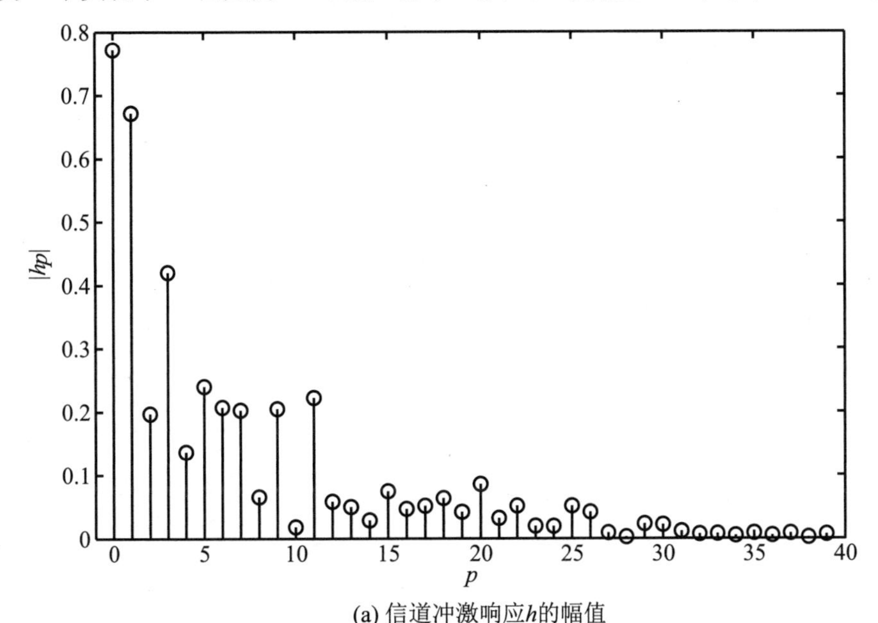

(a) 信道冲激响应h的幅值

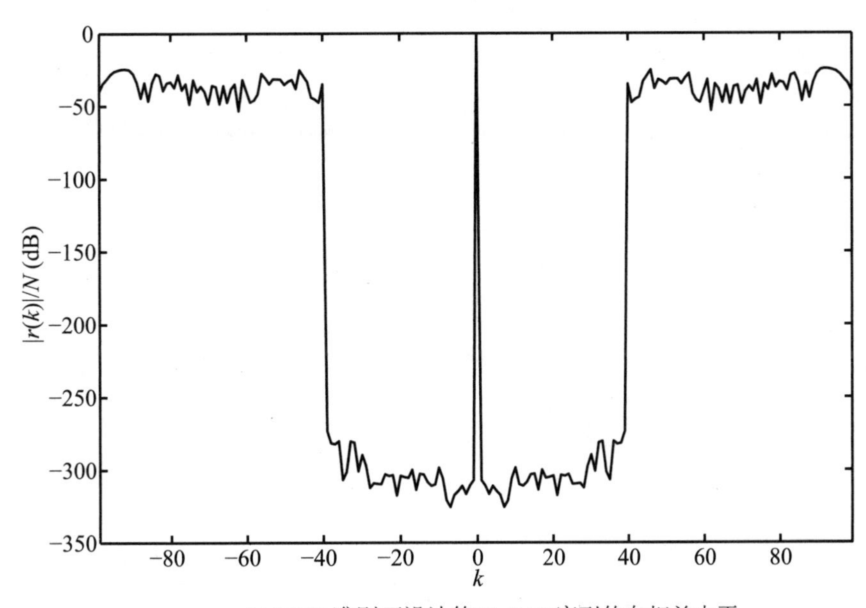

(b) WISL准则下设计的WeCAN序列的自相关水平

图 2.7

行 500 次蒙特卡洛实验(其中噪声序列 $\boldsymbol{e}$ 是变化的)并记录 $\hat{\boldsymbol{h}}$ 的均方估计误差(mean square error,MSE). 图 2.8 所示为这两种情况下 $\hat{\boldsymbol{h}}$ 的均方估计误差. 由于 WeCAN 序列的自相关特性更好,其估计误差总是比 Golomb 序列小. 特别地,从图 2.8(b)中可以发现一个有趣的现象:随着噪声功率 σ^2 减小,WeCAN 序列的估计误差线性递减(且当 σ^2 为 0 时变为 0),而由于 Golomb 序列的自相关旁瓣非零,该序列的估计性能会稳定在某一水平,从而导致了估计偏差.

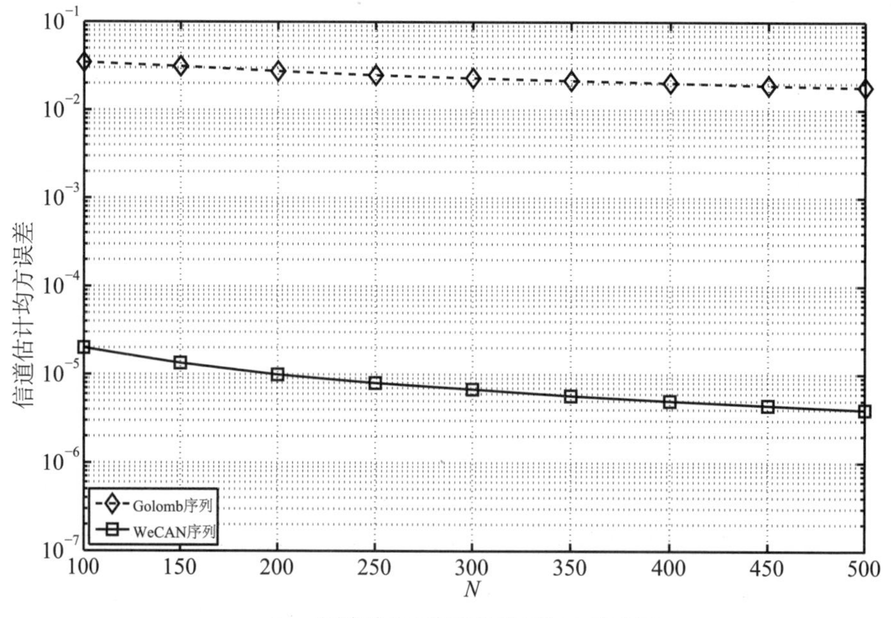

(a) σ^2固定为10^{-4},序列长度N从100变化至500

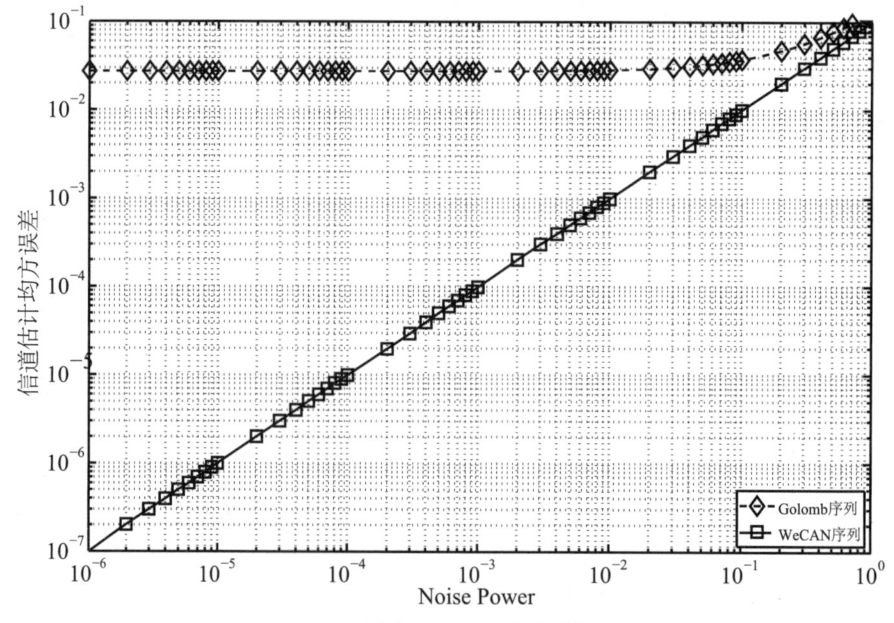

(b) N固定为200, σ^2变化范围为10^{-6}至1

图 2.8　Golomb 序列和 WeCAN 序列的信道估计误差

2.3.4 量化效应

前面两小节的仿真假定了所设计的序列相位可以取 0 至 2π 之间的任意值. 在实际中,可能要求序列的相位取值来自于离散的星座点. 因此,这里对所设计的序列相位经过量化后的性能进行简单验证.

将本章所述的某个算法设计的序列记为$\{x(n)\}_{n=1}^{N}$. 假设量化级数为 2^q,q 为大于 0 的整数. 则量化后的多相序列可以表示为

$$\hat{x}(n)=\exp\left(\mathrm{j}\left\lfloor\frac{\arg\{x(n)\}}{\frac{2\pi}{2^q}}\right\rfloor\frac{2\pi}{2^q}\right)\quad(n=1,\cdots,N).\tag{2.52}$$

将图 2.2 中的 CAN 序列相位量化为 32 级(即 $q=5$),再将其与 Golomb 序列、m 序列及随机相位序列进行比较,比较结果如图 2.9 所示. 可以看出,受到量化效应的影响,CAN 序列的品质因数减小了(即相关旁瓣变高了),但在 4 个序列中 CAN 序列品质因数仍为最高的. 对图 2.6 中的 WeCAN 序列进行 32 级量化,量化后的序列相关水平如图 2.10 所示. 在此情况下,虽然关注区域的相关旁瓣仍远低于区域之外的相关旁瓣,但关注区域的相关旁瓣显著提高了.

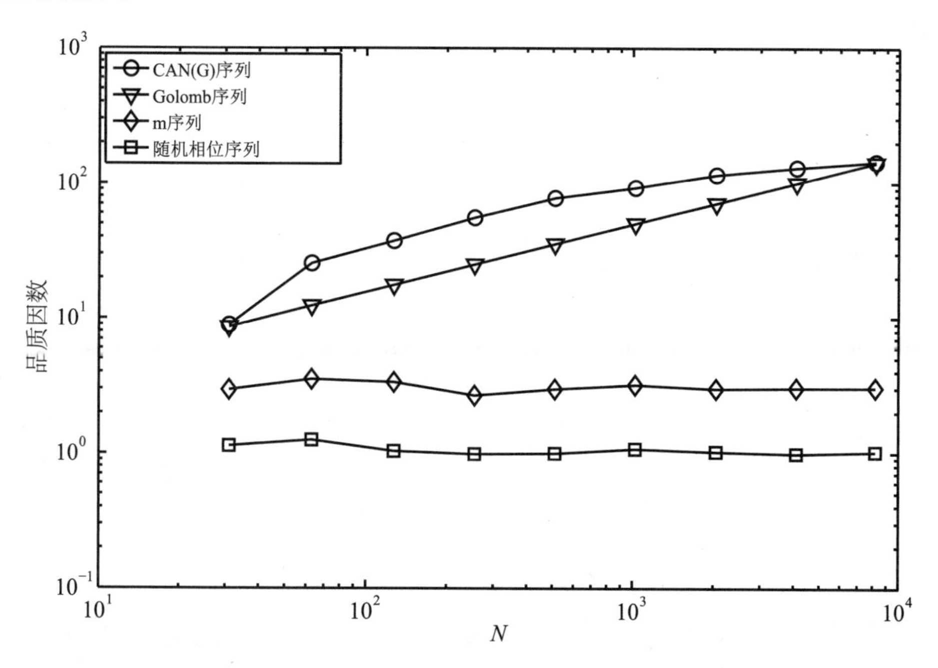

图 2.9　不同序列的品质因数(其中 CAN 序列的相位被量化为 32 级,其他条件与图 2.2 相同)

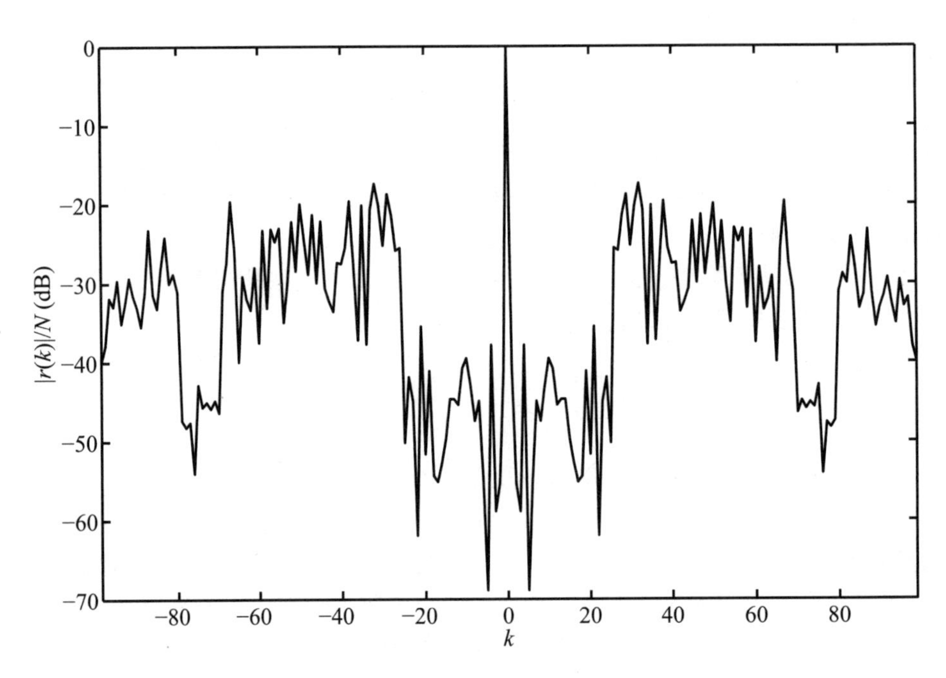

图 2.10　相位量化为 32 级的 WeCAN 序列自相关函数(其他条件与图 2.6 相同)

2.4　本 章 小 结

本章提出了两种循环优化算法(即 CAN 算法和 WeCAN 算法)用于设计自相关特性良好的恒模序列. CAN 算法用以在普通个人计算机上设计非常长的序列(序列长度 N 可达 10^6),而之前文献提出的其他算法很难做到. CAN 算法优化的是 ISL,即该算法考虑的是未经加权的 $r(1)\sim r(N-1)$ 的所有延迟相关. 而 WeCAN 算法优化的是 WISL. 结果表明 WeCAN 算法可用于设计特定延迟区间内具有零自相关旁瓣的序列. 根据所考虑的延迟数目,WeCAN 算法可用于普通个人计算机上设计长度 $N\sim10^4$ 或更长的序列. 数值仿真实验验证了上述算法所设计的恒模序列具有优良的自相关特性.

附录　本节所述算法与相位恢复算法之间的联系

本章所引入的 CAN 算法(用于设计具有类冲激相关特性的序列)与光学领域 40 年前所提出的 GSA(Gerchberg-Saxton algorithm)算法(用于相位恢复)(Gerchberg, Saxton 1972)有一定关联. 事实上,GSA 算法所使用的技术出现得更早(Sussman 1962),因此将 GSA 算法命名为 Sussman-Gerchberg-Saxton 算法或许更恰当. 然而,为了与其他文献称谓一致,仍然称其为 GSA 算法.

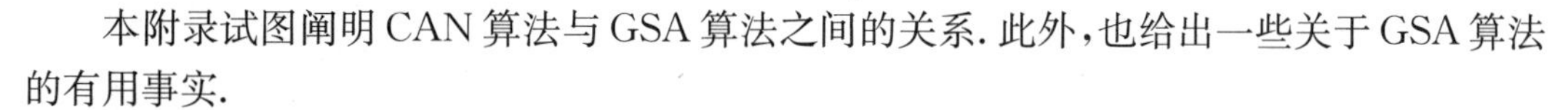

本附录试图阐明 CAN 算法与 GSA 算法之间的关系. 此外，也给出一些关于 GSA 算法的有用事实.

1. GSA 算法

令 $\boldsymbol{x}$ 为 $N\times 1$ 的矢量，考虑如下关于 $\boldsymbol{x}$ 的最小化问题：

$$C(\boldsymbol{x})=\sum_{k=1}^{K}(|\boldsymbol{a}_k^{\mathrm{H}}\boldsymbol{x}|-d_k)^2. \tag{2.53}$$

其中，$d_k\in\mathbb{R}^+$，$\boldsymbol{a}_k\in\mathbb{C}^{N\times 1}$ 已知，K 为整数，通常 $K\geqslant N$. 在一些应用中，矢量 $\boldsymbol{x}$ 可以在 $\mathbb{C}^{N\times 1}$ 空间中自由变化(Weiss，Picard 2008). 在另外一些应用中，矢量 $\boldsymbol{x}$ 被约束在 $\mathbb{C}^{N\times 1}$ 的某个子集中，例如由恒模矢量(即 $|x_k|=1$)组成的集合. 为此，令 $\boldsymbol{x}\in S\subseteq\mathbb{C}^{N\times 1}$.

GSA 算法由文献(Gerchberg，Saxton 1972；Sussman 1962)提出，它通常涉及从一个序列的傅里叶变换幅度恢复到原序列. 对于式(2.53)中的优化问题，可以使用表 2.4 所示的 GSA 算法.

表 2.4　GSA 算法

第 0 步	给定 $\{\phi_k^0\}_{k=1}^K$ 的初值($\{\phi_k\}$ 为辅助变量，更多细节参见正文)，在第 1 步和第 2 步之间迭代至收敛
第 1 步	$x^i=\arg\min_{x\in S}\sum_{k=1}^K\lvert\boldsymbol{a}_k^{\mathrm{H}}\boldsymbol{x}-d_k\mathrm{e}^{\mathrm{j}\phi_k^i}\rvert^2$
第 2 步	$\phi_k^{i+1}=\arg(\boldsymbol{a}_k^{\mathrm{H}}\boldsymbol{x}^i)\quad(i=i+1)$

需要注意的是，GSA 算法是一种启发式算法(Gerchberg，Saxton 1972)，并没有提及式(2.53)的最小化问题. 随后，文献(Fienup 1982)指出 GSA 算法可用于最小化式(2.53)，并且该算法在迭代中能够使目标函数单调下降. 下面给出一个简单证明：

$$\begin{aligned}C(\boldsymbol{x}^i)&=\sum_{k=1}^{K}(|\boldsymbol{a}_k^{\mathrm{H}}\boldsymbol{x}^i|-d_k)^2\\&=\sum_{k=1}^{K}|\boldsymbol{a}_k^{\mathrm{H}}\boldsymbol{x}^i-d_k\mathrm{e}^{\mathrm{j}\phi_k^{i+1}}|^2\\&\geqslant\sum_{k=1}^{K}|\boldsymbol{a}_k^{\mathrm{H}}\boldsymbol{x}^{i+1}-d_k\mathrm{e}^{\mathrm{j}\phi_k^{i+1}}|^2\\&\geqslant\sum_{k=1}^{K}|\boldsymbol{a}_k^{H}\boldsymbol{x}^{i+1}-d_k\mathrm{e}^{\mathrm{j}\phi_k^{i+2}}|^2\\&=C(\boldsymbol{x}^{i+1}).\end{aligned} \tag{2.54}$$

其中，第一个不等式成立是因为算法的步骤 1，第二个不等式成立是因为算法的步骤 2(在一些应用中，步骤 1 和步骤 2 所得的最优解是唯一的，则不等式严格成立).

式(2.54)启示可以使用 GSA 算法对 $C(\boldsymbol{x})$ 进行优化. 接下来简述 GSA 算法的推导过程：

令 $\boldsymbol{\phi}$ 为 $K\times 1$ 的辅助变量，且函数 $D(\boldsymbol{x},\boldsymbol{\phi})$ 具有如下性质：

$$\min_{\boldsymbol{\phi}}D(\boldsymbol{x},\boldsymbol{\phi})=C(\boldsymbol{x}), \tag{2.55}$$

于是，在一般情况下，$C(\boldsymbol{x})$ 与 $D(\boldsymbol{x},\boldsymbol{\phi})$ 关于 $\boldsymbol{x}$ 的最优解相同. 很明显，如果优化 $D(\boldsymbol{x},\boldsymbol{\phi})$ 比优化 $C(\boldsymbol{x})$ 更加容易，则这样的优化方法会更加有用. 为了利用以上想法求解式(2.53)中的优

化问题，令

$$D(\boldsymbol{x},\boldsymbol{\phi}) = \sum_{k=1}^{K} |\boldsymbol{a}_k^{\mathrm{H}}\boldsymbol{x} - d_k \mathrm{e}^{\mathrm{j}\phi_k}|^2, \tag{2.56}$$

其中，$\boldsymbol{\phi}$ 是由 $\{\phi_k\}_{k=1}^{K}$ 组成的矢量. 注意到上述函数具有所求的性质：

$$\begin{aligned}\min_{\boldsymbol{\phi}} D(\boldsymbol{x},\boldsymbol{\phi}) &= \min_{\boldsymbol{\phi}} \sum_{k=1}^{K} \{|\boldsymbol{a}_k^{\mathrm{H}}\boldsymbol{x}|^2 + d_k^2 - 2|\boldsymbol{a}_k^{\mathrm{H}}\boldsymbol{x}| d_k \cos[\arg(\boldsymbol{a}_k^{\mathrm{H}}\boldsymbol{x}) - \phi_k]\} \\ &= \sum_{k=1}^{K} (|\boldsymbol{a}_k^{\mathrm{H}}\boldsymbol{x}| - d_k)^2 \\ &= C(\boldsymbol{x}).\end{aligned} \tag{2.57}$$

另外，当固定 $\boldsymbol{\phi}$ 时，$D(\boldsymbol{x},\boldsymbol{\phi})$ 关于 $\boldsymbol{x}$ 的最优解（在文献（Weiss，Picard 2008）中，$\boldsymbol{x}$ 是无约束的；在本章中，$\boldsymbol{x}$ 是受约束的）具有闭式表达式. 因此，可以用循环优化算法来对 $D(\boldsymbol{x},\boldsymbol{\phi})$ 进行优化. 在循环优化中，将 $\boldsymbol{\phi}$ 固定为最近一次迭代的值，然后对 $\boldsymbol{x}$ 进行优化；然后反过来，固定 $\boldsymbol{x}$，对 $\boldsymbol{\phi}$ 进行优化. 此即为表 2.4 所示的 GSA 算法. 此外，对 $D(\boldsymbol{x},\boldsymbol{\phi})$ 进行循环优化可以使目标函数单调递减：

$$\begin{aligned}C(\boldsymbol{x}^i) &= D(\boldsymbol{x}^i, \boldsymbol{\phi}^{i+1}) \\ &\geqslant D(\boldsymbol{x}^{i+1}, \boldsymbol{\phi}^{i+2}) \\ &= C(\boldsymbol{x}^{i+1}).\end{aligned}$$

对以上讨论进行总结可以看到，基于式(2.56)的通用优化方法可以应用到求解其他问题，相应的求解算法（参见第 5 章）和 GSA 算法几乎没什么共同点.

2. CAN 算法与 GSA 算法

第 2 章与第 9 章所关心的主要问题是如何设计编码序列，使其具有类冲激的周期或非周期自相关特性. 这两章所证明的主要结果表明，以上序列设计问题可以退化为如下的最小化问题：

$$\tilde{C}(\boldsymbol{x}) = \sum_{k=1}^{K} (|\boldsymbol{a}_k^{\mathrm{H}}\boldsymbol{x}|^2 - d_k^2)^2, \tag{2.58}$$

其中，K，$\{\boldsymbol{a}_k\}$ 和 $\{d_k\}$ 均已给定.

虽然式(2.58)中的优化问题与式(2.53)中的 $C(\boldsymbol{x})$ 很像，但是这两个目标函数存在重要区分. 首先，式(2.55)至式(2.57)对于 $\tilde{C}(\boldsymbol{x})$ 不再成立. 因此，基于式(2.55)和式(2.56)，无法推导出像 GSA 那样的算法来求解式(2.58). 当然，可以定义 $\tilde{D}(\boldsymbol{x},\boldsymbol{\phi})$ 如下：

$$\tilde{D}(\boldsymbol{x},\boldsymbol{\phi}) = \sum_{k=1}^{K} |(\boldsymbol{a}_k^{\mathrm{H}}\boldsymbol{x})^2 - d_k^2 \mathrm{e}^{\mathrm{j}\phi_k}|^2, \tag{2.59}$$

其中，$\tilde{D}(\boldsymbol{x},\boldsymbol{\phi})$ 满足 $\min_{\boldsymbol{\phi}} \tilde{D}(\boldsymbol{x},\boldsymbol{\phi}) = \tilde{C}(\boldsymbol{x})$. 然而，优化 $\tilde{D}(\boldsymbol{x},\boldsymbol{\phi})$ 并不比优化 $\tilde{C}(\boldsymbol{x})$ 容易.

为绕开以上难题，第 2 章与第 9 章的一个重要发现便是，式(2.58)的最小化几乎与式(2.56)的最小化等价. 利用这个发现以及式(2.57)后的优化方法，本书提出了 CAN 算法以及 PeCAN 算法（第 9 章）来对 $D(\boldsymbol{x},\boldsymbol{\phi})$ 进行优化. 这两个算法形式上和表 2.4 中的 GSA 算法类似. 然而，$D(\boldsymbol{x},\boldsymbol{\phi})$ 与 $\tilde{C}(\boldsymbol{x})$ 的最优解未必相同. 需要特别指出的是，本书所提出的这两种算法并不能保证 $\tilde{C}(\boldsymbol{x})$ 在迭代过程中是单调递减的（仅 $D(\boldsymbol{x},\boldsymbol{\phi})$ 在迭代过程中单调递减）.

最后指出,尽管 WeCAN 算法、Multi-CAN 算法(第 3 章)和 GSA 算法的基本原理存在一定关联,但相比于 CAN 算法和 PeCAN 算法,它们与 GSA 算法没那么紧密.这两种算法是利用前面所提到的"几乎等价"的优化方法得到,可以视作是将 GSA 算法拓展到比式(2.53)更复杂的优化问题上.

3 非周期序列集设计

第 2 章论述了如何设计自相关特性良好的单个序列. 类似地,在 MIMO 雷达和 CDMA (code division multiple access)系统等应用中,可以期望获得相关特性良好的序列集. 当 MIMO 雷达发射正交波形时,能够获得比相控阵雷达大得多的虚拟孔径. MIMO 雷达所增加的虚拟孔径可以获得更好的检测性能(Fishler et al. 2006)、更强的参数辨识能力(Li, Stoica,Xu 2007)、更高的分辨率(Bliss,Forsythe 2003),且可以直接应用自适应阵列技术(Xu et al. 2008).

波形集设计或多波形设计需要同时考虑优化自相关和互相关特性. 良好的自相关特性是指发射波形与自身经过时移后的副本几乎不相关,而良好的互相关特性是指任意发射波形与其他经过时移后的发射波形几乎不相关. 上述相关特性良好的波形可降低在多径或杂波干扰中出现目标信号的风险.

已有大量文献报告了多波形设计研究. Deng(2004)和 Khan et al. (2006)研究的问题与本章联系紧密,他们提出了具有良好自相关和互相关特性的正交波形设计方法. Fuhrmann,San Antonio(2008)和 Stoica et al. (2007)的研究与第 13 章和第 14 章所述内容的关联更大,他们聚焦于发射波形协方差矩阵的优化,以期得到所需的发射波束方向图. Stoica,Li,Zhu(2008)讨论了如何设计波形来近似给定的协方差矩阵. Yang,Blum(2007a), Friedlander(2007)和 Yang,Blum(2007b)假设目标冲激响应等先验信息已知,通过统计准则(例如,目标冲激响应和反射信号之间的互信息)来优化多波形. 需要指出的是,在多址无线通信领域,扩频序列设计问题在本质上也等价于波形综合问题,即如何使其具有良好的自相关和互相关特性.

令$\{x_m(n)\}$($m=1,\cdots,M;n=1,\cdots,N$)表示 M 个序列集,每个序列集的长度为 N. 则在时延 n 处$\{x_{m_1}(k)\}_{k=1}^{N}$和$\{x_{m_2}(k)\}_{k=1}^{N}$的非周期互相关函数可定义为

$$
\begin{aligned}
r_{m_1m_2}(n) &= \sum_{k=n+1}^{N} x_{m_1}(k)x_{m_2}^{*}(k-n) \\
&= r_{m_2m_1}^{*}(-n) \quad (m_1,m_2=1,\cdots,M;n=0,\cdots,N-1).
\end{aligned}
\tag{3.1}
$$

当 $m_1=m_2$ 时,式(3.1)即为$\{x_{m_1}(k)\}_{k=1}^{N}$的自相关函数. 本章对第 2 章所述方法进行了推广,提出了两种循环优化算法来设计序列集:第一种算法被称为 Multi-CAN 算法,可用于最小化所有的相关旁瓣;第二种算法被称为 Multi-WeCAN 算法,可用于最小化特定时延间隔内的相关旁瓣.

3.1 Multi-CAN 算法

Multi-CAN 算法的目标是最小化以下准则函数：

$$E=\sum_{m=1}^{M}\sum_{n=-N+1,n\neq 0}^{N-1}|r_{mm}(n)|^2+\sum_{m_1=1}^{M}\sum_{m_2=1,m_2\neq m_1}^{M}\sum_{n=-N+1}^{N-1}|r_{m_1m_2}(n)|^2. \tag{3.2}$$

为了便于讨论，令发射波形矩阵为

$$\boldsymbol{X}=[\boldsymbol{x}_1\quad \boldsymbol{x}_2\quad \cdots\quad \boldsymbol{x}_M]_{N\times M}, \tag{3.3}$$

其中

$$\boldsymbol{x}_m=[x_m(1)\quad x_m(2)\quad \cdots\quad x_m(N)]^{\mathrm{T}} \tag{3.4}$$

表示第 m 个波形. 则在不同时延处的波形协方差矩阵可表示为

$$\boldsymbol{R}_n=\begin{bmatrix} r_{11}(n) & r_{12}(n) & \cdots & r_{1M}(n)\\ r_{21}(n) & r_{22}(n) & \cdots & r_{2M}(n)\\ \vdots & \vdots & & \vdots\\ r_{M1}(n) & \cdots & \cdots & r_{MM}(n)\end{bmatrix}\quad (n=-N+1,\cdots,0,\cdots,N-1). \tag{3.5}$$

定义移位矩阵如下：

$$\boldsymbol{J}_n=\begin{bmatrix} \overbrace{\boldsymbol{0}\qquad 1}^{n+1} & & \boldsymbol{0}\\ & \ddots & \\ & & 1\\ \boldsymbol{0} & & \end{bmatrix}=\boldsymbol{J}_{-n}^{\mathrm{T}}\quad (n=0,\cdots,N-1), \tag{3.6}$$

则式(3.5)中矩阵 $\boldsymbol{R}_n$ 可表示为

$$\boldsymbol{R}_n=(\boldsymbol{X}^{\mathrm{H}}\boldsymbol{J}_n\boldsymbol{X})^{\mathrm{T}}=\boldsymbol{R}_{-n}^{\mathrm{H}}\quad (n=0,\cdots,N-1). \tag{3.7}$$

利用上述表示，可以将式(3.2)更加紧凑地写为

$$E=\|\boldsymbol{R}_0-N\boldsymbol{I}_M\|^2+2\sum_{n=1}^{N-1}\|\boldsymbol{R}_n\|^2=\sum_{n=-(N-1)}^{N-1}\|\boldsymbol{R}_n-N\boldsymbol{I}_M\delta_n\|^2. \tag{3.8}$$

注意到下面“帕塞瓦尔型”(Parseval-type)等式成立(证明类似于第 2 章中 $M=1$ 情形)：

$$\sum_{n=-(N-1)}^{N-1}\|\boldsymbol{R}_n-N\boldsymbol{I}_M\delta_n\|^2=\frac{1}{2N}\sum_{p=1}^{2N}\|\boldsymbol{\Phi}(\omega_p)-N\boldsymbol{I}_M\|^2, \tag{3.9}$$

其中，

$$\boldsymbol{\Phi}(\omega)\equiv\sum_{n=-N+1}^{N-1}\boldsymbol{R}_n\mathrm{e}^{-\mathrm{j}\omega n} \tag{3.10}$$

表示矢量序列 $[x_1(n)\cdots x_M(n)]^{\mathrm{T}}$ 的谱密度矩阵，且

$$\omega_p=\frac{2\pi}{2N}p\quad (p=1,\cdots,2N). \tag{3.11}$$

式(3.10)中所定义的函数 $\boldsymbol{\Phi}(\omega)$ 可表示为如下“类周期图”形式：

$$\boldsymbol{\Phi}(\omega)=\tilde{\boldsymbol{y}}(\omega)\,\tilde{\boldsymbol{y}}^{\mathrm{H}}(\omega),\tag{3.12}$$

其中，

$$\tilde{\boldsymbol{y}}(\omega)=\sum_{n=1}^{N}\boldsymbol{y}(n)\mathrm{e}^{-\mathrm{j}\omega n},\quad \boldsymbol{y}(n)=[x_1(n)x_2(n)\cdots x_M(n)]^{\mathrm{T}}.\tag{3.13}$$

根据式(3.9)和式(3.12)，式(3.8)可重新表示为

$$E=\frac{1}{2N}\sum_{p=1}^{2N}\|\tilde{\boldsymbol{y}}_p\tilde{\boldsymbol{y}}_p^{\mathrm{H}}-N\boldsymbol{I}_M\|^2\quad(\tilde{\boldsymbol{y}}_p\equiv\tilde{\boldsymbol{y}}(\omega_p)).\tag{3.14}$$

评述 即使矩阵 $\boldsymbol{X}$ 的元素无需满足恒模约束条件，式(3.14)中的 E 也不能取到非常小的值，这是因为秩 1 矩阵 $\tilde{\boldsymbol{y}}_p\tilde{\boldsymbol{y}}_p^{\mathrm{H}}$ 无法很好地近似满秩矩阵 $N\boldsymbol{I}_M$.

式(3.14)是未知量 $\{x_m(n)\}_{m=1,n=1}^{M,N}$ 的四次(或四阶)函数. 为得到一个更简单的关于 $\{x_m(n)\}$ 的二次函数，注意到：

$$\begin{aligned}E&=\frac{1}{2N}\sum_{p=1}^{2N}\|\tilde{\boldsymbol{y}}_p\tilde{\boldsymbol{y}}_p^{\mathrm{H}}-N\boldsymbol{I}\|^2=\frac{1}{2N}\sum_{p=1}^{2N}\mathrm{tr}[(\tilde{\boldsymbol{y}}_p\tilde{\boldsymbol{y}}_p^{\mathrm{H}}-N\boldsymbol{I})(\tilde{\boldsymbol{y}}_p\tilde{\boldsymbol{y}}_p^{\mathrm{H}}-N\boldsymbol{I})^{\mathrm{H}}]\\&=\frac{1}{2N}\sum_{p=1}^{2N}(\|\tilde{\boldsymbol{y}}_p\|^4-2N\|\tilde{\boldsymbol{y}}_p\|^2+N^2M)\\&=2N\sum_{p=1}^{2N}\left(\left\|\frac{\tilde{\boldsymbol{y}}_p}{\sqrt{2N}}\right\|^2-\frac{1}{2}\right)^2+N^2(M-1).\end{aligned}\tag{3.15}$$

考虑如下优化问题来替代式(3.15)中关于 $\boldsymbol{X}$ 的最小化问题：

$$\begin{cases}\min\limits_{X,\{\boldsymbol{\alpha}_p\}_{p=1}^{2N}}\sum\limits_{p=1}^{2N}\left\|\frac{1}{\sqrt{2N}}\tilde{\boldsymbol{y}}_p-\boldsymbol{\alpha}_p\right\|^2\\ \text{s. t. }|x_m(n)|=1\quad(m=1,\cdots,M;n=1,\cdots,N),\\ \|\boldsymbol{\alpha}_p\|^2=\frac{1}{2}\quad(p=1,\cdots,2N(\boldsymbol{\alpha}_p\text{ 为 }M\times1)\end{cases}\tag{3.16}$$

其中，“s. t.”表示 subject to，$\{\alpha_p\}$ 是辅助变量. 很明显，忽略常数项 $N^2(M-1)$ 后，如果通过优化矩阵 $\boldsymbol{X}$ 使得式(3.15)为 0(或非常小)，则式(3.16)取值也为 0(或非常小)，反之亦然. 为求解式(3.16)中的优化问题，定义：

$$\begin{cases}\boldsymbol{a}_p^{\mathrm{H}}=[\mathrm{e}^{-\mathrm{j}\omega_p}\cdots\mathrm{e}^{-\mathrm{j}2N\omega_p}]\\ \boldsymbol{A}=\frac{1}{\sqrt{2N}}[\boldsymbol{a}_1\cdots\boldsymbol{a}_{2N}]\\ \tilde{\boldsymbol{X}}=\begin{bmatrix}\boldsymbol{X}\\ \boldsymbol{0}\end{bmatrix}_{2N\times M}\\ \boldsymbol{V}=[\boldsymbol{\alpha}_1\cdots\boldsymbol{\alpha}_{2N}]^{\mathrm{T}}\end{cases},\tag{3.17}$$

不难发现

$$\sum_{p=1}^{2N}\left\|\frac{1}{\sqrt{2N}}\tilde{\boldsymbol{y}}_p-\boldsymbol{\alpha}_p\right\|^2=\|\boldsymbol{A}^{\mathrm{H}}\tilde{\boldsymbol{X}}-\boldsymbol{V}\|^2=\|\tilde{\boldsymbol{X}}-\boldsymbol{A}\boldsymbol{V}\|^2.\tag{3.18}$$

其中，式(3.18)的第 2 个等式成立是因为 $\boldsymbol{A}$ 是幺正矩阵. 接下来通过两步迭代来优化式(3.18). 给定矩阵 $\tilde{\boldsymbol{X}}$，式(3.18)中 $\{\boldsymbol{\alpha}_p\}_{p=1}^{2N}$ 的最优解为

$$\boldsymbol{\alpha}_p = \frac{1}{\sqrt{2}} \frac{\boldsymbol{c}_p}{\| \boldsymbol{c}_p \|} \quad (p = 1, \cdots, 2N), \tag{3.19}$$

其中，

$$\boldsymbol{c}_p^{\mathrm{T}} \text{ 是} \boldsymbol{A}^{\mathrm{H}} \widetilde{\boldsymbol{X}} \text{ 的第 } p \text{ 行.} \tag{3.20}$$

随后，给定矩阵 $\boldsymbol{V}$(即$\{\boldsymbol{\alpha}_p\}_{p=1}^{2N}$已知)，式(3.18)中 $x_m(n)$的最优解为

$$x_m(n) = \exp[\mathrm{j}\arg(d_{nm})] \quad (m = 1, \cdots, M; n = 1, \cdots, N), \tag{3.21}$$

其中，

$$d_{nm} \text{ 是 } \boldsymbol{AV} \text{ 的第}(n, m)\text{个元素.} \tag{3.22}$$

因此，Multi-CAN 算法可总结为表 3.1 所示.

表 3.1 Multi-CAN 算法

步骤 0	利用随机生成的 $N \times M$ 矩阵(或性质较好的已有序列)初始化 $\boldsymbol{X}$
步骤 1	固定$\widetilde{\boldsymbol{X}}$，根据式(3.19)计算矩阵 $\boldsymbol{V}$
步骤 2	固定 $\boldsymbol{V}$，根据式(3.21)计算矩阵$\widetilde{\boldsymbol{X}}$
循环迭代	重复步骤 1 和 2 直至满足预先设定的终止条件，如 $\| \boldsymbol{X}^{(i)} - \boldsymbol{X}^{(i+1)} \| < 10^{-3}$，其中，$\boldsymbol{X}^{(i)}$ 表示第 i 次迭代所得的波形矩阵

需要指出的是，式(3.20)中$\boldsymbol{A}^{\mathrm{H}} \widetilde{\boldsymbol{X}}$可以通过对$\widetilde{\boldsymbol{X}}$各列进行 FFT 得到，式(3.22)中 $\boldsymbol{AV}$ 可以通过对 $\boldsymbol{V}$ 各列进行 IFFT 得到. 由于采用了快速傅里叶(逆)变换，Multi-CAN 算法的运算速度非常快. 实际上，在普通个人电脑上，用 Multi-CAN 算法可设计 $N \sim 10^3$ 和 $M \sim 10$ 的长序列，而此前的文献所提算法难以设计如此长的序列.

3.2 Multi-WeCAN 算法

在 SAR 成像等雷达应用中，发射脉冲较长(即 N 值较大)，近场和远场距离单元的目标后向散射信号会明显重叠在一起(Li et al. 2008). 此种情形下，仅有 $n=0$ 附近时延区间内的波形相关特性与距离分辨率相关，由此可得到不同于式(3.8)的最小化准则：

$$\widetilde{E} = \| \boldsymbol{R}_0 - N \boldsymbol{I}_M \|^2 + 2 \sum_{n=1}^{P-1} \| \boldsymbol{R}_n \|^2, \tag{3.23}$$

其中，$P-1$ 表示所关注的最大时延. 更为具体地讲，$(P-1)t_p$(t_p的定义见式(1.1))应大于近场和远场距离单元后向散射信号往返延迟的最大差值.

评述 前面已经说明，很难使式(3.14)中的准则函数 E 非常小. 为理解该结论，接下来仅考虑$\boldsymbol{R}_0, \boldsymbol{R}_1, \cdots, \boldsymbol{R}_{P-1}$($M \times M$ 复值矩阵)并查验定义于式(3.23)的准则函数 $\widetilde{E}$. 矩阵$\boldsymbol{R}_0$ 是对角元素等于 N 的 Hermitian 矩阵，令$\boldsymbol{R}_0 = N\boldsymbol{I}$ 可得 $M(M-1)$个(实值)方程. 矩阵$\boldsymbol{R}_1, \cdots, \boldsymbol{R}_{P-1}$并无特殊结构，将每一个矩阵设置为 0 则对应增加了 $2M^2$ 个方程. 因此，总的方程数为 $K = M(M-1) + (P-1) \cdot 2M^2$. 相比之下，需要求解的变量数是 $M(N-1)$(由于初始相位不影响目标函数值，故 M 个波形中的任意一个都有 $N-1$ 个自由相位). 因此，波形取得

良好性能的前提是 $K<M(N-1)$，也可简化为 $P<(N+M)/2M$. 换句话说，当 $P<(N+M)/2M$时，从理论上才有可能通过设计恒模波形 $\boldsymbol{X}$，使得 $\widetilde{E}$ 为 0. 在其他情况下，$\widetilde{E}$ 或 E 不可能等于 0.

Multi-WeCAN 算法的设计目标是最小化以下准则：

$$\hat{E}=\gamma_0^2\ \|\boldsymbol{R}_0-N\boldsymbol{I}_M\|^2+2\sum_{n=1}^{N-1}\gamma_n^2\ \|\boldsymbol{R}_n\|^2, \tag{3.24}$$

其中，$\{\gamma_n\}_{n=0}^{N-1}$为实值权重. 如果对于任意 $n=0,\cdots,P-1$，设定 $\gamma_n=1$ 以及对于其他值令 $\gamma_n=0$，那么 $\hat{E}$ 将变成定义于式(3.23)的准则 $\widetilde{E}$.

根据式(3.9)可以得到：

$$\hat{E}=\frac{1}{2N}\sum_{p=1}^{2N}\ \|\widetilde{\boldsymbol{\Phi}}(\omega_p)-\gamma_0N\boldsymbol{I}_M\|^2, \tag{3.25}$$

其中，$\{\omega_p\}_{p=1}^{2N}$定义于式(3.11)，

$$\widetilde{\boldsymbol{\Phi}}(\omega)\equiv\sum_{n=-(N-1)}^{N-1}\gamma_n\boldsymbol{R}_n\mathrm{e}^{-\mathrm{j}\omega n}, \tag{3.26}$$

且 $\gamma_n=\gamma_{-n}$，$n=1,\cdots,N-1$. 为便于后续推导，选择 γ_0 使得矩阵

$$\boldsymbol{\Gamma}=\begin{bmatrix}\gamma_0 & \gamma_1 & \cdots & \gamma_{N-1}\\ \gamma_1 & \gamma_0 & & \vdots\\ \vdots & \vdots & & \gamma_1\\ \gamma_{N-1}\cdots & \gamma_1 & \cdots & \gamma_0\end{bmatrix} \tag{3.27}$$

为半正定，即 $\boldsymbol{\Gamma}\geqslant0$，注意到此处可以参见第 2 章式(2.25)的讨论结果来确定参数 γ_0. 此处之所以要求 $\boldsymbol{\Gamma}\geqslant0$，是因为接下来需要在式(3.31)计算矩阵 $\boldsymbol{\Gamma}$ 的平方根.

类似于式(3.12)的推导方法，可以得到(具体见附录 3.1)：

$$\widetilde{\boldsymbol{\Phi}}(\omega)=\boldsymbol{Z}^{\mathrm{T}}(\omega)\boldsymbol{\Gamma}\boldsymbol{Z}^*(\omega), \tag{3.28}$$

其中，

$$\boldsymbol{Z}^{\mathrm{T}}(\omega)=[\boldsymbol{y}(1)\mathrm{e}^{-\mathrm{j}\omega}\quad \boldsymbol{y}(2)\mathrm{e}^{-\mathrm{j}\omega 2}\quad\cdots\quad y(N)\mathrm{e}^{-\mathrm{j}\omega N}]_{M\times N}. \tag{3.29}$$

结合式(3.25)和式(3.28)，准则函数 $\hat{E}$ 可表示为

$$\hat{E}=\frac{1}{2N}\sum_{p=1}^{2N}\ \|\boldsymbol{Z}_p^{\mathrm{H}}\boldsymbol{\Gamma}\boldsymbol{Z}_p-\gamma_0N\boldsymbol{I}_M\|^2\quad(\boldsymbol{Z}_p\equiv\boldsymbol{Z}(\omega_p)). \tag{3.30}$$

接下来采用下面的优化问题来替代式(3.30)中的优化问题(具体原因可参考式(3.16)后的讨论)：

$$\begin{cases}\min\limits_{\boldsymbol{X},\boldsymbol{U}}\sum\limits_{p=1}^{2N}\ \|\boldsymbol{C}\boldsymbol{Z}_p-\sqrt{\gamma_0N}\boldsymbol{U}_p\|^2\\ \text{s. t.}\ |x_m(n)|=1\quad(m=1,\cdots,M;n=1,\cdots,N)\\ \boldsymbol{U}_p^{\mathrm{H}}\boldsymbol{U}_p=\boldsymbol{I}\quad(p=1,\cdots,2N(\boldsymbol{U}_p\text{ 为 }N\times M\text{ 矩阵}))\end{cases}, \tag{3.31}$$

其中，$N\times N$ 矩阵$\boldsymbol{C}$ 为矩阵$\boldsymbol{\Gamma}$ 的平方根，即$\boldsymbol{C}^{\mathrm{H}}\boldsymbol{C}=\boldsymbol{\Gamma}$.

可以采用循环优化算法来实现式(3.31)的最小化，具体求解过程如下. 给定 $\{\boldsymbol{Z}_p\}_{p=1}^{2N}$(即给定 $\boldsymbol{X}$)，式(3.31)可以分割为 $2N$ 个独立问题，每一个均可表示为如下的形式：

$$\|\boldsymbol{C}\boldsymbol{Z}_p-\sqrt{\gamma_0N}\boldsymbol{U}_p\|^2=\mathrm{const}-2\mathrm{Re}[\mathrm{tr}(\sqrt{\gamma_0N}\boldsymbol{U}_p\boldsymbol{Z}_p^{\mathrm{H}}\boldsymbol{C}^{\mathrm{H}})]\quad(p=1,\cdots,2N), \tag{3.32}$$

其中，$const$ 表示独立于变量 $\boldsymbol{U}_p$ 的常数项. 令

$$\boldsymbol{Z}_p^{\mathrm{H}}\boldsymbol{C}^{H}=\boldsymbol{U}_1\boldsymbol{\Sigma}\boldsymbol{U}_2^{\mathrm{H}} \tag{3.33}$$

表示 $\boldsymbol{Z}_p^{\mathrm{H}}\boldsymbol{C}^{\mathrm{H}}$ 的紧凑奇异值分解(Trefethen，Bau 1997)，其中，$\boldsymbol{U}_1$、$\boldsymbol{\Sigma}$ 和 $\boldsymbol{U}_2$ 的维度分别为 $M\times M$，$M\times M$ 和 $N\times M$. 那么，当给定 $\boldsymbol{Z}_p$ 时，$\boldsymbol{U}_p$ 的最优解可表示为(类似优化问题见式(3.46)、式(3.47)，证明方法见附录 3.2)：

$$\boldsymbol{U}_p=\boldsymbol{U}_2\boldsymbol{U}_1^{\mathrm{H}}. \tag{3.34}$$

需要指出的是，$\{\boldsymbol{C}\boldsymbol{Z}_p\}_{p=1}^{2N}$ 可以通过 FFT 计算. 要领会这一点，令

$$\widetilde{\boldsymbol{X}}_m=\boldsymbol{C}^{\mathrm{T}}\odot[\boldsymbol{x}_m\ \boldsymbol{x}_m\cdots\ \boldsymbol{x}_m]_{N\times N}\quad(m=1,\cdots,M) \tag{3.35}$$

和

$$\boldsymbol{F}=\sqrt{2N}\boldsymbol{A}^{\mathrm{H}}\widetilde{\boldsymbol{F}},\quad \widetilde{\boldsymbol{F}}=\begin{bmatrix}\widetilde{\boldsymbol{X}}_1 & \widetilde{\boldsymbol{X}}_2 & \cdots & \widetilde{\boldsymbol{X}}_M\\ 0_{N\times N} & 0_{N\times N} & \cdots & 0_{N\times N}\end{bmatrix}_{2N\times NM}, \tag{3.36}$$

其中，$\boldsymbol{A}$ 定义于式(3.17). 令 $\boldsymbol{f}_p^{\mathrm{T}}$ 表示 $\boldsymbol{F}$ 的第 p 行，将 $NM\times 1$ 维矢量 $\boldsymbol{f}_p^{\mathrm{T}}$ 等分为 M 块，并与 $\boldsymbol{C}\boldsymbol{Z}_p$ 的列从左至右一一对应. 因此，矩阵 $\boldsymbol{C}\boldsymbol{Z}_p$ 可由矩阵 $\boldsymbol{F}$ 得到，而该矩阵可由 FFT 计算得到.

当给定 $\{\boldsymbol{U}_p\}_{p=1}^{2N}$ 时，可以得到式(3.31)最优解的闭式表达式. 令

$$\boldsymbol{G}_{2N\times NM}=[\boldsymbol{g}_1\quad \boldsymbol{g}_2\quad \cdots\quad \boldsymbol{g}_{2N}]^{\mathrm{T}}, \tag{3.37}$$

其中，$\boldsymbol{g}_p$ 表示由 $\sqrt{\gamma_0 N}\boldsymbol{U}_p$ 的列堆叠而成的 $NM\times 1$ 维矢量. 那么准则(3.31)可表示为

$$\begin{aligned}\sum_{p=1}^{2N}\|\boldsymbol{C}\boldsymbol{Z}_p-\sqrt{\gamma_0 N}\boldsymbol{U}_p\|^2&=\|\sqrt{2N}\boldsymbol{A}^{\mathrm{H}}\widetilde{\boldsymbol{F}}-\boldsymbol{G}\|^2\\&=2N\left\|\widetilde{\boldsymbol{F}}-\frac{1}{\sqrt{2N}}\boldsymbol{A}\boldsymbol{G}\right\|^2.\end{aligned} \tag{3.38}$$

上述准则的最小化可分别针对 $\{x_m(n)\}_{m=1,n=1}^{M,N}$ 的各个元素进行. 令 x 表示 $\{x_m(n)\}$ 的任意一个元素. 那么，针对 x 的最小化问题为

$$\sum_{k=1}^{N}|\mu_k x-v_k|^2=const-2\mathrm{Re}\left[\left(\sum_{k=1}^{N}\mu_k^* v_k\right)x^*\right], \tag{3.39}$$

其中，$\{\mu_k\}_{k=1}^{N}$ 可由矩阵 $\widetilde{\boldsymbol{F}}$ 中包含 x 的元素得到，$\{v_k\}_{k=1}^{N}$ 可由 $\frac{1}{\sqrt{2N}}\boldsymbol{A}\boldsymbol{G}$ 的元素得到，其位置与 $\{\mu_k\}_{k=1}^{N}$ 相同. 更具体地说，对于 $k=1,\cdots,N$，μ_k 可从 $\boldsymbol{C}$ 的第 $(k,\ n)$ 个元素得到，v_k 为 $\frac{1}{\sqrt{2N}}\boldsymbol{A}\boldsymbol{G}$ 的第 $(n,(m-1)N+k)$ 个元素. 在恒模约束条件下，准则(3.39)的最优解可表示为

$$x=\mathrm{e}^{\mathrm{j}\phi},\quad \phi=\arg\left(\sum_{k=1}^{N}\mu_k^* v_k\right). \tag{3.40}$$

根据上述讨论可得 Multi-WeCAN 算法，具体步骤如表 3.2 所示.

表 3.2　Multi-WeCAN 算法

步骤 0	初始化 $\boldsymbol{X}$,并选择所需权重 $\{\gamma_n\}_{n=0}^{N-1}$ 使式(3.27)中的矩阵 $\boldsymbol{\Gamma}$ 半正定
步骤 1	固定 $\{\boldsymbol{Z}_p\}_{p=1}^{2N}$(即 $\boldsymbol{X}$ 已知),根据式(3.34)计算矩阵 $\{\boldsymbol{U}_p\}_{p=1}^{2N}$
步骤 2	固定 $\{\boldsymbol{U}_p\}_{p=1}^{2N}$,根据式(3.40)计算矩阵 $\boldsymbol{X}$
循环迭代	重复步骤 1 和 2 直至满足预先设定的终止条件,如 $\\|\boldsymbol{X}^{(i)}-\boldsymbol{X}^{(i+1)}\\|<\varepsilon$,其中,$\boldsymbol{X}^{(i)}$ 表示第 i 次迭代所得的波形矩阵

虽然 Multi-WeCAN 算法的计算效率不如 Multi-CAN 算法,但仍可用普通个人计算机来设计 $N\sim10^3$ 和 $M\sim10$ 的序列.

3.3　Multi-CA-original (Multi-CAO)算法

最早用于波形设计的循环优化算法(CA)是由 Li et al. (2008), Stoica, Li, Zhu(2008)提出的,其目标是最小化式(3.24)准则 $\hat{E}$ 的一个特定形式:

$$\hat{E}_{\mathrm{CAO}}=P\parallel\boldsymbol{R}_0-N\boldsymbol{I}_M\parallel^2+2\sum_{n=1}^{P-1}(P-n)\parallel\boldsymbol{R}_n\parallel^2. \tag{3.41}$$

上式可以通过式(3.24)得到,即选择权重 $\gamma_n^2=P-n(n=1,\cdots,P-1)$,而对于其他 n 值令 $\gamma_n^2=0$. 为了保持与 Multi-CAN 算法和 Multi-WeCAN 算法命名的一致性,本文将该算法称为 Multi-CA-original(Multi-CAO)算法.

选择上述 $\{\gamma_n\}_{n=0}^{N-1}$ 可将式(3.41)以简单直接的方式表示出来. 为此,定义矩阵

$$\overline{\boldsymbol{X}}=[\overline{\boldsymbol{X}}_1\quad\cdots\quad\overline{\boldsymbol{X}}_M]_{(N+P-1)\times MP}, \tag{3.42}$$

其中,

$$\overline{\boldsymbol{X}}_m=\begin{bmatrix}x_m(1) & & \boldsymbol{0}\\ \vdots & \ddots & \\ \vdots & & x_m(1)\\ x_m(N) & & \vdots\\ & \ddots & \vdots\\ \boldsymbol{0} & & x_m(N)\end{bmatrix}_{(N+P-1)\times P}\quad(m=1,\cdots,M), \tag{3.43}$$

于是,很容易观察到定义于式(3.41)的 $\hat{E}_{\mathrm{CAO}}$ 可表示为

$$\hat{E}_{\mathrm{CAO}}=\parallel\overline{\boldsymbol{X}}^{\mathrm{H}}\overline{\boldsymbol{X}}-N\boldsymbol{I}_{MP}\parallel^2. \tag{3.44}$$

为求解式(3.44)中的最小化问题,考虑如下优化问题:

$$\begin{cases}\min\limits_{\boldsymbol{X},\boldsymbol{U}}\parallel\overline{\boldsymbol{X}}-\sqrt{N}\boldsymbol{U}\parallel^2\\ \text{s. t.}\ |x_m(n)|=1\quad(m=1,\cdots,M;n=1,\cdots,N)\cdot\\ \boldsymbol{U}^{\mathrm{H}}\boldsymbol{U}=\boldsymbol{I}\quad(\boldsymbol{U}\text{ 是}(N+P-1)\times MP\text{ 矩阵})\end{cases} \tag{3.45}$$

需指出,正如式(3.15)和式(3.16)、式(3.30)和式(3.31)之间的关系,式(3.44)和式(3.45)

所述问题是几乎等价的.具体原因可以参考式(2.12)后的讨论和附录2.

关于式(3.45)可以得到如下结论.对于给定的$\bar{\boldsymbol{X}}$,令

$$\bar{\boldsymbol{X}}^{\mathrm{H}}=\boldsymbol{U}_1\boldsymbol{S}\boldsymbol{U}_2^{\mathrm{H}} \tag{3.46}$$

表示$\bar{\boldsymbol{X}}$的紧凑奇异值分解,其中,$\boldsymbol{U}_1$是一个$MP\times MP$的幺正矩阵,$\boldsymbol{U}_2$是一个$(N+P-1)\times MP$的半幺正矩阵,$\boldsymbol{S}$为$MP\times MP$的对角矩阵.那么,给定$\bar{\boldsymbol{X}}$,式(3.45)的解可以表示为

$$\boldsymbol{U}=\boldsymbol{U}_2\boldsymbol{U}_1^{\mathrm{H}}. \tag{3.47}$$

下一步,注意到对于给定的$\boldsymbol{U}$,式(3.45)具有简单闭式最优解.为此,可令x表示$\{x_m(n)\}$的任意一个元素.式(3.45)关于x的最小化问题的通用表达式可写为

$$\min_x\sum_{k=1}^{P}|x-\mu_k|^2, \tag{3.48}$$

其中,$\{\mu_k\}_{k=1}^P$表示矩阵$\sqrt{N}\boldsymbol{U}$的元素,其位置与$\bar{\boldsymbol{X}}$中x的位置相同.更为准确地讲,当$x=x_m(n)$时,其对应序列$\{\mu_k\}_{k=1}^P$为$\sqrt{N}\boldsymbol{U}$的第$[n-1+r,(m-1)P+r]$个元素,$r=1,\cdots,P$.由于$|x|=1$,式(3.48)可重新表述为

$$\begin{aligned}\sum_{k=1}^{P}|x-\mu_k|^2&=const-2\mathrm{Re}\Big(x\sum_{k=1}^{P}\mu_k^*\Big)\\&=const-2\Big|\sum_{k=1}^{P}\mu_k\Big|\cos\Big[\arg(x)-\arg\Big(\sum_{k=1}^{P}\mu_k\Big)\Big],\end{aligned} \tag{3.49}$$

其中,$const$表示与x无关的项.因此,式(3.45)的最优解为

$$x=\exp\Big[j\arg\Big(\sum_{k=1}^{P}\mu_k\Big)\Big]. \tag{3.50}$$

根据上述讨论,可得Multi-CAO算法,具体见计算步骤见表3.3.

表3.3 Multi-CAO算法

步骤0	设置$\bar{\boldsymbol{X}}$为一个初始值
步骤1	固定$\{x_m(n)\}$(即$\bar{\boldsymbol{X}}$已知),根据式(3.37)计算矩阵$\boldsymbol{U}$
步骤2	固定$\boldsymbol{U}$,根据式(3.50)计算$\{x_m(n)\}$
循环迭代	重复步骤1和2直至满足预先设定的优化终止条件

Multi-CAO算法所优化的准则可视为Multi-WeCAN算法优化准则的特例.尽管Multi-CAO算法涉及的推导和迭代步骤相对简单,然而该算法仍然具备与Multi-WeCAN算法相似的旁瓣抑制性能.

3.4 数值仿真

3.4.1 Multi-CAN算法性能分析

本节考虑最小化式(3.8)中的准则E,即最小化所有的相关旁瓣变量:$r_{mm}(n),m,n\neq 0$

和 $r_{m_1m_2}(n)$，$m_1 \neq m_2$. 假设发射序列个数为 $M=3$，各序列的长度为 $N=40$. 将 Multi-CAN 序列集与 Khan 等(2006)的交叉熵(cross entropy，CE)序列集进行对比. 采用随机生成序列初始化 Multi-CAN 算法(见表 3.1 的步骤 0). 蒙特卡洛实验运行次数为 100(即 100 次随机初始化)，从中选择相关旁瓣峰值最低的序列集. 40×3 的 CE 序列集见 Khan 等(2006)的研究.

Multi-CAN 和 CE 序列集的相关特征(r_{11}，r_{12}，…，r_{33}，通过 N 归一化)如图 3.1、

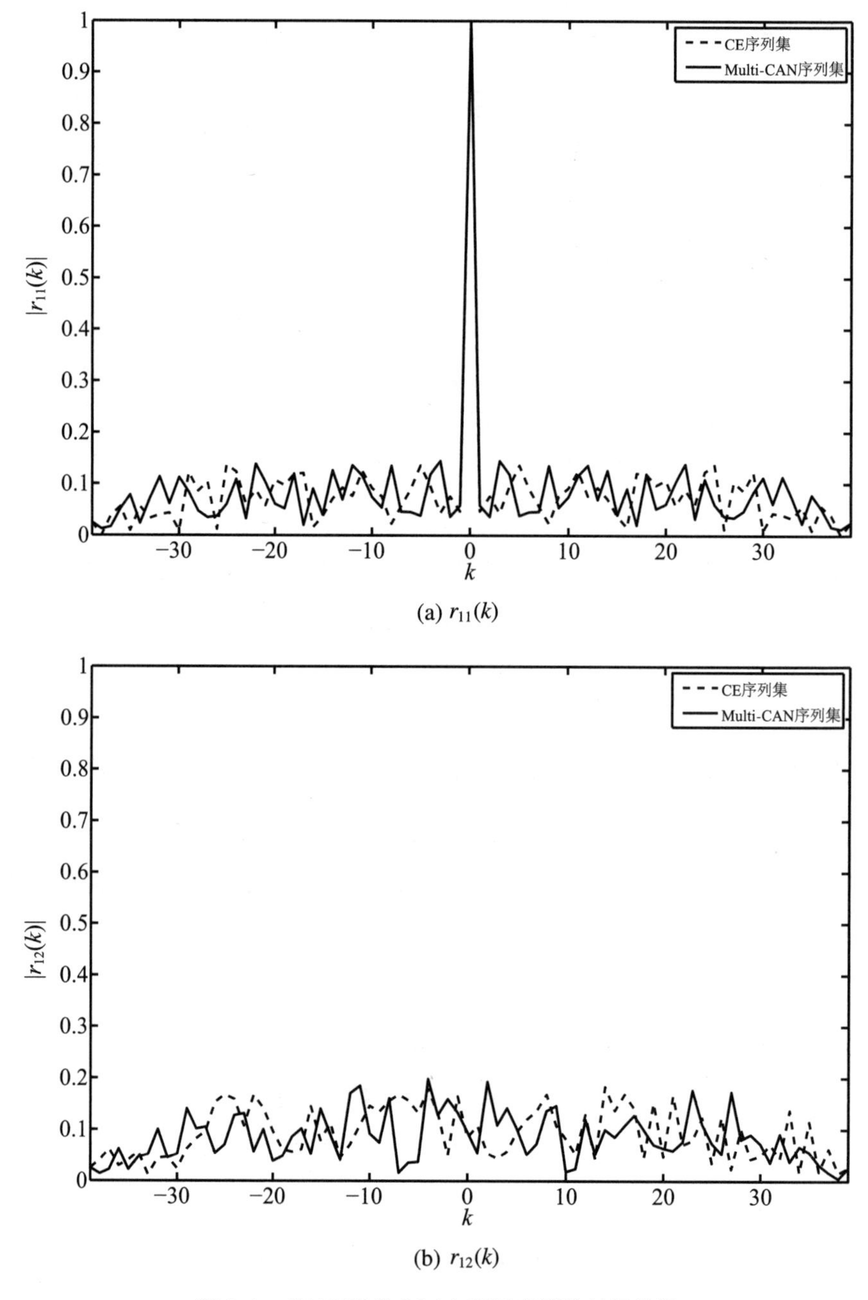

图 3.1　40×3CE 和 Multi-CAN 序列集的相关性

图 3.2、图 3.3 所示. 从相关旁瓣峰值来看, CE 序列集比 Multi-CAN 序列集性能更好. 但是, Multi-CAN 算法的目标是最小化 E 或等价于最小化以下归一化拟合误差：

$$E_{\text{norm}}=\frac{E}{MN^2}=\frac{1}{MN^2}\left(\|\boldsymbol{R}_0-N\boldsymbol{I}\|^2+2\sum_{n=1}^{N-1}\|\boldsymbol{R}_n\|^2\right). \tag{3.51}$$

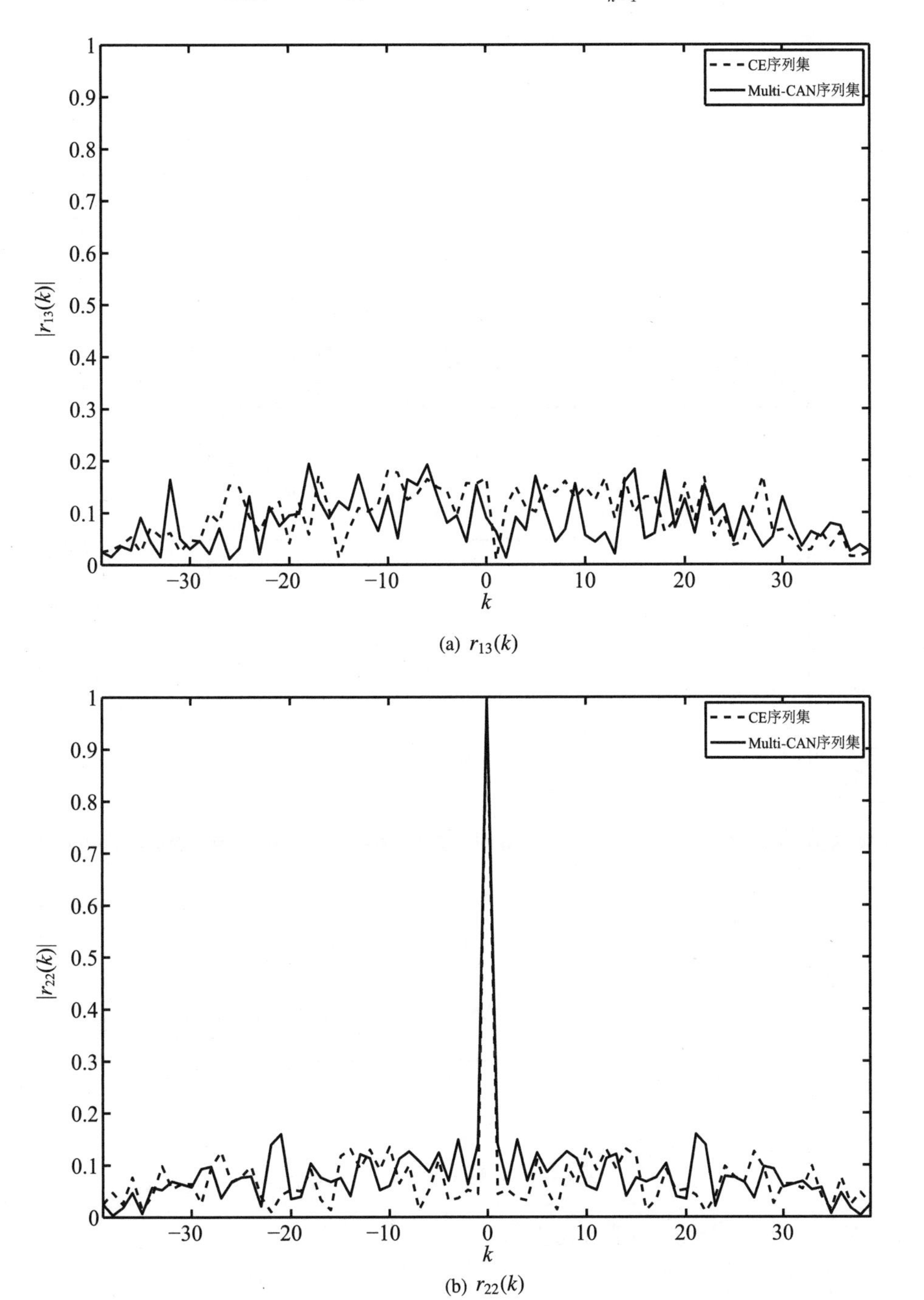

(a) $r_{13}(k)$

(b) $r_{22}(k)$

图 3.2 40×3CE 和 Multi-CAN 序列集的相关性

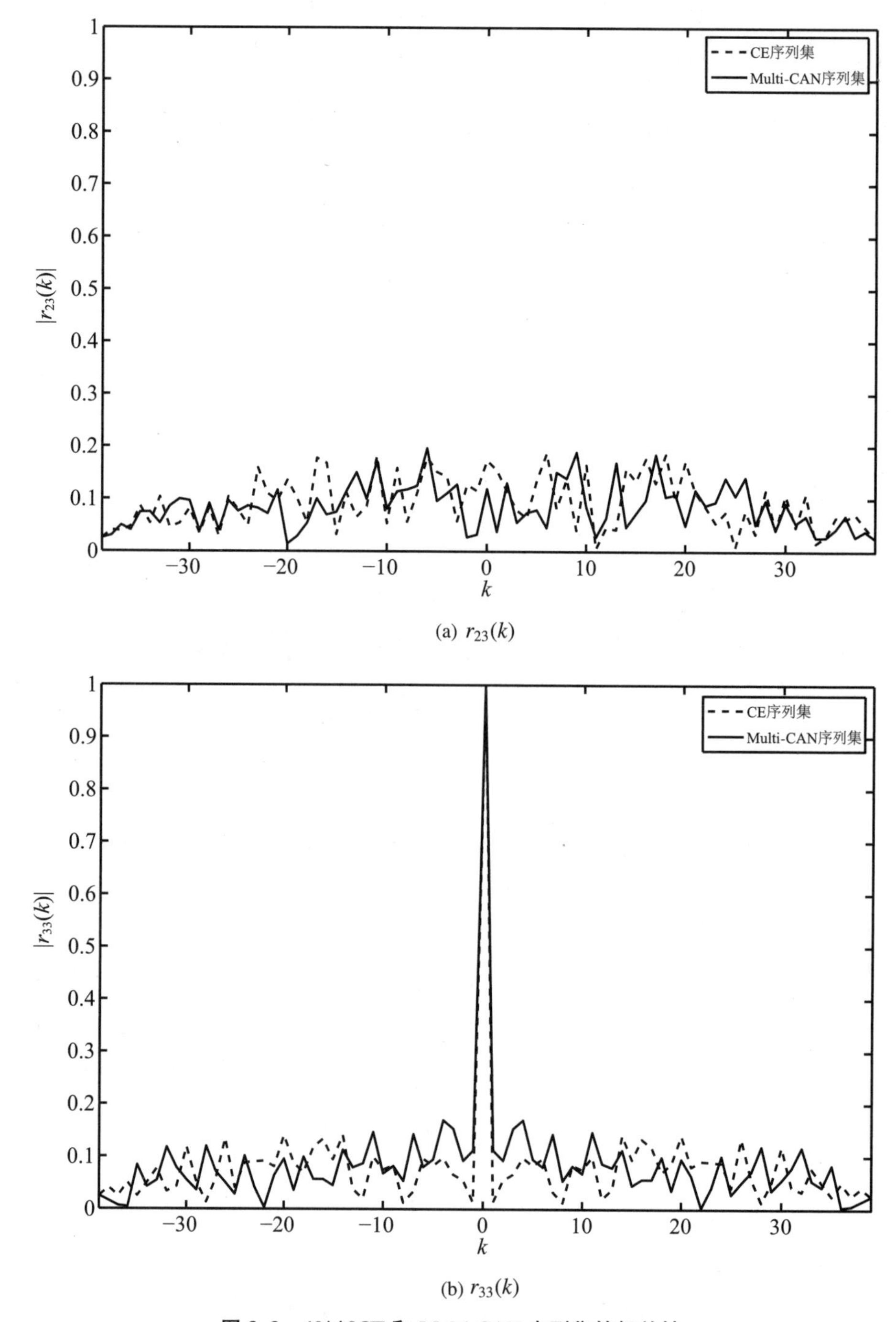

(a) $r_{23}(k)$

(b) $r_{33}(k)$

图 3.3　40×3CE 和 Multi-CAN 序列集的相关性

经计算，Multi-CAN 序列集的拟合误差为 2.00，而 CE 序列集的误差为 2.33，相对较大.

需要指出的是，尽管 Multi-CAN 序列集和 CE 序列集的性能相当（也与文献（Deng 2004）中的序列集性能相近），然而由于设计 Multi-CAN 序列集时可采用 FFT 计算，因此它的运行速度要比其他算法快得多. 对于上述参数集（$N=40$ 和 $M=3$），Multi-CAN 算法在普通个人计算机中的一次蒙特卡洛仿真所用时间不足 1 s. 如果进行多次蒙特卡洛实验并从中挑选最优的序列集，所需的运算时间依然较短. 另外，Multi-CAN 算法的运算时间大致以 $O(MN\lg N)$ 的阶数增长，因此 Multi-CAN 算法适用于 N 较大的情形，最长可达 $N\sim 10^5$. 对比之下，基于交叉熵(Khan et al. 2006)或者基于模拟退火的方法(Deng 2004)并不适用于 N 较大的情形. 事实上，在相关文献中无法找出一种序列集设计算法既能取得良好非周期相关特性，又能像 Multi-CAN 算法一样能够进行足够长设计的序列集.

如果 N 较大，可与 Hadamard 序列集进行比较(Tse，Viswanath 2005). 该序列集容易生成(如果长度为 2 的幂)且多用于无线通信领域. 令 $\boldsymbol{H}$ 表示 $N\times N$ 的 Hadamard 矩阵，其中 N 为 2 的幂. 建立 $N\times M$ 的正交相移键控(QPSK)Hadamard 序列集：

$$\boldsymbol{X}_{\text{Hadamard}} = \boldsymbol{H}(1:M) + \mathrm{j}\boldsymbol{H}((M+1):2M), \tag{3.52}$$

其中，$N\geqslant 2M$，$\boldsymbol{H}(a:b)$表示包含矩阵 $\boldsymbol{H}$ 从第 a 列到第 b 列的 $N\times(b-a+1)$ 子矩阵. 为进一步降低相关旁瓣，利用伪随机(PN)序列扰动 Hadamard 序列集. 具体来说，将$\boldsymbol{X}_{\text{Hadamard}}$的各个列乘以一个 PN 序列集$\{p(n)\}_{n=1}^{N}$，其中，$\{p(n)\}_{n=1}^{N-1}$为 m 序列(见 1.3 节)，$p(N)=1$. 对于 Multi-CAN 算法可采用如下随机相位序列集进行初始化：

$$x_m(n) = \mathrm{e}^{\mathrm{j}\phi_m(n)} \quad (\{\phi_m(n)\}\text{i. i. d.} \sim \mathrm{U}[0,2\pi](\text{均匀分布})). \tag{3.53}$$

对于每一个 N 值，运行 Multi-CAN 算法 100 次，从中选取相关旁瓣峰值最低的序列集合，且保留对应的初始随机相位序列集. 对 $M=3, N=2^7,\cdots,2^{13}$ 依次进行仿真实验. 图 3.4 和图 3.5 采用自相关旁瓣峰值、互相关峰值和归一化拟合误差(定义于式(3.51))三种性能指标分析了序列集的性能. 对于上述三个指标，Multi-CAN 序列集明显优于随机相位序列集和 Hadamard+PN 序列集. 事实上，Multi-CAN 算法的优势不仅包括所设计序列集的长度很长和相关旁瓣很低，而且在使用不同初始条件时，很容易生成维度相同且相关旁瓣很低的序列集. 这些随机分布的波形集在一些领域十分有用，例如在雷达系统中对抗相干转发式干扰等(Skolnik 2008；Deng 2004).

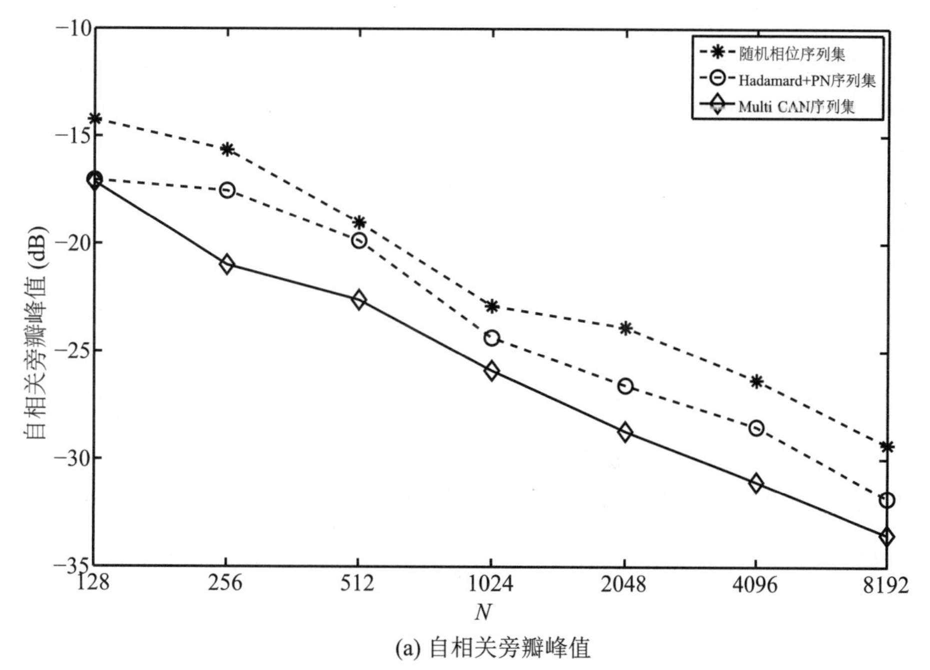

(a) 自相关旁瓣峰值

图 3.4　Multi-CAN 序列集、Hadamard+PN 序列集和随机相位序列集对比分析($M=3, N=2^7,\cdots,2^{13}$)

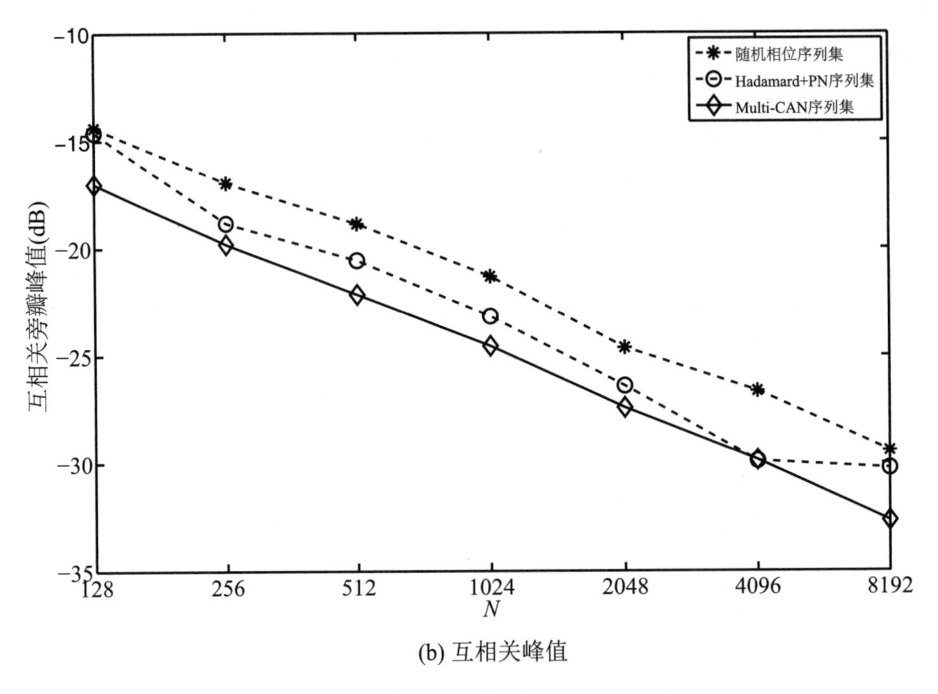

(b) 互相关峰值

图 3.4 Multi-CAN 序列集、Hadamard＋PN 序列集和随机相位序列集对比分析（$M=3, N=2^7, \cdots, 2^{13}$）**（续）**

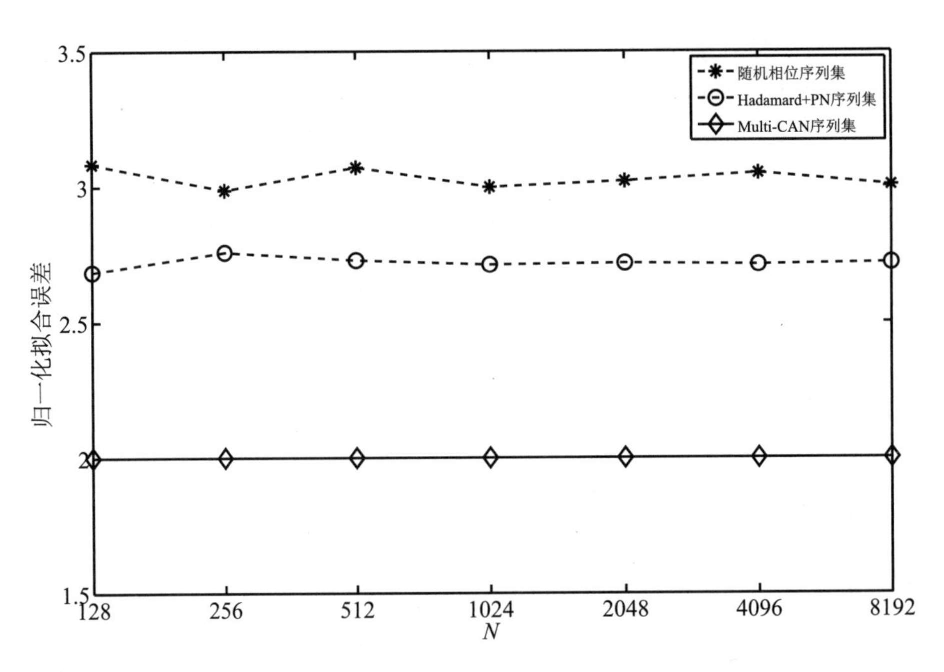

图 3.5 Multi-CAN 序列集、Hadamard＋PN 序列集和随机相位序列集的归一化拟合误差（定义于式（3.51））比较（$M=3, N=2^7, \cdots, 2^{13}$）

3.4.2 Multi-WeCAN 算法性能分析(一)

本节考虑最小化式(3.23)中的准则 $\widetilde{E}$,即最小化时延不大于 $P-1$ 的所有相关旁瓣:$r_{mm}(n),1\leqslant n\leqslant P-1$ 和 $r_{m_1m_2}(n),m_1\neq m_2,1\leqslant n\leqslant P-1$. 假设发射序列个数为 $M=4$,各个序列的长度为 $N=256$,所要考虑的相关时延数是 $P=50$. 类似于式(3.51),归一化拟合误差可定义为

$$\widetilde{E}_{\text{norm}}=\frac{1}{MN^2}\frac{\widetilde{E}}{MN^2}=\left(\|\boldsymbol{R}_0-N\boldsymbol{I}\|^2+2\sum_{n=1}^{P-1}\|\boldsymbol{R}_n\|^2\right). \tag{3.54}$$

此外,定义相关水平如下:

$$\text{相关水平}=20\lg\frac{\|\boldsymbol{R}_n-N\boldsymbol{I}\delta_n\|}{\sqrt{MN^2}}\quad(n=-N+1,\cdots,0,\cdots,N-1). \tag{3.55}$$

该式可用于度量不同时延处的相关旁瓣.

下面对比分析 Multi-WeCAN 算法和 Multi-CAO 算法,并采用随机生成的恒模序列集进行初始化. 对于 Multi-WeCAN 算法,设定

$$\gamma_n^2=\begin{cases}1 & (n\in[1,P-1])\\ 0 & (n\in[P,N-1])\end{cases}, \tag{3.56}$$

且 γ_0 的取值要保证 $\boldsymbol{\Gamma}>0$,更为具体地,设定其值为 $\gamma_0=25.5$.

表 3.4 对比分析了 Multi-CAO 序列集和 Multi-WeCAN 序列集的自相关旁瓣峰值(在指定的时延间隔内)、互相关峰值(在指定的时延间隔内)和$\widetilde{E}_{\text{norm}}$(定义于式(3.54)),并与维度为 256×4 的 Multi-CAN 序列集进行比较. 可以看出 Multi-WeCAN 序列集相关旁瓣峰值最低且拟合误差最小. 图 3.6 绘制了 Multi-CAO 序列集和 Multi-WeCAN 序列集的相关水平. 由图 3.6 可以看出 Multi-WeCAN 序列集在指定的时间间隔[1,$P-1$]内的相关水平为“均匀低”,而 Multi-CAO 序列集的相关度随时延的增长而增大. 这是因为 Multi-WeCAN 算法在式(3.56)中使用了均匀权重$\{\gamma_n=1\}_{n=1}^{P-1}$,而 Multi-CAO 算法采用非均匀权重$\{\gamma_n=P-n\}_{n=1}^{P-1}$(见式(3.41)),且时延越大,权重越小. 需要指出的是,Multi-WeCAN 序列集在 $n=0$ 时的相关度非常低,大约为−85 dB. 其原因是本节选取 $\gamma_0=25.5$,远大于其余权重(见式(3.56)),因此准则 $\widetilde{E}$(见式(3.24))在零时刻相关拟合误差 $\|\boldsymbol{R}_n-N\boldsymbol{I}\|$ 被关注得最多.

表 3.4 准则 $\widetilde{E}$ 条件下 Multi-CAN、Multi-CAO 和 Multi-WeCAN 序列集对比分析($N=256,M=4,P=50$)

	自相关旁瓣峰值(dB)	互相关峰值(dB)	$\widetilde{E}_{\text{norm}}$
Multi-CAN	−20.54	−18.19	0.91
Multi-CAO	−21.08	−20.77	0.088
Multi-WeCAN	−31.10	−29.09	0.072

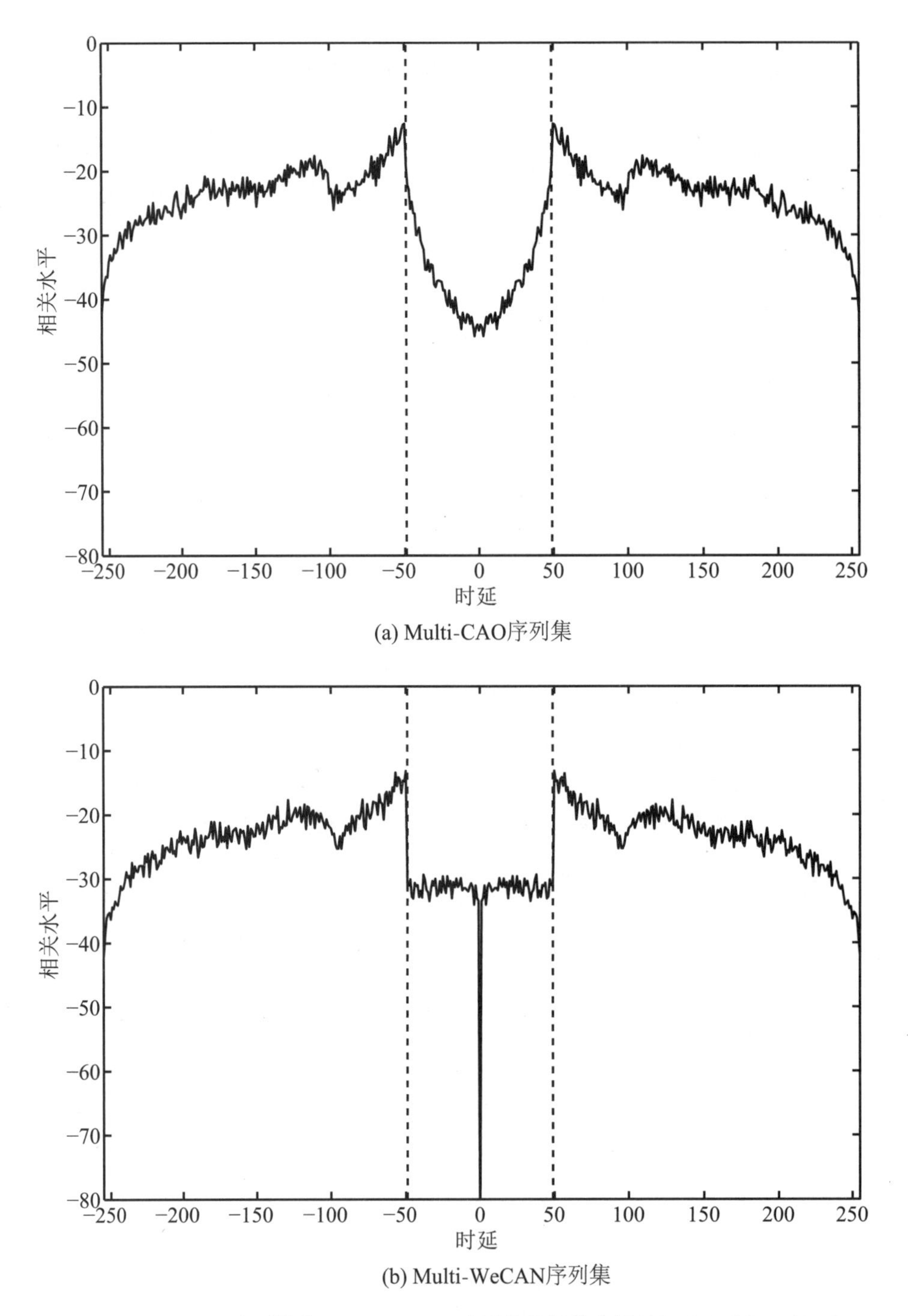

图 3.6　Multi-CAO 序列集和 Multi-WeCAN 序列集的相关水平（$N=256, M=4, P=50$；垂直虚线表示所考虑的时延间隔的边界）

3.4.3 Multi-WeCAN 算法性能分析(二)

本节继续采用 Multi-WeCAN 算法最小化式(3.24)准则 $\hat{E}$,其中,$N=256$,$M=4$,权重见下式:

$$\gamma_n^2=\begin{cases}1 & (n\in[1,19]\cup[236,255])\\ 0 & (n\in[20,235])\end{cases}. \tag{3.57}$$

正如前文所述,γ_0 的取值要保证式(3.27)中的 $\boldsymbol{\Gamma}$ 半正定. 本节依然采用随机相位序列初始化 Multi-WeCAN 算法. 此时,归一化拟合误差定义为

$$\hat{E}_{\text{norm}}=\frac{\hat{E}}{(MN^2)}.$$

表 3.5 对比分析了 Multi-WeCAN 序列集和 Multi-CAN 序列集的性能. 结果表明 Multi-WeCAN 序列集的相关旁瓣峰值更低且拟合误差更小. 图 3.7 给出了 Multi-WeCAN 和 Multi-CAN 序列集的相关水平,从图中可以看出:在指定的时延间隔内,Multi-WeCAN 能够成功地抑制相关旁瓣. 需要指出的是,对于任意 m_1,m_2,$|\gamma_{m_1m_2}(N-1)|=1$,因此在最大时延间隔 $N-1$ 时的相关水平等于 $20\lg(\sqrt{M^2}/\sqrt{MN^2})$,即 -42.14 dB(见图 3.7(a)和图 3.7(b)的两侧端点).

表 3.5　准则 $\hat{E}$ 条件下 Multi-CAN 和 Multi-WeCAN 序列集对比分析($N=256$,$M=4$)

	自相关旁瓣峰值(dB)	互相关峰值(dB)	$\hat{E}_{\text{norm}}$
Multi-CAN	−20.53	−17.68	0.40
Multi-WeCAN	−45.17	−45.81	0.001

3.4.4 量化效应

正如 2.3.4 节所述,令 $\{x_m(n)\}_{m=1,n=1}^{M,N}$ 表示某个序列集,2^q 表示量化层级. 则量化后的序列集可表示为

$$\hat{x}_m(n)=\exp\left\{\mathrm{j}\left\lfloor\frac{\arg[x_m(n)]}{\frac{2\pi}{2^q}}\right\rfloor\frac{2\pi}{2^q}\right\}\quad(m=1,\cdots,M;n=1,\cdots,N). \tag{3.58}$$

将图 3.4、图 3.5 中的 Multi-CAN 序列集量化为 32 位(即 $q=5$),与随机相位序列集和 Hadamard+PN 序列集进行对比分析,结果如图 3.8、图 3.9 所示. 可以看到,Multi-CAN 序列集对应的曲线有所向上移动,但对于大部分序列长度,曲线仍然在 Hadamard+PN 序列集所对应的曲线之下. 另外,经过 32 位量化后,Multi-CAN 序列集的拟合误差几乎没有变化.

如果对本章其他算法生成的序列集进行量化,会得到类似的结果. 在测试中,当量化层级不太小时(比如 $q\geqslant6$),性能衰减(即相关旁瓣增长)是相当有限的.

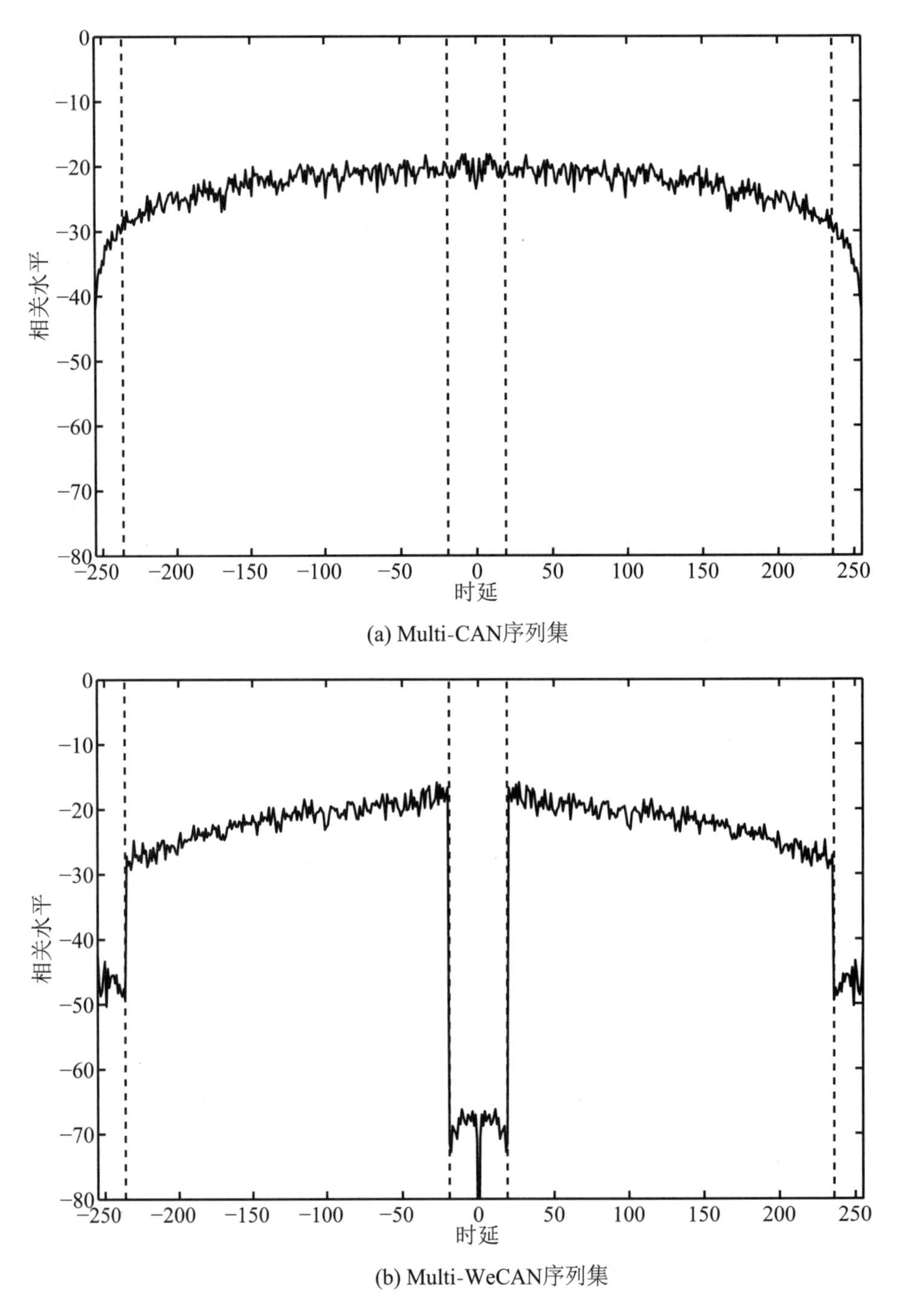

(a) Multi-CAN序列集

(b) Multi-WeCAN序列集

图 3.7　Multi-CAN 序列集和 Multi-WeCAN 序列集的相关水平（$N=256, M=4$，权重 $\{\gamma_n\}_{n=0}^{N-1}$ 见式(3.57)；垂直虚线表示所考虑的时延间隔的边界）

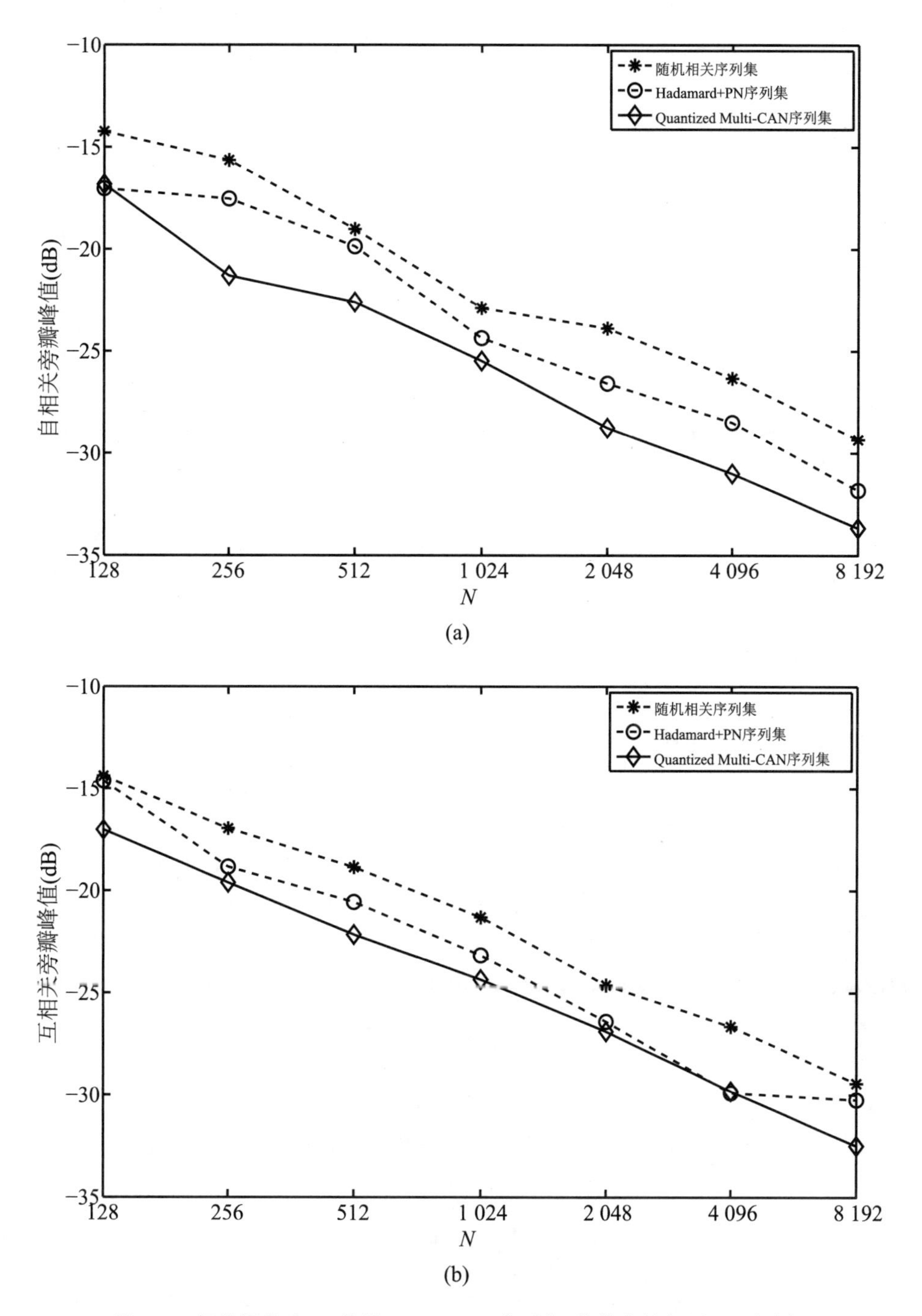

图 3.8　相位量化为 32 位的 Multi-CAN 序列集(其他参数与图 3.4 相同)

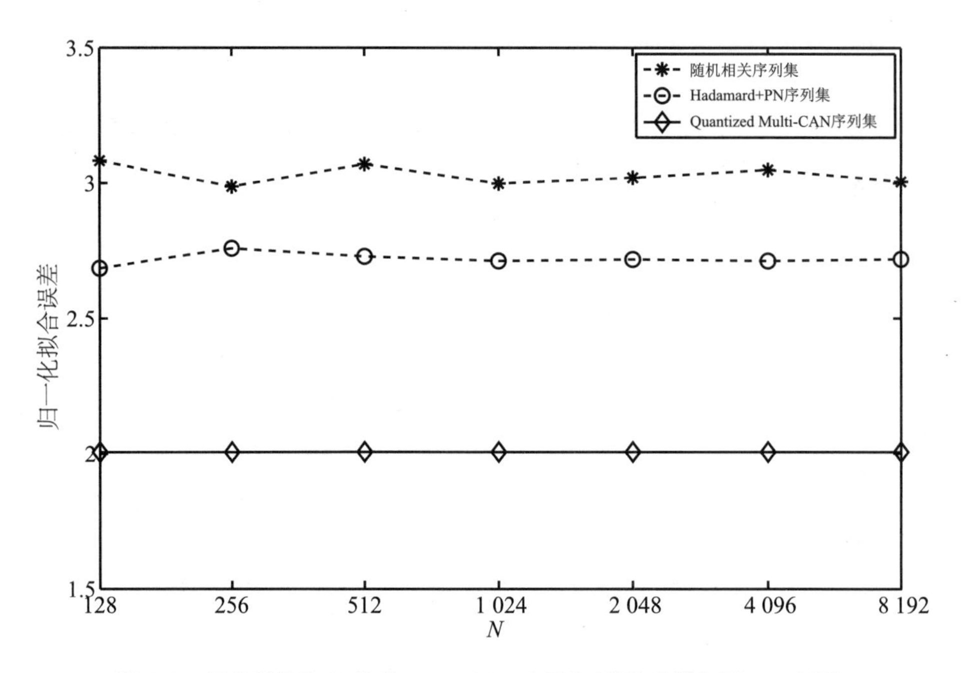

图 3.9 相位量化为 32 位的 Multi-CAN 序列集(其他参数与图 3.5 相同)

3.4.5 SAR 成像

本节以 MIMO 雷达角度-距离成像为例,不考虑脉冲内多普勒效应影响,发射和接收阵列都是共置均匀线阵,其阵元个数为 $M=4$,$M_r=3$,对应的阵元间距分别为 2 倍波长和 0.5 倍波长.假设所有目标均处于远场,由 30 个距离单元组成,即在照射时间内最大的往返延迟差不大于 29 个子脉冲,且扫描角范围为$(-30°,30°)$,各个发射天线的探测波形长度为 $N=256$.

以 $\boldsymbol{X}$ 表示 $N\times M$ 的探测波形矩阵(见式(3.3)),并令:

$$\widetilde{\boldsymbol{X}}=\begin{bmatrix}\boldsymbol{X}\\ \boldsymbol{0}\end{bmatrix}_{(N+P-1)\times M},\tag{3.59}$$

其中,$\boldsymbol{0}$ 为$(P-1)\times M$ 的零矩阵.则 $M_r\times(N+P-1)$ 接收数据矩阵可表示为(Xu et al. 2008):

$$\boldsymbol{D}^{\mathrm{H}}=\sum_{p=0}^{P-1}\sum_{k=1}^{K}\alpha_{pk}\,\boldsymbol{a}_k\,\boldsymbol{b}_k^{\mathrm{T}}\,\widetilde{X}^{\mathrm{H}}\,\boldsymbol{J}_p+\boldsymbol{E}^{\mathrm{H}},\tag{3.60}$$

其中,$\boldsymbol{J}_p$为式(3.6)定义的$(N+P-1)\times(N+P-1)$移位矩阵(结构相同但维度不同);$\boldsymbol{E}^{\mathrm{H}}$为噪声矩阵,其列矢量是独立同分布随机矢量,均值为 $\boldsymbol{0}$、协方差为 $\boldsymbol{Q}$;$\{\alpha_{pk}\}_{p=0,k=1}^{P-1,K}$是与散射点的 RCS 成比例的复振幅,$\boldsymbol{a}_k$ 和 $\boldsymbol{b}_k$ 分别为发射和接收导引矢量,表示为

$$\boldsymbol{a}_k=[1\quad \mathrm{e}^{-\mathrm{j}\pi\sin(\theta_k)}\quad\cdots\quad \mathrm{e}^{-\mathrm{j}\pi(M_r-1)\sin(\theta_k)}]^{\mathrm{T}}\tag{3.61}$$

和

$$\boldsymbol{b}_k=[1\quad \mathrm{e}^{-\mathrm{j}\pi M_r\sin(\theta_k)}\quad\cdots\quad \mathrm{e}^{-\mathrm{j}\pi(M-1)M_r\sin(\theta_k)}]^{\mathrm{T}},\tag{3.62}$$

其中,$\{\theta_k\}_{k=1}^{K}$表示扫描角度.本节的目的是从数据矩阵$\boldsymbol{D}^{\mathrm{H}}$ 中估计参数$\{\alpha_{pk}\}_{p=0,k=1}^{P-1,K}$.

首先，对数据矩阵$\boldsymbol{D}^{\mathrm{H}}$进行匹配滤波可得

$$\widetilde{\boldsymbol{X}}_p^{\mathrm{MF}} \equiv \boldsymbol{J}_p^{\mathrm{H}} \widetilde{\boldsymbol{X}} (\widetilde{\boldsymbol{X}}^{\mathrm{H}} \widetilde{\boldsymbol{X}})^{-1} \quad ((N+P-1) \times M), \tag{3.63}$$

其中，假设$N+P-1 \geqslant M$，由此可得$\widetilde{\boldsymbol{X}}^{\mathrm{H}} \boldsymbol{J}_p \widetilde{\boldsymbol{X}}_p^{\mathrm{MF}} = \boldsymbol{I}_M$. 对第$p$个距离单元进行距离压缩可得

$$\begin{aligned} \widetilde{\boldsymbol{D}}_p^{\mathrm{H}} \equiv \boldsymbol{D}^{\mathrm{H}} \widetilde{\boldsymbol{X}}_p^{\mathrm{MF}} &= \left(\sum_{q=0}^{P-1} \sum_{k=1}^{K} \alpha_{qk} \boldsymbol{a}_k \boldsymbol{b}_k^{\mathrm{T}} \widetilde{\boldsymbol{X}}^{\mathrm{H}} \boldsymbol{J}_q \right) \widetilde{\boldsymbol{X}}_p^{\mathrm{MF}} + \boldsymbol{E}^{\mathrm{H}} \widetilde{\boldsymbol{X}}_p^{\mathrm{MF}} \\ &= \sum_{k=1}^{K} \alpha_{pk} \boldsymbol{a}_k \boldsymbol{b}_k^{\mathrm{T}} \widetilde{\boldsymbol{X}}^{\mathrm{H}} \boldsymbol{J}_p \widetilde{\boldsymbol{X}}_p^{\mathrm{MF}} + \boldsymbol{Z}_p \\ &= \sum_{k=1}^{K} \alpha_{pk} \boldsymbol{a}_k \widetilde{\boldsymbol{b}}_k^{\mathrm{H}} + \boldsymbol{Z}_p (\widetilde{\boldsymbol{b}}_k^{\mathrm{H}} \equiv \boldsymbol{b}_k^{\mathrm{T}}), \end{aligned} \tag{3.64}$$

其中，

$$\boldsymbol{Z}_p = \left(\sum_{\substack{q=0 \\ q \neq p}}^{P-1} \sum_{k=1}^{K} \alpha_{qk} \boldsymbol{a}_k \boldsymbol{b}_k^{\mathrm{T}} \widetilde{\boldsymbol{X}}^{\mathrm{H}} \boldsymbol{J}_q \right) \widetilde{\boldsymbol{X}}_p^{\mathrm{MF}} + \boldsymbol{E}^{\mathrm{H}} \widetilde{\boldsymbol{X}}_p^{\mathrm{MF}}. \tag{3.65}$$

由式(3.64)中的滤波数据可得α_{pk}的最小二乘(LS)估计如下：

$$\hat{\alpha}_{pk}^{\mathrm{LS}} = \frac{\boldsymbol{a}_k^{\mathrm{H}} \widetilde{\boldsymbol{D}}_p^{\mathrm{H}} \widetilde{\boldsymbol{b}}_k}{\| \boldsymbol{a}_k \|^2 \ \| \widetilde{\boldsymbol{b}}_k \|^2} \quad (k=1,\cdots,K; p=0,1,\cdots,P-1), \tag{3.66}$$

以及如下 Capon 估计器：

$$\hat{\alpha}_{pk}^{\mathrm{Capon}} = \frac{\boldsymbol{a}_k^{\mathrm{H}} \hat{\boldsymbol{R}}_p^{-1} \widetilde{\boldsymbol{D}}_p^{\mathrm{H}} \widetilde{\boldsymbol{b}}_k}{\boldsymbol{a}_k^{\mathrm{H}} \hat{\boldsymbol{R}}_p^{-1} \boldsymbol{a}_k \ \| \widetilde{\boldsymbol{b}}_k \|^2} \quad (k=1,\cdots,K; p=0,1,\cdots,P-1), \tag{3.67}$$

其中，$\hat{\boldsymbol{R}}_p = \widetilde{\boldsymbol{D}}_p^{\mathrm{H}} \widetilde{\boldsymbol{D}}_p$表示接收数据经距离压缩后的协方差矩阵(关于$\alpha_{pk}$的估计方法的更多细节可见相关文献(Xu et al. 2008)).

为获得更大的合成孔径，可采用合成孔径成像原理，重复发射探测波形并在$\widetilde{N}=20$个不同位置收集数据，收集到的数据矩阵分别表示为$\boldsymbol{D}_1^{\mathrm{H}}, \boldsymbol{D}_2^{\mathrm{H}}, \cdots, \boldsymbol{D}_{\widetilde{N}}^{\mathrm{H}}$. 假设两个相邻的位置间距为$MM_r/2$个波长，由此可得两个相邻位置发射和接收方向矢量之间的相移为

$$\psi_k = -\pi M M_r \sin(\theta_k).$$

需要指出的是，只要远场假设成立，两个相邻位置之间的距离可以随意选择，且不同相邻位置之间的间隔可以互不相同，仅需相应的改变相移ψ_k即可. 此时，令

$$\widetilde{\boldsymbol{D}}_p^{\mathrm{H}} = [\boldsymbol{D}_1^{\mathrm{H}} \widetilde{\boldsymbol{X}}_p^{\mathrm{MF}} \ \boldsymbol{D}_2^{\mathrm{H}} \widetilde{\boldsymbol{X}}_p^{\mathrm{MF}} \cdots \boldsymbol{D}_{\widetilde{N}}^{\mathrm{H}} \widetilde{\boldsymbol{X}}_p^{\mathrm{MF}}]_{M_r \times \widetilde{N} M} \tag{3.68}$$

和

$$\widetilde{\boldsymbol{b}}_k^{\mathrm{H}} = [\boldsymbol{b}_k^T \ \boldsymbol{b}_k^{\mathrm{T}} \mathrm{e}^{\mathrm{j}2\psi_k} \cdots \boldsymbol{b}_k^{\mathrm{T}} \mathrm{e}^{\mathrm{j}2(\widetilde{N}-1)\psi_k}]_{1 \times \widetilde{N} M}. \tag{3.69}$$

结合上式，可相应地修正式(3.66)和式(3.67)中α_{pk}估计器的表达式.

在数值实验中，将噪声协方差矩阵$\boldsymbol{Q}$设为$\sigma^2 \boldsymbol{I}_{M_r}$，其中$\sigma^2=0.001$. 目标为“UF”形状(如图3.10所示)，RCS相关的参数$\{\alpha_{pk}\}_{p=0,k=1}^{P-1,K}$是独立同分布复对称高斯随机变量，均值为0，在有目标的地方的方差为1，其余位置为0. 平均信噪比(SNR)可表示为

$$SNR = \frac{\dfrac{\mathrm{tr}(\boldsymbol{X}^{\mathrm{H}} \boldsymbol{X})}{N}}{\mathrm{tr}(\boldsymbol{Q})} = \frac{M}{M_r \sigma^2} = 30 \text{ dB}. \tag{3.70}$$

采用两种不同的探测序列集：一种为 QPSK Hadamard+PN 序列集(见 3.4.1 节)，另外一

种为 Multi-WeCAN 序列集($N=256,M=4,P=30$). 基于探测序列集对发射波形进行相位调制,一个序列元素对应一个子脉冲,并假设采样率适中以保证所考虑的离散模型有效. 利用上述波形估计的$\{\alpha_{pk}\}_{p=0,k=1}^{P-1;K}$幅度如图 3.11 和图 3.12 所示. 可以看到 Multi-WeCAN 波形集的角度-距离像要比 Hadamard+PN 序列集清晰得多. 从图 3.12(b)可以看出使用 Multi-WeCAN 波形集时,基于匹配滤波的距离压缩效果近乎完美(虚假散射点是由噪声引起). 另外,Capon 估计器所得雷达像的角度分辨率很高.

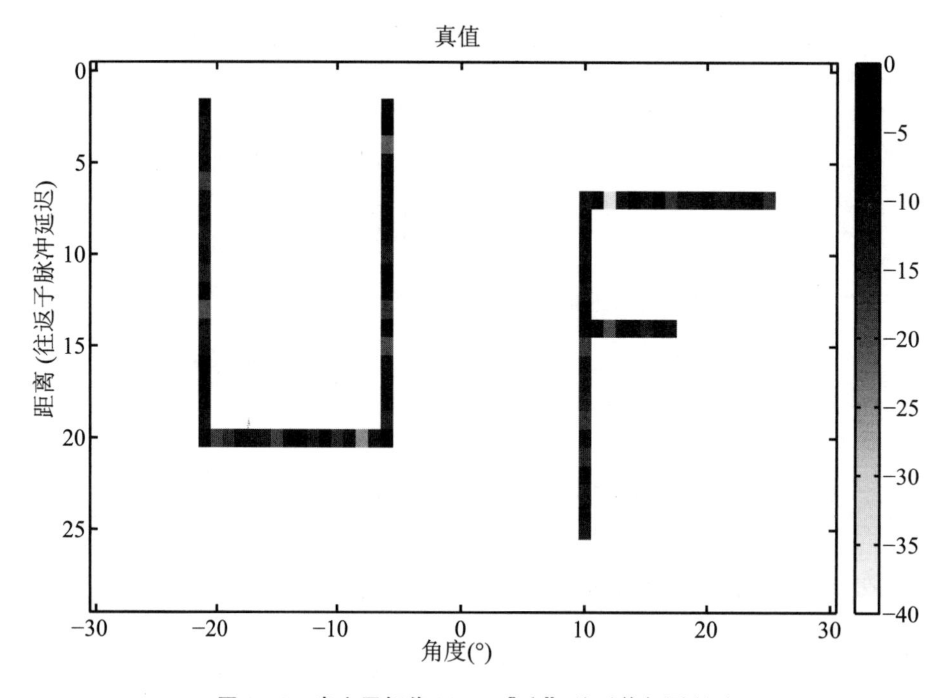

图 3.10　真实目标像($\{\boldsymbol{\alpha}_{pk}\}_{p=0,k=1}^{P-1;K}$绝对值如图所示)

3.5　本章小结

本章对第 2 章中的 CAN 和 WeCAN 算法(适用于设计单个序列)进行了推广. 本章所提出的算法分别称作 Multi-CAN 算法和 Multi-WeCAN 算法. Multi-CAN 算法能够设计较长的序列集,所设计的序列长度可达 $N\sim10^5$,而即有文献中所提算法难以设计如此长的序列集. 当关注的时延间隔很小时,Multi-WeCAN 算法非常有用;当关注的时延间隔足够小时,Multi-WeCAN 算法所设计序列的相关旁瓣几乎为零.

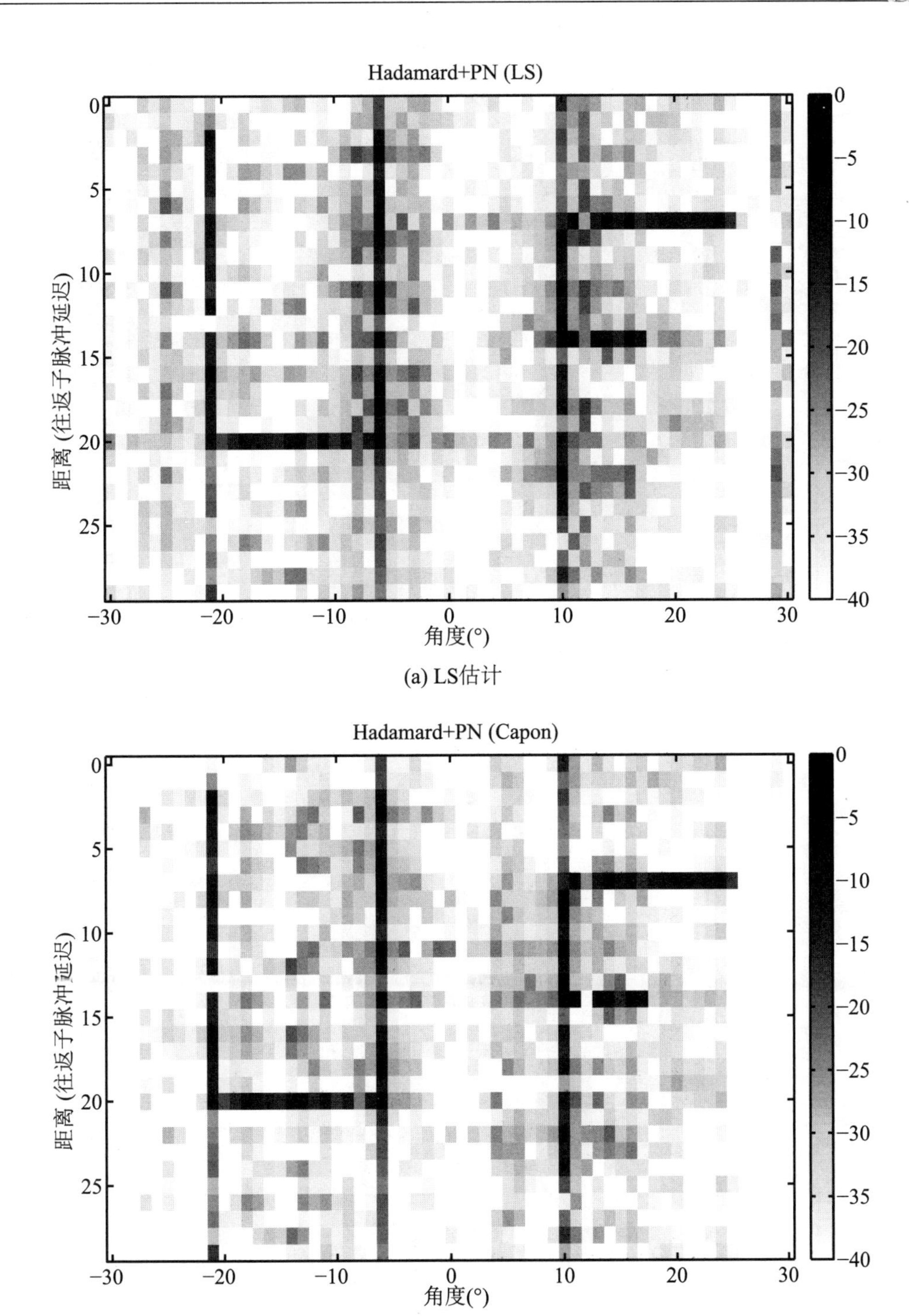

(a) LS估计

(b) Capon估计

图 3.11 采用 Hadamard+PN 波形集、通过估计 RCS 参数$\{|\boldsymbol{\alpha}_{pk}|\}_{p=0,k=1}^{P-1,K}$所得的目标像

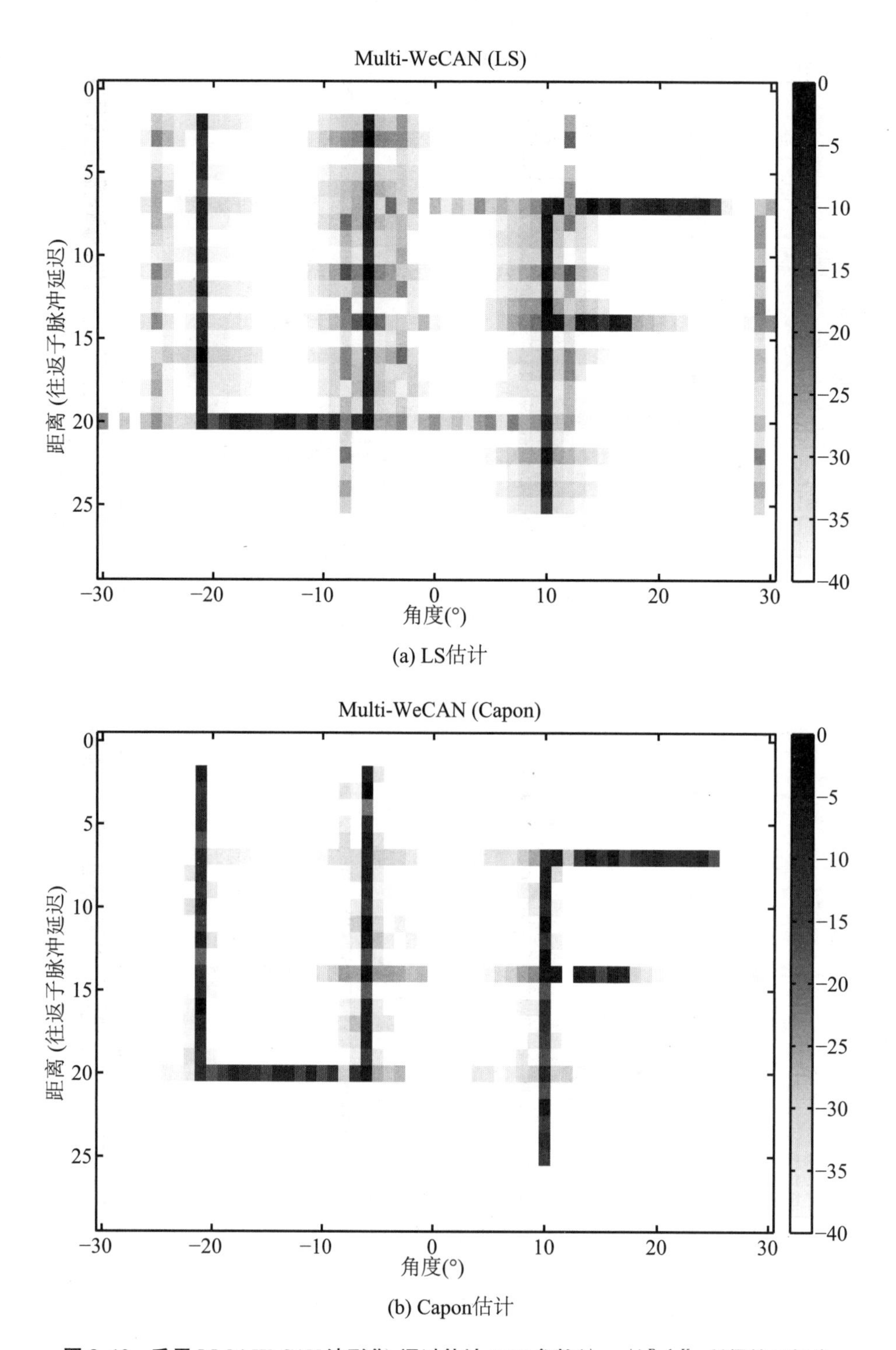

(a) LS估计

(b) Capon估计

图 3.12　采用 Multi-WeCAN 波形集、通过估计 RCS 参数 $\{|\boldsymbol{\alpha}_{pk}|\}_{p=0,k=1}^{P-1,K}$ 所得的目标像

附录 若干证明

1. 公式(3.28)的证明

注意到如下DFT对成立:

$$\{\boldsymbol{R}_n\} \leftrightarrow \boldsymbol{\Phi}(\omega) = \tilde{\boldsymbol{y}}(\omega)\tilde{\boldsymbol{y}}^{\mathrm{H}}(\omega) \quad (\text{见式}(3.10)\text{与式}(3.12)) \tag{3.71}$$

和

$$\{\gamma_n \boldsymbol{R}_n\} \leftrightarrow \tilde{\boldsymbol{\Phi}}(\omega) = \tilde{\boldsymbol{y}}(\omega)\tilde{\boldsymbol{y}}^{\mathrm{H}}(\omega) \cdot \left(\sum_{k=-(N-1)}^{N-1} \gamma_k \mathrm{e}^{-\mathrm{j}\omega k}\right) \quad (\text{见式}(3.71)). \tag{3.72}$$

因此 $\tilde{\boldsymbol{\Phi}}(\omega)$ 可表示为

$$\begin{aligned}
\tilde{\boldsymbol{\Phi}}(\omega) &= \frac{1}{2\pi}\int_{-\pi}^{\pi} \tilde{\boldsymbol{y}}(\psi)\tilde{\boldsymbol{y}}^{\mathrm{H}}(\psi)\left(\sum_{k=-(N-1)}^{N-1} \gamma_k \mathrm{e}^{-\mathrm{j}k(\omega-\psi)}\right)\mathrm{d}\psi \\
&= \frac{1}{2\pi}\int_{-\pi}^{\pi} \sum_{n=1}^{N} \boldsymbol{y}(n)\mathrm{e}^{-\mathrm{j}\psi n} \sum_{\tilde{n}=1}^{N} \boldsymbol{y}^{\mathrm{H}}(\tilde{n})\mathrm{e}^{\mathrm{j}\psi\tilde{n}} \sum_{k=-(N-1)}^{N-1} \gamma_k \mathrm{e}^{-\mathrm{j}k(\omega-\psi)}\mathrm{d}\psi \\
&= \sum_{k=-(N-1)}^{N-1} \sum_{n=1}^{N} \sum_{\tilde{n}=1}^{N} \gamma_k \boldsymbol{y}(n)\boldsymbol{y}^{\mathrm{H}}(\tilde{n})\left(\frac{1}{2\pi}\int_{-\pi}^{\pi} \mathrm{e}^{\mathrm{j}\psi(\tilde{n}-n+k)}\mathrm{d}\psi\right)\mathrm{e}^{-\mathrm{j}\omega k}.
\end{aligned} \tag{3.73}$$

易知

$$\frac{1}{2\pi}\int_{-\pi}^{\pi} \mathrm{e}^{\mathrm{j}\psi(k-n+\tilde{n})}\mathrm{d}\psi = \delta_{k-(n-\tilde{n})},$$

由此可得

$$\begin{aligned}
\tilde{\boldsymbol{\Phi}}(\omega) &= \sum_{n=1}^{N}\sum_{\tilde{n}=1}^{N} \gamma_{n-\tilde{n}} \boldsymbol{y}(n)\boldsymbol{y}^{\mathrm{H}}(\tilde{n})\mathrm{e}^{-\mathrm{j}\omega(n-\tilde{n})} \\
&= \boldsymbol{Z}^{\mathrm{T}}(\omega)\boldsymbol{\Gamma}\boldsymbol{Z}^{*}(\omega),
\end{aligned} \tag{3.74}$$

其中,

$$\boldsymbol{Z}^{\mathrm{T}}(\omega) = [\boldsymbol{y}(1)\mathrm{e}^{-\mathrm{j}\omega}\boldsymbol{y}(2)\mathrm{e}^{-\mathrm{j}\omega 2}\cdots\boldsymbol{y}(N)\mathrm{e}^{-\mathrm{j}\omega N}]_{M\times N}. \tag{3.75}$$

2. 公式(3.47)的证明

下面证明:在给定 $\boldsymbol{X}$ 时式(3.45)的解为式(3.47).

式(3.45)中的准则可表示为

$$\begin{aligned}
\|\bar{\boldsymbol{x}} - \sqrt{N}\boldsymbol{U}\|^2 &= \mathrm{tr}[(\bar{\boldsymbol{X}}^{\mathrm{H}} - \sqrt{N}\boldsymbol{U}^{\mathrm{H}})(\bar{\boldsymbol{X}} - \sqrt{N}\boldsymbol{U})] \\
&= const - 2\sqrt{N}\mathrm{Re}[\mathrm{tr}(\bar{\boldsymbol{X}}^{\mathrm{H}}\boldsymbol{U})],
\end{aligned} \tag{3.76}$$

其中,*const* 表示与 $\boldsymbol{U}$ 无关的项(注意到 $\boldsymbol{X}$ 是已知的且 $\boldsymbol{U}^{\mathrm{H}}\boldsymbol{U}=\boldsymbol{I}$).

由式(3.46)可得

$$\begin{aligned}
\mathrm{Re}[\mathrm{tr}(\bar{\boldsymbol{X}}^{\mathrm{H}}\boldsymbol{U})] &= \mathrm{Re}[\mathrm{tr}(\boldsymbol{U}_1\boldsymbol{S}\boldsymbol{U}_2^{\mathrm{H}}\boldsymbol{U})] \\
&= \mathrm{Re}[\mathrm{tr}(\boldsymbol{U}_2^{\mathrm{H}}\boldsymbol{U}\boldsymbol{U}_1\boldsymbol{S})] \\
&= \sum_{k=1}^{MP} \mathrm{Re}\{[\boldsymbol{U}_2^{\mathrm{H}}\boldsymbol{U}\boldsymbol{U}_1]_{kk}\}S_{kk},
\end{aligned} \tag{3.77}$$

其中，$[\cdot]_{kk}$ 表示矩阵的第(k,k)个元素.

为便于符号说明，令 $\boldsymbol{B}=\boldsymbol{U}_2^{\mathrm{H}}\boldsymbol{U}\boldsymbol{U}_1$，于是可得

$$
\begin{aligned}
|\mathrm{Re}\{B_{kk}\}|^2 \leqslant |B_{kk}|^2 &\leqslant [\boldsymbol{B}\boldsymbol{B}^{\mathrm{H}}]_{kk} \\
&= [\boldsymbol{U}_2^{\mathrm{H}}\boldsymbol{U}\boldsymbol{U}_1\boldsymbol{U}_1^{\mathrm{H}}\boldsymbol{U}^{\mathrm{H}}\boldsymbol{U}_2]_{kk} \\
&= [\boldsymbol{U}_2^{\mathrm{H}}\boldsymbol{U}\boldsymbol{U}^{\mathrm{H}}\boldsymbol{U}_2]_{kk}.
\end{aligned} \tag{3.78}
$$

需要指出 $\boldsymbol{U}$ 是一个“高”的半幺正矩阵，由此可得

$$
\boldsymbol{U}\boldsymbol{U}^{\mathrm{H}} \leqslant \boldsymbol{I}
$$

和

$$
|\mathrm{Re}(B_{kk})|^2 \leqslant [\mathrm{U}_2^{\mathrm{H}}\boldsymbol{U}_2]_{kk} = 1. \tag{3.79}
$$

由式(3.76)～(3.79)可得

$$
\begin{aligned}
\|\overline{\boldsymbol{X}} - \sqrt{N}\boldsymbol{U}\|^2 &= const - 2\sqrt{N}\sum_{k=1}^{MP}\mathrm{Re}\{[\boldsymbol{U}_2^{\mathrm{H}}\boldsymbol{U}\boldsymbol{U}_1]_{kk}\}S_{kk} \\
&\geqslant const - 2\sqrt{N}\sum_{k=1}^{MP}S_{kk}.
\end{aligned} \tag{3.80}
$$

即为独立于 $\boldsymbol{U}$ 的另一个常数. 不难发现当且仅当 $\boldsymbol{U}=\boldsymbol{U}_2\boldsymbol{U}_1^{\mathrm{H}}$ 时式(3.80)成立.

证毕.

4 非周期序列下界

前述章节着重说明了设计低相关旁瓣序列或序列集的重要性. 以$\{x_k(n)\}(k=1,\cdots M, n=1,\cdots,N)$表示由长度为$N$的$M$组序列组成的集合,约束其能量为

$$\sum_{n=1}^{N}|x_k(n)|^2=N \quad (k=1,\cdots,M). \tag{4.1}$$

除同相自相关外(即零延迟),其余所有的相关情况都归为相关旁瓣. 相应地,将峰值旁瓣电平(PSL)定义为

$$PSL=\max\{|r_{ks}(l)|\} \quad (k,s=1,\cdots,M;l=0,\cdots,N-1;\text{如果 }k=s,\text{则 }l\neq 0). \tag{4.2}$$

Welch(1974)给出了PSL的下界:

$$PSL\geqslant N\sqrt{\frac{M-1}{2NM-M-1}}\equiv B_{\mathrm{PSL}}. \tag{4.3}$$

先前单个序列的ISL定义见式(2.1). 相应地,包含多个序列时,ISL可定义为(见式(3.2))

$$ISL=\sum_{k=1}^{M}\sum_{p=-N+1}^{N-1}|r_{kk}(p)|^2+\sum_{k=1}^{M}\sum_{\substack{s=1\\ s\neq k}}^{M}\sum_{p=-N+1}^{N-1}|r_{ks}(p)|^2. \tag{4.4}$$

Sarwate(1999)推导了ISL的一个下界. 下一节将采用Multi-CAN算法的框架推导ISL和PSL的下界.

4.1 下界推导

第3章的内容显示式(4.4)中的ISL准则可转用如下的频域表示:

$$ISL=\frac{1}{2N}\sum_{p=1}^{2N}(\|\boldsymbol{y}_p\|^2-N)^2+(M-1)N^2, \tag{4.5}$$

其中,

$$\boldsymbol{y}_p=\begin{bmatrix}y_1(p)\\ \vdots\\ y_M(p)\end{bmatrix}, y_k(p)=\sum_{n=1}^{N}x_k(n)\mathrm{e}^{-\mathrm{j}\frac{2\pi}{2N}(p-1)(n-1)} \quad (k=1,\cdots,M). \tag{4.6}$$

且$\{y_k(p)\}_{p=1}^{2N}$是序列$\{x_k(n)\}_{n=1}^{N}$补零(N个)后的离散傅里叶变换(DFT). 本节从ISL的频域表达式出发推导它的下界.

令$z_{kp}=|y_k(p)|^2$,利用帕塞瓦尔等式,可从式(4.1)中的能量约束条件得到关于$\{z_{kp}\}$的等式如下:

$$\sum_{p=1}^{2N} z_{kp} = 2N\sum_{n=1}^{N} |x_k(n)|^2 = 2N^2 \quad (k=1,\cdots,M). \tag{4.7}$$

展开式(4.5)并代入式(4.7)可得

$$ISL = \frac{1}{2N}\sum_{p=1}^{2N}\left(\sum_{k=1}^{M} z_{kp}\right)^2 - MN^2. \tag{4.8}$$

利用柯西-施瓦茨不等式可得如下结果：

$$\begin{aligned} ISL &= \frac{1}{(2N)^2}\left[\sum_{p=1}^{2N} 1^2\right]\left[\sum_{p=1}^{2N}\left(\sum_{k=1}^{M} z_{kp}\right)^2\right] - MN^2 \\ &\geqslant \frac{1}{4N^2}\left[\sum_{p=1}^{2N} 1\left(\sum_{k=1}^{M} z_{kp}\right)\right]^2 - MN^2 \qquad (4.9) \\ &= M^2N^2 - MN^2, \qquad (4.10) \end{aligned}$$

其中，将式(4.7)代入式(4.9)得到式(4.10).

上述关于 ISL 下界的结果可总结为：

$$ISL \geqslant N^2M(M-1) \equiv B_{\mathrm{ISL}}. \tag{4.11}$$

很容易从 B_{ISL} 推出式(4.3)中的 PSL 下界. 根据式(4.4)中对 ISL 的定义，可得

$$ISL \leqslant 2M(N-1)\,PSL^2 + M(M-1)(2N-1)PSL^2. \tag{4.12}$$

将式(4.11)代入式(4.12)即可得到式(4.3)中 PSL 的下界 B_{PSL}.

值得注意的是，当且仅当对于所有的 $p=1,\cdots,2N$ 满足 $\sum_{k=1}^{M} z_{kp} = c$ 时，等式(4.9)才成立，其中 c 是一个常数. 显而易见，根据式(4.7)的能量约束条件可以得到 $c=MN$. 也就是，给定能量约束下的序列集 $\{x_k(n)\}$，当且仅当对于所有的 $p=1,\cdots,2N$，它们的 $2N$ 点 DFT 值满足 $\|\boldsymbol{y}_p\|^2=NM$ (见式(4.6)关于 $\|\boldsymbol{y}_p\|$ 的定义)，才能达到 ISL 的下界. 能达到该界的序列集可参见式(4.13)的举例.

4.2 接 近 下 界

很自然地会提出以下问题：能否生成达到下界 B_{ISL} 和 B_{PSL} 的序列集. 本节主要关注如何达到下界 B_{ISL}.

达到下界 B_{ISL} 的一个平凡解可表示为如下的序列集(回想总是要考虑式(4.1)的能量约束条件)：

$$x_k(n) = \begin{cases} \sqrt{N} & (n=1) \\ 0 & (n=2,\cdots,N) \end{cases} \quad (k=1,\cdots,M), \tag{4.13}$$

其中，除了零延迟互相关(取值为 N)外，其余的相关旁瓣均为零. 由于一个包含 M 个序列的集合会生成 $M(M-1)$ 个互相关对，因此上述序列集的 ISL 准确地等于下界 $N^2M(M-1)$. 然而，由于式(4.13)序列集的 PSL 和同相自相关一样高，该序列集并不实用. 另外，仅一个瞬间发射信号而在其余时间内保持静默(从式(4.13)可以看出，当 $n=2,\cdots,N$ 时，序列取 0 值)会导致高峰均比. 在实际中不希望出现这种情况.

第 3 章所述的 Multi-CAN 算法可用于设计具有低 ISL 值的恒模序列. 此处,恒模约束指的是各个序列元素具有单位模,即 $|x_k(n)|=1$. 在这种情况下,式(4.1)中的能量约束会自动满足. 需要指出的是,当受限于硬件时,例如需要使用经济上较为廉价的非线性放大器(这类放大器仅在峰均比为 1 或接近 1 时工作良好),恒模序列在实际中会更受青睐.

尽管恒模约束比能量约束更严格,然而如果集合中至少有两个序列($M=1$ 的情况比较特殊,稍后会加以处理),则 Multi-CAN 算法生成的恒模序列集的 ISL 会相当接近 B_{ISL}. 为了说明这一点,表 4.1 给出了由 Multi-CAN 算法生成的序列集的 ISL 值以及由 M 和 N 的各种组合对应的 B_{ISL} 值. 表 4.1 表明随机相位序列集($\{x_k(n)=\mathrm{e}^{\mathrm{j}\phi_k(n)}\}$,其中每一个 $\phi_k(n)$ 服从$[0,2\pi]$的独立均匀分布)的 ISL 值明显大于 Multi-CAN 序列集. 需要指出的是,Multi-CAN 算法采用随机序列初始化,不同的随机初始化会生成不同的序列集,但所生成的序列具有相似的低相关性. 对于每一个(M,N)对,表 4.1 仅给出了其中的一个实现.

表 4.1 不同随机相位序列集合 Multi-CAN 序列集的 ISL 和 B_{ISL} 值

	随机相位 ISL	Multi-CAN ISL	B_{ISL}
$M=2,N=200$	146 351	80 031	8 000
$M=2,N=512$	1 014 134	524 378	524 288
$M=4,N=512$	4 154 326	3 145 746	3 145 728
$M=4,N=1\,000$	15 620 957	12 000 088	12 000 000

当 $M=1$ 时,无法保证 Multi-CAN 算法所综合的恒模序列集性能能够接近 B_{ISL}(注意到此时 $B_{\mathrm{ISL}}=0$). 可以明确的是,当 $M=1$ 时,Multi-CAN 算法将退化成 CAN 算法. 接下来,本节仅考虑单个序列的自相关特性. 给定序列$\{x(n)\}_{n=1}^{N}$,如果对任意 n 满足$|x(n)|=1$,则$|r(N-1)|=|x(N)x^*(1)|=1$ 成立,由此可得 $ISL\geqslant 1$. 因此,恒模序列显然不能达到 B_{ISL}. 事实上,虽然 CAN 序列的旁瓣比许多已知的恒模序列(如第 2 章中 Golomb 序列或 Frank 序列)更低,但由 CAN 算法生成的序列 ISL 值远大于 1(例如当 $N=200$ 时,ISL 值的阶数为10^3). 为获得更低的相关旁瓣,考虑放宽 CAN 算法中的恒模约束. 更为准确地说,定义序列 $\boldsymbol{x}=[x(1)\cdots x(N)]$的峰均比如下:

$$PAR(x)=\frac{\max\limits_{n}|x(n)|^2}{\frac{1}{N}\sum\limits_{n=1}^{N}|x(n)|^2}=\max_{n}|x(n)|^2, \tag{4.14}$$

其中,第 2 个等式成立是因为能量约束条件. 原有 CAN 算法用于生成 $PAR=1$ 的序列. 本节拓展该算法到能够处理更一般的情形,即 $PAR\leqslant\rho$,其中 ρ 表示 1 到 N 之间的任意数.

根据第 2 章的讨论,当 $M=1$ 时,最小化式(4.5)中的 ISL 准则可通过求解如下优化问题实现:

$$\begin{cases}\min\limits_{\{x(n)\}_{n=1}^{N};\{\psi(p)\}_{p=1}^{2N}} f=\|\boldsymbol{A}^{\mathrm{H}}\boldsymbol{z}-\boldsymbol{v}\|^2=\|\boldsymbol{z}-\boldsymbol{A}\boldsymbol{v}\|^2\\ \text{s. t. } \|\boldsymbol{x}\|^2=N\\ PAR(\boldsymbol{x})\leqslant\rho\end{cases}, \tag{4.15}$$

其中,

$$\begin{cases} \boldsymbol{z} = [x(1)\cdots x(N)0\cdots 0]_{2N\times 1}^{\mathrm{T}} \\ \boldsymbol{v} = \dfrac{1}{\sqrt{2}}\left[\mathrm{e}^{\mathrm{j}\psi(1)}\cdots \mathrm{e}^{\mathrm{j}\psi(2N)}\right]_{2N\times 1}^{\mathrm{T}} \end{cases}, \tag{4.16}$$

$\{\psi(p)\}$为辅助变量，$\boldsymbol{A}^{\mathrm{H}}$ 为 $2N\times 2N$ 的 DFT 幺正矩阵，即$\boldsymbol{A}^{\mathrm{H}}\boldsymbol{x}$ 为任意长度为 $2N$ 的矢量 $\boldsymbol{x}$ 的 $2N$ 点 DFT. 需要指出的是，如果式(4.15)的第 2 个约束替代为 $PAR(\boldsymbol{x})=1$，则该问题可退化至第 2 章所讨论问题(见 2.1 节).

可采用循环优化算法求解式(4.15)中的优化问题. 首先固定 $\boldsymbol{x}$ 并计算使 f 最小的 $\boldsymbol{v}$：

$$\psi(p) = \arg(\boldsymbol{A}^{\mathrm{H}}\boldsymbol{z} \text{ 的第 } p \text{ 个元素}) \quad (p = 1,\cdots,2N), \tag{4.17}$$

下一步，固定 $\boldsymbol{v}$，则最小化问题可写为

$$\begin{cases} \min\limits_{x} \| \boldsymbol{x} - \boldsymbol{s} \|^2 \\ \text{s. t. } \| \boldsymbol{x} \|^2 = N, \\ PAR(\boldsymbol{x}) \leqslant \rho \end{cases} \tag{4.18}$$

其中，$\boldsymbol{s}$ 是由 $\boldsymbol{A}\boldsymbol{v}$ 的前 N 个元素组成的 $N\times 1$ 矢量.

Tropp 等人对式(4.18)中的“最近矢量”问题进行过研究(2005 年)，此处简述其解决方法. 首先，注意到式(4.18)在没有峰均比约束时的解为

$$\hat{\boldsymbol{x}} = \frac{\sqrt{N}\boldsymbol{s}}{\| \boldsymbol{s} \|}.$$

随后，注意到峰均比约束等价于

$$\max_{n} | x(n) | \leqslant \sqrt{\rho}.$$

因此，如果 $\hat{\boldsymbol{x}}$ 中所有元素的量值都小于$\sqrt{\rho}$，那么 $\hat{\boldsymbol{x}}$ 即为一个解；反之，采用如下递归过程：将 $\boldsymbol{x}$ 中对应于 $\boldsymbol{s}$ 中幅值最大的元素(如 s_α)，设定为$\sqrt{\rho}\exp[\mathrm{j}\arg(s_\alpha)]$. $\boldsymbol{x}$ 中其余的 $N-1$ 个元素可以通过求解类似式(4.18)的问题得到(除了 $\boldsymbol{x}$ 和 $\boldsymbol{s}$ 变为$(N-1)\times 1$ 的矢量以及能量约束变为 $\| \boldsymbol{x} \|^2 = N-\rho$). 由于式(4.18)对应的标量情形下的解极易得到，所以该递归过程定会产生所需解. 若想了解关于该算法的更多细节，建议读者阅读 Tropp 等的论文(2005).

总结一下，通过循环迭代式(4.17)和式(4.18)直至收敛为止，例如，两次相邻迭代解的差小于一个预定门限，如 10^{-3}. 由于式(4.15)中的目标函数在迭代过程中逐渐减小，因此可保证局部收敛，即由此得到的 $\boldsymbol{x}$ 至少是一个局部最优解. 另外，迭代过程可以从对 $\boldsymbol{x}$ 进行随机相位初始化开始，比如$\{x(n)=\mathrm{e}^{\mathrm{j}\psi(n)}\}_{n=1}^{N}$，其中 $\psi(n)$服从$[0,2\pi]$之间的均匀分布，且相互独立. 接下来但凡考虑随机初始化问题，均使用类似的初始化方法. 此外，$\boldsymbol{x}$ 也可以利用任意已有的“好”序列进行初始化，如 P4 序列，其中，“好”是指序列本身相关旁瓣较低. 本章将峰均比约束下得到的算法依然称作 CAN 算法，这是由于第 2 章所提出的 CAN 算法是式(4.15)的一种特殊且重要的情形(对应于 $PAR=1$). 为避免使用该名称引起歧义，本章后续应用 CAN 算法时将会给定峰均比的值.

接下来考虑采用 CAN 算法生成长度为 $N=512$，能量为 N 的序列. 图 4.1(a)给出了两个 CAN 序列的自相关函数(利用 N 进行归一化，单位为 dB)，其中一个序列 $PAR=1$，另一个序列 $PAR=4$，都使用随机生成的序列初始化. 图 4.1(b)与图 4.1(a)的参数设置相同，但使用 P4 序列初始化 CAN 算法. 显然，ρ 起了重要作用：较大的 ρ 会显著降低旁瓣. 值得注意的是，此处为了比较，并没有绘制 P4 序列或其他知名序列，例如 Golomb 或 Frank 序

列，这是由于它们比 $PAR=1$ 的 CAN 序列相关旁瓣更高，具体可见第 2 章的相关例子.

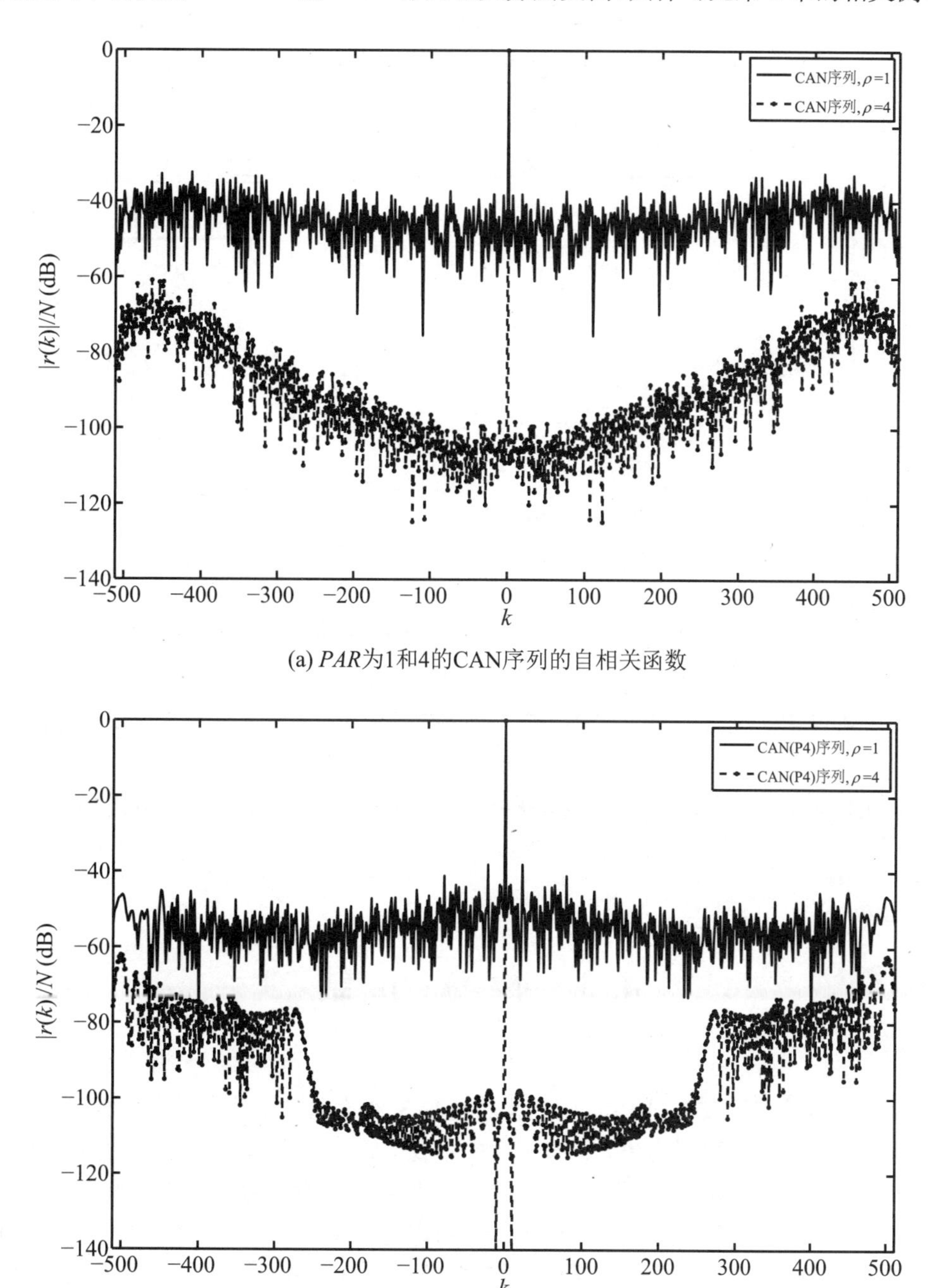

(a) *PAR*为1和4的CAN序列的自相关函数

(b) *PAR*为1和4的CAN(P4)序列的自相关函数

图 4.1　*PAR* 为 1 和 4 的 CAN 序列与 CAN(P4)序列的自相关函数

图 4.2 画出了长度 $N=512$ 且 ρ 为 1～10 之间的 CAN 序列的 *ISL* 值. 如前所述，使用随机生成的序列或 P4 序列初始化 CAN 算法. 使用 P4 序列初始化，所得序列 *ISL* 值比随机初始化更低. 有趣的是，当 ρ 较小时，即使小幅增加 ρ 也能显著降低 *ISL* 值. 另外值得注意的是，当使用 P4 序列进行初始化时，如果将 ρ 从 1 增加至 1.2，*ISL* 可以减少两个数量级

以上. 然而,当到达某一点后,进一步增加 ρ 将不会使 ISL 变得更低. 当 $\rho=4$ 时,由 P4 序列初始化得到的 CAN 序列的 ISL 值为 5.38,这是一个相对接近 ISL 下界的值(ISL 下界为 $B_{ISL}=0$). 当 ρ 足够大时,仍然缺乏足够的理论来解释为何 CAN 序列的 ISL 值非零,算法陷入局部极小可能是原因之一.

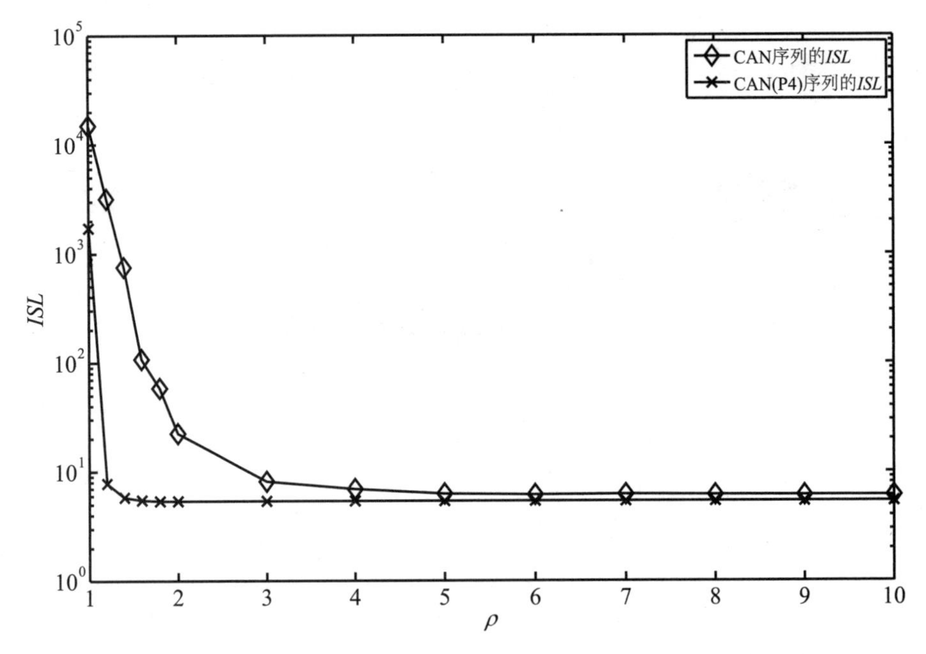

图 4.2　CAN 序列的 ISL 值随 ρ 的变化关系(其中长度 $N=512$,采用随机序列或 P4 序列初始化)

4.3　本 章 小 结

本章使用与已有研究不同的框架,得出了总能量约束条件下序列集的 ISL 和 PSL 下界. 结果表明,如果一个序列集包含多个序列,那么由第 3 章 Multi-CAN 算法所生成的恒模序列集几乎可以达到 ISL 下界. 对于更具挑战性的单个序列情形,即 B_{ISL} 等于零的情况,本章将前述 CAN 算法扩展至峰均比大于 1,就可以进一步降低 ISL 的值. 最后指出,"峰均比松弛"技术可应用于零相关区(ZCZ)序列综合. Multi-WeCAN 算法可以生成在一定时延间隔内相关旁瓣几乎为零的序列集,因此这类序列集被称为 ZCZ 序列集. 另外可以预料的是,增大峰均比将使得生成序列的零相关区更长.

5 阻带约束下的波形设计

认知雷达(Haykin 2006)需要根据环境变化自适应地调整发射波形频谱.需要特别指出的是,雷达发射信号不应占用已经被预留的频带,比如导航和军事通信的专用频带,另外应该避开该频带内已有强辐射源的工作频率.因此,这就要求发射波形的功率谱密度在某些特定频带上尽可能小(Lindenfeld 2004;Salzman et al. 2001;Wang,Lu 2011;Headrick,Skolnik 1974).

本章主要研究如何设计序列,使其功率谱密度在特定频带尽可能小.所设计的序列可以在雷达、声呐等有源感知系统中用作探测信号,也可在 CDMA 等扩频系统中作为扩频序列.

除了频谱凹口,同时需要考虑序列的自相关特性.如前面章节所述(比如第 1 章),在雷达或声呐系统中,当接收机运用脉冲压缩技术时,探测信号的低自相关性可以提升目标检测性能.此外,在实际硬件组件如 A/D 和功放中,都存在最大信号幅度限制.为了提升最大发射功率,信号需要设计成恒模信号.

本章提出了以 SCAN(stopband CAN)算法来设计恒模信号. SCAN 算法是对第 2 章 CAN 算法的推广.CAN 算法的目的是产生低自相关旁瓣的恒模信号,而 SCAN 算法则同时考虑了优化波形频谱阻带和自相关旁瓣.由于采用了 FFT 运算进行迭代,SCAN 算法的计算量很低,因此它适用于长序列设计并有可能实现实时波形更新.SCAN 算法的另一个优势是可以随机选取初始点,不同的初始点会生成不同的波形,且都具备较好的性能.

在本章中,5.1 节对问题进行了建模,并引入了 SCAN 算法,5.2 节讨论了 SCAN 算法的一个变体,即 WeSCAN 算法,此算法能更加灵活地控制自相关水平,但增加了计算复杂度;5.3 节给出了一些仿真结果.

5.1 SCAN 算法

首先考虑两个设计准则,分别与频带抑制和自相关旁瓣抑制有关.为了简化数学符号且不失一般性,只考虑归一化频带(0～1 Hz).

假设序列$\{x(n)\}_{n=1}^{N}$所应避开的频率集记为

$$\boldsymbol{\Omega}=\bigcup_{k=1}^{N_s}(f_{k1},f_{k2}), \tag{5.1}$$

其中,$(f_{k1},\ f_{k2})$表示其中一个阻带;N_s表示阻带的个数.令$\boldsymbol{F}_{\tilde{N}}$为 $\tilde{N}\times\tilde{N}$ 的 DFT 矩阵,其第(k,l)个元素为

$$[\boldsymbol{F}_{\widetilde{N}}]_{kl}=\frac{1}{\sqrt{\widetilde{N}}}\exp\left(\mathrm{j}2\pi\frac{kl}{\widetilde{N}}\right)\quad(k,l=0,\cdots,\widetilde{N}-1),\tag{5.2}$$

其中,系数 $1/\sqrt{\widetilde{N}}$使得$\boldsymbol{F}_{\widetilde{N}}$为幺正矩阵.对于集合 Ω 来说,$\widetilde{N}$ 应该足够大,这样离散傅里叶变换的频率栅格$\{p/\widetilde{N}\}_{p=0}^{\widetilde{N}-1}$便可以密集地覆盖 Ω.根据集合 Ω 的频率取值,可以从$\boldsymbol{F}_{\widetilde{N}}$抽取对应的列构成矩阵 $\boldsymbol{S}$.比如,如果 $\Omega=[0.2,0.3]$ Hz,$\widetilde{N}=100$,则 $\boldsymbol{S}$ 应为$\boldsymbol{F}_{\widetilde{N}}$第 20 列至第 30 列构成的 100×11 的子矩阵(列编号从第 0 列开始).构造矩阵 $\boldsymbol{S}$ 之后,令 $\boldsymbol{G}$ 表示$\boldsymbol{F}_{\widetilde{N}}$剩余列所组成的矩阵.

根据以上讨论,可以通过最小化以下目标函数来抑制$\{x(n)\}$在 $\boldsymbol{\Omega}$ 中的频谱功率:

$$\|\boldsymbol{S}^{\mathrm{H}}\tilde{\boldsymbol{x}}\|^2,\tag{5.3}$$

其中,

$$\tilde{\boldsymbol{x}}=[x(1)\cdots x(N)\ \underbrace{0\cdots0}_{\widetilde{N}\sim N}]^{\mathrm{T}}\tag{5.4}$$

如果 $\tilde{\boldsymbol{x}}$ 位于 $\boldsymbol{S}^{\mathrm{H}}$的零空间中,则式(5.3)的值为 0.由于 $\boldsymbol{S}^{\mathrm{H}}$的零空间由矩阵 $\boldsymbol{G}$ 的列组成,则式(5.3)中的优化问题可以等价为

$$\begin{cases}\min\limits_{\boldsymbol{x},\boldsymbol{\alpha}}J_1(\boldsymbol{x},\boldsymbol{\alpha})=\|\tilde{\boldsymbol{x}}-\boldsymbol{G}\boldsymbol{\alpha}\|^2\\ \text{s.t. }|x(n)|=1\quad(n=1,\cdots,N)\end{cases},\tag{5.5}$$

其中,$\boldsymbol{x}=[x(1)\cdots x(N)]^{\mathrm{T}}$,$\boldsymbol{\alpha}$ 为辅助优化变量.

可以使用第 2 章中的 CAN 算法来抑制波形的自相关旁瓣.如第 2.1 节所示,通过求解下面的优化问题来抑制自相关旁瓣:

$$\begin{cases}\min\limits_{\boldsymbol{x},\boldsymbol{v}}J_2(\boldsymbol{x},\boldsymbol{v})=\left\|\boldsymbol{F}_{2N}^{\mathrm{H}}\begin{bmatrix}\boldsymbol{x}\\ \boldsymbol{0}_{N\times1}\end{bmatrix}-\boldsymbol{v}\right\|^2\\ \text{s.t. }|x(n)|=1\quad(n=1,\cdots,N)\\ |v_n|=\dfrac{1}{\sqrt{2}}\quad(n=1,\cdots,2N)\end{cases},\tag{5.6}$$

其中,$\boldsymbol{F}_{2N}$为 $2N\times2N$ 的 DFT 矩阵,$\boldsymbol{v}$ 为辅助优化变量.

综合考虑式(5.5)和式(5.6),可以得到如下的优化问题,该优化问题同时考虑了阻带和自相关旁瓣约束:

$$\begin{cases}\min\limits_{\boldsymbol{x},\boldsymbol{\alpha},\boldsymbol{v}}J(\boldsymbol{x},\boldsymbol{\alpha},\boldsymbol{v})=\lambda\|\tilde{\boldsymbol{x}}-\boldsymbol{G}\boldsymbol{\alpha}\|^2+(1-\lambda)\left\|\boldsymbol{F}_{2N}^{\mathrm{H}}\begin{bmatrix}\boldsymbol{x}\\ \boldsymbol{0}_{N\times1}\end{bmatrix}-\boldsymbol{v}\right\|^2\\ \text{s.t. }|x(n)|=1\quad(n=1,\cdots,N)\\ |v_n|=\dfrac{1}{\sqrt{2}}\quad(n=1,\cdots,2N)\end{cases},\tag{5.7}$$

其中,$0\leqslant\lambda\leqslant1$ 用于控制罚函数 J_1和 J_2之间的相对权重.值得注意的是,目标函数 $J(\boldsymbol{x},\alpha,\boldsymbol{v})$包含 3 个优化变量,可以每次只针对其中一个变量进行优化,优化后再进行迭代.迭代过程如表 5.1 所示,本书将其称为 SCAN 算法,可以将其视作第 2 章 CAN 算法的推广.可以看到,式(5.8)、式(5.9)以及式(5.13)中涉及的矩阵运算都可以采用 FFT 完成.因此,SCAN 算法的计算效率很高.事实上,SCAN 算法可以在普通个人电脑上产生长度高达 10^6 的序列.

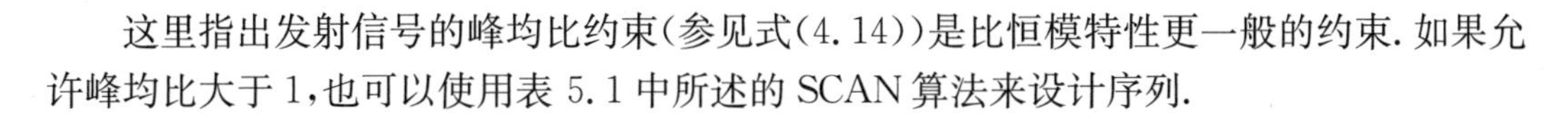

这里指出发射信号的峰均比约束(参见式(4.14))是比恒模特性更一般的约束.如果允许峰均比大于1,也可以使用表5.1中所述的SCAN算法来设计序列.

表5.1 SCAN算法

第0步	使用随机生成的恒模序列初始化$\{x(n)\}_{n=1}^{N}$
第1步	给定的$\boldsymbol{x}$和$\boldsymbol{v}$,$J(\boldsymbol{x},\boldsymbol{\alpha},\boldsymbol{v})$是关于$\boldsymbol{\alpha}$的二次凸函数.令$\partial J/\partial\boldsymbol{\alpha}=0$以及$\boldsymbol{G}^{\mathrm{H}}\boldsymbol{G}=\boldsymbol{I}$,可得$\boldsymbol{\alpha}$的最优解: $$\boldsymbol{\alpha}=\boldsymbol{G}^{\mathrm{H}}\tilde{\boldsymbol{x}} \quad (5.8)$$
第2步	给定$\boldsymbol{x}$和$\boldsymbol{\alpha}$,则$\boldsymbol{v}$的最优解为 $$\boldsymbol{v}=\frac{1}{\sqrt{2}}\exp[\mathrm{j}\arg(\boldsymbol{F}_{2N}^{\mathrm{H}}[\boldsymbol{x}^{\mathrm{T}}\ 0_{1\times N}]^{\mathrm{T}})] \quad (5.9)$$
第3步	给定$\boldsymbol{\alpha}$和$\boldsymbol{v}$,目标函数J可以写为 $$J=const-2\mathrm{Re}\{\boldsymbol{x}^{\mathrm{H}}[\lambda\boldsymbol{c}_1+(1-\lambda)\boldsymbol{c}_2]\} \quad (5.10)$$ 其中, $\boldsymbol{c}_1$为$\boldsymbol{G\alpha}$的前N个元素 (5.11) $\boldsymbol{c}_2$为$\boldsymbol{F}_{2N}\boldsymbol{v}$的前$N$个元素 (5.12) 则$\boldsymbol{x}$的最优解为 $$\boldsymbol{x}=\exp\{\mathrm{j}\arg[\lambda\boldsymbol{c}_1+(1-\lambda)\boldsymbol{c}_2]\} \quad (5.13)$$
循环迭代	重复计算式(5.8)、式(5.9)以及式(5.13)直至收敛(例如,当$\boldsymbol{x}$在相邻两次迭代之间变化量的范数小于预设门限,如10^{-3})

仅需通过求解如下优化问题来替代式(5.13)中的最优解:

$$\begin{cases}\min\limits_{\boldsymbol{x}}\ \|\boldsymbol{x}-[\lambda\boldsymbol{c}_1+(1-\lambda)\boldsymbol{c}_2]\|^2\\ \text{s.t.}\ \ PAR(\boldsymbol{x})\leqslant\rho\end{cases}, \tag{5.14}$$

其中,$1\leqslant\rho\leqslant N$为所允许的最高峰均比.式(5.14)是一个"最近矢量问题",求解方法可以参考4.2节.然而除非特别说明,5.3节中的数值算例大多考虑的是恒模约束.

5.2 WeSCAN算法

本节推导出WeSCAN算法,它可以视作SCAN算法和WeCAN算法的推广.对于SCAN算法,函数J_2的最小化等价于使得ISL(见式(2.1))最小:

$$ISL=2\sum_{k=1}^{N-1}|r(k)|^2. \tag{5.15}$$

更一般化的WISL准则把每一个相关项$r(k)$关联一个权值γ_k^2(式(2.3)):

$$WISL=2\sum_{k=1}^{N-1}\gamma_k^2|r(k)|^2, \tag{5.16}$$

其中,可以设定权值$\{\gamma_k\}$来满足不同的需求.例如,如果设$\gamma_1=0$,$\gamma_2=0$以及$\gamma_k=1(k=3,\cdots,N-1)$,则以主瓣宽度性能换取了旁瓣抑制性能.

定义加权矩阵如下：

$$\boldsymbol{\Gamma}=\frac{1}{\gamma_0}\begin{bmatrix}\gamma_0 & \gamma_1 & \cdots & \gamma_{N-1}\\ \gamma_1 & \ddots & & \gamma_{N-2}\\ \vdots & & \ddots & \vdots\\ \gamma_{N-1} & \cdots & & \gamma_0\end{bmatrix},\tag{5.17}$$

其中，$\gamma_0>0$ 足够大以使 $\boldsymbol{\Gamma}$ 半正定. 令矩阵 $\boldsymbol{D}$ 为 $\boldsymbol{\Gamma}$ 的平方根，其第 (k,l) 个元素记为 d_{kl}. 如 2.2 节所示，求解如下优化问题可以优化 WISL：

$$\begin{cases}\min\limits_{X,\{\alpha_p\}_{p=1}^{2N}} \widetilde{J}_2(x,V)=\|\mathbf{F}_{2N}^{\mathrm{H}}\boldsymbol{Z}-\mathbf{V}\|^2\\ \text{s. t. } |x(n)|=1\quad(n=1,\cdots,N)\\ \|\boldsymbol{\alpha}_p\|^2=1\quad(p=1,\cdots,2N)\end{cases},\tag{5.18}$$

其中，

$$\begin{cases}\boldsymbol{Z}=[\boldsymbol{z}_1\cdots\boldsymbol{z}_N]_{2N\times N}\\ \boldsymbol{z}_k=[d_{k1}x(1)\cdots d_{kN}x(N)0\cdots0]_{2N\times1}^{\mathrm{T}}\quad(k=1,\cdots,N)\end{cases}.\tag{5.19}$$

以及

$$\mathbf{V}=\frac{1}{\sqrt{2}}[\boldsymbol{\alpha}_1\cdots\boldsymbol{\alpha}_{2N}]^{\mathrm{T}}\quad(2N\times N).\tag{5.20}$$

将式(5.6)中的惩罚函数 J_2 替换成式(5.18)中的 $\widetilde{J}_2$，利用 5.1 节式(5.7)后的讨论结果，并作必要变化，便能推导出 WeSCAN 算法. 5.3 节将说明，与 SCAN 算法相比，WeSCAN 算法能够以增加主瓣宽度为代价，生成频率阻带凹口更深的序列.

在结束本节之前，这里指出可以使用连续频率来对频率阻带对应的罚函数进行建模(Lindenfeld 2004).

令

$$X(f)=\sum_{n=1}^{N}x(n)\mathrm{e}^{-\mathrm{j}2\pi f(n-1)}\quad(f\in[0,1])\tag{5.21}$$

为序列 $\{x(n)\}_{n=1}^{N}$ 的离散时间傅里叶变换，频率阻带的表达式由式(5.1)给出. 则第 k 个子带的频谱功率为

$$\begin{aligned}\int_{f_{k1}}^{f_{k2}}|X(f)|^2\mathrm{d}f&=\int_{f_{k1}}^{f_{k2}}\left|\sum_{n=1}^{N}x(n)\mathrm{e}^{-\mathrm{j}2\pi f(n-1)}\right|^2\mathrm{d}f\\&=\sum_{n=1}^{N}\sum_{m=1}^{N}x^*(m)\left(\int_{f_{k1}}^{f_{k2}}\mathrm{e}^{\mathrm{j}2\pi f(m-n)}\mathrm{d}f\right)x(n),\end{aligned}\tag{5.22}$$

与阻带抑制相关的目标函数 $\widetilde{J}_1$ 定义为式(5.22)在所有阻带上的求和：

$$\begin{aligned}\widetilde{J}_1&=\sum_{k=1}^{N_s}\int_{f_{k1}}^{f_{k2}}|X(f)|^2\mathrm{d}f\\&=\sum_{n=1}^{N}\sum_{m=1}^{N}x^*(m)\left(\sum_{k=1}^{N_s}\int_{f_{k1}}^{f_{k2}}\mathrm{e}^{\mathrm{j}2\pi f(m-n)}\mathrm{d}f\right)x(n).\end{aligned}\tag{5.23}$$

令 $\boldsymbol{R}$ 为 $N\times N$ 矩阵，其第 (m,n) 个元素为

$$R_{mn}=\sum_{k=1}^{N_s}\int_{f_{k1}}^{f_{k2}}\mathrm{e}^{\mathrm{j}2\pi f(m-n)}\mathrm{d}f$$

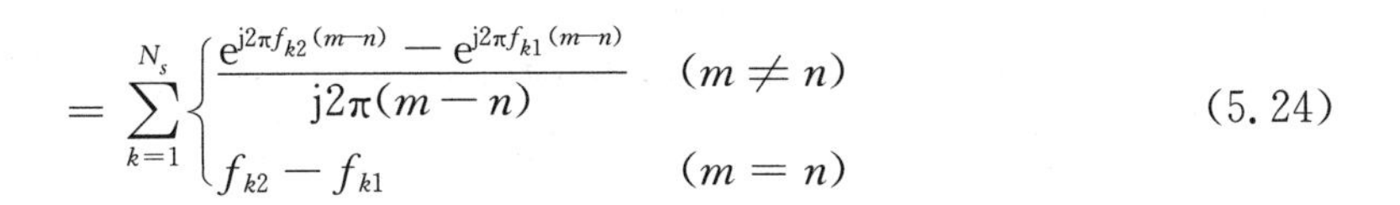

$$
=\sum_{k=1}^{N_s}\begin{cases}\dfrac{\mathrm{e}^{\mathrm{j}2\pi f_{k2}(m-n)}-\mathrm{e}^{\mathrm{j}2\pi f_{k1}(m-n)}}{\mathrm{j}2\pi(m-n)} & (m\neq n)\\ f_{k2}-f_{k1} & (m=n)\end{cases} \tag{5.24}
$$

则 $\widetilde{J}_1$ 又可表示为

$$
\widetilde{J}_1=\boldsymbol{x}^{\mathrm{H}}\boldsymbol{R}\boldsymbol{x} \tag{5.25}
$$

通常,矩阵 $\boldsymbol{R}$ 是秩亏的(Stoica,Moses 2005).假设 $\mathrm{rank}(\boldsymbol{R})=\hat{N}<N$.将 $\boldsymbol{R}$ 的特征值分解记为 $\boldsymbol{R}=\boldsymbol{U\Sigma U}^*$($\boldsymbol{\Sigma}$ 的对角元素降序排列),同时令 $\boldsymbol{B}$ 为 $\boldsymbol{U}$ 的最后 $N-\hat{N}$ 列组成的 $N\times(N-\hat{N})$ 矩阵.使用式(5.3)至式(5.5)类似的推导过程,在集合 Ω 内的频带形成凹口等价于求解以下优化问题:

$$
\begin{cases}\min\limits_{\boldsymbol{x},\boldsymbol{\alpha}}\widetilde{J}_1(\boldsymbol{x},\boldsymbol{\alpha})=\|\boldsymbol{x}-\boldsymbol{B\alpha}\|^2\\ \mathrm{s.t.}\ |x(n)|=1\quad(n=1,\cdots,N)\end{cases}, \tag{5.26}
$$

与式(5.5)相比,此时不便于采用 FFT 对式(5.26)进行求解.因此从计算效率的角度来看,求解式(5.26)并不吸引人.使用式(5.26)还存在另外一个问题,那就是如何选择 $\hat{N}$.在下一节的例子中,只有在特别指明的情况下才会使用式(5.26)中的目标函数.

5.3 数值仿真

5.3.1 SCAN 算法

假设需要设计一个长度 $N=100$ 的恒模序列.频率阻带为 $\Omega=[0.2,0.3)$ Hz.下面用 SCAN 算法来产生这样的信号,其中 $\lambda=0.7$,$\widetilde{N}=1000$.用 $\boldsymbol{x}$ 表示该算法生成的序列,接下来通过峰值阻带功率(记为 P_{stop})和峰值自相关旁瓣(记为 P_{corr})来衡量 $\boldsymbol{x}$ 的性能.具体来说,定义:

$$
P_{\mathrm{corr}}=20\lg\left(\max_{k=1,\cdots,N-1}\frac{|r(k)|}{N}\right). \tag{5.27}
$$

为计算 P_{stop},令 $\{y(k)\}_{k=1}^{\widetilde{N}}$ 表示 $\{x(n)\}_{n=1}^{N}$ 的 $\widetilde{N}$ 点 FFT,对 $\{y(k)\}_{k=1}^{\widetilde{N}}$ 进行归一化使得 $|y(k)|^2$ 在通带的均值为 1.这样采用下式来计算 P_{stop}:

$$
P_{\mathrm{stop}}=10\lg\left(\max_k|y(k)|^2\right)\quad\left(\frac{k-1}{\widetilde{N}}\in\Omega\right). \tag{5.28}
$$

在本例中,式(5.28)中 k 的取值范围为 201~300(需要注意的是,k 与频率 $(k-1)/\widetilde{N}$ 相对应).

SCAN 算法所生成的序列功率谱(经过归一化的 $|y(k)|^2$)和相关水平($|r(k)|/N$)如图 5.1(a)和图 5.1(b)所示.从这两张图可以得出 $P_{\mathrm{stop}}=-8.3$ dB,$P_{\mathrm{corr}}=-19.2$ dB.为分析 λ 对性能的影响,将 λ 从 0.1 变化到 1,并将 P_{stop} 和 P_{corr} 的值绘制在图 5.2 中(其他仿真参数与图 5.1 相同).此图并未给出 $\lambda<0.1$ 时的结果,这是因为太小的 λ 无法实现阻带抑制.从图 5.2 可以看出,λ 增加时,给予了阻带罚函数更多的权重,此时 P_{stop} 下降,但 P_{corr} 增加.

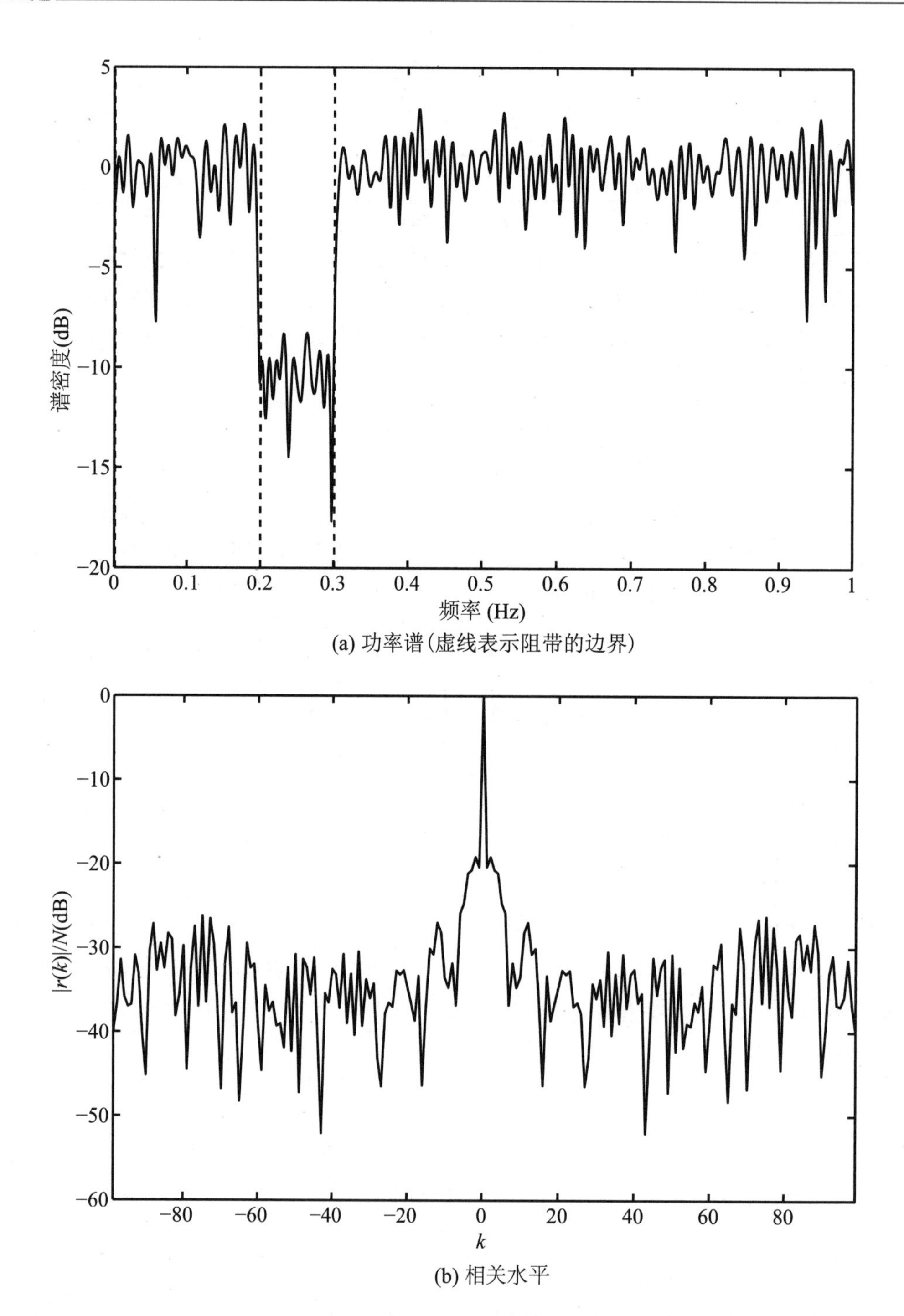

(a) 功率谱(虚线表示阻带的边界)

(b) 相关水平

图 5.1　SCAN 序列的功率谱和相关水平($N=100,\widetilde{N}=1\,000,\Omega=[0.2,0.3)$ Hz)

评述　图 5.2 中 P_{corr} 曲线并未随着 λ 单调递增,P_{stop} 也没有随着 λ 单调递减. 这是因为 SCAN 算法采用随机序列对算法进行初始化. 不同的初始化会生成不同的序列,对应的 P_{stop} 和 P_{corr} 也发生变化. 尽管更大的 λ 通常导致更好的阻带抑制,但相比 $\lambda=0.75$,当 $\lambda=0.70$ 时,并不能保证 P_{stop} 更小或者 P_{corr} 更大.

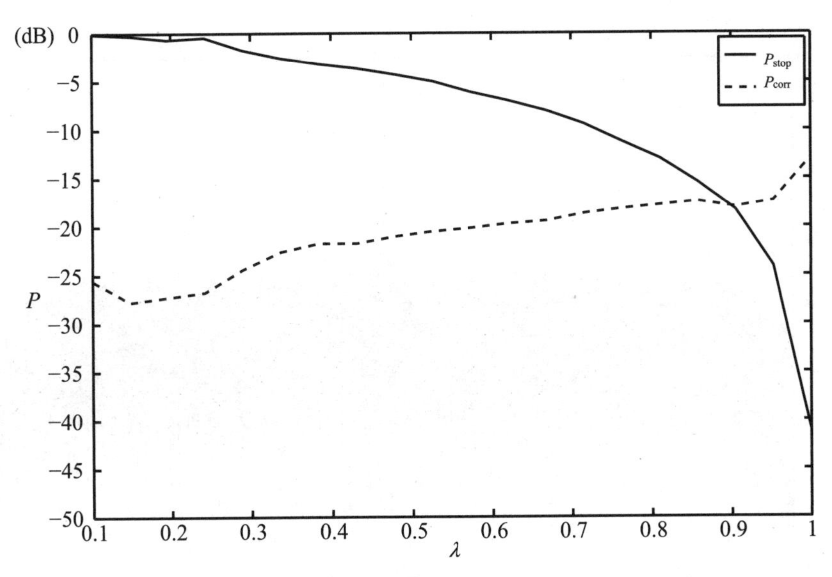

图 5.2 P_{stop} 和 P_{corr} 随 λ 的变化(其他参数与图 5.1 相同)

接下来,考虑通带由多个阻带分割的情形:

$$\Omega = [0,0.11) \cup [0.13,0.19) \cup [0.25,0.36)$$
$$= [0.40,0.65) \cup [0.8,0.87) \cup [0.94,1)\ \text{Hz}. \tag{5.29}$$

序列长度为 $N=10^4$. 由于 N 足够大,能够使得 DFT 栅格足够稠密,于是令 $\tilde{N}=N$. 此外,为强调对于阻带的抑制,将 λ 设为 0.9. 使用以上参数生成的 SCAN 序列的功率谱和相关水平如图 5.3 所示,在此图中,$P_{stop}=-15.1$ dB,$P_{corr}=-7.3$ dB. 注意到在靠近原点的地方(即同相相关点)达到了旁瓣峰值,在远离原点的位置,旁瓣要比 P_{corr} 低得多.

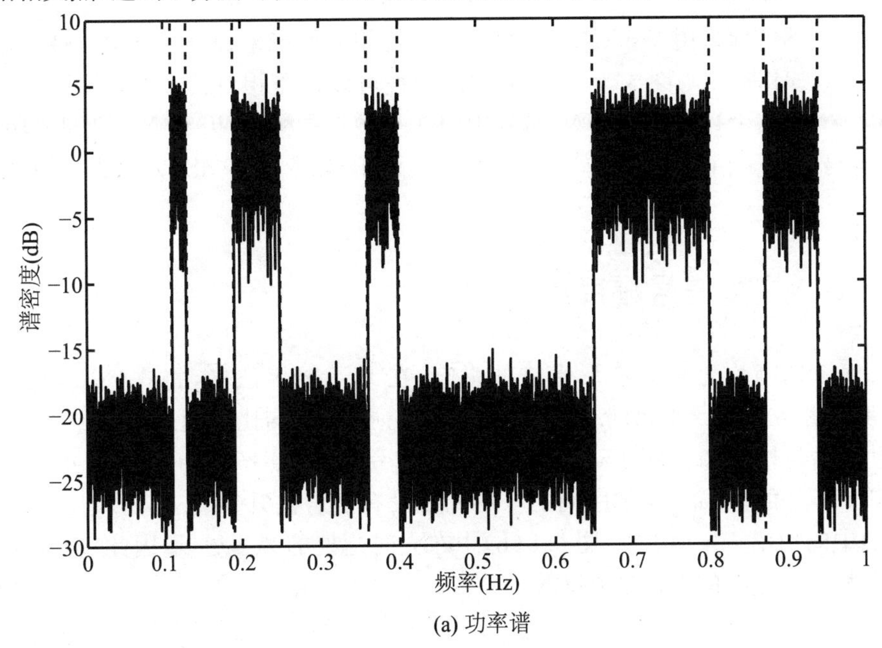

(a) 功率谱

图 5.3 SCAN 序列的功率谱和相关水平($N=10^5$,$\tilde{N}=10^5$,$\Omega=[0,0.11)\cup[0.13,0.19)\cup[0.25,0.36)\cup[0.40,0.65)\cup[0.8,0.87)\cup[0.94,0.1)$ Hz)

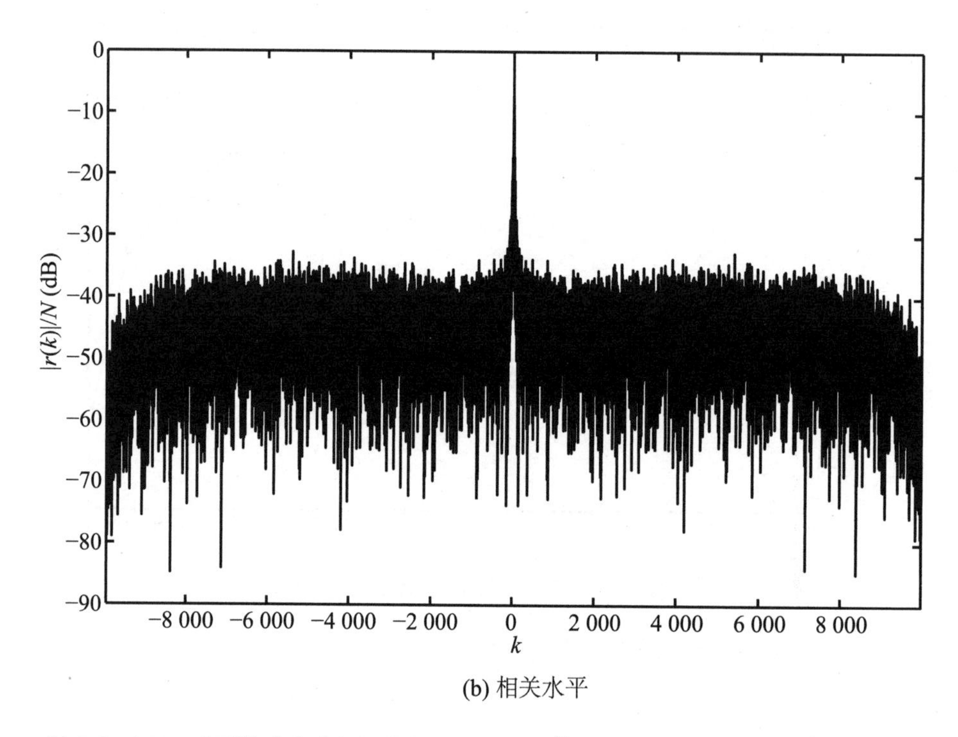

(b) 相关水平

图 5.3　SCAN 序列的功率谱和相关水平($N=10^5$,$\tilde{N}=10^5$,$\Omega=[0,0.11)\cup[0.13,0.19)\cup[0.25,0.36)\cup[0.40,0.65)\cup[0.8,0.87)\cup[0.94,0.1)$ Hz)**(续)**

5.3.2　WeSCAN 算法

本节将展示如何采用 WeSCAN 算法通过牺牲相关性能来提升阻带抑制性能. 在运行 WeSCAN 算法时,使用与图 5.1 相同的参数. 假设可以接受相对较宽的主瓣,令相关系数为 $\gamma_1=0,\gamma_2=0,\gamma_k=1(k=3,\cdots,N-1)$,则图 5.4 显示了相关 WeSCAN 序列的功率谱和相关水平. 与图 5.1 相比,阻带功率($P_{\text{stop}}=-34.9$ dB)减少了 20 dB 以上,但主瓣宽度有所展宽.

5.3.3　放宽信号幅度约束

接下来考虑峰均比对于波形性能的影响. 在 SCAN 算法中,将式(5.13)替换成式(5.14),其他参数与图 5.1 相同. 令 $\rho=2$,即约束序列的峰均比不超过 2. 所产生的 SCAN 序列的功率谱与相关水平如图 5.5 所示,其中 $P_{\text{stop}}=-9.0$ dB,$P_{\text{corr}}=-19.3$ dB. 如果仅以 P_{stop} 和 P_{corr} 作为度量的话,增加序列的峰均比并没有显著提升性能. 然而,与图 5.1 相比,图 5.5(a)中的功率谱抖动更少,图 5.5(b)中在大时延处的旁瓣更低. 因此,若实际系统允许峰均比大于 1,这样的设计是值得的.

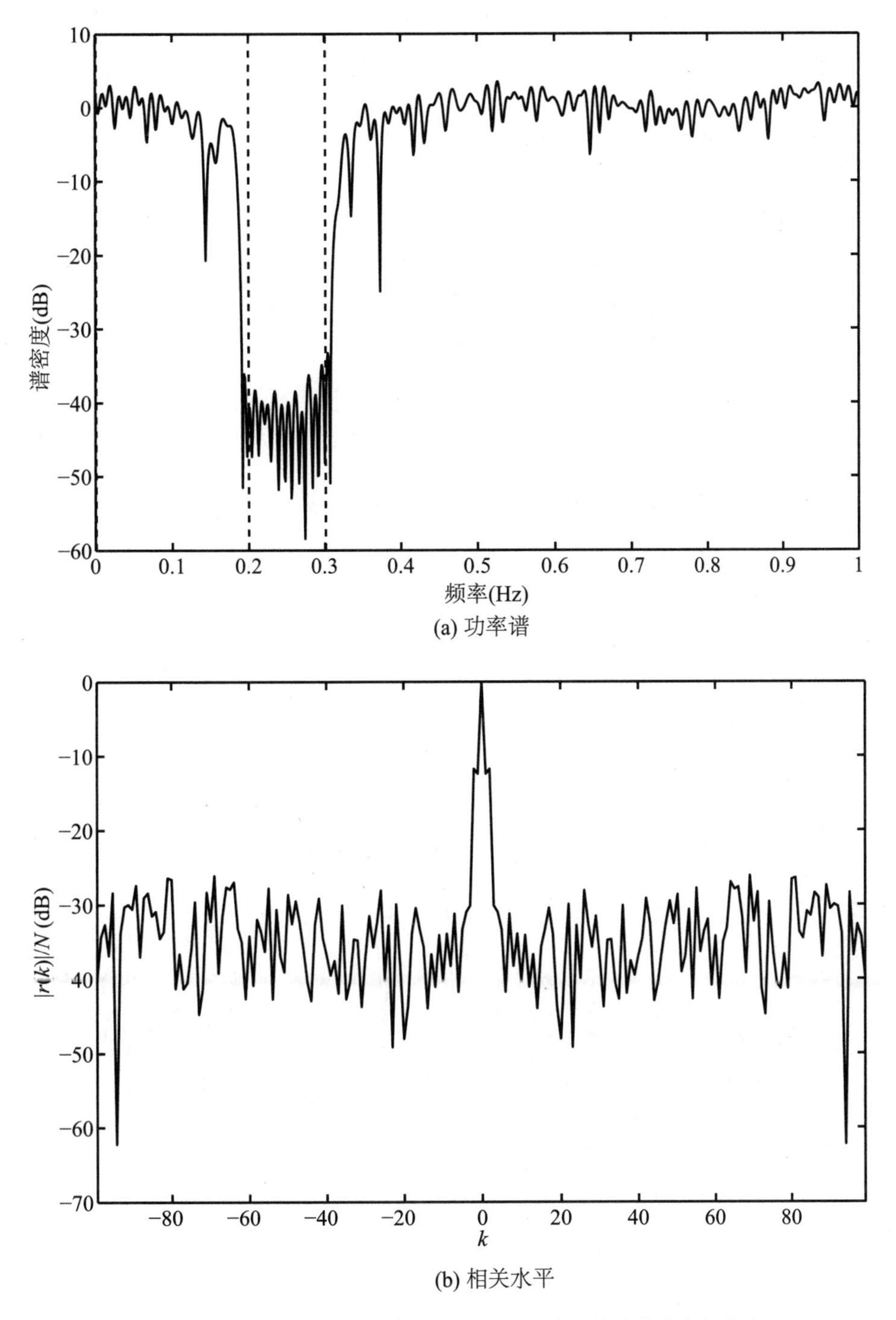

图 5.4　采用与图 5.1 相同的参数产生的 WeSCAN 序列的功率谱和相关水平（$\gamma_1=0$，$\gamma_2=0$，$\gamma_k=1(k=3,\cdots,N-1)$）

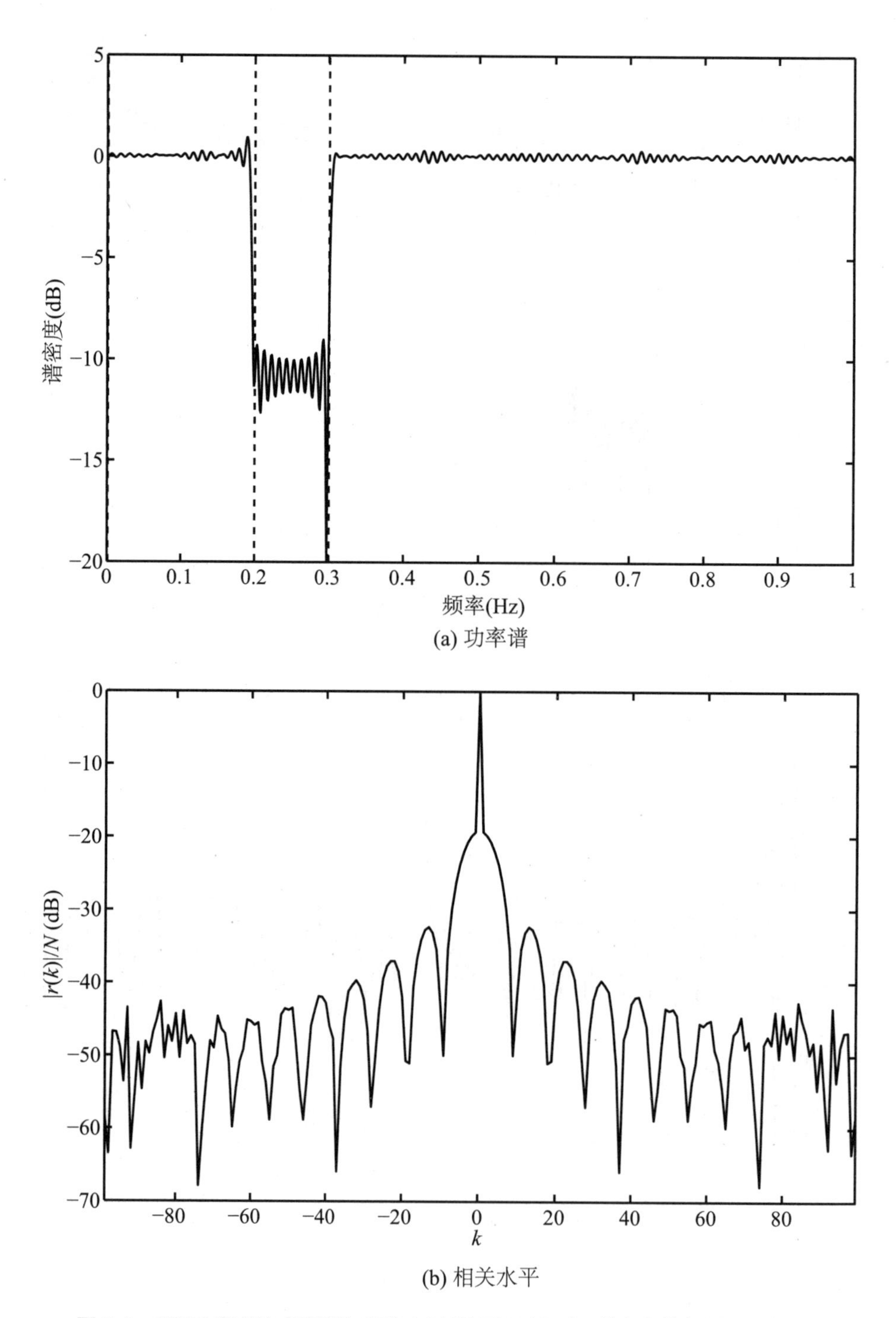

(a) 功率谱

(b) 相关水平

图 5.5　SCAN 序列的功率谱和相关水平(除了 $PAR \leqslant 2$,其余参数与图 5.1 相同)

5.3.4　使用不同的频率模型

最后,考虑使用式(5.26)中的连续频率模型来替代式(5.5)中的离散频率模型. 仍然采用与图 5.1 相同的仿真参数. 在这种情况下，矩阵 $\boldsymbol{R}$ 的秩为 22. 所生成的 SCAN 序列功率谱和相关水平如图 5.6 所示，其中 $P_{\text{stop}}=-9.0$ dB，$P_{\text{corr}}=-18.5$ dB. 可以看出，使用相对更加复杂的连续频率模型，并没有提升性能.

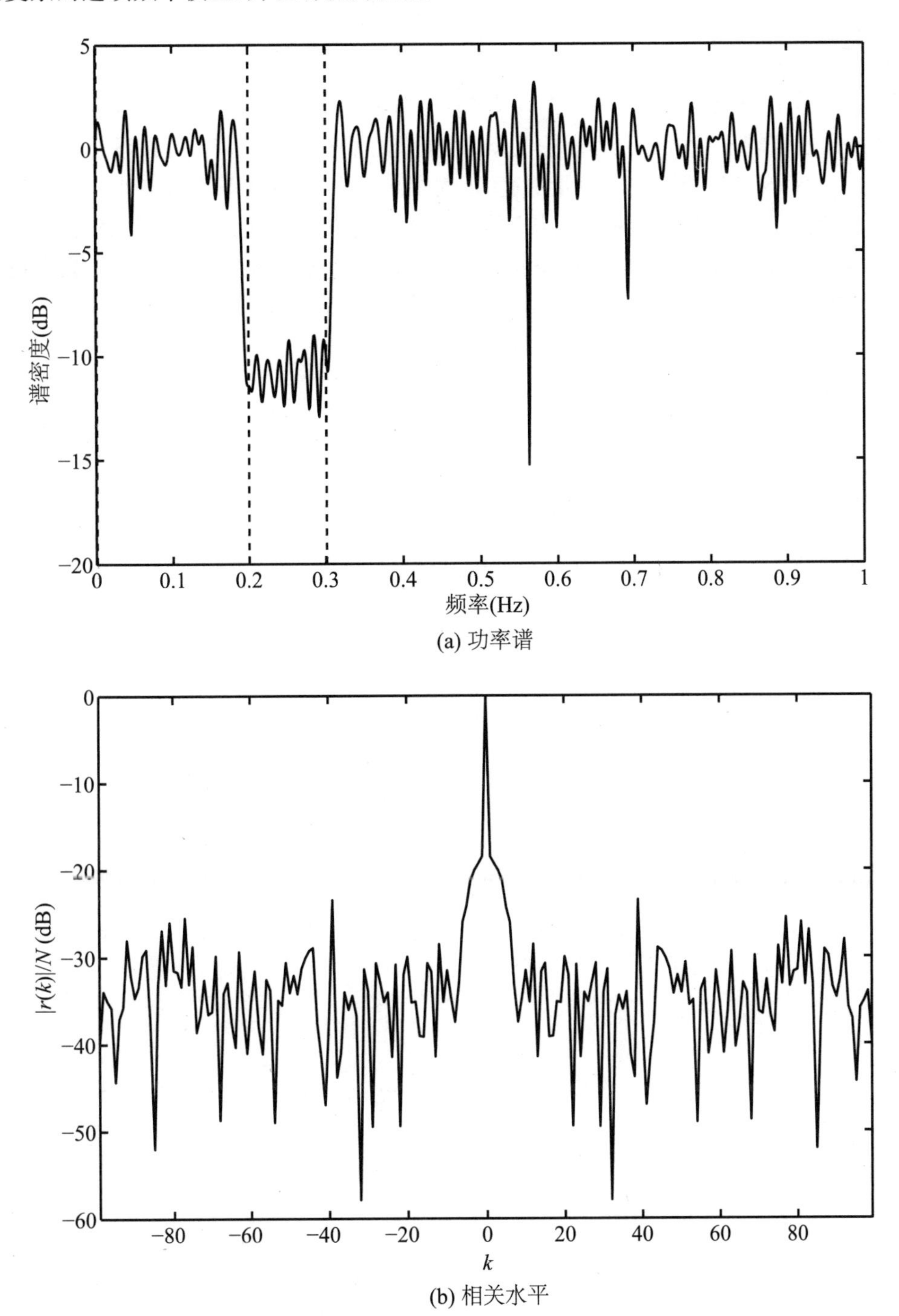

图 5.6　SCAN 序列的功率谱和相关水平（采用式(5.26)替代式(5.5)进行优化，其余仿真参数与图 5.1 相同）

5.4 本章小结

本章提出了 SCAN 算法和 WeSCAN 算法用于设计恒模序列，所设计的序列在特定阻带的功率谱密度较低且自相关旁瓣较低. SCAN 算法基于 FFT 运算，可以设计很长的序列（长达 10^6）. WeSCAN 算法的运算量更高，但是能够更加灵活地平衡阻带性能和自相关特性. 采用上述算法优化的波形可用于认知雷达和其他常规的雷达工作中. 最后要指出的是，对 SCAN 算法和 WeSCAN 算法进行拓展，可以用来设计恒模或峰均比约束下具备特定互相关特性的序列集.

6 模糊函数

模糊函数是指经过时延和多普勒频率搬移的信号通过匹配滤波器之后的响应. 令$u(t)$表示一个定义在区间$[0,T]$的探测信号(即$u(t)$在区间$[0,T]$以外取值为0). $u(t)$的连续时间模糊函数定义为

$$\chi(\tau,f)=\int_{-\infty}^{\infty}u(t)u^{*}(t-\tau)\mathrm{e}^{-\mathrm{j}2\pi f(t-\tau)}\mathrm{d}t, \tag{6.1}$$

其中,τ为时延;f为多普勒频率. 值得注意的是,式(6.1)中的模糊函数实际上是针对窄带信号定义的,这类信号是本章以及下一章讨论的重点. 对于宽带信号模糊函数的讨论,请参见附录6.

前人已进行了大量关于模糊函数的研究,例如,Woodward(1957)、Sussman(1962)、Wolf等(1968)、Costas(1984)、Guey,Bell(1998)、Levanon,Mozeson(2004)、Gladkova,Chebanov(2004)、Bonami 等(2007)、Chen,Vaidyanathan(2008)、Abramovich,Frazer(2008)和Benedetto等(2009).

6.1 模糊函数性质

图6.1给出了Chirp信号(定义见第1章的式(1.19))的模糊函数,其中$T=10$ s,$B=5$ Hz. 注意到此图中$\chi(\tau,f)$的值经过了归一化,归一化后原点的峰值为1,时延τ采用T进行归一化,多普勒频移f采用$1/T$进行归一化. 为保持尺度一致,其他的模糊函数图也采用了这样的归一化.

从图6.1中可以很容易观察到模糊函数的两个特征:第一个特征是$|\chi(\tau,f)|$最大值为$|\chi(0,0)|$,这正好是信号$u(t)$的能量. 第二个特征是模糊函数关于原点对称,即$|\chi(\tau,f)|=|\chi(-\tau,-f)|$. 因此,在绘制模糊函数时,只需显示$(\tau,f)$平面的一半即可(如图6.1(a)所示).

模糊函数的另一个重要特征,尽管不如以上两个特征那么明显,就是其体积恒定:

$$\int_{-\infty}^{\infty}\int_{-\infty}^{\infty}|\chi(\tau,f)|^{2}\mathrm{d}\tau\mathrm{d}f=E^{2}, \tag{6.2}$$

其中

$$E=\int_{-\infty}^{\infty}|u(t)|^{2}\mathrm{d}t \tag{6.3}$$

是$u(t)$的能量. 考虑到完整性,下面列出上述三个特征,并给出证明.

1. 原点取值最大

利用柯西-施瓦茨不等式可得

$$|\chi(\tau,f)|^2 \leqslant \int_{-\infty}^{\infty} |u(t)|^2 \mathrm{d}t \int_{-\infty}^{\infty} |u^*(t-\tau)\mathrm{e}^{-\mathrm{j}2\pi f(t-\tau)}|^2 \mathrm{d}t = E^2, \tag{6.4}$$

其中,E 代表 $u(t)$ 的能量(见式(6.3)).由于$|\chi(0,0)|=E$,因此 $\chi(\tau,f)$在原点取值最大.

2. 对称性

利用变量替换($t \leftarrow t+\tau$)可得

$$\begin{aligned}\chi(-\tau,-f) &= \int_{-\infty}^{\infty} u(t)u^*(t+\tau)\mathrm{e}^{\mathrm{j}2\pi f(t+\tau)}\mathrm{d}t \\ &= \int_{-\infty}^{\infty} u(t-\tau)u^*(t)\mathrm{e}^{\mathrm{j}2\pi ft}\mathrm{d}t,\end{aligned} \tag{6.5}$$

从中可以看出模糊函数满足对称性:

$$|\chi(\tau,f)| = |\chi(-\tau,-f)|.$$

3. 体积恒定

$|\chi(\tau,f)|^2$的体积为

$$\begin{aligned}V &= \int_{-\infty}^{\infty}\int_{-\infty}^{\infty} |\chi(\tau,f)|^2 \mathrm{d}\tau\mathrm{d}f \\ &= \int_{-\infty}^{\infty}\int_{-\infty}^{\infty} \left|\int_{-\infty}^{\infty} u(t)u^*(t-\tau)\mathrm{e}^{-\mathrm{j}2\pi ft}\mathrm{d}t\right|^2 \mathrm{d}\tau\mathrm{d}f.\end{aligned} \tag{6.6}$$

令 $W_\tau(f)$表示 $u(t)u^*(t-\tau)$的傅里叶变换,利用帕塞瓦尔等式可得

$$\begin{aligned}\int_{-\infty}^{\infty} |W_\tau(f)|^2 \mathrm{d}f &= \int_{-\infty}^{\infty} \left|\int_{-\infty}^{\infty} u(t)u^*(t-\tau)\mathrm{e}^{-\mathrm{j}2\pi ft}\mathrm{d}t\right|^2 \mathrm{d}f \\ &= \int^{\infty} |u(t)u^*(t-\tau)|^2 \mathrm{d}t.\end{aligned} \tag{6.7}$$

因此,

$$\begin{aligned}V &= \int_{-\infty}^{\infty}\int_{-\infty}^{\infty} |u(t)u^*(t-\tau)|^2 \mathrm{d}t\mathrm{d}\tau \\ &= \int_{-\infty}^{\infty}\int_{-\infty}^{\infty} |u(x)u^*(y)|^2 \mathrm{d}x\mathrm{d}y \\ &= \int_{-\infty}^{\infty} |u(x)|^2 \mathrm{d}x \int_{-\infty}^{\infty} |u(y)|^2 \mathrm{d}y \\ &= E^2,\end{aligned} \tag{6.8}$$

其中,用到了变量替换 $x=t, y=t-\tau$.

图 6.1 所示的 Chirp 信号的模糊函数具有多普勒容忍特性,也就是说,即使存在多普勒频率的失配,匹配滤波的输出也会出现峰值,但这会导致时延估计错误.因此,由于 Chirp 信号模糊函数的距离-多普勒耦合性,即使在接收端缺少与不同多普勒频率相匹配的滤波器组,仍然能够发现多普勒频移未知的目标.

如 1.3 节所讨论的,包括 Golomb 序列和 Frank 序列在内的许多序列都能从 Chirp 信号导出.毫不奇怪,这些信号也继承了多普勒容忍特性.式(1.1)中的波形模糊函数如图 6.2所示,其中$\{x(n)\}$是长度为 50 的 Golomb 序列($N=50, T=Nt_p$),$p_n(t)$为矩形成形脉冲.接下来,当提及一个序列的模糊函数时,实际是指该序列所对应的波形的模糊函数.有趣的是,对比图 6.1 与图 6.2,可发现部分模糊函数的中间脊线搬移到了边缘(总体积不

变,见式(6.2)).

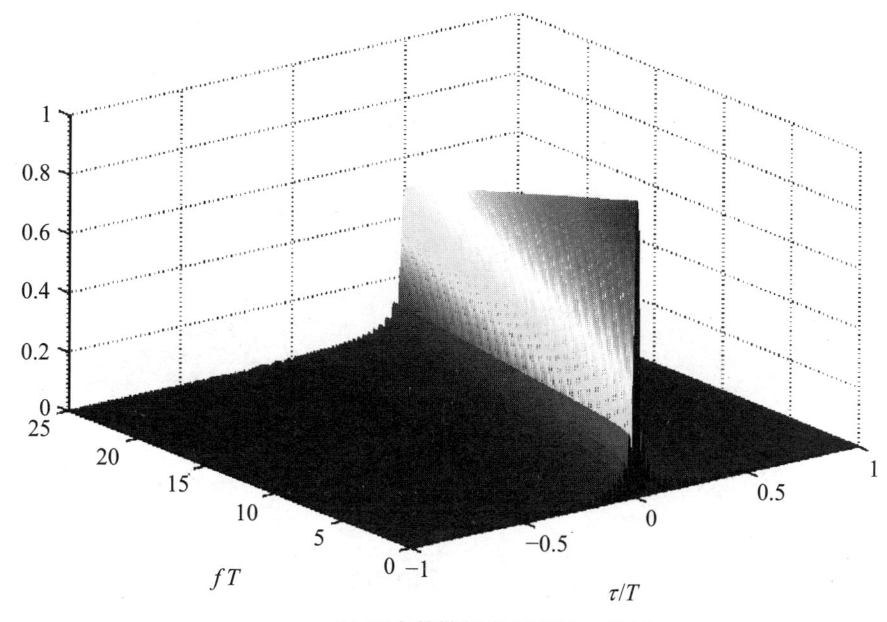

(a) 正多普勒频率对应的3D视图

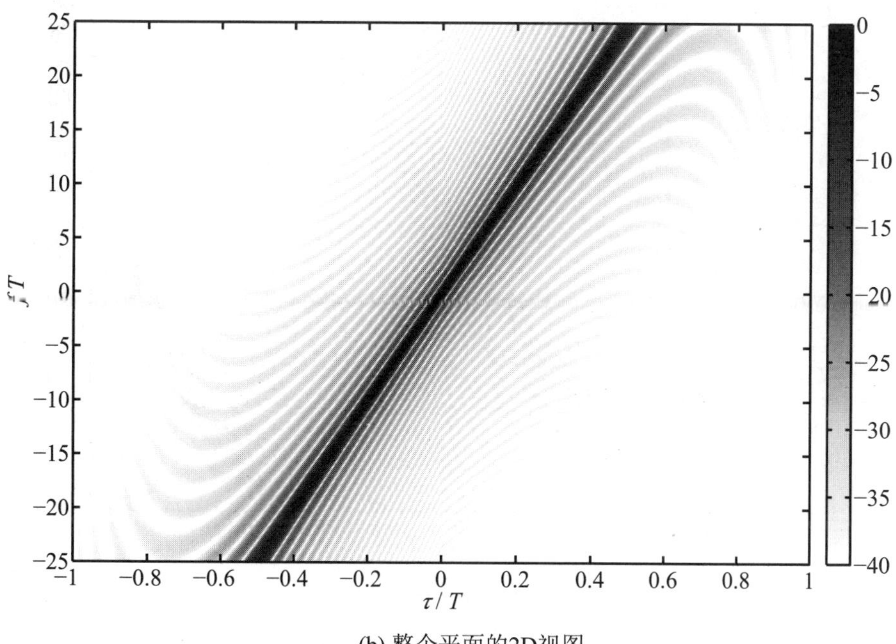

(b) 整个平面的2D视图

图 6.1　Chirp 信号的模糊函数(T=10 s,B=5 Hz)

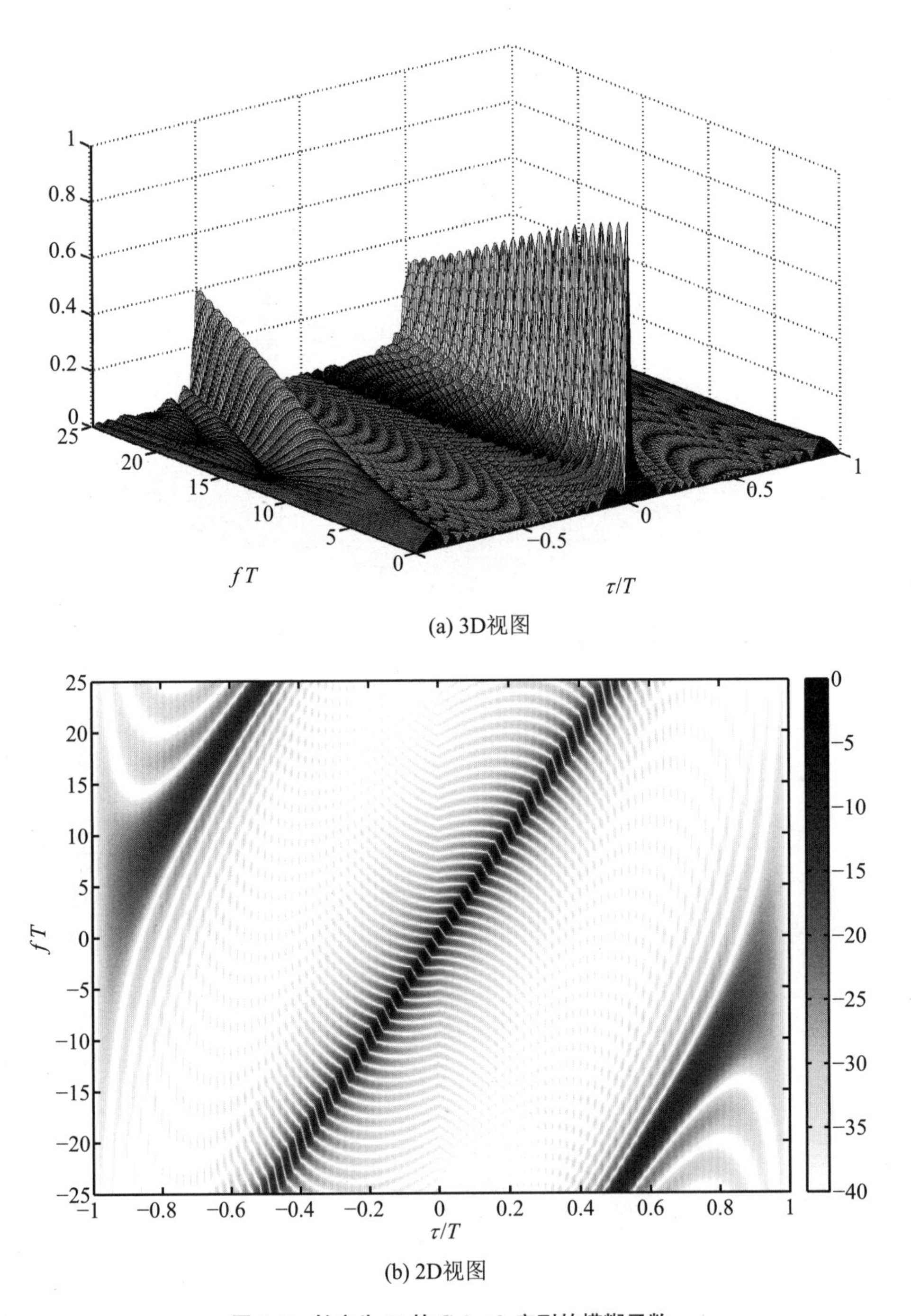

图 6.2　长度为 50 的 Golomb 序列的模糊函数

第 2 章提出了用 CAN 算法设计具有低相关旁瓣的序列. 显然,序列的自相关函数是模糊函数在零多普勒处的切片. 长度为 50 的 CAN 序列的模糊函数如图 6.3 所示,其中采用相同长度的 Golomb 序列来对 CAN 算法进行初始化. 与图 6.2 中的模糊函数相比,因为采用了 Golomb 序列进行初始化,所以该序列也具有多普勒容忍特性. 此外,可以看到在零多普勒处存在水平白色条纹,这就表明序列的自相关旁瓣较低.

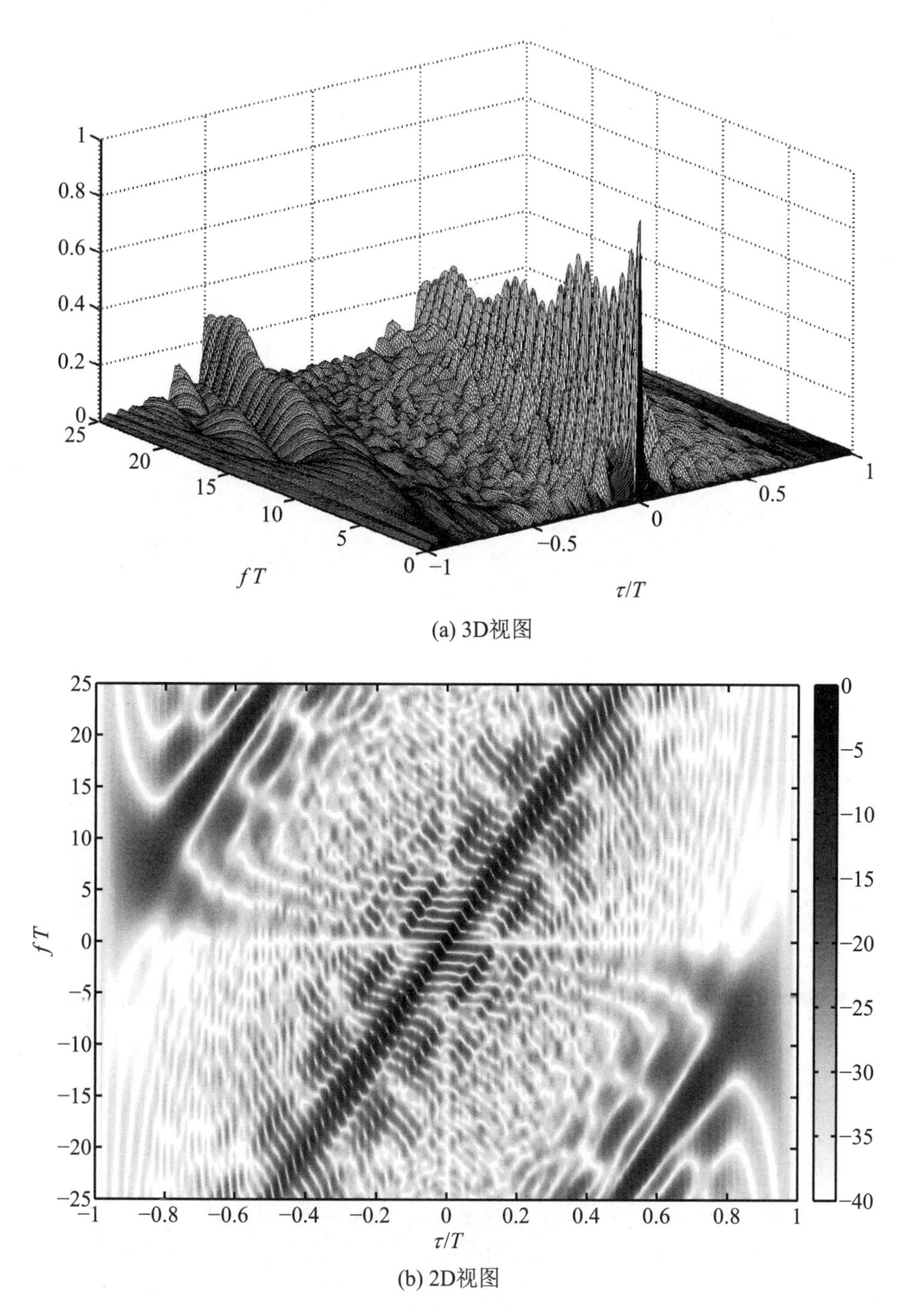

图 6.3 以 Golomb 序列作为初始点得到的长度为 50 的 CAN 序列模糊函数

图 6.4 绘制了长度为 50 的随机相位序列(即 $x(n)=e^{j\phi(n)}$,其中 $\phi(n)$ 为均匀分布在$[0,2\pi]$之间的独立同分布随机变量)的模糊函数. 使用此随机相位序列作为 CAN 算法的初始点,所得的 CAN 序列的模糊函数如图 6.5 所示. 图 6.5 所示的模糊函数为图钉型,表明时延和多普勒估计的分辨率高. 这类波形也被称为多普勒敏感波形. 另外一类多普勒敏感波形是 m 序列(见 1.3 节). 长度为 63 的 m 序列的模糊函数如图 6.6 所示. 顺便说一句,如果

使用 m 序列进行初始化，则 CAN 算法仅需一次迭代就收敛. 事实上，此时所得的 CAN 序列与 m 序列相同. 这就表明以 ISL 作为设计准则时，m 序列可能已经达到了局部最小值.

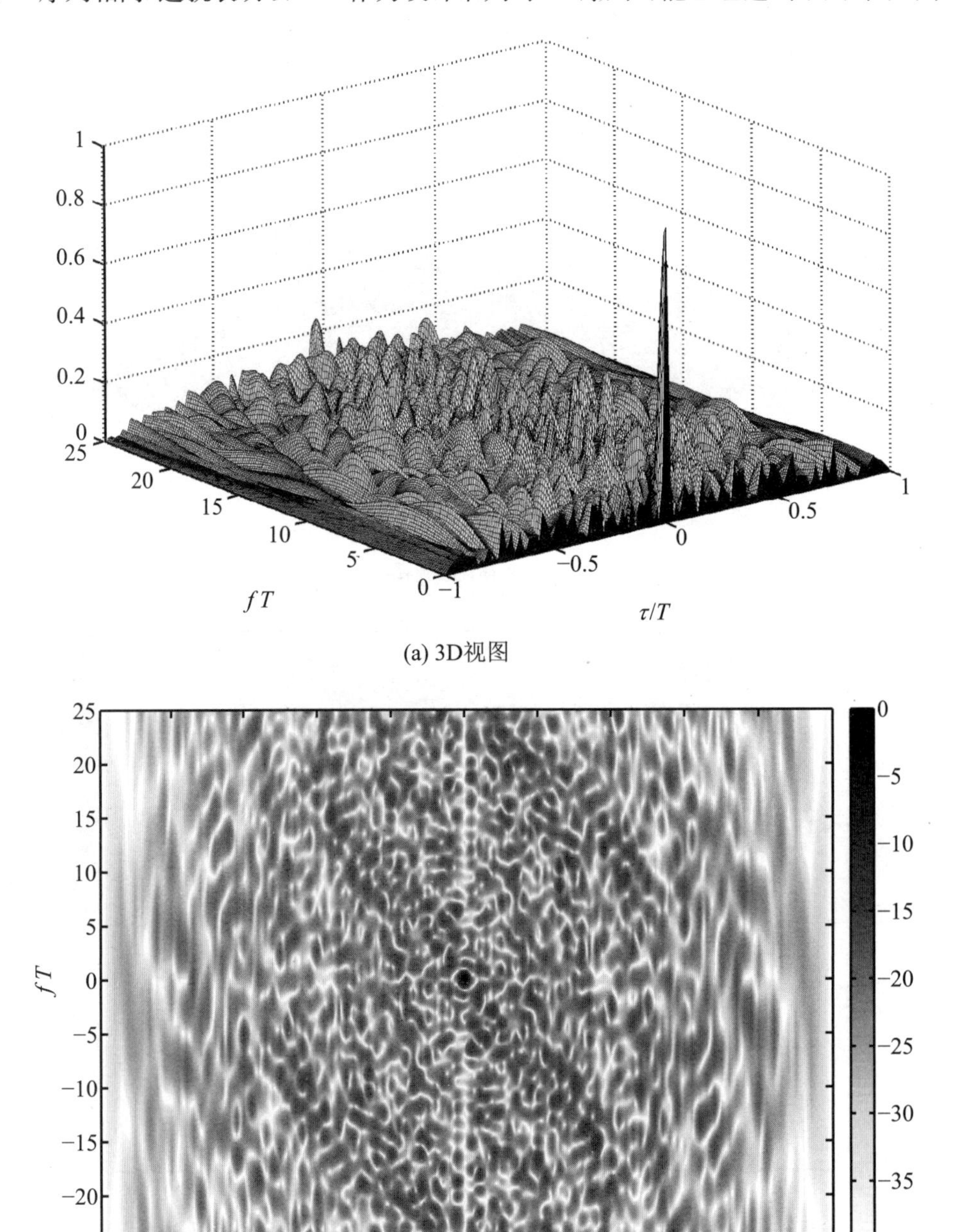

图 6.4　长度为 50 的随机相位序列的模糊函数

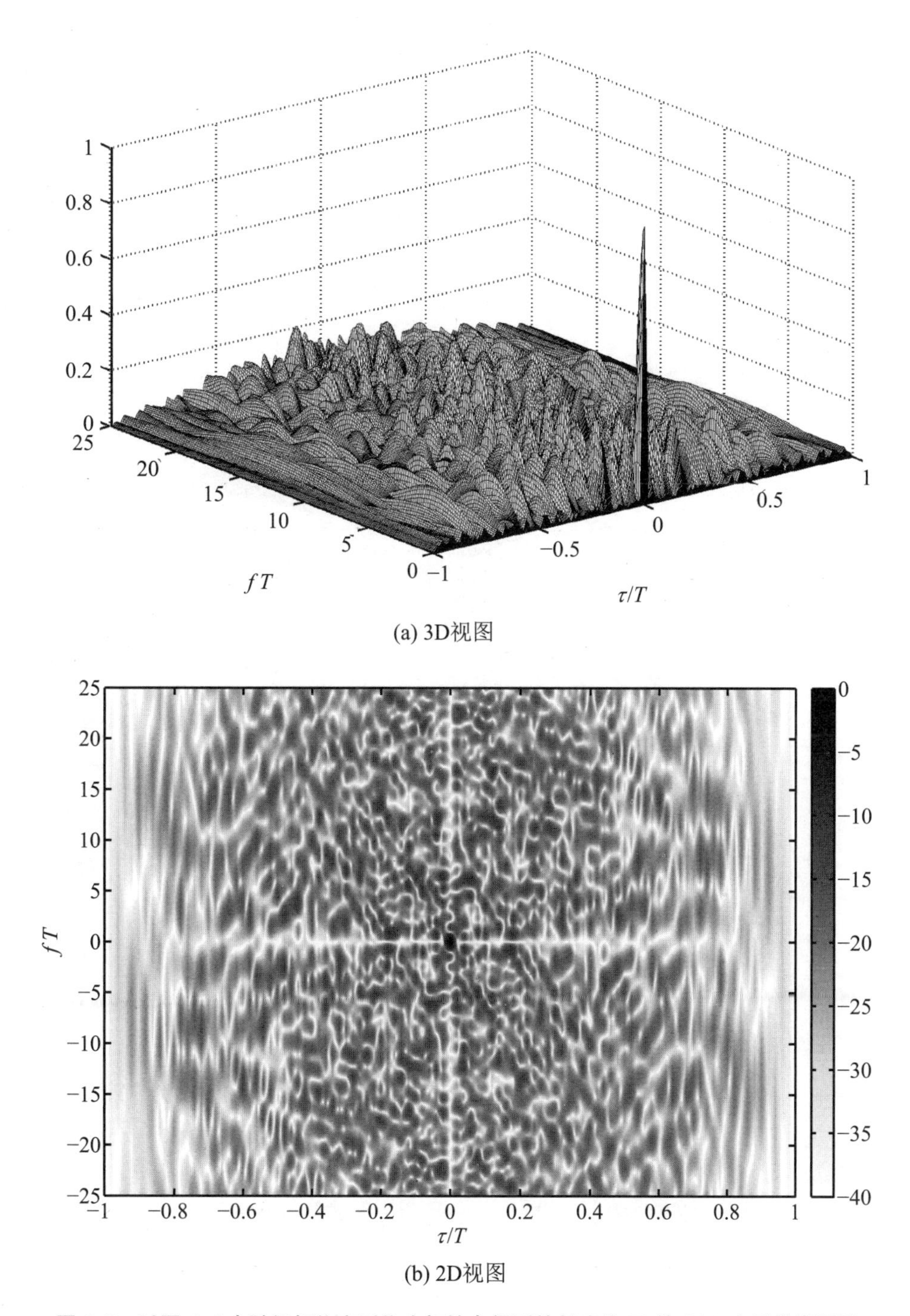

(a) 3D视图

(b) 2D视图

图 6.5 以图 6.4 中随机相位序列作为初始点得到的长度为 50 的 CAN 序列模糊函数

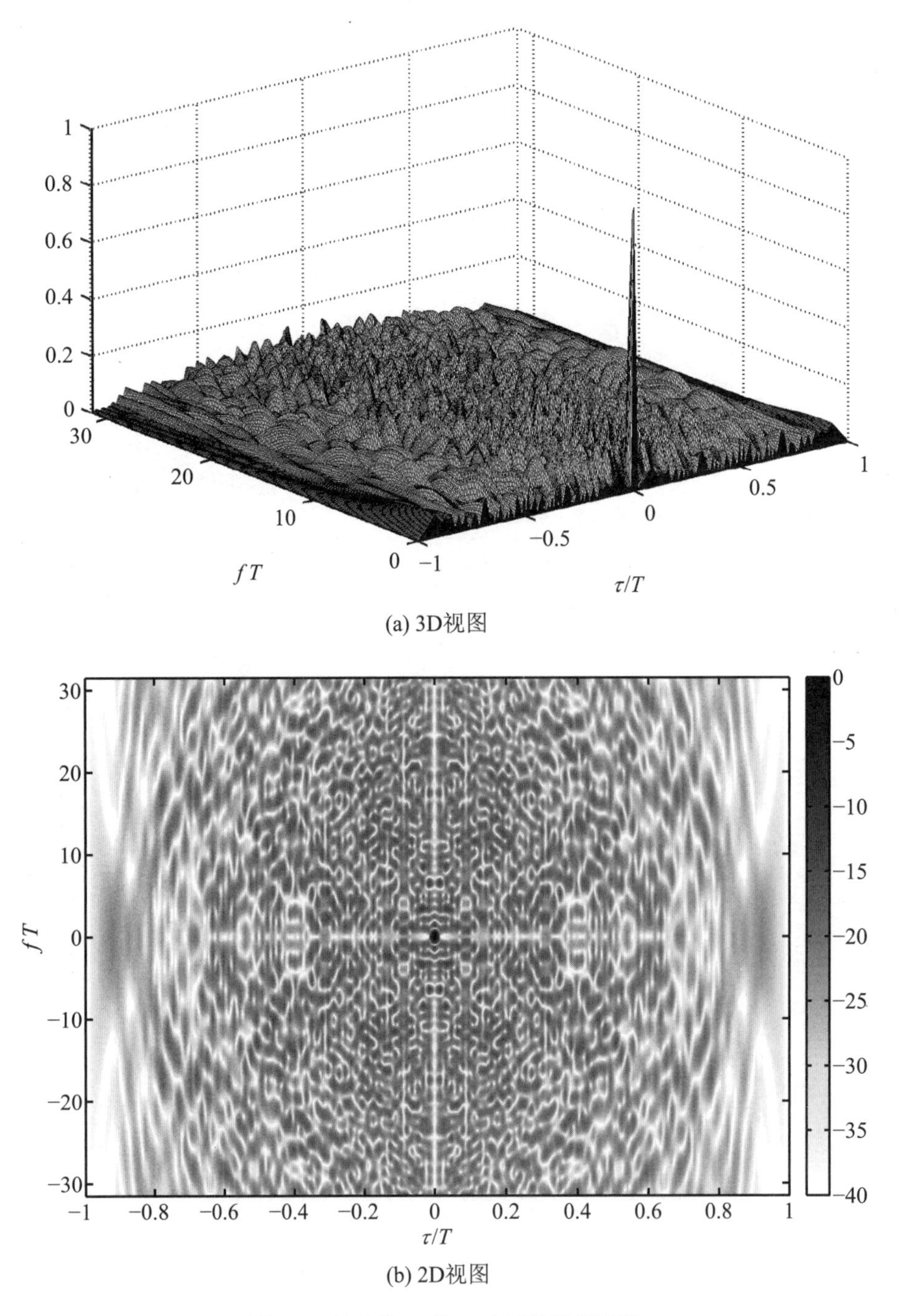

(a) 3D视图

(b) 2D视图

图 6.6　长度为 63 的 m 序列的模糊函数

另外值得注意的是，模糊函数在零时延的切面是 $u(t)u^*(t)$ 的傅里叶变换. 对于上述恒模波形，模糊函数在零时延的切片为

$$\chi(0,f)=\int_{-\infty}^{\infty}u(t)u^*(t)\mathrm{e}^{-\mathrm{j}2\pi ft}\,\mathrm{d}t$$

$$= \int_0^T e^{-j2\pi ft} dt$$
$$= \frac{1 - e^{-j2\pi fT}}{j2\pi f}$$
$$= e^{-j\pi fT} T \text{ sinc } (\pi fT), \tag{6.9}$$

其中，$\text{sinc}(x) = \sin(x)/x$. 因此，只要 $u(t)$ 为恒模信号，模糊函数在零时延的切面始终满足 $|\chi(0,f)| = |T\text{sinc}(\pi fT)|$. 由于随着 f 的增加 $\text{sinc}(\pi fT)$ 迅速衰减，模糊函数在零时延的切面变成了垂直白色条纹，如图 6.3 和图 6.5 所示，也可参见图 6.1 和图 6.2（不那么明显）.

本章已经展示了几种波形的模糊函数."基于实际信号来实现期望的模糊函数"是波形设计领域中的经典问题. 前人已针对该问题开展了大量研究（Sussman 1962；Wolf et al. 1968；Stein 1981；Costas 1984；Levanon，Mozeson 2004；Gladkova，Chebanov 2004；Bonami et al. 2007；Sharma 2010）. 尽管相关文献很多，但并不存在一种能综合任意模糊函数的通用方法. 事实上，正如第 2 章和第 3 章所指出的，即使仅匹配模糊函数在零多普勒的切面或者使自相关函数的旁瓣尽可能低也是很困难的. 接下来引入离散模糊函数的概念，研究结果表明能够将离散模糊函数在原点附近区域的旁瓣压得很低. 第 7 章将研究互模糊函数的综合问题. 相比于模糊函数综合问题，互模糊函数综合问题可用的自由度更高.

6.2 离散模糊函数

这里将讨论限于采用以下方式调制的基带波形：

$$u(t) = \sum_{n=1}^{N} x(n) p_n(t) \quad (0 \leqslant t \leqslant T), \tag{6.10}$$

其中，$\{x(n)\}_{n=1}^N$ 是待设计的编码序列，$p_n(t)$ 是长度为 t_p 的矩形成形脉冲（因此 $T = Nt_p$）. 将 $\{x(n)\}_{n=1}^N$ 的能量约束为 N，即

$$\sum_{n=1}^{N} |x(n)|^2 = N. \tag{6.11}$$

此前已经数次指出，实际中总是期望 $\{x(n)\}_{n=1}^N$ 为恒模序列：

$$x(n) = e^{j\phi_n} \quad (n = 1, \cdots, N), \tag{6.12}$$

其中，$\{\phi_n\}$ 为相位.

对于式(6.10)所定义的波形，其模糊函数(6.1)可以简化如下. 将式(6.10)代入式(6.1)，可得

$$\begin{aligned} \chi(\tau,f) &= \int_0^T \Big(\sum_{n=1}^{N} x(n) p_n(t) \Big) \Big(\sum_{m=1}^{N} x^*(m) p_m(t-\tau) \Big) e^{-j2\pi f(t-\tau)} dt \\ &= \sum_{m=1}^{N} \sum_{n=1}^{N} x^*(m) \Big(\int_0^T p_n(t) p_m(t-\tau) e^{-j2\pi f(t-\tau)} dt \Big) x(n), \end{aligned} \tag{6.13}$$

考虑取值为码元宽度 t_p 整数倍的时间栅格 $\{\tau = kt_p\}$ $(k = -N+1, \cdots, 0, \cdots, N-1)$，不难计算 $\chi(\tau,f)$ 在 $\tau = kt_p$ 的值为

$$\chi(kt_p,f)=\sum_{m=1}^{N}\sum_{n=1}^{N}x^*(m)\left(\int_{(n-1)t_p}^{nt_p}|p_n(t)|^2\mathrm{e}^{-\mathrm{j}2\pi f(t-kt_p)}\,\mathrm{d}t\right)\delta_{m+k,n}x(n) \tag{6.14}$$

$$=\frac{\mathrm{e}^{\mathrm{j}\pi ft_p}\sin(\pi ft_p)}{\pi ft_p}\sum_{n=1}^{N}x(n)x^*(n-k)\mathrm{e}^{-\mathrm{j}2\pi ft_p(n-k)}. \tag{6.15}$$

值得注意的是，如果 k 取值在区间$[-N+1,N-1]$之外，$\chi(kt_p,f)$的值为 0. 接下来，考虑模糊函数在频率栅格$\{f=p/Nt_p\}$处的取值，其中 p 为整数. 可得下式：

$$\chi\left(kt_p,\frac{p}{Nt_p}\right)=\mathrm{e}^{\mathrm{j}\pi\frac{p}{N}}\ \mathrm{sinc}\left(\pi\frac{p}{N}\right)\bar{r}(k,p), \tag{6.16}$$

其中，$\mathrm{sinc}(x)=\sin(x)/x$，$\bar{r}(k,p)$即下式所定义的离散模糊函数：

$$\bar{r}(k,p)=\sum_{n=1}^{N}x(n)x^*(n-k)\mathrm{e}^{-\mathrm{j}2\pi\frac{(n-k)p}{N}}\quad\left(k=-N+1,\cdots,N-1,\quad p=-\frac{N}{2},\cdots,\frac{N}{2}-1\right). \tag{6.17}$$

之所以将 p 的取值范围限定为$-N/2,\cdots,N/2-1$，是因为这对应于能辨识的最大无模糊多普勒频率(注意到 $u(t)$的带宽约为 $1/t_p$). 同时注意到为不失一般性，此处假设了 N 为偶数. 自此以后，本章继续使用该假设. 若 N 为奇数，则限定 p 的取值范围为$-(N-1)/2,\cdots,(N-1)/2-1$，但这并不影响以下的讨论.

在实际中，多普勒频率 f 可能远比探测波形的带宽小. 例如，考虑一个波长为 3 cm 的 X 波段雷达的工作情况，一架速度为 3 Ma(1 020 m/s)的飞机的多普勒频率为

$$f=\frac{2v}{\lambda}=\frac{2\times 1\,020\ \mathrm{m/s}}{0.03\ \mathrm{m}}=68\ \mathrm{kHz}. \tag{6.18}$$

这远远小于雷达信号带宽(通常为若干 MHz). 考虑另外一个例子，对于工作频率为 20 kHz (对应波长为 1 500/20=75 mm)的声呐系统而言，速度为 25 节(v=13 m/s，节为航海/航空专门速度单位，1 节=185 m/h)的快速潜艇的多普勒频率为

$$f=\frac{2v}{\lambda}=\frac{2\times 13\ \mathrm{m/s}}{0.075\ \mathrm{m}}=346\ \mathrm{Hz}. \tag{6.19}$$

相比于声呐信号数千赫兹的带宽，这个数值也很小. 因此，在这些场景中，仅需考虑 $p\ll N$ 的情形. 此时 $\mathrm{sinc}(\pi p/N)\approx 1$，故而可得

$$\left|\chi\left(kt_p,\frac{p}{Nt_p}\right)\right|\approx|\bar{r}(k,p)|\quad(k=-N+1,\cdots,N-1;\ |p|\ll N), \tag{6.20}$$

由于只有模糊函数的幅度才会对目标检测产生一定影响，故式(6.20)表明，研究式(6.17)中所定义的离散模糊函数是足够的.

模糊函数的对称性和体积恒定特性对式(6.17)中的离散情形也成立. 对称性易证：

$$\bar{r}(-k,-p)=\bar{r}^*(k,p)\mathrm{e}^{\mathrm{j}2\pi\frac{kp}{N}}\Rightarrow|\bar{r}(k,p)|=|\bar{r}(-k,-p)|. \tag{6.21}$$

体积恒定特性，即

$$\sum_{k=-N+1}^{N+1}\sum_{p=-N/2}^{N/2-1}|\bar{r}(k,p)|^2=N^3.$$

这一点将在第 7 章作为互模糊函数的特例给出证明. 此外，由于式(6.11)中的能量约束条件，$\bar{r}(0,0)$总是等于 N. 将 $\bar{r}(k,p)$($k\neq 0$ 或 $p\neq 0$)称为模糊函数的旁瓣. 需要注意的是，以上性质直接源于式(6.17)中对离散模糊函数的定义，尽管式(6.20)指出，它只是原始模糊函数的近似.

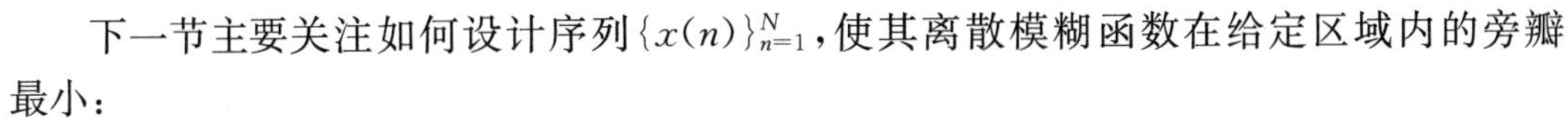

下一节主要关注如何设计序列$\{x(n)\}_{n=1}^{N}$，使其离散模糊函数在给定区域内的旁瓣最小：

$$\min_{\{x(n)\}} C_1 = \sum_{k\in\mathcal{K}}\sum_{p\in\mathscr{P}}\left|\bar{r}(k,p)\right|^2, \tag{6.22}$$

其中，$\mathcal{K}$和$\mathscr{P}$为感兴趣区域的索引集合. 由于$\bar{r}(k,p)$的总体积恒定，因此式(6.22)中的优化问题仅当$\mathcal{K}$和$\mathscr{P}$是$\{-N+1,\ \cdots,\ N-1\}$和$\{-N/2,\ \cdots,\ N/2-1\}$的严格子集时才有意义.

6.3 离散模糊函数旁瓣优化

利用式(6.22)中的符号注记，假设感兴趣的时延集合为$\mathcal{K}=\{0,\pm1,\cdots,\ \pm(K-1)\}$，感兴趣的多普勒频率集合为$\mathscr{P}=\{0,\pm1,\cdots,\ \pm(P-1)\}$. 定义如下$P$个序列$\{x_m(n)\}_{m=1}^{P}$：

$$\begin{aligned}
&\{x_1(n)=x(n)\}_{n=1}^{N}\\
&\{x_2(n)=x(n)\mathrm{e}^{\mathrm{j}2\pi\frac{n}{N}}\}_{n=1}^{N}\\
&\vdots\\
&\{x_P(n)=x(n)\mathrm{e}^{\mathrm{j}2\pi\frac{n(P-1)}{N}}\}_{n=1}^{N}.
\end{aligned} \tag{6.23}$$

注意到，当$n\notin[1,N]$时，$\{x_m(n)\}_{m=1}^{P}$为0. 令$\{r_{ml}(k)\}$表示$\{x_m(n)\}$与$\{x_l(n)\}$之间的相关：

$$\begin{aligned}
r_{ml}(k)&=\sum_{n=1}^{N}x_m(n)x_l^*(n-k)\\
&=\mathrm{e}^{\mathrm{j}2\pi\frac{(m-1)k}{N}}\sum_{n=1}^{N}x(n)x^*(n-k)\mathrm{e}^{-\mathrm{j}2\pi\frac{(n-k)(-m)}{N}}\quad(k\in\mathcal{K};m,l=1,\cdots,P).
\end{aligned} \tag{6.24}$$

容易验证，$\{|r_{ml}(k)|\}(k\in\mathcal{K};m,l=1,\cdots,P)$包含了$\{\bar{r}(k,p)\}(k\in\mathcal{K},p\in\mathcal{P})$的所有值. 有意思的是，$m$和$l$的值并不需要从1依次增长至$P$. 例如，和最小冗余阵列的基本原理类似，可以发现$\{|r_{ml}(k)|\}(m,l=1,2,5,7)$总是覆盖了$\{|\bar{r}(k,p)|\}(p=0,\ \cdots,6)$的所有值(Van Trees 2002). 利用这一发现可以节省计算量，但无法提高算法性能. 因此，为了使得符号注记更加简单，接下来的讨论采用式(6.24).

以上讨论表明，通过优化式(6.23)中序列集之间的相关旁瓣，可以等效地使得离散模糊函数旁瓣最小，即等价于优化式(6.22)中的目标函数C_1. 第3章中所提出的Multi-CAO算法可用于设计相关性良好的波形集，稍作调整后也可用于优化C_1. 下面给出具体方法：

定义

$$\boldsymbol{X}=[\boldsymbol{X}_1\cdots\boldsymbol{X}_P]_{(N+K-1)\times KP}, \tag{6.25}$$

其中

$$\boldsymbol{X}_m = \begin{bmatrix} x_m(1) & & \boldsymbol{0} \\ \vdots & \ddots & \\ \vdots & & x_m(1) \\ x_m(N) & & \vdots \\ & \ddots & \vdots \\ \boldsymbol{0} & & x_m(N) \end{bmatrix}_{(N+K-1)\times K} \quad (m=1,\cdots,P), \tag{6.26}$$

$\{x_m(n)\}$的定义如(6.23)所示. 不难看出,所有$\{r_{ml}(k)\}(k\in\mathcal{K},p\in\mathcal{P})$均属于矩阵$\boldsymbol{X}^{\mathrm{H}}\boldsymbol{X}$的元素. 注意到根据式(6.11)中的能量约束,$\boldsymbol{X}^{\mathrm{H}}\boldsymbol{X}$的对角元素都等于$N$. 因此,通过最小化如下的目标函数,可以使得式(6.23)中的序列集相关旁瓣尽可能地低:

$$\hat{C}_1 = \| \boldsymbol{X}^{\mathrm{H}}\boldsymbol{X} - N\boldsymbol{I}_{KP} \|^2. \tag{6.27}$$

另外注意到,如果$\boldsymbol{X}$是一个半幺正矩阵与$\sqrt{N}$的乘积,则$\hat{C}_1$等于0. 为此,考虑如下比式(6.27)更简单的优化问题:

$$\begin{cases} \min\limits_{\boldsymbol{X},\boldsymbol{U}} \| \boldsymbol{X} - \sqrt{N}\boldsymbol{U} \|^2 \\ \text{s.t. } |x(n)| = 1 \quad (n=1,\cdots,N) \\ x_m(n) = x(n)\mathrm{e}^{\mathrm{j}2\pi\frac{n(m-1)}{N}} \quad (m=1,\cdots,P;n=1,\cdots,N) \\ \boldsymbol{U}^{\mathrm{H}}\boldsymbol{U} = \boldsymbol{I} \quad (\boldsymbol{U}\text{ 是}(N+K-1)\times MP\text{ 的矩阵}) \end{cases}. \tag{6.28}$$

此时可以采用表6.1中的循环优化算法来求解式(6.28)中的优化问题.

表6.1　用于离散模糊函数优化的循环优化算法

第0步　使用随机生成的序列初始化$\{x(n)\}$

第1步　给定$\boldsymbol{X},\boldsymbol{U}$的最优解为(见3.3节):

$$\boldsymbol{U} = \boldsymbol{U}_2\boldsymbol{U}_1^{\mathrm{H}} \tag{6.29}$$

其中,$KP\times KP$的矩阵$\boldsymbol{U}_1$和$(N+K-1)\times KP$的矩阵$\boldsymbol{U}_2$来自$\boldsymbol{X}^{\mathrm{H}}$的奇异值分解,即$\boldsymbol{X}^{\mathrm{H}} = \boldsymbol{U}_1\boldsymbol{\Sigma}\boldsymbol{U}_2$

第2步　给定$\boldsymbol{U}$,则式(6.28)可以写为(注意到使用了式(6.12)中的恒模约束):

$$\begin{aligned} \| \boldsymbol{X} - \sqrt{N}\boldsymbol{U} \|^2 &= \sum_{n=1}^{N}\sum_{l=1}^{KP} |\mu_{nl}x(n) - f_{nl}|^2 \\ &= const - 2\sum_{n=1}^{N}\mathrm{Re}\Big[\Big(\sum_{l=1}^{KP}\mu_{nl}^{*}f_{nl}\Big)x^{*}(n)\Big] \end{aligned} \tag{6.30}$$

式中的常数与$\{x(n)\}$无关,$\{\mu_{nl}\}$为$\boldsymbol{X}$中包含$x(n)$的元素:

$$[\mu_{n1}\cdots\mu_{n,KP}] = [\underbrace{1\cdots1}_{K}\ \underbrace{\mathrm{e}^{\mathrm{j}2\pi n/N}\cdots\mathrm{e}^{\mathrm{j}2\pi n/N}}_{K}\cdots\underbrace{\mathrm{e}^{\mathrm{j}2\pi\frac{n(P-1)}{N}}\cdots\mathrm{e}^{\mathrm{j}2\pi\frac{n(P-1)}{N}}}_{K}]_{1\times KP}, \tag{6.31}$$

$\{f_{nl}\}$为$\sqrt{N}\boldsymbol{U}$的元素,与$\{\mu_{nl}\}$在$\boldsymbol{X}$中的位置一一对应. 很容易得出$x(n)$的最优解(更准确地说,是它的相位的最优解):

$$\phi_n = \arg\Big(\sum_{l=1}^{KP}\mu_{nl}^{*}f_{nl}\Big) \quad (n=1,\cdots,N) \tag{6.32}$$

循环迭代　重复第1步和第2步直至收敛

这里举例来说明上述算法的性能. 考虑$N=100$, $K=10$, $P=3$的场景,使用表6.1中的算法来设计恒模序列$\{x(n)\}_{n=1}^{N}$. 所得序列的离散模糊函数如图6.7所示. 中心的白色区域表明原点附近的旁瓣已经被成功抑制. 需要注意的是,由于自由度有限($\{x_n\}$中的 N 个元素),而约束太多($\sim 2KP$),只能将低旁瓣限制在靠近原点很小的区域内(即 K 和 P 均很小).

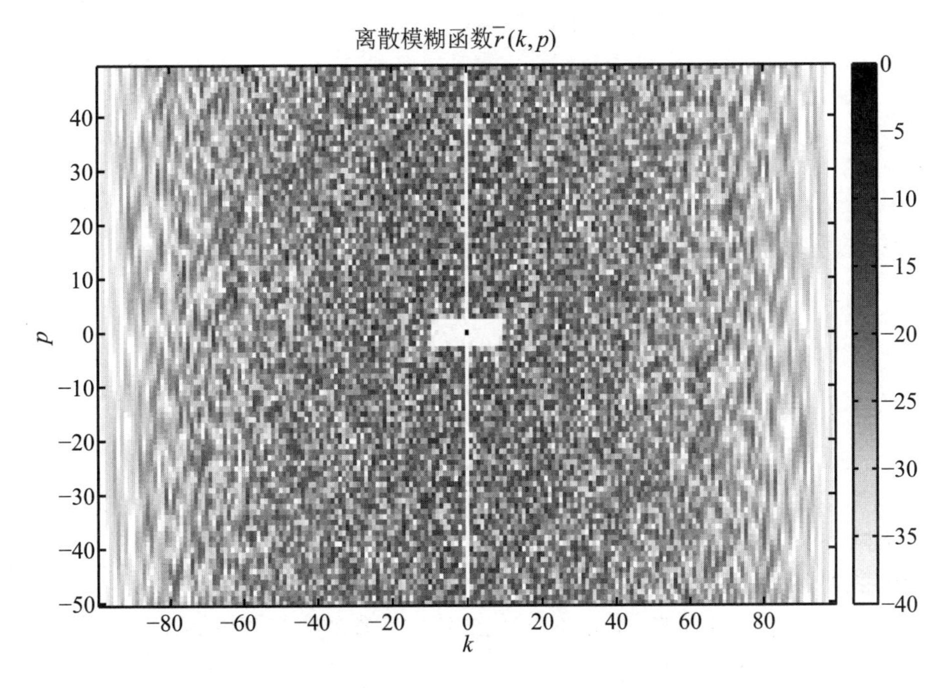

图 6.7 所综合的离散模糊函数 $\bar{r}(k,p)$

6.4 本章小结

模糊函数可以视作前述章节所提及的相关函数的推广,它是描述经过时延和多普勒搬移的信号通过匹配滤波器后的响应的重要工具. 模糊函数具有若干显著特性,其中就包括恒定体积特性. 该特性导致无法随意操纵模糊函数的形状. 对于相位编码信号,能够很自然地推出离散模糊函数的定义. 最后,本章对前述章节提出的 Multi-CAO 算法进行了改造,改造后算法所设计序列的离散模糊函数能在距离多普勒平面的原点附近具有图钉状.

附录 宽带模糊函数

1. 更一般的模糊函数定义

假设电磁波/声波的传播速度为 c,发射信号为 $u(t)$,反射 $u(t)$的目标速度为 v(若 v 为正值,代表目标朝着雷达或者声呐运动),回波为 $u(t)$经过时延和时间尺度变换后的信号(Lin 1988;Levanon,Mozeson 2004)为

$$v(t)=\sqrt{\eta}u[\eta(t-\tau)],\tag{6.33}$$

其中，τ 为时延；尺度因子 η 为

$$\eta=\frac{1+\frac{v}{c}}{1-\frac{v}{c}}=\frac{c+v}{c-v}.\tag{6.34}$$

式(6.33)中的系数$\sqrt{\eta}$源自时间尺度变换中的能量守恒：

$$E\equiv\int|u(t)|^2\mathrm{d}t=\int\left|\sqrt{\eta}u(\eta t')\right|^2\mathrm{d}t'.\tag{6.35}$$

模糊函数等于匹配滤波器的输出，即 $u(t)$ 与 $v(t)$ 之间的互相关：

$$\bar{\chi}(\tau,\eta)=\sqrt{\eta}\int_{-\infty}^{\infty}u^*(t)u[\eta(t-\tau)]\mathrm{d}t,\tag{6.36}$$

式(6.36)对于一般的信号均有效.

2. 窄带模糊函数

需要用到两个假设才能将式(6.36)转化成我们熟悉的窄带模糊函数：

$$\chi(\tau,f)=\int_{-\infty}^{\infty}u^*(t)u(t-\tau)\mathrm{e}^{\mathrm{j}2\pi f(t-\tau)}\mathrm{d}t.\tag{6.37}$$

这两个假设是：

① $v\ll c$；

② $u(t)$为窄带信号，其时间尺度变换可以视作载波的搬移.

在上述假设下，可得到式(6.36)与式(6.37)等效. 这是因为当给定 f 时，有

$$\sqrt{\eta}u(\eta(t-\tau))\approx u(t-\tau)\mathrm{e}^{\mathrm{j}2\pi f(t-\tau)}.\tag{6.38}$$

为了证明式(6.38)，注意到当 $v\ll c$ 时，可得

$$\eta=\frac{1+\frac{v}{c}}{1-\frac{v}{c}}=\left(1+\frac{v}{c}\right)\left(1+\frac{v}{c}+\frac{v^2}{c^2}+\cdots\right)\approx 1+\frac{2v}{c}.\tag{6.39}$$

令 $u(t)=A(t)\mathrm{e}^{\mathrm{j}2\pi f_c t}$，其中，$f_c$ 为载波频率；$A(t)$为包络（相对于 f_c 是缓变的），于是可得

$$\begin{aligned}\sqrt{\eta}u(\eta(t-\tau))&=\sqrt{1+\frac{2v}{c}}A\left[\left(1+\frac{2v}{c}\right)(t-\tau)\right]\mathrm{e}^{\mathrm{j}2\pi f_c\left(1+\frac{2v}{c}\right)(t-\tau)}\\&\approx A(t-\tau)\mathrm{e}^{\mathrm{j}2\pi f_c(1+2v/c)(t-\tau)}\\&=A(t-\tau)\mathrm{e}^{\mathrm{j}2\pi(f_c+2v/\lambda_c)(t-\tau)}\quad(\lambda_c\text{ 为波长})\\&=[A(t-\tau)\mathrm{e}^{\mathrm{j}2\pi f_c(t-\tau)}]\mathrm{e}^{\mathrm{j}2\pi f(t-\tau)}\\&=u(t-\tau)\mathrm{e}^{\mathrm{j}2\pi f(t-\tau)},\end{aligned}\tag{6.40}$$

其中，f 为多普勒频率：

$$f=\frac{2v}{\lambda_c}, \tag{6.41}$$

于是式(6.38)得证，故而当信号为窄带信号且 $v\ll c$ 时，式(6.36)就变成了式(6.37).

如果将 $u(t)=A(t)e^{j2\pi f_c t}$ 代入式(6.37)中的窄带模糊函数表达式，可得

$$\chi(\tau,f)=e^{-j2\pi f_c\tau}\int_{-\infty}^{\infty}A^*(t)A(t-\tau)e^{j2\pi f(t-\tau)}dt \tag{6.42}$$

$$\equiv e^{-j2\pi f_c\tau}\chi_B(\tau,f), \tag{6.43}$$

因此，当绘制或者研究一个模糊函数时，实际上绘制或分析的是基带模糊函数 $\chi_B(\tau,f)$ 的幅度. 由于 $|\chi_B(\tau,f)|=|\chi(\tau,f)|$，使用 $\chi_B(\tau,f)$ 来代替 $\chi(\tau,f)$ 是合理的. 事实上，式(6.1)与此处的 $\chi_B(\tau,f)$ 是相同的，即式(6.1)中的 $u(t)$ 与这里的基带信号 $A(t)$ 是相对应的.

3. 宽带模糊函数

当计算窄带信号的模糊函数时(此后假设 $v\ll c$ 成立)，仅需考虑信号的包络(基带分量)，而对于宽带模糊函数却并非如此. 如果将 $u(t)=A(t)e^{j2\pi f_c t}$ 代入式(6.36)中，可得

$$\bar{\chi}(\tau,\eta)=e^{-j2\pi f_c\eta\tau}\sqrt{\eta}\int_{-\infty}^{\infty}A^*(t)A[\eta(t-\tau)]e^{j2\pi f_c(\eta-1)t}dt \tag{6.44}$$

$$\equiv e^{-j2\pi f_c\eta\tau}\bar{\chi}_B(\tau,\eta). \tag{6.45}$$

因此，如果考虑宽带模糊函数的基带表示，正确的表达式应是

$$\bar{\chi}_B(\tau,\eta)=\sqrt{\eta}\int_{-\infty}^{\infty}A^*(t)A[\eta(t-\tau)]e^{j2\pi f_c(\eta-1)t}dt. \tag{6.46}$$

众所周知，窄带模糊函数满足如下对称性：

$$\chi(\tau,f)=\chi^*(-\tau,-f), \tag{6.47}$$

然而，对于式(6.36)或式(6.46)的一般情况，不存在如此完美的对称性. 相反，不难证明

$$\bar{\chi}(\tau,v)=\bar{\chi}^*(-\eta\tau,-v); \tag{6.48}$$

$$|\bar{\chi}_B(\tau,v)|=|\bar{\chi}_B(-\eta\tau,-v)|, \tag{6.49}$$

其中，为简洁起见，利用式(6.34)将变量 η 替换成了 v. 因此如果要绘制式(6.36)或式(6.46)中的模糊函数幅度时，尽管由于尺度因子 η 接近 1，所画出的图形看起来几乎是对称的，但是需要画出所有的 4 个象限.

图 6.8 绘制了下面这个 Chirp 信号的模糊函数：

$$u(t)=e^{j2\pi(f_c t+kt^2)}\quad(t\in[0,10]\ \mathrm{s}). \tag{6.50}$$

其中，$f_c=10$ Hz，$k=0.25\ \mathrm{s}^{-2}$. 很容易计算出带宽为 $B=2kT=5$ Hz，其中 $T=10$ s 为波形持续时间. 应注意到此处所示的宽带模糊函数与图 6.1 所示的窄带模糊函数之间的区别.

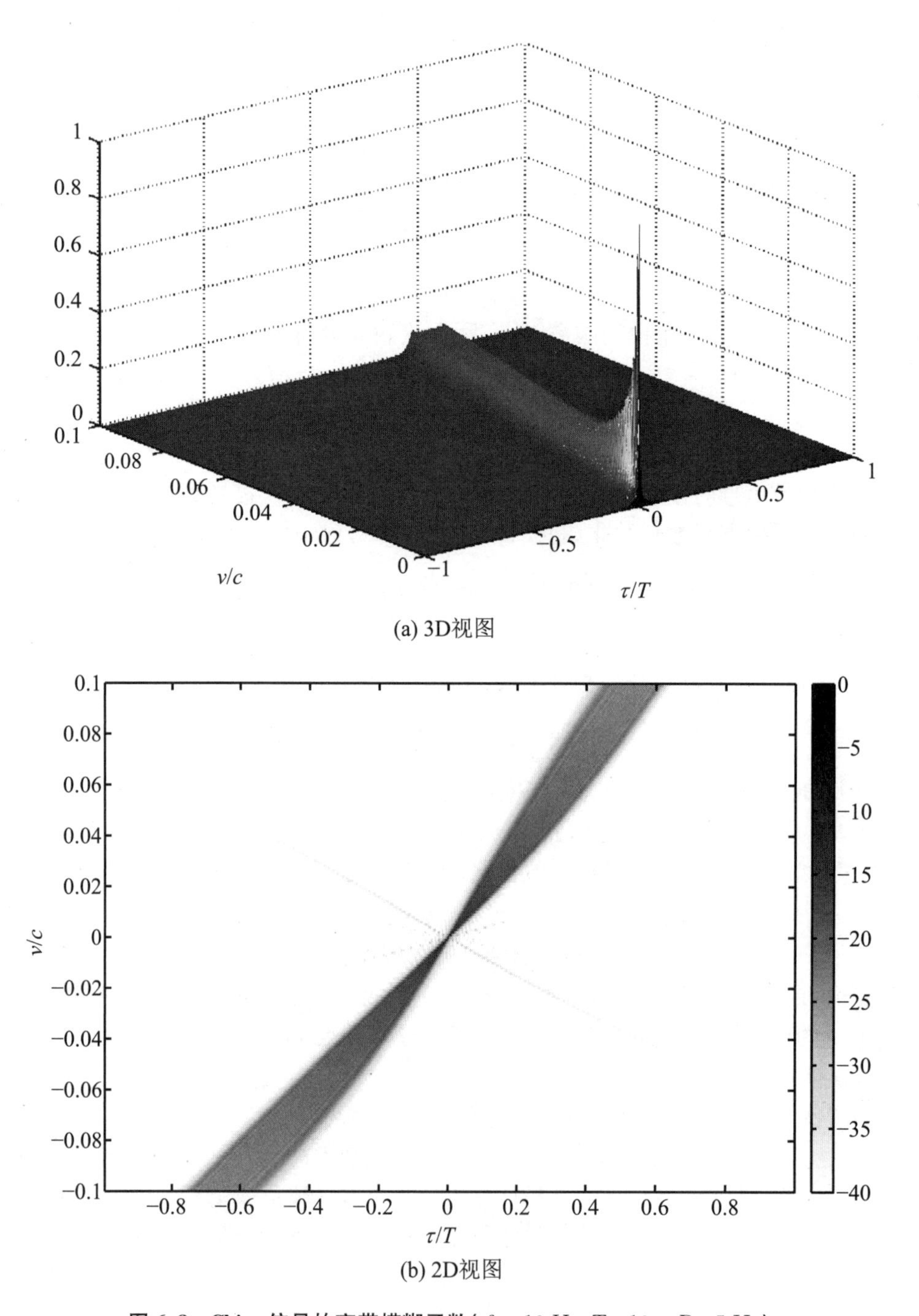

图 6.8　Chirp 信号的宽带模糊函数($f_c=10$ Hz, $T=10$ s, $B=5$ Hz)

7 互模糊函数

本章研究互模糊函数(cross ambiguity function)的综合方法,其定义如下:

$$\chi(\tau,f)=\int_{-\infty}^{\infty}v(t)u^*(t-\tau)\mathrm{e}^{-\mathrm{j}2\pi f(t-\tau)}\mathrm{d}t \tag{7.1}$$

$$=\left(\int_{-\infty}^{\infty}u(t)v^*(t+\tau)\mathrm{e}^{\mathrm{j}2\pi ft}\mathrm{d}t\right)^*, \tag{7.2}$$

其中,$u(t)$和 $v(t)$表示一对波形. 由于式(7.1)和式(7.2)的复共轭是最常用的两个互模糊函数公式,因此,本章将根据上下文表达的难易程度来使用它们中的任何一个. 当 $u(t)$是发射信号、$v(t)$是接收滤波器时(Stein 1981),或者在 MIMO 雷达中,当 $u(t)$和 $v(t)$都是发射信号时(Sharma 2010),很自然地得到了互模糊函数. 需要注意的是,互模糊函数比传统模糊函数($u(t)=v(t)$)自由度更高.

由于离散互模糊函数更易处理,本章首先介绍离散互模糊函数的综合问题,后面再讨论连续时间互模糊函数的综合问题.

7.1 离散互模糊函数综合

从式(6.17)可以看出,模糊函数可以视为经时延和多普勒频移后的信号 $x(n-k)\times\mathrm{e}^{\mathrm{j}2\pi(n-k)/N}$通过匹配滤波器的输出. 在更一般的情况下,可以使用任何序列($\{y(n)\}_{n=1}^N$)作为接收端的失配滤波器. $\{y(n)\}$有时也被称为工具变量(instrumental variable,IV)滤波器(参见 Stoica,Li,Xue(2008)以及本书第 8 章). 经过滤波后可得到下面的离散互模糊函数:

$$\bar{r}_{xy}(k,p)=\sum_{n=1}^{N}y(n)x^*(n-k)\mathrm{e}^{-\mathrm{j}2\pi(n-k)p/N}$$

$$\left(k=-N+1,\cdots,N-1;p=-\frac{N}{2},\cdots,\frac{N}{2}-1\right). \tag{7.3}$$

和以往一样,假设 $y(n)=0,n\notin[1,N]$,且$\{y(n)\}_{n=1}^N$能量固定:

$$\sum_{n=1}^{N}|y(n)|^2=N. \tag{7.4}$$

有趣的是,无论如何选择$\{x(n)\}$或$\{y(n)\}$,只要$\{x(n)\}$和$\{y(n)\}$的能量固定,$\bar{r}_{xy}(k,p)$的能量就是恒定的,参见附录 7.1 中的证明. 但是,与式(6.17)不同的是,原点处的离散互模糊函数值(即 $\bar{r}_{xy}(0,0)$)不再等于 N^2. 事实上,$\bar{r}_{xy}(0,0)\leqslant N^2$ 总是能满足,其中,当且仅当$\{y(n)=x(n)\}$等号成立. 如果要使离散互模糊函数在原点处取值为 N^2,$\{y(n)\}$的能量须大于 N,这就增加了离散互模糊函数的体积.

本章所关注的问题是设计一对序列$\{x(n)\}_{n=1}^{N}$和$\{y(n)\}_{n=1}^{N}$来匹配既定的离散互模糊函数：

$$\min_{\{x(n)\},\{y(n)\},\{\phi_{kp}\}} C_2 = \sum_{k=-N+1}^{N-1}\sum_{p=-N/2}^{N/2-1} \left| g_{kp}\mathrm{e}^{\mathrm{j}\phi_{kp}} - \bar{r}_{xy}(k,p)\right|^2. \tag{7.5}$$

其中，g_{kp}是期望离散互模糊函数的幅度. 需要注意的是，由于离散互模糊函数的相位在实际中并不重要，所以$\{\phi_{kp}\}$可以自由变化，从而成为待优化变量的一部分.

7.1.1 所提算法

式(7.3)可以表示成如下紧凑形式：

$$\bar{r}_{xy}(k,p) = \boldsymbol{x}^{\mathrm{H}}\boldsymbol{J}_{kp}\boldsymbol{y}, \tag{7.6}$$

其中，

$$\boldsymbol{x} = [x(1)x(2)\cdots x(N)]^{\mathrm{T}},\quad \boldsymbol{y} = [y(1)y(2)\cdots y(N)]^{\mathrm{T}}, \tag{7.7}$$

$$\boldsymbol{J}_{kp} = \begin{bmatrix} \overbrace{0\cdots0}^{k} & \mathrm{e}^{-\mathrm{j}2\pi p/N} & & \boldsymbol{0} \\ & & \ddots & \\ & & & \mathrm{e}^{-\mathrm{j}2\pi(N-k)p/N} \\ \boldsymbol{0} & & & \boldsymbol{0} \end{bmatrix}_{N\times N} \quad (k\geqslant 0), \tag{7.8}$$

$$\boldsymbol{J}_{kp} = \begin{bmatrix} 0 & & & \boldsymbol{0} \\ \vdots & & & \\ 0 & & & \\ \mathrm{e}^{-\mathrm{j}2\pi(1-k)p/N} & & & \\ & \ddots & & \\ \boldsymbol{0} & & \mathrm{e}^{-\mathrm{j}2\pi\frac{Np}{N}} & \boldsymbol{0} \end{bmatrix}_{N\times N} \quad (k<0). \tag{7.9}$$

根据准则(7.5)，算法的目标是设计$\boldsymbol{x}$和$\boldsymbol{y}$，使得离散互模糊函数$\boldsymbol{x}^{\mathrm{H}}\boldsymbol{J}_{kp}\boldsymbol{y}$的幅度接近期望值$g_{kp}$，其中，$k=-N+1,\cdots,N-1$和$p=-N/2,\cdots,N/2-1$.

根据式(7.6)，式(7.5)中的设计准则C_2可以表示为

$$\begin{aligned} C_2 &= \sum_{k=-N+1}^{N-1}\sum_{p=-N/2}^{N/2-1} \left| g_{kp}\mathrm{e}^{\mathrm{j}\phi_{tp}} - \boldsymbol{x}^{\mathrm{H}}\boldsymbol{J}_{kp}\boldsymbol{y}\right|^2 &(7.10)\\ &= \sum_{k}\sum_{p}|g_{kp}|^2 - \boldsymbol{x}^{\mathrm{H}}\boldsymbol{B}\boldsymbol{y} - \boldsymbol{y}^{\mathrm{H}}\boldsymbol{B}^{\mathrm{H}}\boldsymbol{x} + \sum_{k}\sum_{p}\left|\boldsymbol{x}^{\mathrm{H}}\boldsymbol{J}_{kp}\boldsymbol{y}\right|^2 &(7.11)\\ &= \sum_{k}\sum_{p}|g_{kp}|^2 + N^3 - 2\mathrm{Re}(\boldsymbol{x}^{\mathrm{H}}\boldsymbol{B}\boldsymbol{y}). &(7.12)\end{aligned}$$

其中，

$$\boldsymbol{B} = \sum_{k}\sum_{p} g_{kp}\mathrm{e}^{-\mathrm{j}\phi_{kp}}\boldsymbol{J}_{kp}. \tag{7.13}$$

另外注意到根据体积不变性质，式(7.11)中的最后一项等于N^3，证明过程可见式(7.53). 因此，可以采用表7.1中的循环优化算法来优化设计准则C_2.

表 7.1 用于离散互模糊函数综合的循环优化算法

第 0 步 对 $\boldsymbol{x}$ 和 $\boldsymbol{y}$ 进行随机初始化

第 1 步 对于固定的 $\boldsymbol{x}$ 和 $\boldsymbol{y}$，易得 ϕ_{kp} 的最优解如下：

$$\phi_{kp} = \arg(\boldsymbol{x}^{\mathrm{H}} \boldsymbol{J}_{kp} \boldsymbol{y}) \tag{7.14}$$

第 2 步 对于固定的 $\{\phi_{kp}\}$ 和 $\boldsymbol{y}$，类似于表 6.1 中的步骤 2，$\{x(n)\}$ 的最优解取决于所施加的约束. 在恒模约束下，最优解为

$$\boldsymbol{x} = \exp(\mathrm{j}\arg\{\boldsymbol{B}\boldsymbol{y}\}) \tag{7.15}$$

在更一般的峰均比约束下，可以通过求解下面的"最近矢量"问题得到 $\{x(n)\}$：

$$\min_{\boldsymbol{x}} \| \boldsymbol{x} - \boldsymbol{B}\boldsymbol{y} \|^2 \quad \text{s. t.} \ \ PAR(\boldsymbol{x}) \leqslant \rho \tag{7.16}$$

第 3 步 对于固定的 $\{\phi_{kp}\}$ 和 $\boldsymbol{x}$，通过使用柯西-施瓦茨不等式，采用式(7.12)可以最小化 $\boldsymbol{y}$（仅考虑了约束）：

$$\boldsymbol{y} = \sqrt{N} \frac{\boldsymbol{B}^{\mathrm{H}} \boldsymbol{x}}{\| \boldsymbol{B}^{\mathrm{H}} \boldsymbol{x} \|} \tag{7.17}$$

循环迭代 重复步骤 1，2 和 3，直到收敛

评述 由于离散互模糊函数体积恒定（见式(7.53)），所以希望离散互模糊函数 $\{g_{kp}\}$ 满足 $\sum_k \sum_p |g_{kp}|^2 = N^3$ 似乎是合理要求. 然而这并非必须，因为 g_{kp} 的尺度（即用 αg_{kp} 代替 g_{kp}，其中，α 为任意的正数）不会改变表 7.1 中的更新公式.

在表 7.1 中，离散互模糊函数 $\bar{r}_{xy}(k,p)$ 的所有值均同等重要，但在实际中并非如此. 考虑到匹配 $\bar{r}_{xy}(k,p)$ 的某些区域会比匹配其他区域更重要，可在式(7.5)中引入权重 $\{w_{kp}\}$（实值非负）并得到以下准则：

$$C_3(\boldsymbol{x}, \boldsymbol{y}, \{\phi_{kp}\}) = \sum_{k=-N+1}^{N-1} \sum_{p=-N/2}^{N/2-1} w_{kp} \left| g_{kp} \mathrm{e}^{\mathrm{j}\phi_{kp}} - \boldsymbol{x}^{\mathrm{H}} \boldsymbol{J}_{kp} \boldsymbol{y} \right|^2. \tag{7.18}$$

上述函数可以转化为

$$C_3 = \sum_k \sum_p w_{kp} |g_{kp}|^2 - \boldsymbol{x}^{\mathrm{H}} \boldsymbol{B} \boldsymbol{y} - \boldsymbol{y}^{\mathrm{H}} \boldsymbol{B}^{\mathrm{H}} \boldsymbol{x} + \sum_k \sum_p w_{kp} |\boldsymbol{x}^{\mathrm{H}} \boldsymbol{J}_{kp} \boldsymbol{y}|^2. \tag{7.19}$$

其中，

$$\boldsymbol{B} = \sum_k \sum_p w_{kp} g_{kp} \mathrm{e}^{-\mathrm{j}\phi_{kp}} \boldsymbol{J}_{kp}. \tag{7.20}$$

需要注意的是，与式(7.11)相比，由于权重 $\{w_{kp}\}$ 的存在使得式(7.19)中的最后一项不再等于 N^3，因此优化 C_3 要比优化 C_2 困难得多. 事实上，对 $\boldsymbol{x}$ 和 $\boldsymbol{y}$ 同时施加能量约束以及对 $\boldsymbol{x}$ 施加峰均比约束，似乎无法找到类似于表 7.1 中步骤 2 中那样的简单解. 为了绕开这个问题，接下来略去了对于 $\boldsymbol{x}$ 的峰均比约束，从而让 $\boldsymbol{x}$ 像 $\boldsymbol{y}$ 一样自由地变化. 在这个松弛条件下，可以使用表 7.2 中列出的循环优化算法来最小化 C_3.

表 7.2　用于加权离散互模糊函数综合的循环优化算法

第 0 步　随机生成 $\boldsymbol{x}$ 和 $\boldsymbol{y}$

第 1 步　对于固定的 $\boldsymbol{x}$ 和 $\boldsymbol{y}$，采用式(7.14)得到 ϕ_{kp} 的最优解

第 2 步　对于固定的 $\{\phi_{kp}\}$ 和 $\boldsymbol{y}$，设计准则 C_3 可以表示为

$$C_3 = \boldsymbol{x}^{\mathrm{H}} \boldsymbol{D}_1 \boldsymbol{x} - \boldsymbol{x}^{\mathrm{H}} \boldsymbol{d}_1 - \boldsymbol{d}_1^{\mathrm{H}} \boldsymbol{x} + const, \tag{7.21}$$

其中，

$$\boldsymbol{d}_1 = \boldsymbol{B}\boldsymbol{y} \tag{7.22}$$

和

$$\boldsymbol{D}_1 = \sum_k \sum_p w_{kp} \boldsymbol{J}_{kp} \boldsymbol{y} \boldsymbol{y}^{\mathrm{H}} \boldsymbol{J}_{kp}^{\mathrm{H}}. \tag{7.23}$$

依据式(7.21)，可以得到 $\boldsymbol{x}$ 的最优解为

$$\boldsymbol{x} = \boldsymbol{D}_1^{-1} \boldsymbol{d}_1 \tag{7.24}$$

第 3 步　对于固定的 $\{\phi_{kp}\}$ 和 $\boldsymbol{x}$，设计准则 C_3 可以表示为

$$C_3 = \boldsymbol{y}^{\mathrm{H}} \boldsymbol{D}_2 \boldsymbol{y} - \boldsymbol{y}^{\mathrm{H}} \boldsymbol{d}_2 - \boldsymbol{d}_2^{\mathrm{H}} \boldsymbol{y} + const, \tag{7.25}$$

其中，

$$\boldsymbol{d}_2 = \boldsymbol{B}^{\mathrm{H}} \boldsymbol{x} \tag{7.26}$$

和

$$\boldsymbol{D}_2 = \sum_k \sum_p w_{kp} \boldsymbol{J}_{kp}^{\mathrm{H}} \boldsymbol{x} \boldsymbol{x}^{\mathrm{H}} \boldsymbol{J}_{kp}. \tag{7.27}$$

类似于步骤 2，可以得到 $\boldsymbol{y}$ 的最优解：

$$\boldsymbol{y} = \boldsymbol{D}_2^{-1} \boldsymbol{d}_2 \tag{7.28}$$

循环迭代　重复步骤 1,2 和 3，直到收敛

7.1.2　仿真示例

此处考虑综合如图 7.1(a)所示的期望离散互模糊函数，其中心峰值为 $N=50$，在多普勒频移为 $p=0$ 和 $p=9$ 处的两条水平条纹具有零旁瓣，并且离散互模糊函数的体积在其他区域均匀分布. 另外，该图采用最大值进行归一化，以 dB 为单位显示灰度. 使用表 7.1 中的算法所综合的离散互模糊函数 $|\bar{r}_{xy}(k,p)|$ 如图 7.1(b)所示，其中 $|x(n)|=1$，所得结果大致与图 7.1(a)中的期望离散互模糊函数相近. 在这种情况下，如果放宽为峰均比约束，使用表 7.1 中的算法并不会明显改善性能，因此这里略去了相应的仿真结果.

接下来的两个例子使用表 7.2 中的算法. 图 7.2(a)给出了期望离散互模糊函数，所使用的权值如图 7.2(b)所示. 由于图 7.2(b)中的中心"加权条纹"比图 7.2(a)中的"旁瓣条纹"宽，故所综合的离散互模糊函数结果如图 7.3(a)所示. 图 7.3(a)中的中心峰值相对较小(约为 7)，而最高旁瓣几乎为 12. 对于所得的 $\boldsymbol{x}$ 和 $\boldsymbol{y}$，如图 7.3(b)中所示，并不满足能量或峰均比约束条件：

$$\|\boldsymbol{x}\|^2 = 24.08 \quad (PAR(\boldsymbol{x}) = 2.05), \tag{7.29}$$

$$\|\boldsymbol{y}\|^2 = 95.63, \tag{7.30}$$

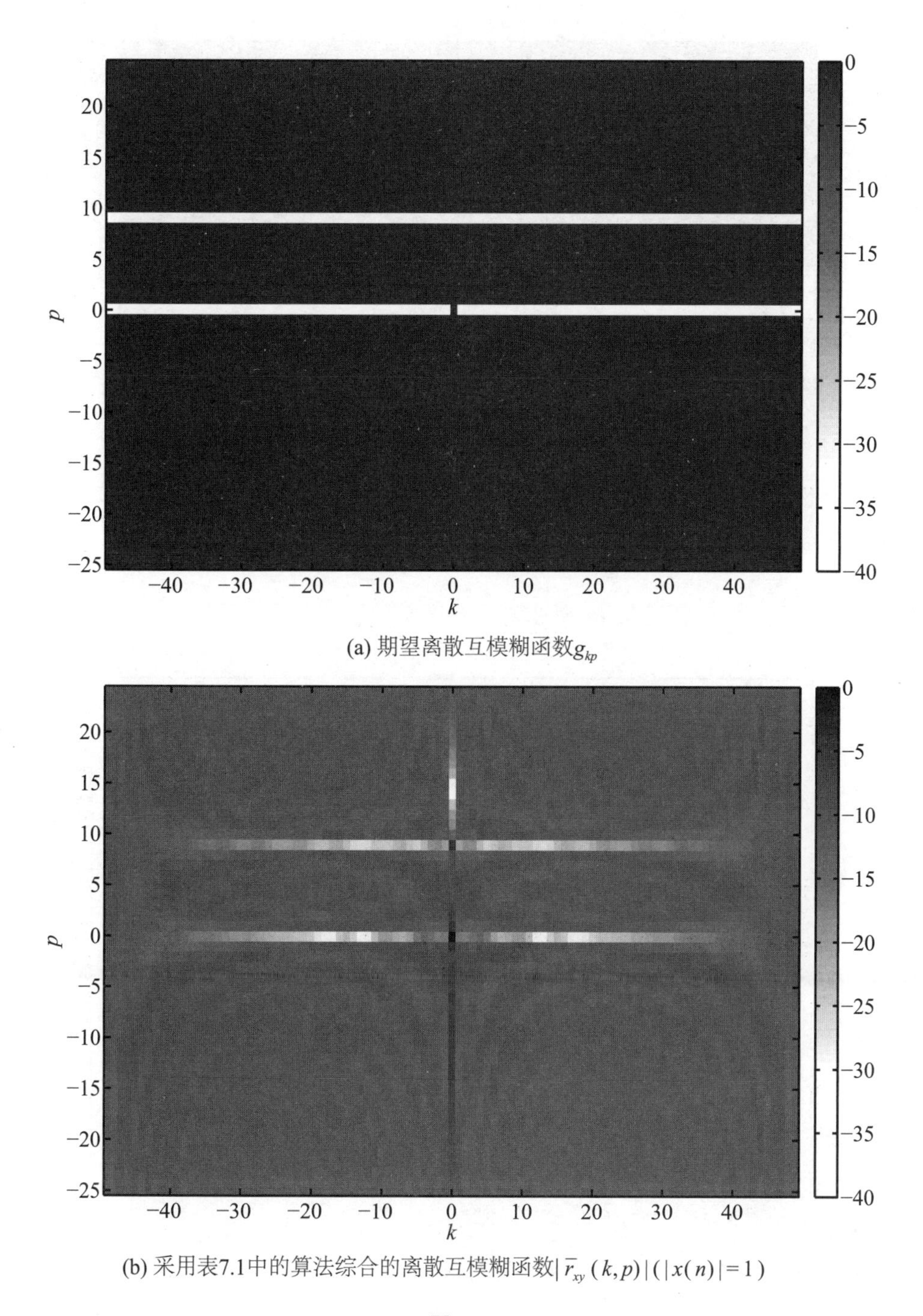

(a) 期望离散互模糊函数g_{kp}

(b) 采用表7.1中的算法综合的离散互模糊函数$|\bar{r}_{xy}(k,p)|(|x(n)|=1)$

图 7.1

然而，对于某些现代系统来说，发射波形的峰均比值为 2.05 或可以接受. 此外，只要对 $\boldsymbol{y}$ 相应地缩放，$\boldsymbol{x}$ 总是能缩放至其能量等于期望值（如 N）. 最后，注意到 $\boldsymbol{y}$ 仅在接收机中使用，故而 $\boldsymbol{y}$ 的能量和峰均比无需满足这些硬件约束.

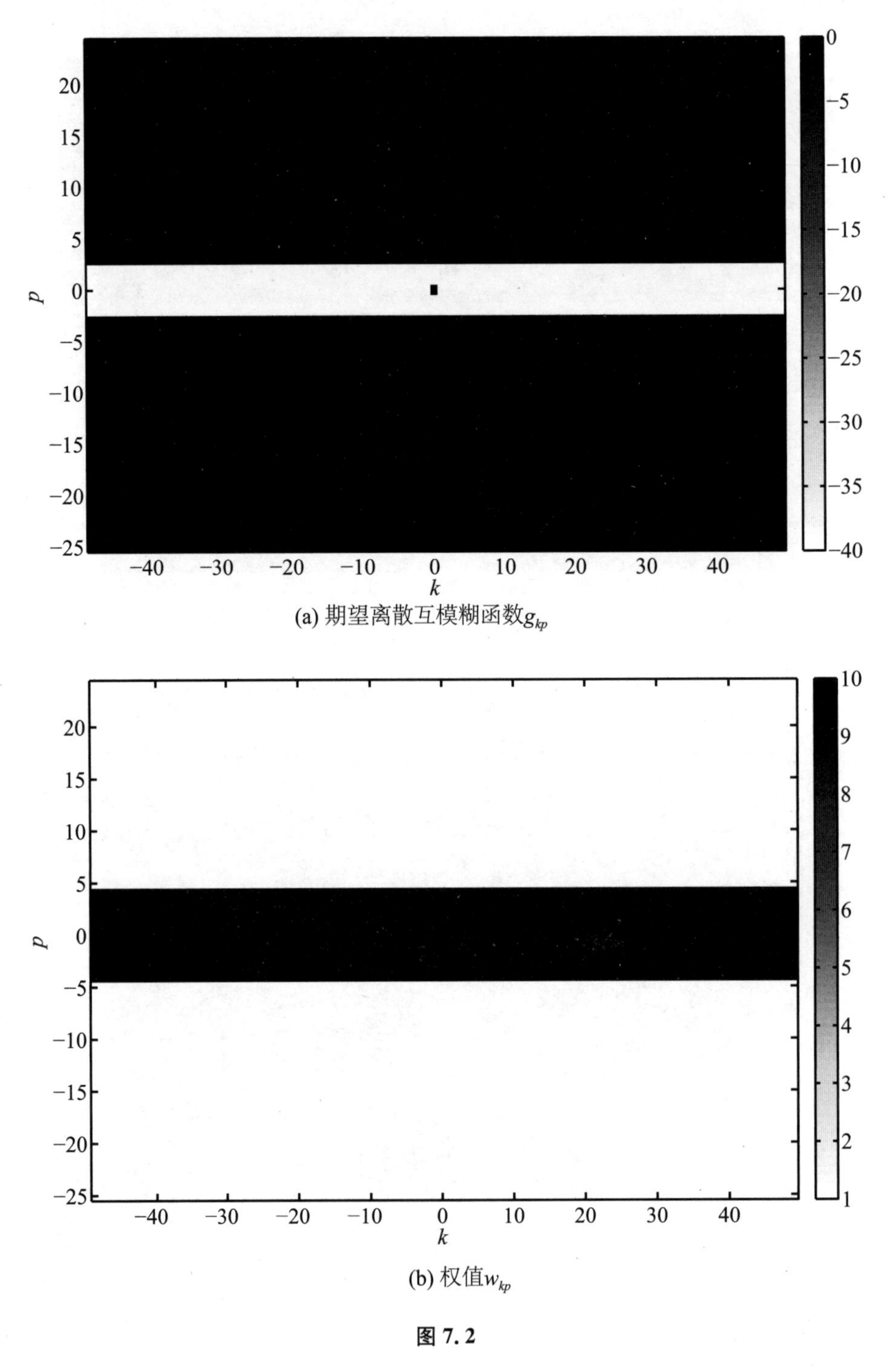

(a) 期望离散互模糊函数g_{kp}

(b) 权值w_{kp}

图 7.2

图 7.4(a)给出了另一个期望离散互模糊函数，其主瓣较宽，所采用的权重如图 7.4(b)所示. 综合的离散互模糊函数$|\bar{r}_{xy}(k,p)|$如图 7.5 所示.

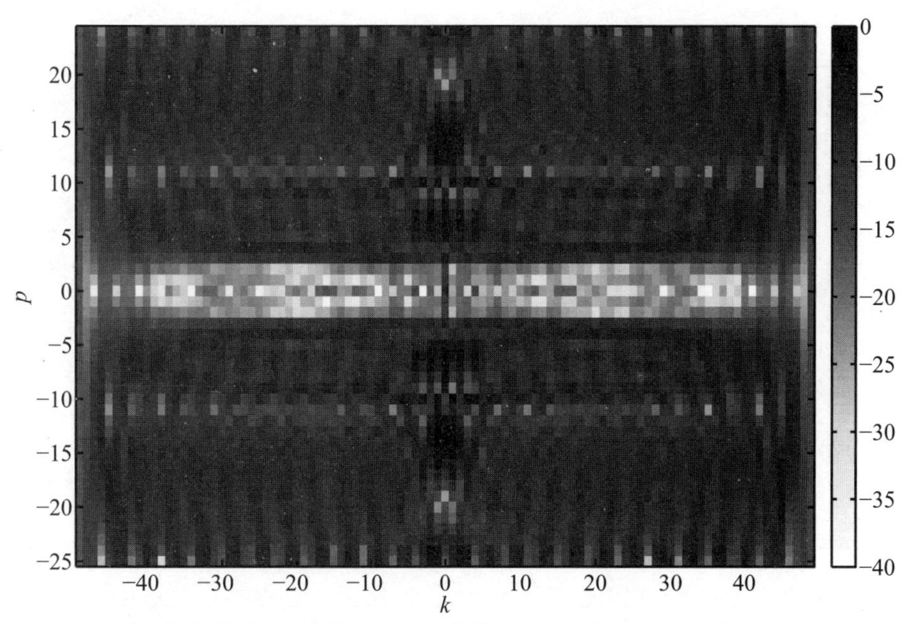

(a) 采用表7.2算法综合离散互模糊函数$|\bar{r}_{xy}(k,p)|$(参考图7.2给出的期望离散互模糊函数和算法中用的权值)

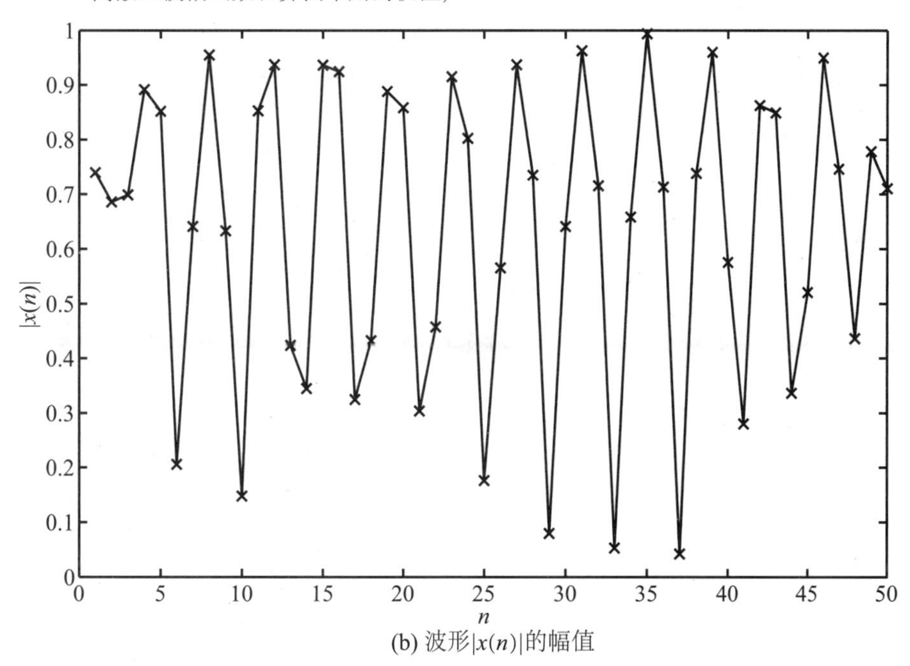

(b) 波形$|x(n)|$的幅值

图 7.3

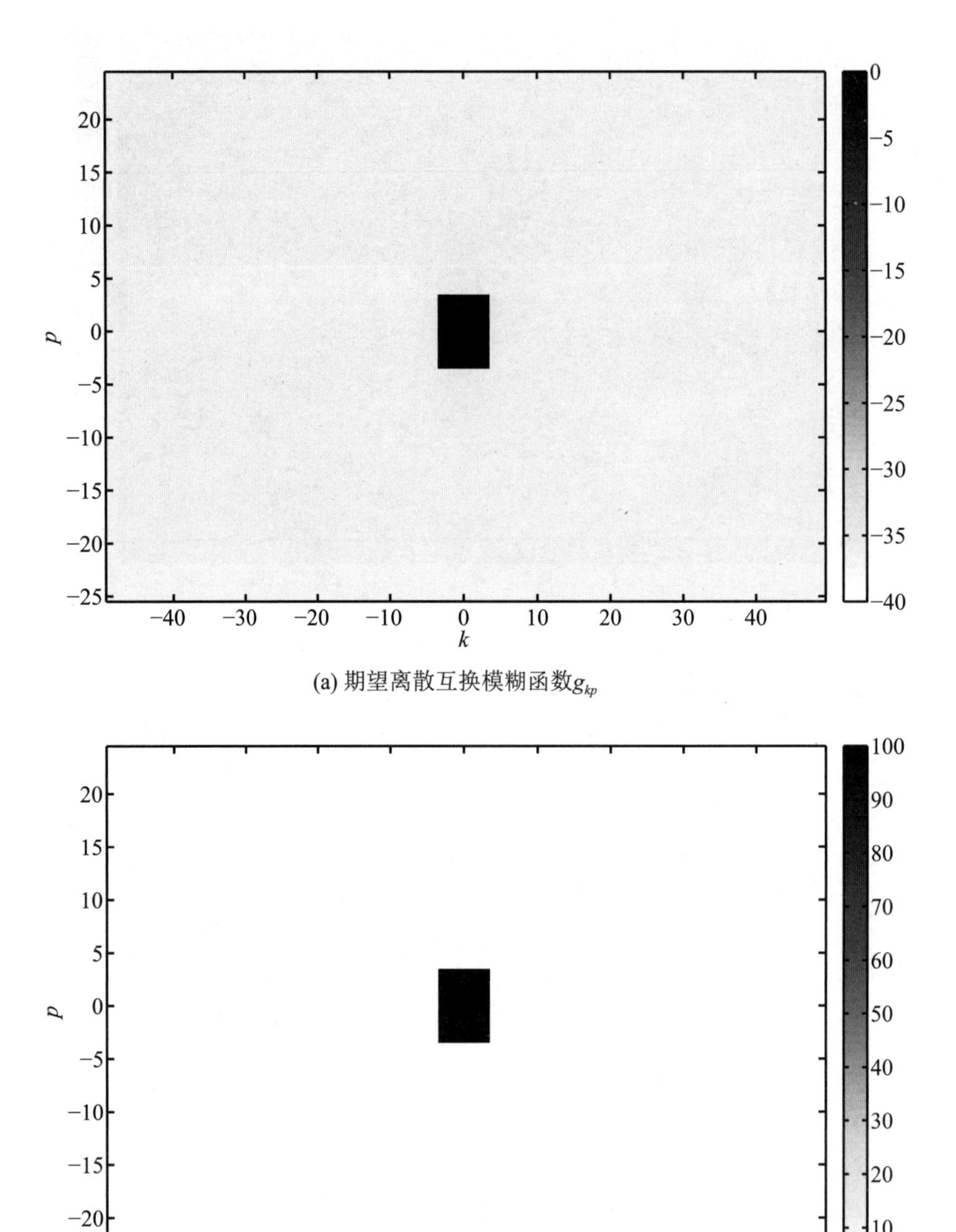

(a) 期望离散互换模糊函数g_{kp}

(b) 权值w_{kp}

图 7.4

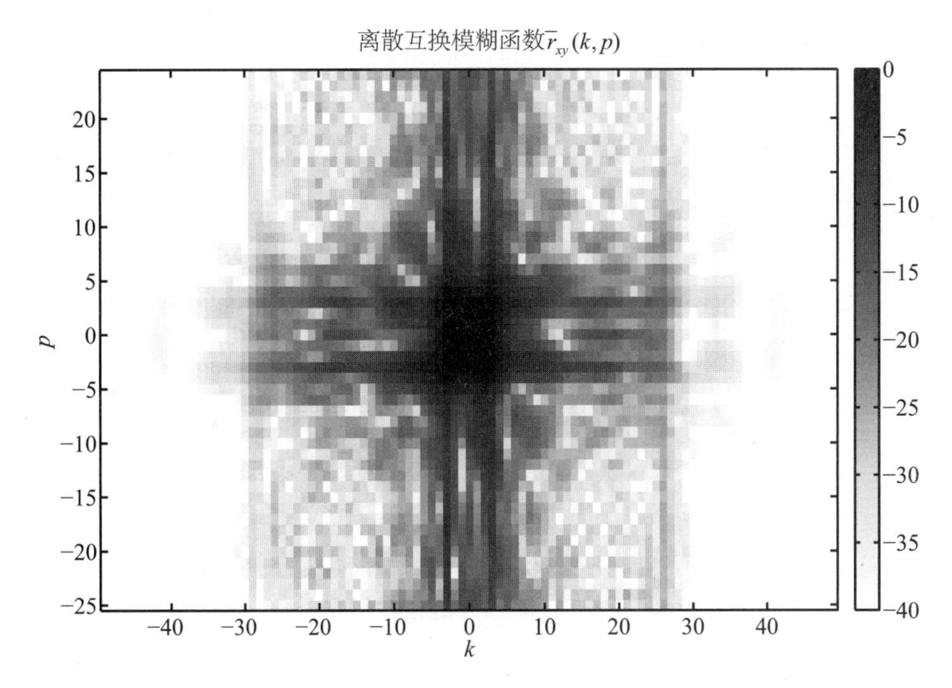

图7.5　算法综合的离散互模糊函数(参考图 7.4 中的期望离散互模糊函数和使用的权值)

7.2　互模糊函数综合

本节提出一种算法,该算法通过联合设计式(7.1)中的 $u(t)$和 $v(t)$,使它们的连续时间互模糊函数 $\chi(\tau,f)$与期望互模糊函数相近. 所期望的互模糊函数无需是与一对信号相关联的有效函数,它可以是具有期望形状的任意二维函数,例如,在原点处取峰值和在某个区域副瓣较低. 注意到互模糊函数的体积定义为

$$V=\int_{-\infty}^{\infty}\int_{-\infty}^{\infty}|\chi(\tau,f)|^2\mathrm{d}\tau\mathrm{d}f,$$

它始终等于 $u(t)$和 $v(t)$能量的乘积. 这种性质本质上阻碍了综合出理想互模糊函数(即在原点处有一个窄峰,而其他地方的旁瓣为零). 接下来,本节将展示如何综合一个互模糊函数,使其在原点周围区域清晰、在(τ,f)平面的对角线脊高以及在其余区域副瓣低.

假设 $u(t)$和 $v(t)$都由 N 个子脉冲组成

$$u(t)=\sum_{k=1}^{N}x(k)p_k(t),v(t)=\sum_{l=1}^{N}y(l)p_l(t), \tag{7.31}$$

其中,$\{p_n(t)\}_{n=1}^{N}$是脉冲成形函数,例如,$p_n(t)$可以是式(1.2)中描述的理想矩形脉冲.

对于上述波形,式(7.2)中的互模糊函数可表示为

$$\chi^*(\tau,f)=\int_{-\infty}^{\infty}\Big(\sum_{k=1}^{N}x(k)p_k(t)\Big)\Big(\sum_{l=1}^{N}y^*(l)p_l^*(t+\tau)\Big)\mathrm{e}^{\mathrm{j}2\pi ft}\mathrm{d}t$$

$$= \sum_{k=1}^{N} \sum_{l=1}^{N} x(k) y^*(l) \int_{-\infty}^{\infty} p_k(t) p_l^*(t+\tau) e^{j2\pi ft} dt. \tag{7.32}$$

令

$$\bar{\chi}_{kl}(\tau, f) = \int_{-\infty}^{\infty} p_k(t) p_l^*(t+\tau) e^{j2\pi ft} dt \tag{7.33}$$

表示脉冲成形函数的互模糊函数并定义

$$\boldsymbol{x} = [x(1) \cdots x(N)]^{\mathrm{T}}, \boldsymbol{y} = [y(1) \cdots y(N)]^{\mathrm{T}}, \tag{7.34}$$

$$\boldsymbol{K}(\tau, f) = \begin{bmatrix} \bar{\chi}_{1,1}(\tau, f) & \cdots & \bar{\chi}_{N,1}(\tau, f) \\ \vdots & & \vdots \\ \bar{\chi}_{1,N}(\tau, f) & \cdots & \bar{\chi}_{N,N}(\tau, f) \end{bmatrix}. \tag{7.35}$$

那么式(7.32)中的互模糊函数可以紧凑地表示为

$$\chi^*(\tau, f) = \boldsymbol{y}^{\mathrm{H}} \boldsymbol{K}(\tau, f) \boldsymbol{x}. \tag{7.36}$$

假设期望互模糊函数的幅度记为 $d(\tau, f)$(实值非负). 由于相位不相干,可以不关注互模糊函数的相位. 算法的研究目标是设计一对信号 $u(t)$ 和 $v(t)$(更准确地说是 $\boldsymbol{x}$ 和 $\boldsymbol{y}$,因为脉冲成形函数是固定的),使得它们互模糊函数的模尽可能接近 $d(\tau, f)$. 这样的优化问题可以表述为

$$\min_{\boldsymbol{x}, \boldsymbol{y}} g(x, y) = \int_{-\infty}^{\infty} \int_{-\infty}^{\infty} w(\tau, f) \cdot [d(\tau, f) - |\boldsymbol{y}^{\mathrm{H}} \boldsymbol{K}(\tau, f) \boldsymbol{x}|]^2 d\tau df, \tag{7.37}$$

其中,$w(\tau, f)$是加权函数,指定了需要关注互模糊函数的哪个区域. 例如,对于比较大的 f,$\chi(\tau, f)$的值通常无关紧要(见式(6.18)和式(6.19)的讨论),可以将它们的权重设置为零,从而完全忽略这些无关值.

7.2.1 所提算法

为了求解式(7.37),首先引入辅助相位 $\phi(\tau, f)$,并将优化准则写成

$$\bar{g}(\boldsymbol{x}, \boldsymbol{y}, \boldsymbol{\phi}) = \int_{-\infty}^{\infty} \int_{-\infty}^{\infty} w(\tau, f) \left| d(\tau, f) e^{j\phi(\tau, f)} - \boldsymbol{y}^{\mathrm{H}} \boldsymbol{K}(\tau, f) \boldsymbol{x} \right|^2 d\tau df. \tag{7.38}$$

不难看出

$$\min_{\phi(\tau, f)} \bar{g}(\boldsymbol{x}, \boldsymbol{y}, \boldsymbol{\phi}) = g(\boldsymbol{x}, \boldsymbol{y}), \tag{7.39}$$

$\phi(\tau, f)$的最优解可以表示为

$$\phi(\tau, f) = \arg[\boldsymbol{y}^{\mathrm{H}} \boldsymbol{K}(\tau, f) \boldsymbol{x}]. \tag{7.40}$$

可以用循环迭代的方式来优化式(7.38),即固定$\{\boldsymbol{x}, \boldsymbol{y}, \phi(\tau, f)\}$中的两个变量,然后求解 $\bar{g}$ 关于第 3 个变量的最小值. 当 $\boldsymbol{x}$ 和 $\boldsymbol{y}$ 固定时,$\phi(\tau, f)$的最优解见式(7.40). 对于固定的 $\phi(\tau, f)$和 $\boldsymbol{y}$,准则 $\bar{g}$ 可以写成

$$\begin{aligned} \bar{g}(\boldsymbol{x}) &= \boldsymbol{x}^{\mathrm{H}} \boldsymbol{D}_1 \boldsymbol{x} - \boldsymbol{x}^{\mathrm{H}} \boldsymbol{B} \boldsymbol{y} - \boldsymbol{y}^{\mathrm{H}} \boldsymbol{B}^{\mathrm{H}} \boldsymbol{x} + \int_{-\infty}^{\infty} \int_{-\infty}^{\infty} w(\tau, f) \mid \mathrm{d}(\tau, f) \mid^2 d\tau df \\ &= (\boldsymbol{x} - \boldsymbol{D}_1^{-1} \boldsymbol{B} \boldsymbol{y})^{\mathrm{H}} \boldsymbol{D}_1 (\boldsymbol{x} - \boldsymbol{D}_1^{-1} \boldsymbol{B} \boldsymbol{y}) + const_1, \end{aligned} \tag{7.41}$$

其中,

$$\boldsymbol{D}_1 = \int_{-\infty}^{\infty} \int_{-\infty}^{\infty} w(\tau, f) \boldsymbol{K}^{\mathrm{H}}(\tau, f) \boldsymbol{y} \boldsymbol{y}^{\mathrm{H}} \boldsymbol{K}(\tau, f) d\tau df, \tag{7.42}$$

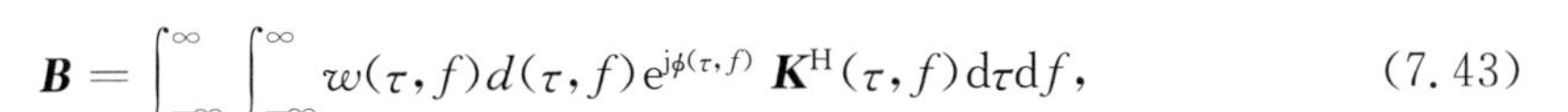

$$\boldsymbol{B} = \int_{-\infty}^{\infty}\int_{-\infty}^{\infty} w(\tau,f)d(\tau,f)\mathrm{e}^{\mathrm{j}\phi(\tau,f)}\boldsymbol{K}^{\mathrm{H}}(\tau,f)\mathrm{d}\tau\mathrm{d}f, \tag{7.43}$$

并且 $const_1$ 是与 $\boldsymbol{x}$ 无关的项. 由式(7.41)可以得出,$\boldsymbol{x}$ 的最优解为

$$\boldsymbol{x} = \boldsymbol{D}_1^{-1}\boldsymbol{B}\boldsymbol{y}. \tag{7.44}$$

相似地,对于固定的 $\phi(\tau, f)$ 和 $\boldsymbol{x}$,准则 $\bar{g}$ 可以写成

$$\bar{g}(\boldsymbol{y}) = (\boldsymbol{y}-\boldsymbol{D}_2^{-1}\boldsymbol{B}^{\mathrm{H}}\boldsymbol{x})^{\mathrm{H}}\boldsymbol{D}_2(\boldsymbol{y}-\boldsymbol{D}_2^{-1}\boldsymbol{B}^{\mathrm{H}}\boldsymbol{x})+const_2, \tag{7.45}$$

其中,

$$\boldsymbol{D}_2 = \int_{-\infty}^{\infty}\int_{-\infty}^{\infty} w(\tau,f)\boldsymbol{K}(\tau,f)\boldsymbol{x}\boldsymbol{x}^{\mathrm{H}}\boldsymbol{K}^{\mathrm{H}}(\tau,f)\mathrm{d}\tau\mathrm{d}f. \tag{7.46}$$

并且,$const_2$ 是一个与 $\boldsymbol{y}$ 无关的项,因此,$\boldsymbol{y}$ 的最优解可以表示为

$$\boldsymbol{y} = \boldsymbol{D}_2^{-1}\boldsymbol{B}^{\mathrm{H}}\boldsymbol{x}. \tag{7.47}$$

表 7.3 对上述算法的步骤进行了总结. 由于该算法的每一步都降低了目标函数值,从而保证了算法可收敛到局部极小值. 注意到 $\phi(\tau, f)$ 和 $\boldsymbol{K}(\tau, f)$ 是时延 τ 和多普勒频移 f 的函数,理论上时延和多普勒频移的取值范围都是 $(-\infty,\infty)$. 然而,在实际应用中,最大时延可以选择为 Nt_p(即信号的持续时间),而最大多普勒频移可以选择为信号带宽(大约等于 $1/t_p$).

当使用式(1.2)中的矩形脉冲作为成形脉冲时,$\boldsymbol{K}(\tau, f)$ 的每个元素都有闭式表达式. 此外,式(1.2)是一个正交成形脉冲(即 $\int_{-\infty}^{\infty} p_k(t)\, p_l(t)\mathrm{d}t$ 在 $k=1$ 时等于 1,否则等于 0). 若 $w(\tau, f)$ 对于所有的 (τ, f) 都等于 1,可以得出

$$\boldsymbol{D}_1 = \|\boldsymbol{y}\|^2\boldsymbol{I}_N, \boldsymbol{D}_2 = \|\boldsymbol{x}\|^2\boldsymbol{I}_N.$$

利用这些性质,在计算 $\boldsymbol{K}(\tau, f)$、$\boldsymbol{D}_1$ 和 $\boldsymbol{D}_2$ 时可以避免使用精细采样进行数值近似,从而大大地提高了运算速度.

如果要求 $\{x(n)\}$ 为恒模序列,则可在表 7.3 的步骤 2 中计算 $\boldsymbol{x}=\boldsymbol{D}_1^{-1}\boldsymbol{B}\boldsymbol{y}$ 之后执行以下操作:

$$x(n) \leftarrow \mathrm{e}^{\mathrm{j}\arg[x(n)]} \quad (n = 1,\cdots,N). \tag{7.48}$$

注意到第 2 步与式(7.48)相结合只给出了一个近似的最优解,因此除非 $\boldsymbol{D}_1$ 与 $\boldsymbol{I}_N$ 成比例(上一段中提到的情况),这个步骤不一定能减少 $\bar{g}$ 的值. 对于第 7.2.2 节中的数值算例,仅在特别说明的情况下才会使用式(7.48).

表 7.3　用于综合互模糊函数的循环优化算法

第 0 步	利用随机生成序列初始化 $\boldsymbol{x}$ 和 $\boldsymbol{y}$
第 1 步	$\phi(\tau,f)=\arg\lvert\boldsymbol{y}^{\mathrm{H}}\boldsymbol{K}(\tau,f)\boldsymbol{x}\rvert$
第 2 步	$\boldsymbol{x}=\boldsymbol{D}_1^{-1}\boldsymbol{B}\boldsymbol{y}$
第 3 步	$\boldsymbol{y}=\boldsymbol{D}_2^{-1}\boldsymbol{B}^{\mathrm{H}}\boldsymbol{x}$, $\boldsymbol{D}_1$,$\boldsymbol{B}$ 和 $\boldsymbol{D}_2$ 的定义参见式(7.42)、式(7.43)和式(7.46)
迭代步骤	重复第 1、2 和 3 步直至满足预先设定的终止条件(例如,$\|\boldsymbol{x}^{(i)}-\boldsymbol{x}^{(i+1)}\|^2+\|\boldsymbol{y}^{(i)}-\boldsymbol{y}^{(i+1)}\|^2<10^{-3}$,其中 $()^{(i)}$ 表示第 i 次迭代)

7.2.2 数值仿真

假设使用式(1.2)中的矩形成形脉冲,子脉冲数 $N=50$. 每个子脉冲的持续时间为 t_p,总的波形持续时间为 $T=Nt_p$. 仿真过程中,时延 τ 由 T 归一化且多普勒频率 f 由 $1/T$ 归一化,因此,t_p的取值不会影响由算法获得的最终序列. 另外,采用随机生成的序列进行初始化. 通常该算法需经过几百次迭代才能达到收敛,在普通个人计算机上要耗时数十分钟.

假设期望互模糊函数为图钉状,即

$$d(\tau,f)=\begin{cases}N & ((\tau,f)=(0,0))\\ 0 & (\text{其他})\end{cases}. \tag{7.49}$$

加权函数设置为

$$w(\tau,f)=\begin{cases}1 & ((\tau,f)\in\Omega;(\tau,f)\notin\Omega_m)\\ 0 & (\text{其他})\end{cases}. \tag{7.50}$$

其中,$\Omega=\{(\tau,f),|\tau|\leqslant 10\,t_p;|f|\leqslant 2/T|\}$显示了关注的区域,$\Omega_m=\{(\tau,f),|\tau|\leqslant t_p;|f|\leqslant 1/T;\tau f\neq 0\}$是去掉原点后的主瓣区域,为了补偿$d(\tau,f)$在原点附近的剧烈变化,将$\Omega_m$从感兴趣区域中去除.

算法所得序列 $\boldsymbol{x}$ 和 $\boldsymbol{y}$ 的互模糊函数如图 7.6(a)所示. 靠近原点的白色矩形区域是期望的低副瓣区域. $\boldsymbol{x}$ 的峰均比为 3.3,$\boldsymbol{y}$ 的峰均比为 3.5. 这个相对高的峰均比(虽然在某些应用中是可接受的)是由于算法中没有约束 $\boldsymbol{x}$ 的幅度. 为了保证 $\boldsymbol{x}$ 恒模,可以将式(7.48)加入到表 7.3 的第 2 步中,所产生的互模糊函数如图 7.6(b)所示,它在关注区域的旁瓣比图 7.6(a)稍高.

图 7.6 中的图钉状互模糊函数在清晰区域内的距离和多普勒分辨率较好,这正是实际所求的. 尽管如此,下一个例子将尝试综合图 7.7(a)所示的互模糊函数,这个例子中的对角线脊高度为 N,在其他地方等于零. 这种互模糊函数的多普勒容忍性较好. 当使用对应于不同频率的多个滤波器组的代价过于高昂时,则期望序列具有这样的互模糊函数性质(Skolnik 2008)(具体原因可见第 6.1 节中有关 Chirp 波形模糊函数的讨论).

为所有(τ,f)设置加权函数 $w(\tau,f)=1$,并在表 7.3 的第 2 步中添加式(7.48),使 $\boldsymbol{x}$ 恒模. 所获得的互模糊函数如图 7.7(b)所示,可以看出该图非常接近图 7.7(a).

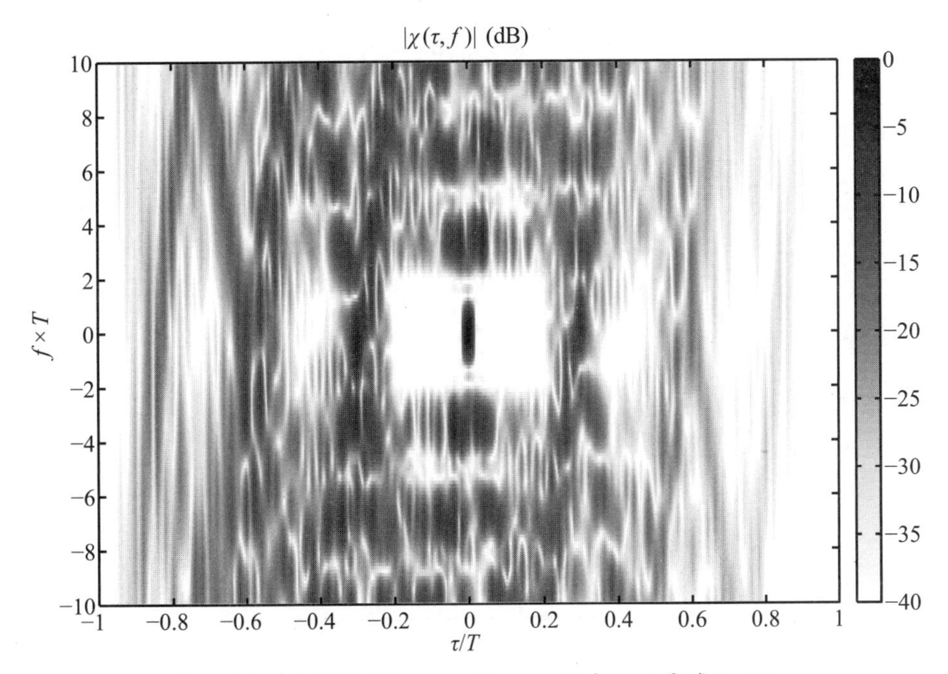

(a) 算法综合的互模糊函数($d(\tau,f)$和$w(\tau,f)$见式(7.49)和式(7.50))

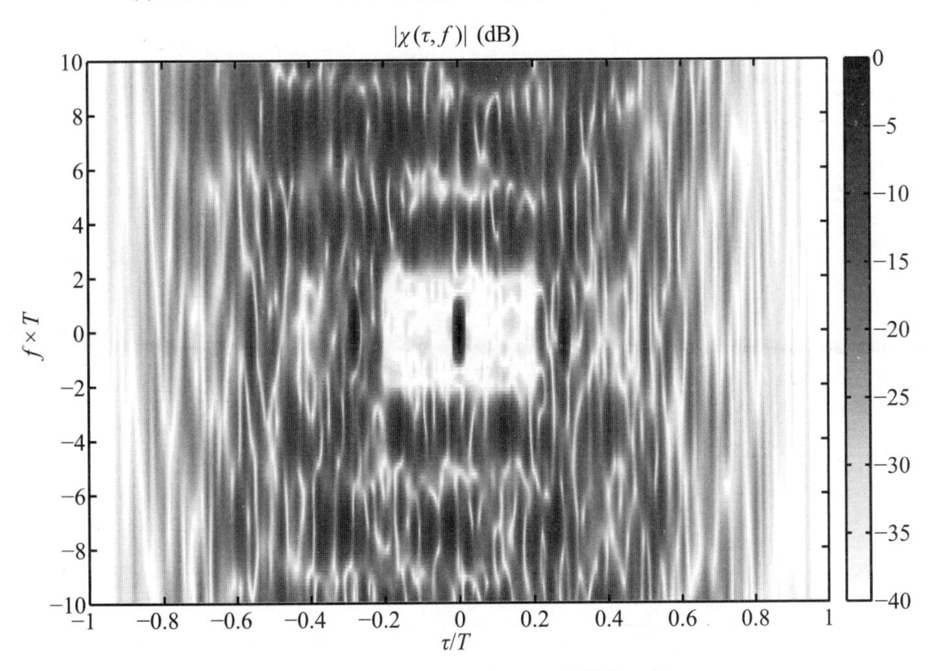

(b) 在第2步中加了式(7.48)的互换模糊函数

图 7.6

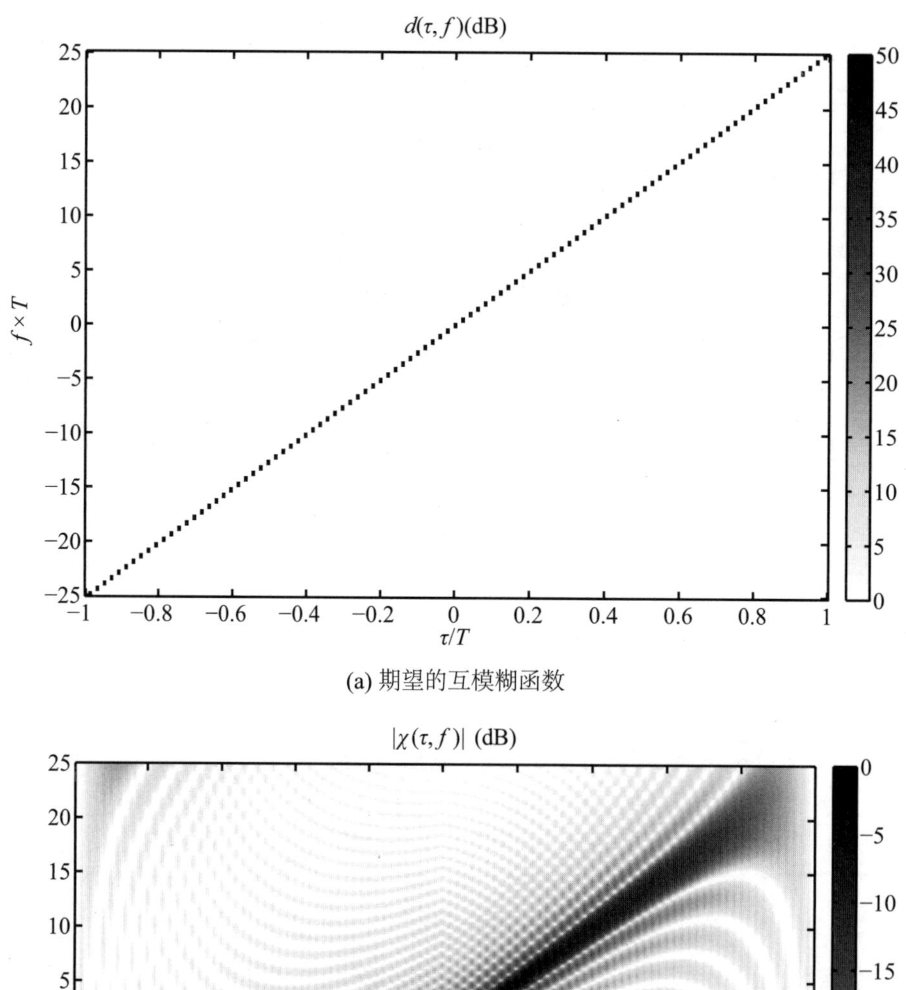

(a) 期望的互模糊函数

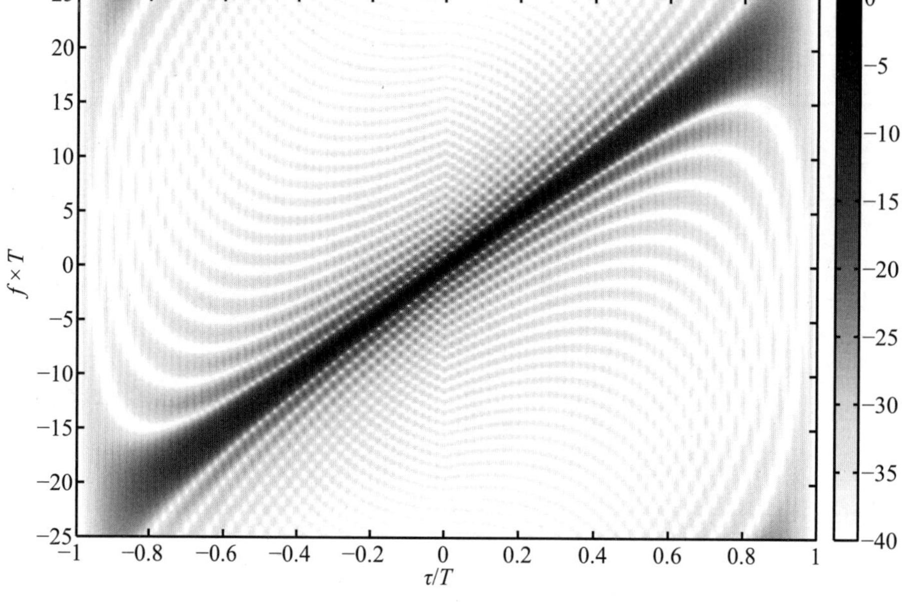

(b) 综合的互模糊函数

图 7.7

7.3 本章小结

本节提出了两种算法来综合给定的互模糊函数，目的是为了最小化与期望互模糊函数之间的累积平方误差，其中第一种算法用于综合离散互模糊函数，第二种算法用于综合连续时间互模糊函数. 此处，期望互模糊函数可以是任何二维函数，而不要求是有效的模糊函数. 为了更加突出(τ, f)平面上所关注的区域(相对于其他区域)，在设计问题建模中引入了权重. 算法所生成的波形峰均比相对较低，而且可以通过修正算法使得所设计的波形具有恒模特性.

附录　离散互模糊函数的恒定体积特性

从式(7.3)可得

$$\begin{aligned}\sum_{k=-N+1}^{N-1}\sum_{p=-N/2}^{N/2-1}|\bar{r}_{xy}(k,p)|^2 &= \sum_k\sum_p\left|\sum_{n=1}^{N}y(n)x^*(n-k)\mathrm{e}^{-\mathrm{j}2\pi(n-k)p/N}\right|^2\\ &= \sum_k\sum_p\sum_{n_1=1}^{N}\sum_{n_2=1}^{N}y(n_1)y^*(n_2)x^*(n_1-k)x(n_2-k)\mathrm{e}^{-\mathrm{j}2\pi(n_1-n_2)p/N}\\ &= N\sum_k\sum_{n=1}^{N}|y(n)|^2|x(n-k)|^2,\end{aligned}\tag{7.51}$$

其中，利用了等式 $\sum_{p=-N/2}^{N/2-1}\mathrm{e}^{-\mathrm{j}2\pi(n_1-n_2)p/N}=N\delta_{n_1n_2}$. 由于当$n\notin[1,N]$，$x(n)$或者$y(n)$等于零，式(7.51)可以重新表示为

$$\begin{aligned}\sum_{k=-N+1}^{N-1}\sum_{p=-N/2}^{N/2-1}|\bar{r}_{xy}(k,p)|^2 &= N\sum_{n=1}^{N}\left(|y(n)|^2\sum_{k=-N+1}^{N-1}|x(n-k)|^2\right)\\ &= N\sum_{n=1}^{N}\left(|y(n)|^2\sum_{m=n-N+1}^{n-1+N}|x(m)|^2\right)\\ &= N\sum_{n=1}^{N}|y(n)|^2\sum_{m=1}^{N}|x(m)|^2,\end{aligned}\tag{7.52}$$

其中，利用式(6.11)中的能量约束和式(7.4)，可以得到离散互模糊函数恒定体积特性：

$$\sum_{k=-N+1}^{N-1}\sum_{p=-N/2}^{N/2-1}|\bar{r}_{xy}(k,p)|^2=N^3.\tag{7.53}$$

8 发射序列和接收滤波器的联合设计

长久以来,通过设计雷达发射信号和接收滤波器来抑制杂波/干扰得到了广泛关注(Rummler 1967;DeLong Jr.,Hofstetter 1967;Spafford 1968;Stutt,Spafford 1968;Blunt,Gerlach 2006;Kay 2007;Stoica,Li ,Xue 2008).此处杂波(或声呐术语中的混响)是指通常与发射信号相关但不需要的回波,而干扰是指噪声和(敌对)干扰信号.由于接收端需要把来自杂波和干扰的不利影响降至最少,因此当进行目标检测时,很自然地将接收端信干杂比(SCIR)最大作为发射信号和接收滤波器设计的准则.

众所周知,匹配滤波器可以在加性白噪声中使得信噪比(SNR)最大(见第1章).匹配滤波器可以利用相关器实现,即将接收信号与经过时延后的发射信号相乘.接收机输出的峰值表示目标信号的时延.如果目标和平台之间的相对运动导致接收信号存在多普勒频移,则需要使用滤波器组,其中每个滤波器都与特定的多普勒频率相匹配.

匹配滤波器并不能抑制杂波或干扰,这就需要设计发射信号来弥补.干扰信号可能来自敌方或会导致干扰的无线电应用,这些干扰信号通常工作在特定频段.如果能够避免发射信号的能量进入这些频段,则可以极大地抵消其负面影响.至于杂波,它看起来像信号一样,但是和目标信号延迟或频移不同,杂波的影响可以用模糊函数来分析.为了减少杂波影响,模糊函数的旁瓣需要尽可能低(见第6章).当脉内多普勒频移可以忽略时,杂波抑制与发射信号的自相关旁瓣最小化问题有关(参见第2章).关于发射信号的动态范围,由于受到诸如功率放大器和模数转换器的最大限幅之类的硬件限制(Skolnik 2008),通常希望这些信号恒模或峰均比较低.在信号设计中总是难以考虑这些约束,现有文献中也并不总能恰当地处理这些约束.

另一方面,可以使用“失配”滤波器,也称为工具变量(IV)接收滤波器(Stoica,Li,Xue 2008)代替匹配滤波器,通过牺牲信噪比换取信干杂比的提升.当雷达的检测性能受制于杂波或干扰时,这种牺牲是值得的.采用IV滤波器的一个好处是不受恒模或低峰均比约束条件的影响,在设计中具有更高的自由度.但是,IV滤波器和发射信号的联合设计将会使得优化问题更加复杂,其中涉及互模糊函数(见第7章)的优化,而在多普勒频移可忽略时则涉及互相关函数的优化(Spafford 1968;DeLong Jr,Hofstetter 1969).

8.1 数据模型和问题描述

同式(1.1)一样,仍然以

$$\boldsymbol{x}=[x_1x_2\cdots x_N]^{\mathrm{T}} \tag{8.1}$$

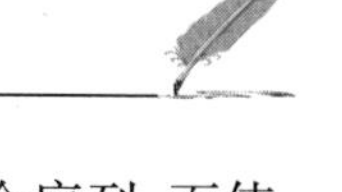

表示调制发射子脉冲的探测序列. 注意到前面的章节总是使用$\{x(n)\}$表示单个序列，而使用$\{x(n)\}$表示序列集. 由于本章只关心单个序列，为便于符号说明，如式(8.1)所示，本章删除了括号中的标量 n 并替之以下标$_n$.

约定仅采用数字系统，故而仅关心离散时间信号. 不失一般性，序列$\{x_k\}_{k=1}^N$的能量约束为 N：

$$\|\boldsymbol{x}\|^2 = N. \tag{8.2}$$

总是会在信号设计中引入像这样的能量约束，因为不限制信号能量会导致无意义的结果，例如，如果发射功率无限大，则干扰就可以忽略了.

约定序列$\{x_k\}_{k=1}^N$满足以下约束的任一种，即：

① 恒模约束(参见式(1.4))：

$$|x_k| = 1 \Leftrightarrow x_k = \mathrm{e}^{\mathrm{j}\phi_k} \quad (\phi_k \in [0,2\pi); k = 1,\cdots,N). \tag{8.3}$$

② 峰均比约束：

$$PAR(\boldsymbol{x}) \leqslant \mu \quad (\mu \in [1,N]), \tag{8.4}$$

其中，$PAR(\boldsymbol{x})$由式(4.14)定义；μ 是一个预定义参数，用于指定最大允许峰均比. 注意到当 $\mu=N$ 时，式(8.4)意味着不施加任何约束；当 $\mu=1$ 时，式(8.4)与式(8.3)中的恒模约束一致.

假设脉冲内多普勒可以忽略，且采样率与码速率同步，则与感兴趣的距离单元对齐之后，接收到的离散基带数据矢量可以写为如下形式(Blunt, Gerlach 2006; Kay 2007; Stoica, Li, Xue 2008)：

$$\boldsymbol{y} = \alpha_0 \begin{bmatrix} x_1 \\ \vdots \\ x_{N-1} \\ x_N \end{bmatrix} + \alpha_1 \begin{bmatrix} 0 \\ x_1 \\ \vdots \\ x_{N-1} \end{bmatrix} + \cdots + \alpha_{N-1} \begin{bmatrix} 0 \\ \vdots \\ 0 \\ x_1 \end{bmatrix} + \alpha_{-1} \begin{bmatrix} x_2 \\ \vdots \\ x_N \\ 0 \end{bmatrix} + \cdots + \alpha_{-N+1} \begin{bmatrix} x_N \\ 0 \\ \vdots \\ 0 \end{bmatrix} + \epsilon, \tag{8.5}$$

其中，α_0 为当前距离单元的散射系数；$\{\alpha_k\}_{k\neq 0}$是相邻距离单元的散射系数，贡献了杂波或混响分量；ϵ是干扰项，包括噪声以及其他干扰. 值得注意的是，如果多普勒效应不可忽略(由于平台和目标之间存在快速相对运动)，需要修正式(8.5)中的数据模型以适应多普勒频移(Stoica, Li, Xue 2008)，且对应分析应涉及二维模糊函数，参见 Spafford(1968); DeLong Jr., Hofstetter(1969)的研究以及本书第 6 章. 本章不进行类似分析，重点关注式(8.5)中更为简单的数据模型.

假设ϵ的协方差矩阵，即

$$\boldsymbol{E}\{\epsilon\epsilon^{\mathrm{H}}\} = \boldsymbol{\Gamma} \tag{8.6}$$

为 Toeplitz 矩阵(对于式(8.5)中的均匀采样，这属于弱假设). 另外假设式(8.5)中的杂波系数$\{\alpha_k\}_{k\neq 0}$相互独立，且独立于ϵ，则

$$\boldsymbol{E}\{|\alpha_k|^2\} = \beta \quad (k \neq 0). \tag{8.7}$$

假设$\boldsymbol{\Gamma}$和β均已知. 在有源感知应用中，认知系统可以通过某种形式的预处理得到关于$\boldsymbol{\Gamma}$和β的信息，故而通常假设已知，具体可见 Haykin(2006).

式(8.5)数据处理的主要目标之一是估计 α_0. 利用工具变量(IV)法估计 α_0 也被称为失配滤波器估计(本书更喜欢称之为工具变量法，而不是失配滤波器，因为形容词"失配"带有负面内涵，具体可见 Stoica, Li, Xue(2008). 该估计器是 $\boldsymbol{y}$ 的线性函数：

$$\hat{\alpha}_0 = \frac{\boldsymbol{w}^{\mathrm{H}}\boldsymbol{y}}{\boldsymbol{w}^{\mathrm{H}}\boldsymbol{x}}, \tag{8.8}$$

其中，$\boldsymbol{w}$ 是 $N\times1$ 的 IV 矢量. 式(8.8)的一种重要特例是如下的匹配滤波估计：

$$\hat{\alpha}_0 = \frac{\boldsymbol{x}^{\mathrm{H}}\boldsymbol{y}}{\|\boldsymbol{x}\|^2}, \tag{8.9}$$

该估计对应于以序列本身作为 IV 矢量的情况，即

$$\boldsymbol{w} = \boldsymbol{x}. \tag{8.10}$$

在上述假设条件下(参见式(8.6)和(8.7))，式(8.8)的均方误差(MSE)可推导为

$$MSE(\hat{\alpha}_0) = \mathrm{E}\left\{\left|\frac{\boldsymbol{w}^{\mathrm{H}}\boldsymbol{y}}{\boldsymbol{w}^{\mathrm{H}}\boldsymbol{x}} - \alpha_0\right|^2\right\} = \frac{\boldsymbol{w}^{\mathrm{H}}\boldsymbol{R}\boldsymbol{w}}{|\boldsymbol{w}^{\mathrm{H}}\boldsymbol{x}|^2}, \tag{8.11}$$

其中，

$$\boldsymbol{R} = \beta\sum_{k=-N+1}^{N-1}\boldsymbol{J}_k\boldsymbol{x}\,\boldsymbol{x}^{\mathrm{H}}\,\boldsymbol{J}_k^{\mathrm{H}} + \boldsymbol{\Gamma}, \tag{8.12}$$

且$\boldsymbol{J}_k$ 表示如下位移矩阵：

$$\boldsymbol{J}_k = \boldsymbol{J}_{-k}^{\mathrm{H}} = \begin{bmatrix} \overbrace{\quad\quad 1}^{k+1} & & \boldsymbol{0} \\ & \ddots & \\ & & 1 \\ \boldsymbol{0} & & \end{bmatrix}_{N\times N}^{\mathrm{H}} \quad (k = 0,\cdots,N-1). \tag{8.13}$$

本章的主要目的是通过联合设计接收滤波器 $\boldsymbol{w}$ 和发射序列 $\boldsymbol{x}$，使式(8.11)中的均方误差最小. 注意到式(8.11)的分母是接收器输出中信号分量的功率，分子是杂波和干扰功率. 因此，最小化均方误差等价于最大化信干杂比. 还应注意的是，与匹配滤波器相比，IV 估计器有 $2N$ 个额外的(实值)自由度. 相比于式(8.9)，式(8.8)中额外的自由度使得能够更准确地估计 α_0.

接下来将介绍 3 种设计 $\boldsymbol{w}$ 和 $\boldsymbol{x}$ 的算法. 这些算法被称为 CREW(认知接收机和波形)设计算法，其中“认知”意味着系统具备先验知识(参见式(8.6)和式(8.7)).

8.2 梯 度 法

固定 $\boldsymbol{x}$，关于 $\boldsymbol{w}$ 对式(8.11)进行最小化，可得如下众所周知的最优闭式解(忽略乘性常数)：

$$\boldsymbol{w} = \boldsymbol{R}^{-1}\boldsymbol{x}. \tag{8.14}$$

式(8.14)的证明是显而易见的. 以$\boldsymbol{R}^{1/2}$ 表示 $\boldsymbol{R}$ 的平方根，利用柯西-施瓦茨(Cauchy-Schwartz)不等式，可以得到

$$|\boldsymbol{w}^{\mathrm{H}}\boldsymbol{x}|^2 = |\boldsymbol{w}^{\mathrm{H}}\,\boldsymbol{R}^{1/2}\,\boldsymbol{R}^{-1/2}\boldsymbol{x}|^2 \leqslant (\boldsymbol{w}^{\mathrm{H}}\boldsymbol{R}\boldsymbol{w})(\boldsymbol{x}^{\mathrm{H}}\,\boldsymbol{R}^{-1}\boldsymbol{x}). \tag{8.15}$$

结合式(8.11)和式(8.15)可得

$$MSE(\hat{\alpha}_0)=\frac{\boldsymbol{w}^{\mathrm{H}}\boldsymbol{R}\boldsymbol{w}}{|\boldsymbol{w}^{\mathrm{H}}\boldsymbol{x}|^2}\geqslant\frac{1}{\boldsymbol{x}^{\mathrm{H}}\boldsymbol{R}^{-1}\boldsymbol{x}}. \tag{8.16}$$

其中,下界由式(8.14)达到.

接下来的目标是,在式(8.3)的恒模约束下,关于 $\boldsymbol{x}$ 最小化 $1/\boldsymbol{x}^{\mathrm{H}}\boldsymbol{R}^{-1}\boldsymbol{x}$,即等价于

$$\min_{\boldsymbol{\phi}}[-\boldsymbol{x}^{\mathrm{H}}(\boldsymbol{\phi})\boldsymbol{R}^{-1}(\boldsymbol{\phi})\boldsymbol{x}(\boldsymbol{\phi})]\equiv f(\boldsymbol{\phi}). \tag{8.17}$$

其中,

$$\boldsymbol{\phi}=[\phi_1 \quad \cdots \quad \phi_N]^{\mathrm{T}} \tag{8.18}$$

由 $\boldsymbol{x}$ 的相位组成. 可用梯度法求解式(8.17),例如 Broyden-Fletcher-Goldfarb-Shanno (BFGS)算法(Fletcher 1970). 相比于经典牛顿法,在 BFGS 算法中无需直接计算二阶导数对应的 Hessian 矩阵,只需要计算一阶导数向量 $\nabla f(\boldsymbol{\phi})$. $\nabla f(\boldsymbol{\phi})$ 的元素可计算为

$$\frac{\partial f(\boldsymbol{\phi})}{\partial\phi_k}=-\left(\frac{\partial\boldsymbol{x}^{\mathrm{H}}}{\partial\phi_k}\boldsymbol{R}^{-1}\boldsymbol{x}+\boldsymbol{x}^{\mathrm{H}}\frac{\partial\boldsymbol{R}^{-1}}{\partial\phi_k}\boldsymbol{x}+\boldsymbol{x}^{\mathrm{H}}\boldsymbol{R}^{-1}\frac{\partial\boldsymbol{x}}{\partial\phi_k}\right)\quad(k=1,\cdots,N). \tag{8.19}$$

其中,

$$\begin{cases}\dfrac{\partial\boldsymbol{x}}{\partial\phi_k}=[\underbrace{0\cdots0}_{k-1} \quad \mathrm{j}\mathrm{e}^{\mathrm{j}\phi_k} \quad \underbrace{0\cdots0}_{N-k}]^{\mathrm{T}}\\[2ex]\dfrac{\partial\boldsymbol{R}^{-1}}{\partial\phi_k}=-\boldsymbol{R}^{-1}\dfrac{\partial\boldsymbol{R}}{\partial\phi_k}\boldsymbol{R}^{-1}\end{cases} \tag{8.20}$$

和

$$\frac{\partial\boldsymbol{R}}{\partial\phi_k}=\beta\sum_{l=-(N-1),l\neq0}^{N-1}\boldsymbol{J}_l\left(\frac{\partial\boldsymbol{x}}{\partial\phi_k}\boldsymbol{x}^{\mathrm{H}}+\boldsymbol{x}\frac{\partial\boldsymbol{x}^{\mathrm{H}}}{\partial\phi_k}\right)\boldsymbol{J}_l^{\mathrm{H}}. \tag{8.21}$$

许多现有 BFGS 算法求解器所仅需 $\nabla f(\boldsymbol{\phi})$ 的表达式,例如 MATLAB 中的“fminunc”函数. 将上述基于梯度的算法称为 CREW(gra)算法,总结于表 8.1 中. 需要注意的是,CREW(gra)算法只能处理恒模约束问题. 也应注意,表 8.1 的步骤 1 可能需要多次迭代,每次迭代需要重新计算 $\nabla f(\boldsymbol{\phi})$ 的 N 个元素. 这使得 CREW(gra)算法在 N 比较大(例如,在普通 PC 机上 N 大于 400)时运算量较高.

表 8.1 恒模约束下的 CREW(gra)算法

步骤 0	利用一个已有序列或者随机生成序列初始化 $\boldsymbol{x}$
步骤 1	利用任意基于梯度的解算器(一阶导数的表达式由式(8.19)可得)求解式(8.17),如采用 BFGS 算法的 MATLAB 中的“fminunc”函数
步骤 2	利用式(8.14)和步骤 1 所得的 $\boldsymbol{x}$ 计算 $\boldsymbol{w}$

8.3 频 域 法

本节首先将零延时序列包含于式(8.12)定义的矩阵 $\boldsymbol{R}$ 中:

$$\boldsymbol{R}+\beta\boldsymbol{x}\boldsymbol{x}^{\mathrm{H}}=\beta\sum_{k=-N+1}^{N-1}\boldsymbol{J}_k\boldsymbol{x}\boldsymbol{x}^{\mathrm{H}}\boldsymbol{J}_k^{\mathrm{H}}+\boldsymbol{\Gamma}$$

$$= \beta \mathbf{A}^{\mathrm{H}}\mathbf{A} + \boldsymbol{\Gamma}. \tag{8.22}$$

其中，

$$\mathbf{A}^{\mathrm{H}} = \begin{bmatrix} x_1 & 0 & \cdots & 0 & x_N & x_{N-1} & \cdots & x_2 \\ x_2 & x_1 & & \vdots & 0 & x_N & & \vdots \\ \vdots & \vdots & & 0 & \vdots & \vdots & & x_N \\ x_N & x_{N-1} & \cdots & x_1 & 0 & 0 & \cdots & 0 \end{bmatrix} \tag{8.23}$$

是一个 $N\times(2N-1)$矩阵. 根据式(8.22)，式(8.11)中的 MSE 可重新表示为

$$MSE(\hat{\alpha}_0) = \frac{\boldsymbol{w}^{\mathrm{H}}(\beta \mathbf{A}^{\mathrm{H}}\mathbf{A} + \boldsymbol{\Gamma})\boldsymbol{w}}{|\boldsymbol{w}^{\mathrm{H}}\boldsymbol{x}|^2} - \beta. \tag{8.24}$$

注意到(证明见附录 8)：

$$\mathbf{A}^{\mathrm{H}}\mathbf{A} = \begin{bmatrix} r_0 & r_1^* & \cdots & r_{N-1}^* \\ r_1 & r_0 & & r_{N-2}^* \\ \vdots & \vdots & & \vdots \\ r_{N-1} & r_{N-2} & \cdots & r_0 \end{bmatrix}. \tag{8.25}$$

其中，$\{r_k\}_{k=0}^{N-1}$是$\{x_k\}_{n=1}^{N}$的自相关函数(见式(1.15)).

接下来研究目标函数(8.24)的频域表示方法. 为此，需要用到 Toeplitz 矩阵和循环矩阵的一些性质. 设 γ_{i-j} 表示$\boldsymbol{\Gamma}$ 的第(i,j)个元素，$\boldsymbol{\Gamma}$ 是一个 $N\times N$ 的 Toeplitz 矩阵. 矩阵$\boldsymbol{\Gamma}$ 可以容易地嵌入$(2N-1)\times(2N-1)$循环矩阵中：

$$\boldsymbol{C}^i = \begin{bmatrix} \gamma_0 & \gamma_1^* & \cdots & \gamma_{N-1}^* & \gamma_{N-1} & \gamma_{N-2} & \cdots & \gamma_1 \\ \gamma_1 & \gamma_0 & & \vdots & \gamma_{N-1}^* & \gamma_{N-1} & & \vdots \\ \vdots & & \ddots & \gamma_1^* & \vdots & & & \gamma_{N-1} \\ \gamma_{N-1} & \cdots & \gamma_1 & \gamma_0 & \gamma_1^* & \cdots & & \gamma_{N-1}^* \\ \gamma_{N-1}^* & \gamma_{N-1} & \cdots & \gamma_1 & \gamma_0 & \gamma_1^* & \cdots & \gamma_{N-2}^* \\ \vdots & & & \vdots & & & & \vdots \\ \gamma_1^* & \cdots & \gamma_{N-1}^* & \gamma_{N-1} & \gamma_{N-2} & \cdots & & \gamma_0 \end{bmatrix}. \tag{8.26}$$

其中，上标 i 表示与干扰相关的矩阵. 类似地，也可以将 $\mathbf{A}^{\mathrm{H}}\mathbf{A}$ 嵌入$(2N-1)\times(2N-1)$循环矩阵中：

$$\boldsymbol{C}^s = \begin{bmatrix} r_0 & r_1^* & \cdots & r_{N-1}^* & r_{N-1} & r_{N-2} & \cdots & r_1 \\ r_1 & r_0 & & \vdots & r_{N-1}^* & r_{N-1} & & \vdots \\ \vdots & & \ddots & r_1^* & \vdots & & & r_{N-1} \\ r_{N-1} & \cdots & r_1 & r_0 & r_1^* & \cdots & & r_{N-1}^* \\ r_{N-1}^* & r_{N-1} & \cdots & r_1 & r_0 & r_1^* & \cdots & r_{N-2}^* \\ \vdots & & & \vdots & & & & \vdots \\ r_1^* & \cdots & r_{N-1}^* & r_{N-1} & r_{N-2} & \cdots & & r_0 \end{bmatrix}. \tag{8.27}$$

其中，上标 s 用来表示与信号以及(信号相关)杂波有关的矩阵.

另外，以

$$\widetilde{\boldsymbol{w}} = \begin{bmatrix} \boldsymbol{w} \\ \mathbf{0} \end{bmatrix}_{(2N-1)\times 1} \tag{8.28}$$

和

$$\widetilde{x} = \begin{bmatrix} x \\ \mathbf{0} \end{bmatrix}_{(2N-1)\times 1} \tag{8.29}$$

分别表示延拓了 $N-1$ 个零值的接收滤波器和探测序列. 采用上述符号,式(8.24)中的目标函数可表示为

$$MSE(\hat{\alpha}_0) + \beta = \frac{\widetilde{w}^{\mathrm{H}}(\beta C^s + C^i)\widetilde{w}}{|\widetilde{w}^{\mathrm{H}}\widetilde{x}|^2}. \tag{8.30}$$

以 F 表示离散傅里叶变换(DFT)幺正矩阵,其元素可表示为

$$F_{kp} = \frac{1}{\sqrt{2N-1}} \mathrm{e}^{\mathrm{j}\frac{2\pi}{2N-1}(k-1)(p-1)} \quad (k,p = 1,\cdots,2N-1). \tag{8.31}$$

最后定义零填充滤波器的归一化 DFT 为

$$h = [h_1 \quad \cdots \quad h_{2N-1}]^{\mathrm{T}} = F^{\mathrm{H}}\widetilde{w}. \tag{8.32}$$

零填充探测序列的 DFT 为

$$\xi = [\xi_1 \quad \cdots \quad \xi_{2N-1}]^{\mathrm{T}} = F^{\mathrm{H}}\widetilde{x}. \tag{8.33}$$

式(8.5)中干扰项ϵ的归一化能量谱在 F 对应的频点取值为(见文献(Stoica,Moses 2005)中的“相关图”公式):

$$\Phi_p = \frac{1}{2N-1}\sum_{k=-N+1}^{N-1} \gamma_k \mathrm{e}^{-\mathrm{j}\frac{2\pi}{2N-1}k(p-1)} \quad (p = 1,\cdots,2N-1). \tag{8.34}$$

可以注意到$\{\Phi_p\}_{p=1}^{2N-1}$为C^i 第一列的实值非负 DFT. 实际上,

$$\begin{aligned} \sum_{k=0}^{N-1} \gamma_k \mathrm{e}^{-\mathrm{j}\frac{2\pi}{2N-1}kp} + \sum_{k=N}^{2N-2} \gamma^*_{(2N-1)-k} \mathrm{e}^{-\mathrm{j}\frac{2\pi}{2N-1}kp} &= \sum_{k=0}^{N-1} \gamma_k \mathrm{e}^{-\mathrm{j}\frac{2\pi}{2N-1}kp} + \sum_{k=N}^{2N-2} \gamma_{k-(2N-1)} \mathrm{e}^{-\mathrm{j}\frac{2\pi}{2N-1}(k-2N+1)p} \\ &= \sum_{k=0}^{N-1} \gamma_k \mathrm{e}^{-\mathrm{j}\frac{2\pi}{2N-1}kp} + \sum_{k=-N+1}^{-1} \gamma_k \mathrm{e}^{-\mathrm{j}\frac{2\pi}{2N-1}kp}. \end{aligned} \tag{8.35}$$

上式乘以常数 $1/(2N-1)$即等于式(8.34). 类似地,探测序列 x 的归一化功率谱,记为$\{|\xi_p|^2\}_{p=1}^{2N-1}$(见相关文献(Stoica,Moses 2005)提到的“周期图”公式),即为 C^i第一列 DFT 乘以常数 $1/(2N-1)$.

利用循环矩阵的基本性质以及上述符号注记(见相关文献(Golub,Van Loan 1984)以及(Stoica et al. 2009b)),可在频域重新表示式(8.30):

$$\begin{aligned} &\frac{\widetilde{w}^{\mathrm{H}}(\beta C^s + C^i)\widetilde{w}}{|\widetilde{w}^{\mathrm{H}}\widetilde{x}|^2} \\ &= \frac{2N-1}{|\widetilde{w}^{\mathrm{H}}F^{\mathrm{H}}F\widetilde{x}|^2}\widetilde{w}^{\mathrm{H}}\left(\beta F \begin{bmatrix} |\xi_1|^2 & & \mathbf{0} \\ & \ddots & \\ \mathbf{0} & & |\xi_{2N-1}|^2 \end{bmatrix} F^{\mathrm{H}} + F \begin{bmatrix} \Phi_1 & & \mathbf{0} \\ & \ddots & \\ \mathbf{0} & & \Phi_{2N-1} \end{bmatrix} F^{\mathrm{H}}\right)\widetilde{w} \\ &= \frac{2N-1}{\left|\sum_{p=1}^{2N-1} h_p^* \xi_p\right|^2}\sum_{p=1}^{2N-1} |h_p|^2(\beta|\xi_p|^2 + \Phi_p). \end{aligned} \tag{8.36}$$

能量约束条件也可表示为频域形式(参见帕塞瓦尔等式):

$$\|x\|^2 = \|F\widetilde{x}\|^2 = \|\xi\|^2 = N. \tag{8.37}$$

因此,可以得到如下的联合设计问题:

$$\min_{\{h_p\},\{\xi_p\}} \frac{1}{\left|\sum_{p=1}^{2N-1} h_p^* \xi_p\right|^2} \sum_{p=1}^{2N-1} |h_p|^2 (\beta |\xi_p|^2 + \Phi_p),$$

$$\text{s. t.} \sum_{p=1}^{2N-1} |\xi_p|^2 = N. \tag{8.38}$$

值得注意的是，上式是原始设计问题的松弛形式. 事实上，虽然给定 $\boldsymbol{w}$ 和 $\boldsymbol{x}$ 可以从式(8.32)和式(8.33)中唯一地确定$\{h_p\}$和$\{\xi_p\}$，但反过来却不成立. 换句话说，可能不存在 $\boldsymbol{w}$ 和 $\boldsymbol{x}$ 能够精确地合成给定的$\{h_p\}$和$\{\xi_p\}$. 因此，当将式(8.38)中的优化结果转换成原始设计变量 $\boldsymbol{w}$ 和 $\boldsymbol{x}$ 时，需要进行一些近似，详见本节后面部分.

接下来继续求解式(8.38). 注意到固定$\{\xi_p\}$时，关于$\{h_p\}$的最小化问题比较容易求解. 最优解可利用柯西-施瓦茨不等式得到：

$$\frac{\sum_{p=1}^{2N-1} |h_p|^2 (\beta |\xi_p|^2 + \Phi_p)}{\left|\sum_{p=1}^{2N-1} h_p^* \xi_p\right|^2} = \frac{\sum_{p=1}^{2N-1} |h_p|^2 (\beta |\xi_p|^2 + \Phi_p)}{\left|\sum_{p=1}^{2N-1} h_p^* \ (\beta |\xi_p|^2 + \Phi_p)^{1/2} \frac{\xi_p}{(\beta |\xi_p|^2 + \Phi_p)^{1/2}}\right|^2}$$

$$\geqslant \frac{1}{\sum_{p=1}^{2N-1} \frac{|\xi_p|^2}{\beta |\xi_p|^2 + \Phi_p}}. \tag{8.38}$$

其中，达到下界时 h_p应满足

$$h_p = \frac{\xi_p}{\beta |\xi_p|^2 + \Phi_p}. \tag{8.40}$$

评述　由式(8.40)可知，在杂波为主要干扰的那些频点，即在式(8.40)中 Φ_p远小于 $\beta|\xi_p|^2$的那些 p 值，可以得出：

$$|h_p| = \frac{1}{\beta|\xi_p|}. \tag{8.41}$$

上式提供了一种对于文献中经验观测的理论解释.

利用式(8.39)和式(8.40)，式(8.38)可简化为如下关于 $z_p=|\xi_p|^2$的最大化问题：

$$\max_{\{z_p\}} \sum_{p=1}^{2N-1} \frac{z_p}{\beta z_p + \Phi_p}, \tag{8.42}$$

$$\text{s. t.} \sum_{p=1}^{2N-1} z_p = N, \tag{8.43}$$

$$z_p \geqslant 0 \quad (z_p = |\xi_p|^2). \tag{8.44}$$

再次根据柯西-施瓦茨不等式和式(8.43)中关于$\{z_p\}$的约束条件，可得

$$\sum_{p=1}^{2N-1} \frac{z_p}{\beta z_p + \Phi_p} = \frac{2N-1}{\beta} - \frac{1}{\beta} \sum_{p=1}^{2N-1} \frac{\Phi_p}{\beta z_p + \Phi_p}$$

$$= \frac{2N-1}{\beta} - \frac{1}{\beta}\left(\sum_{p=1}^{2N-1} \frac{\Phi_p}{\beta z_p + \Phi_p}\right) \frac{\sum_{p=1}^{2N-1} (\beta z_p + \Phi_p)}{\beta N + \sum_{p=1}^{2N-1} \Phi_p}$$

$$\leqslant \frac{2N-1}{\beta} - \frac{1}{\beta} \frac{\left(\sum_{p=1}^{2N-1} \frac{\Phi_p^{1/2}}{(\beta z_p + \Phi_p)^{1/2}} (\beta z_p + \Phi_p)^{1/2}\right)^2}{\beta N + \sum_{p=1}^{2N-1} \Phi_p}$$

$$= \frac{2N-1}{\beta} - \frac{1}{\beta} \frac{\left(\sum_{p=1}^{2N-1} \Phi_p^{1/2}\right)^2}{\beta N + \sum_{p=1}^{2N-1} \Phi_p}. \tag{8.45}$$

其中,仅当下式成立时,可以达到不等式右侧的上界:

$$z_p = \frac{\rho\Phi_p^{1/2} - \Phi_p}{\beta}, \rho = \frac{\beta N + \sum_{p=1}^{2N-1} \Phi_p}{\sum_{p=1}^{2N-1} \Phi_p^{1/2}}. \tag{8.46}$$

注意到上述$\{z_p\}$应该满足能量约束条件:

$$\sum_{p=1}^{2N-1} z_p = \frac{1}{\beta}\left(\rho \sum_{p=1}^{2N-1} \Phi_p^{1/2} - \sum_{p=1}^{2N-1} \Phi_p\right) = N. \tag{8.47}$$

如果上述$\{z_p\}$也满足$\{z_p \geqslant 0\}$约束条件,则式(8.46)即为所求解.否则,可以使用拉格朗日方法求解(参见附录8以及相关文献(Kay 2007)中关于该问题的连续形式,其中用积分代替了求和)得到:

$$|\xi_p|^2 = z_p = \frac{1}{\beta}\max\{\lambda\rho\Phi_p^{1/2} - \Phi_p, 0\} \quad (p = 1, \cdots, 2N-1). \tag{8.48}$$

其中,λ 由$\{z_p\}$满足的能量约束条件确定的:

$$\frac{1}{\beta}\sum_{p=1}^{2N-1} \max\{\lambda\rho\Phi_p^{1/2} - \Phi_p, 0\} = N. \tag{8.49}$$

因为式(8.46)中的$\{z_p\}$满足式(8.47),而其部分值可以是负的,并且式(8.49)的左侧是 λ 的递增函数,所以式(8.49)的解不能大于1,也就是说

$$\lambda \in [0,1]. \tag{8.50}$$

利用上式可以容易地求解式(8.49),例如采用表8.2中的二分法.

表8.2 关于式(8.49)的二分法

步骤0	以 $f(\lambda) = 1/\beta \sum_{p=1}^{2N-1} \max\{\lambda\rho\Phi_p^{1/2} - \Phi_p, 0\}, f_{obj} = N, \lambda_{\text{left}} = N, \lambda_{\text{right}} = 1$
步骤1	设置 $\lambda = (\lambda_{\text{left}} + \lambda_{\text{right}})/2$ 并计算 $f(\lambda)$
步骤2	如果 $f(\lambda) < f_{\text{obj}}$,那么 $\lambda_{\text{left}} \leftarrow \lambda$,否则 $\lambda_{\text{right}} \leftarrow \lambda$
循环迭代	重复步骤1和2直至 $\lvert f(\lambda) - f_{\text{obj}} \rvert \leqslant \varepsilon$,其中,$\varepsilon$ 表示一个预先设定的门限值,如 10^{-2}

式(8.48)中关于$\{|\xi_p|\}$的最优解表达式具有通信文献中常见的"注水"特点(文献(Kay 2007)中也有一个类似的问题).更具体地说,可以从式(8.48)中看出最佳探测序列在一些强干扰频率下不包含任何能量,即那些满足 $\Phi_p^{1/2} \geqslant \lambda\rho$ 的频点.

由式(8.30)、式(8.36)和式(8.39)可得关于 $MSE(\hat{\alpha}_0)$ 的下界:

$$B_{\mathrm{MSE}}=\frac{2N-1}{\sum_{p=1}^{2N-1}\frac{\hat{z}_p}{\beta\hat{z}_p+\Phi_p}}-\beta. \tag{8.51}$$

其中，$\{\hat{z}_p\}_{p=1}^{2N-1}$表示由式(8.48)和式(8.49)获得的最优功率谱. 仅当可以通过设计$\{x_k\}_{k=1}^N$准确地合成$\{\hat{z}_p\}_{p=1}^{2N-1}$时，该下界方能达到. 详情可见下面的波形综合问题.

一旦找到λ，则$\{|\xi_p|\}$就由(8.48)中的闭式解给出. 注意到$\{\xi_p\}$的相位(记为$\{\psi_p\}$)并不是式(8.42)中设计问题的优化变量，因此可以自由选择这些相位. 为得到原有的优化变量$\boldsymbol{x}$，可利用最小二乘法求解式(8.33)：

$$\min_{x,\{\psi_p\}}\|\boldsymbol{\xi}-\boldsymbol{F}^{\mathrm{H}}\tilde{\boldsymbol{x}}\|^2. \tag{8.52}$$

求解式(8.52)中关于$\boldsymbol{x}$和相位$\{\psi_p\}$的优化问题通常需要迭代进行. 可以采用循环优化算法(详见下文)解决这一问题，就像 CAN 算法和 Sussman-Gerchberg-Saxton 方法(Sussman 1962；Gerchberg，Saxton 1972)(详见第 2 章)那样.

对于式(8.52)中的最优化问题，首先固定$\{\psi_p\}$(即固定$\boldsymbol{\xi}$)对$\boldsymbol{x}$进行优化. 在能量约束条件下，该最小化问题具有闭式解：

$$\boldsymbol{x}=\sqrt{N}\frac{\boldsymbol{v}}{\|\boldsymbol{v}\|},\quad \boldsymbol{v}=\tilde{\boldsymbol{F}}\boldsymbol{\xi}. \tag{8.53}$$

其中，$\tilde{\boldsymbol{F}}$是由$\boldsymbol{F}$的前N行组成的$N\times(2N-1)$矩阵. 为证明式(8.53)，注意到

$$\|\boldsymbol{\xi}\|^2=\|\boldsymbol{x}\|^2=\|\tilde{\boldsymbol{x}}\|^2=N$$

以及

$$\|\boldsymbol{\xi}-\boldsymbol{F}^{\mathrm{H}}\tilde{\boldsymbol{x}}\|^2=2N-2\mathrm{Re}(\boldsymbol{\xi}^{\mathrm{H}}\boldsymbol{F}^{\mathrm{H}}\tilde{\boldsymbol{x}}) \tag{8.54}$$

其中，

$$\begin{aligned}\mathrm{Re}\{\boldsymbol{\xi}^{\mathrm{H}}\boldsymbol{F}^{\mathrm{H}}\tilde{\boldsymbol{x}}\}&\leqslant|\boldsymbol{\xi}^{\mathrm{H}}\boldsymbol{F}^{\mathrm{H}}\tilde{\boldsymbol{x}}|=|\boldsymbol{\xi}^{\mathrm{H}}\tilde{\boldsymbol{F}}^{\mathrm{H}}\boldsymbol{x}|\\&\leqslant\|\boldsymbol{x}\|\,\|\tilde{\boldsymbol{F}}\boldsymbol{\xi}\|=\sqrt{N}\|\tilde{\boldsymbol{F}}\boldsymbol{\xi}\|.\end{aligned} \tag{8.55}$$

因此，式(8.55)的上界即为式(8.54)的最小值，可由式(8.53)的$\boldsymbol{x}$达到. 该解也满足能量约束条件，因此是所求解.

如果在能量约束条件之外，还对$\boldsymbol{x}$施加恒模约束，则$\boldsymbol{x}$的最优解为

$$x_k=\mathrm{e}^{\mathrm{j}\arg(v_k)}\quad(k=1,\cdots,N). \tag{8.56}$$

该结果可由如下推导求得

$$\mathrm{Re}(\boldsymbol{\xi}^{\mathrm{H}}\boldsymbol{F}^{\mathrm{H}}\tilde{\boldsymbol{x}})=\sum_{k=1}^{N}|v_k|\cos[\arg(x_k)-\arg(v_k)]\leqslant\sum_{k=1}^{N}|v_k|. \tag{8.57}$$

其中，式(8.56)能使得等号成立.

如果施加峰均比约束，注意到$\|\boldsymbol{\xi}-\tilde{\boldsymbol{F}}^{\mathrm{H}}\boldsymbol{x}\|^2=\|\tilde{\boldsymbol{F}}\boldsymbol{\xi}-\boldsymbol{x}\|^2=\|\boldsymbol{v}-\tilde{\boldsymbol{x}}\|^2$，式(8.52)由此可以转化为

$$\begin{cases}\min\limits_{\boldsymbol{x}}\|\boldsymbol{x}-\boldsymbol{v}\|^2\\ \text{s. t. }\ PAR(\boldsymbol{x})\leqslant\mu\end{cases}. \tag{8.58}$$

上式可通过有限步全局最优的“最近矢量”算法求解，详见(4.18)后面的讨论.

给定$\boldsymbol{x}$，式(8.52)关于$\{\psi_p\}$的最小化问题也有一个简单的闭式最优解. 以$\boldsymbol{f}_p^{\mathrm{H}}$表示$\boldsymbol{F}^{\mathrm{H}}$的第$p$行，并将式(8.52)重新写为

$$\min_{x,\{\psi_p\}} \sum_{p=1}^{2N-1} \left| \mid \xi_p \mid e^{j\psi_p} - f_p^H \tilde{x} \right|^2. \tag{8.59}$$

对于任意给定的 x，很容易得到 $\{\psi_p\}$ 的最优解具有如下闭式形式（证明类似于式(8.57)）：

$$\psi_p = \arg(f_p^H \tilde{x}) \quad (p = 1, \cdots, 2N-1). \tag{8.60}$$

注意到可以通过快速傅立叶变换（FFT）计算式(8.53)中 v 和式(8.60)中 $f_p^H \tilde{x}$. 在求得 x 后，接收滤波器 w 由式(8.14)给出. 由此得到的基于频域的算法称为 CREW（fre）算法，如表 8.3 所示. 值得注意的是，CREW（fre）算法可以应对恒模和峰均比约束，且由于可利用 FFT 运算，该算法计算效率很高.

表 8.3　恒模或峰均比约束下的 CREW(fre)算法

步骤 0	由式(8.49)求解 λ（表 8.2）. 由式(8.48)确定 $\{\mid\xi_p\mid\}$. 采用一个已有序列或随机生成序列初始化 x
步骤 1	计算： $$\psi_p = \arg(\tilde{f}_p^H x) \quad (p = 1, \cdots, 2N-1) \tag{8.61}$$
步骤 2	计算： $$v = \tilde{F}\xi, \tag{8.62}$$ 其中，$\{\xi_p = \mid\xi_p\mid e^{j\psi_p}\}$，$\mid\xi_p\mid$ 由步骤 0 给出. 如果仅施加能量约束，采用式(8.53)更新 x；如果施加恒模约束，采用式(8.56)；如果施加峰均比约束，采用式(8.58)
循环迭代	重复步骤 1 和 2 直至收敛
步骤 3	由式(8.14)和上述迭代求解的 x 计算 w

8.4　针对匹配滤波的专门优化

本节将 8.3 节的 CREW（fre）算法推广至接收机采用匹配滤波的情形，其中 $w=x, h=\xi$. 由式(8.30)和式(8.36)可得

$$MSE(\hat{\alpha}_0) = \frac{2N-1}{N^2} \sum_{p=1}^{2N-1} \mid\xi_p\mid^2 (\beta\mid\xi_p\mid^2 + \Phi_p) - \beta. \tag{8.63}$$

因此，MSE 最小化问题可转化为（类似式(8.42)，令 $z_p = \mid\xi_p\mid^2$）：

$$\begin{cases} \min\limits_{\{z_p\}} \sum\limits_{p=1}^{2N-1} (\beta z_p^2 + \Phi_p z_p) \\ \text{s. t.} \sum\limits_{p=1}^{2N-1} z_p = N (z_p \geqslant 0) \end{cases}. \tag{8.64}$$

上述问题是凸优化问题，其拉格朗日乘子函数具有如下解耦形式：

$$\sum_{p=1}^{2N-1} \left(\beta z_p^2 + \Phi_p z_p - \lambda z_p + \frac{N}{2N-1} \lambda \right). \tag{8.65}$$

当 $\{z_p \geqslant 0\}$ 时其最优解为

$$z_p = \frac{1}{2\beta} \max\{\lambda - \Phi_p, 0\}. \tag{8.66}$$

式(8.66)中的拉格朗日乘子 λ 为如下等式的解：

$$\frac{1}{2\beta}\sum_{p=1}^{2N-1}\max\{\lambda-\Phi_p,0\}=N. \tag{8.67}$$

设 λ_0 满足等式：

$$\frac{1}{2\beta}\sum_{p=1}^{2N-1}(\lambda_0-\Phi_p)=N. \tag{8.68}$$

由此可得

$$\lambda_0=\frac{2N\beta+\sum_{p=1}^{2N-1}\Phi_p}{2N-1}. \tag{8.69}$$

如果 $\lambda_0\geqslant\Phi_p(p=1,\cdots,2N-1)$，那么式(8.67)的解为 $\lambda=\lambda_0$. 其他情形下，λ 必须满足 $\lambda<\lambda_0$，这是因为式(8.67)的左侧是 λ 的递增函数，且当 $\lambda=0$ 时其值为 0，对于 $\lambda=\lambda_0$ 其值大于等于 N. 因此式(8.67)的解一定在如下范围之内：

$$\lambda\in(0,\lambda_0]. \tag{8.70}$$

故而，其解可以由二分法求出(见式(8.49)).

评述 再次注意到式(8.66)的注水特性：在干扰足够强使 $\lambda-\Phi_p$ 为负时，最佳探测序列在该频率没有任何能量(可见式(8.50)之后关于 CREW(fre)算法的类似评述).

一旦找到 λ，$\{|\xi_p|\}$ 可由式(8.66)中的闭式解给出. 剩下的问题就是从式(8.52)的解中找到 $\boldsymbol{x}$，可用前一节所述方法求解这一问题. 由此得到的基于匹配滤波的算法被称为 CREW(mat)算法，如表 8.4 所示. 值得注意的是，可以把 CREW(mat)算法视为将 CAN 算法(见第 2 章)推广到部分 $\{\Phi_p\}$ 不为零的情形. 事实上，在无干扰的条件下($\{\Phi_p\equiv0\}$)，CREW(mat)算法将退化为 CAN 算法.

表 8.4 恒模或峰均比约束下的 CREW(mat)算法

步骤 0	采用二分法由式(8.67)计算 λ(见表 8.2). 随后，由式(8.66)确定 $\{|\xi_p|\}$. 利用已有序列或随机生成序列初始化 $\boldsymbol{x}$
	步骤 1、步骤 2、迭代的方法与表 8.3 相同

8.5 数值仿真

干扰协方差矩阵 $\boldsymbol{\Gamma}$(见式(8.6))可构造成公式如下：

$$\boldsymbol{\Gamma}=\sigma_{\mathrm{J}}^2\boldsymbol{\Gamma}_{\mathrm{J}}+\sigma^2\boldsymbol{I}. \tag{8.71}$$

其中，σ_{J}^2 和 σ^2 分别表示干扰和噪声功率，且

$$\boldsymbol{\Gamma}_{\mathrm{J}}=\begin{bmatrix} q_0 & q_1^* & \cdots & q_{N-1}^* \\ q_1 & q_0 & & q_{N-2}^* \\ \vdots & & \ddots & \vdots \\ q_{N-1} & q_{N-2} & \cdots & q_0 \end{bmatrix}\quad(q_0=1) \tag{8.72}$$

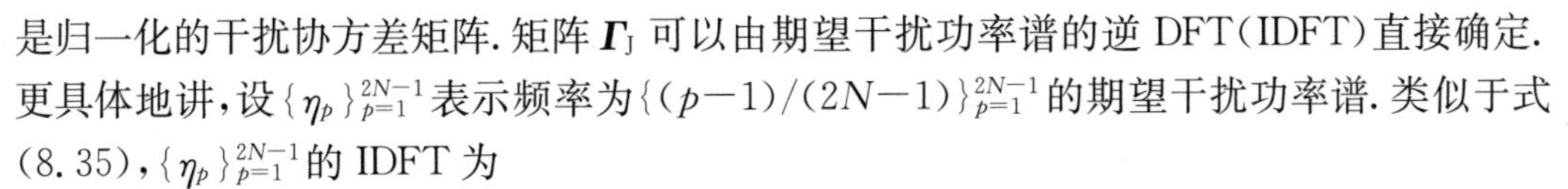

是归一化的干扰协方差矩阵. 矩阵 $\boldsymbol{\Gamma}_{\mathrm{J}}$ 可以由期望干扰功率谱的逆 DFT(IDFT)直接确定. 更具体地讲,设 $\{\eta_p\}_{p=1}^{2N-1}$ 表示频率为 $\{(p-1)/(2N-1)\}_{p=1}^{2N-1}$ 的期望干扰功率谱. 类似于式(8.35), $\{\eta_p\}_{p=1}^{2N-1}$ 的 IDFT 为

$$[q_0 \quad q_1 \quad \cdots \quad q_{N-1} \quad q_{N-1}^* \quad \cdots \quad q_1^*]^{\mathrm{T}}. \tag{8.73}$$

其中,需通过归一化使 $q_0=1$.

在下面的例子中,设 $\sigma_{\mathrm{J}}^2=100$, $\sigma^2=0.1$ 和 $\beta=1$(见式(8.7)). 将本章所提出的算法与 CAN 算法(见第 2 章和第 4 章)进行比较,其中 CAN 算法所设计的 CAN 序列可用于抑制相关旁瓣. 在采用匹配滤波器的情况下(即 $\boldsymbol{w}=\boldsymbol{x}$),如果杂波为主要干扰(即不考虑 $\boldsymbol{\Gamma}$),低相关旁瓣会产生较小的 $\mathrm{MSE}(\hat{\alpha}_0)$(见式(8.11)). CAN 算法适用于恒模约束和峰均比约束. 如前所述,CREW(mat)算法考虑了 $\boldsymbol{\Gamma}$ 的影响,因此可视作 CAN 算法的推广,这也将使得 CREW(mat)算法的 MSE 应小于 CAN 算法的.

值得注意的是,尽管在设计 CAN 序列时隐含了使用匹配滤波器这一假设,但是它也可与 IV 滤波器一起使用,如式(8.14)所示. 将 CAN 序列与相应最优 IV 滤波器的组合称为 CAN-IV.

接下来,通过改变干扰类型和序列长度来分析算法估计 α_0 的均方误差性能. 为方便起见,在表 8.5 列出了所比较的算法. 采用 Golomb 序列(见式(1.21))来对所有算法初始化. 虽然采用随机生成序列有时比采用 Golomb 序列的 MSE 更低,但是 Golomb 序列依然是初始化时的较好选择. 可以 MSE 下界(见式(8.51))作为比较基准. 需要注意的是,CAN 算法、CAN-IV 和 MSE 的下界会在所有情形中列出. 然而,对于 CREW(gra)算法、CREW(fre)算法和 CREW(mat)算法,为避免图形过度拥挤,只展示其中均方误差最小的那个. 另外回想一下,CREW(gra)算法只适用于恒模约束,而且由于其计算量相对较高而无法处理 N 值较大的情况. 因此,当显示 CREW(gra)的 MSE 时,限制序列长度 N 不应超过 300.

表 8.5　算法对比

	发射序列 $\boldsymbol{x}$	接收滤波器 $\boldsymbol{w}$	约束
CAN	CAN 序列	匹配滤波器	恒模/PAR
CAN-IV	CAN 序列	IV 滤波器	恒模/PAR
CREW(gra)	表 8.1 中 $\boldsymbol{x}$	IV 滤波器	恒模
CREW(fre)	表 8.3 中 $\boldsymbol{x}$	IV 滤波器	恒模/PAR
CREW(mat)	表 8.4 中 $\boldsymbol{x}$	匹配滤波器	恒模/PAR

8.5.1　瞄准式干扰

考虑一个频率为 f_0 的瞄准式干扰,功率谱为

$$\eta_p=\begin{cases}1 & (p=\lfloor(2N-1)f_0\rfloor)\\ 0 & (\text{其他})\end{cases} \quad (p=1,\cdots,2N-1). \tag{8.74}$$

其中, $f_0=0.2$ Hz.

当 $N=25,50,100,200,300$ 时,恒模约束下的 CAN 算法、CAN-IV 算法和 CREW(gra)算法对应的 MSE 曲线图如图 8.1(a)所示. 可以观察到 CAN-IV 算法的 MSE 明显比

CAN 算法更小，而 CREW(gra)算法优于 CAN-IV 算法. 当 $N=25,50,100,200,300,500,1\,000$时，CAN 算法、CAN-IV 算法和 CREW(mat)算法的 MSE 曲线如图 8.1(b)所示，其中约束条件为 $PAR\leqslant 2$. 可以看到 CREW(mat)算法对于所有 N 值的 MSE 都最小.

图 8.1(a)的 CREW(gra)序列的功率谱和接收滤波器频率响应如图 8.2 所示，其中序列长度为 100. 可以观察到探测序列和接收滤波器在干扰频率 $f_0=0.2$ Hz 处形成了频谱凹口. 正如式(8.40)后的评述所述，除了在频率 f_0 之外，探测序列的功率谱和接收滤波器的频率响应几乎互为倒数. CREW(gra)序列与接收滤波器的互相关函数(定义见式(3.1))如图 8.3 所示. 可以从图中观察到很低的互相关旁瓣(类似于图 2.4 所示的自相关旁瓣)，这就意味着算法的杂波抑制性能良好.

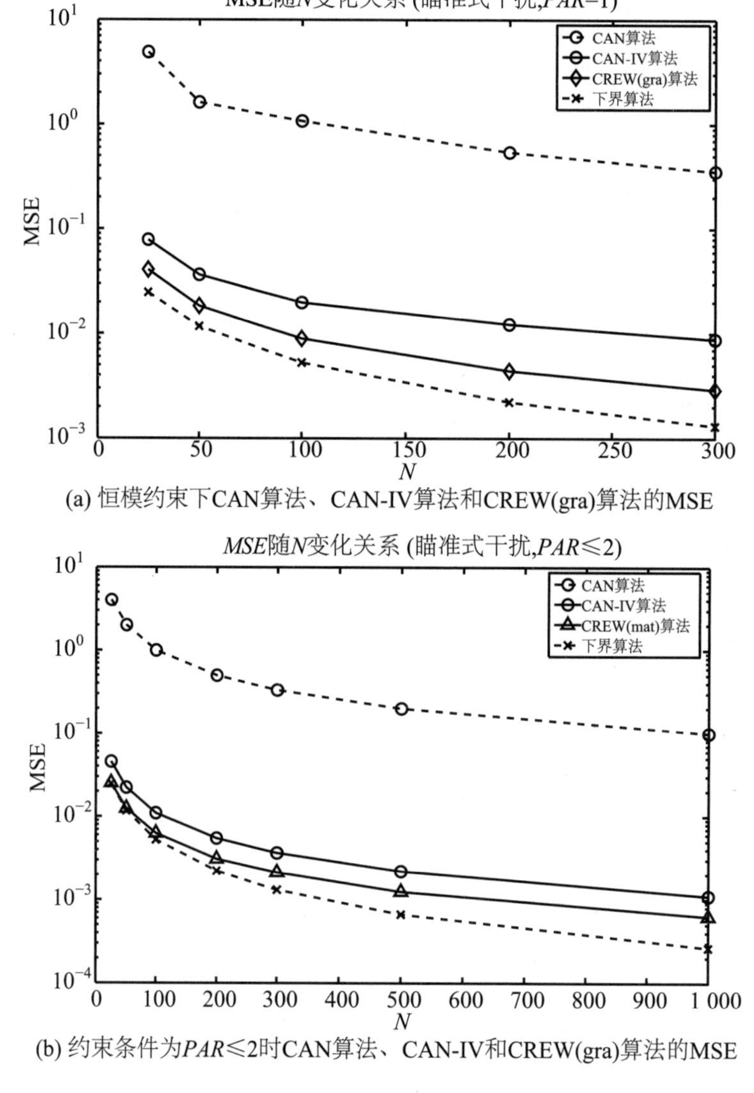

(a) 恒模约束下CAN算法、CAN-IV算法和CREW(gra)算法的MSE

(b) 约束条件为$PAR\leqslant 2$时CAN算法、CAN-IV和CREW(gra)算法的MSE

图 8.1　瞄准式干扰下的 MSE 对比分析

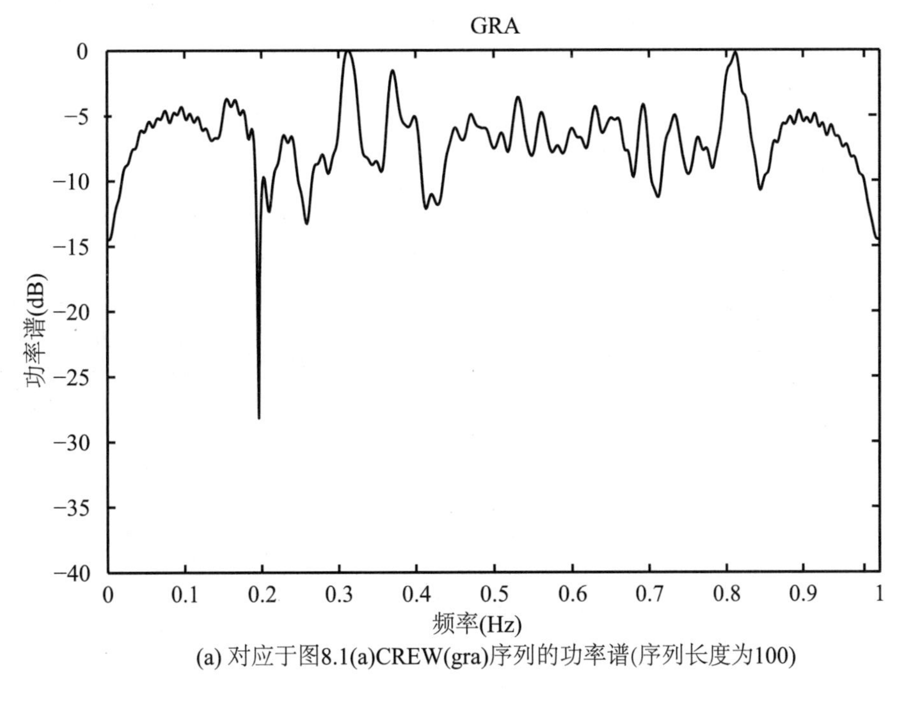

(a) 对应于图8.1(a)CREW(gra)序列的功率谱(序列长度为100)

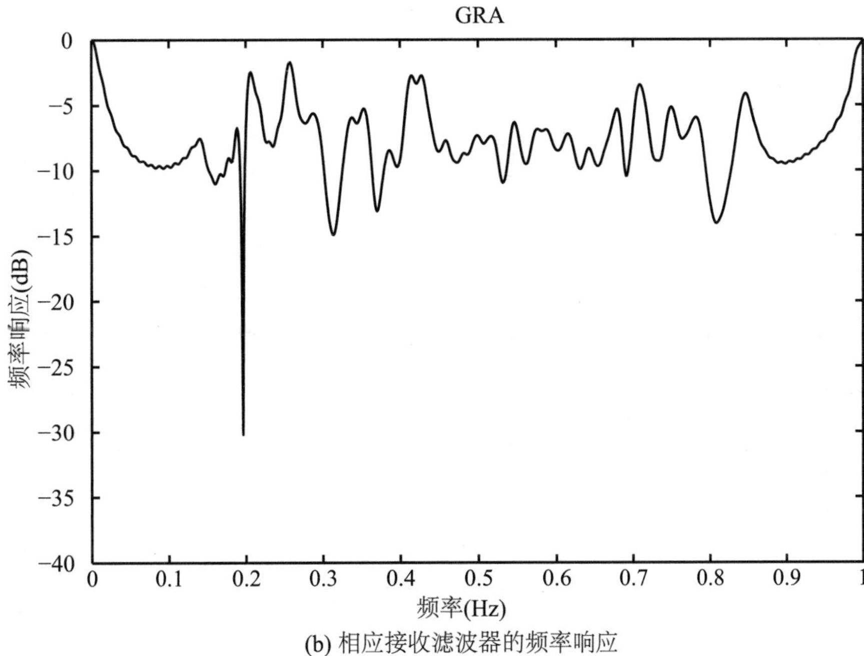

(b) 相应接收滤波器的频率响应

图 8.2

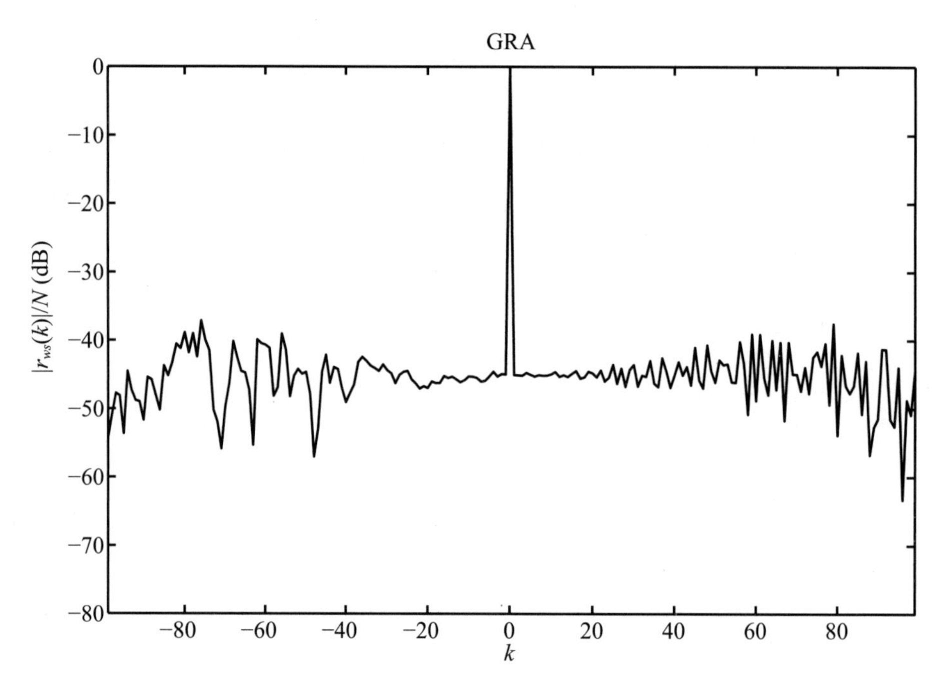

图 8.3　CREW(gra)序列与相应接收滤波器的互相关函数

8.5.2　阻塞式干扰

接下来考虑频段为$[f_1,f_2]$的阻塞式干扰，其功率谱为

$$\eta_p=\begin{cases}1 & \lfloor(2N-1)f_1\rfloor\leqslant p\leqslant\lfloor(2N-1)f_2\rfloor\\0 & \text{其他}\end{cases}\quad(p=1,\cdots,2N-1).\qquad(8.75)$$

其中，设定$f_1=0.2$ Hz，$f_2=0.3$ Hz.

恒模约束下CAN算法、CAN-IV算法和CREW(gra)算法的MSE曲线如图8.4(a)所示. CREW(gra)算法的MSE再次低于CAN算法和CAN-IV算法. 图8.4(b)给出了约束条件$PAR\leqslant 2$时的CAN算法、CAN-IV算法和CREW(fre)算法的MSE曲线. 除了N小于100的情况，CREW(fre)算法的MSE比其他方法的更小. 另外，随着N增大，CREW(fre)算法的性能趋近于MSE下界. 与之相反，CAN-IV算法的性能随着N增大越来越偏离MSE下界.

图8.4(b)中的CREW(fre)序列功率谱及其接收滤波器的频率响应如图8.5所示，其中序列长度为300. 此时，与图8.2所不同的是，探测序列在干扰频带内的功率相当强，且探测序列的频谱和接收滤波器的频率响应在整个频谱内几乎互为倒数. 如果干扰功率足够强，探测序列的频谱将在干扰频带中形成较宽的凹口，如图8.6所示.

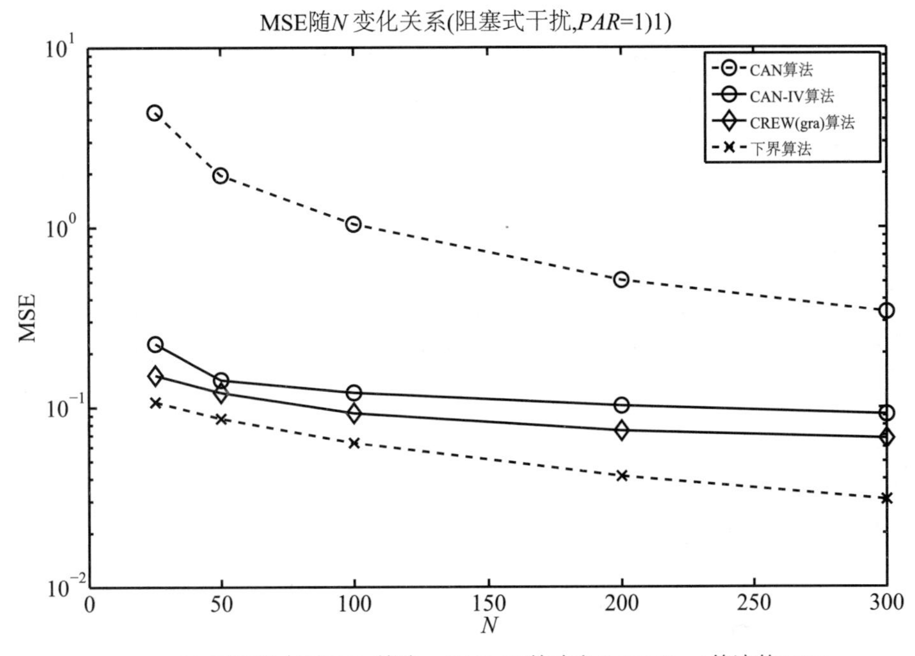

(a) 恒模约束下CAN算法、CAN-IV算法和CREW(gra)算法的MSE

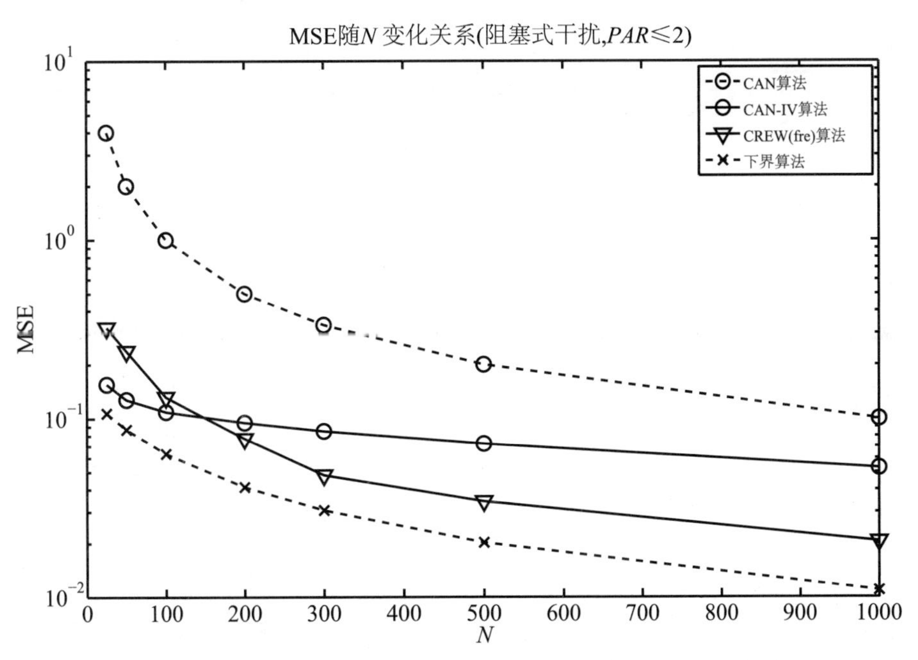

(b) 约束条件为$PAR \leqslant 2$时CAN算法、CAN-IV和CREW(gra)算法的MSE

图 8.4 阻塞式干扰下的 MSE 对比分析

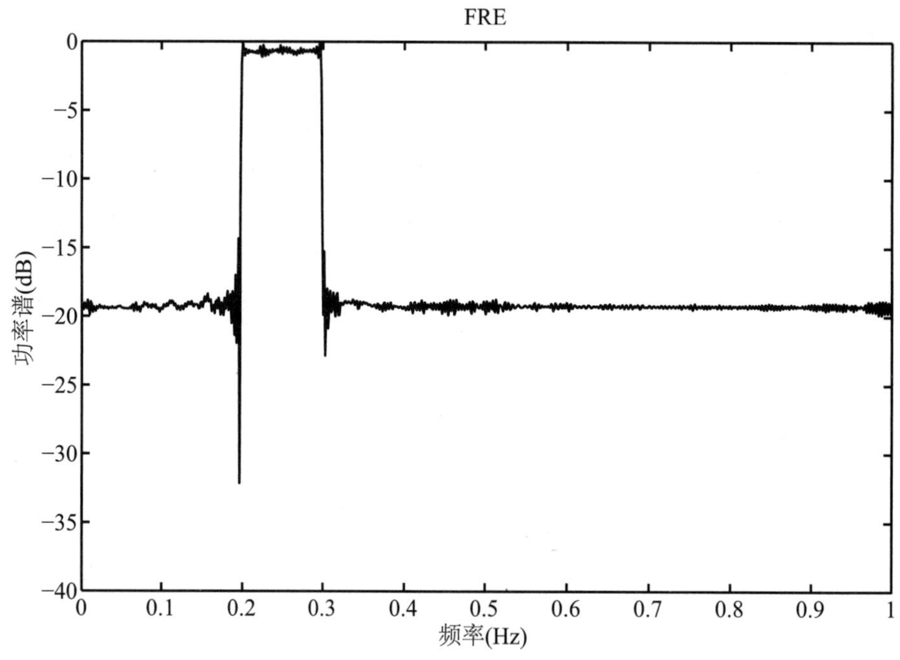

(a) 对应于图8.4(b)长度为300的CREW(fre)序列的功率谱

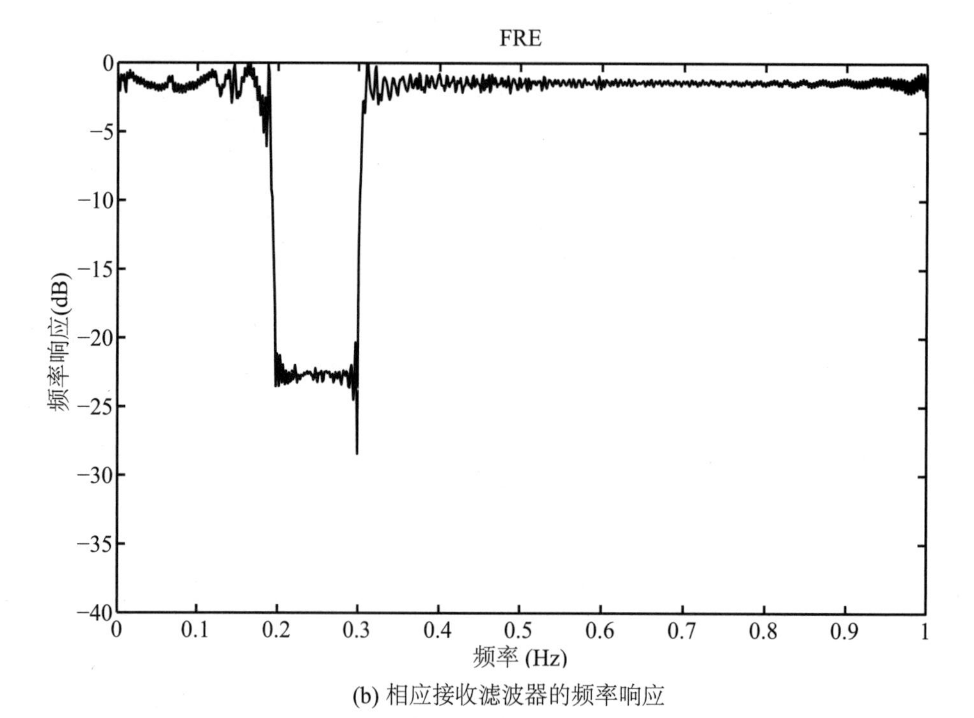

(b) 相应接收滤波器的频率响应

图 8.5

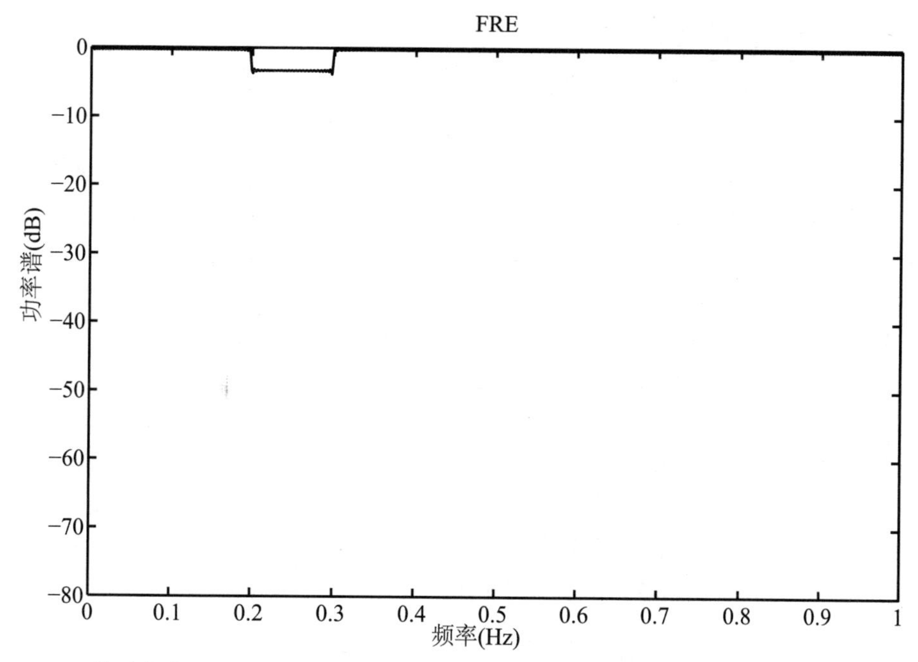

(a) 干扰功率为100 000的长度为300的CREW(fre)序列的功率谱(其他条件与图 8.5相同)

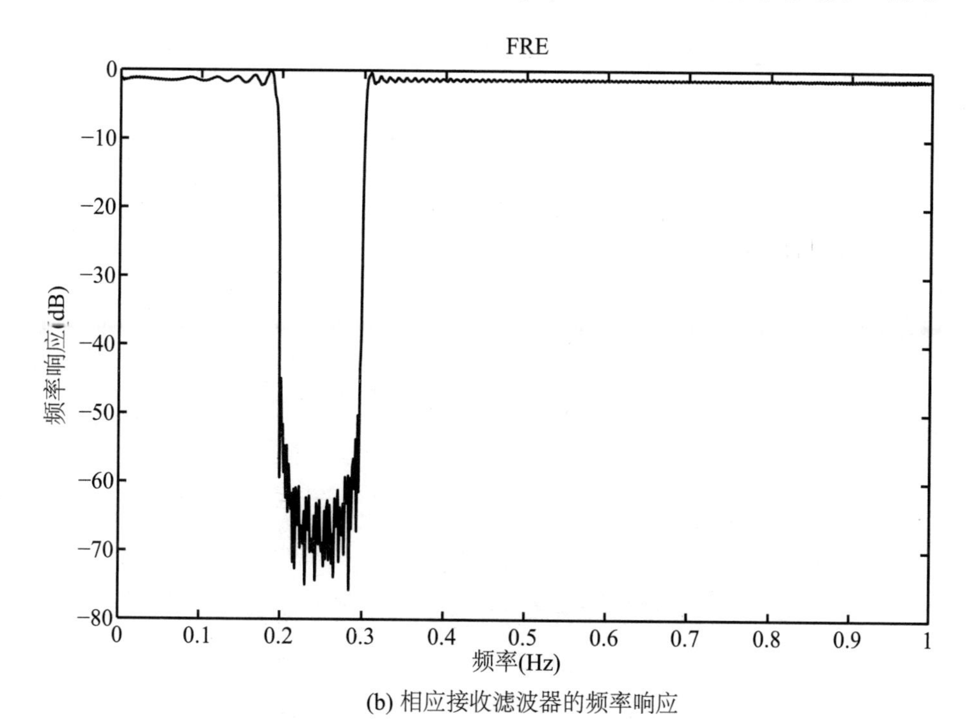

(b) 相应接收滤波器的频率响应

图 8.6

8.5.3 鲁棒性设计

最后讨论上述设计方法的鲁棒性. 考虑频率位于 f_0 且是功率较强的瞄准式干扰，则式(8.14)的最优滤波器将在频率 f_0 处有一个凹口. 然而，如果干扰频率信息不准确，式(8.14)中的接收滤波器将会在预设频率处设置一个凹口，而工作在其他频点的干扰将通过滤波器. 为了避免这一问题，可以假设存在一个阻塞式干扰，其频带$[f_1, f_2]$宽到可以包含瞄准式干扰的频率. 采用这种方法，接收滤波器的阻带更宽，进而可以消除干扰. 类似地，如果阻塞式干扰的信息不精确，也可以考虑以一个足够宽的频带来覆盖真正的干扰波段，以提高鲁棒性.

例如，设式(8.75)为真实的干扰功率谱，其中 $f_1=0.2$ Hz，$f_2=0.3$ Hz. 采用 CREW(fre)算法设计发射序列和接收滤波器. 考虑三种情况：f_1，f_2的准确值已知；采用错误干扰频带[0.25，0.35] Hz；以及采用一个不精确但足够宽的干扰频带[0.15，0.35] Hz(称为鲁棒设计). 约束条件为 $PAR\leqslant 2$ 时的 MSE 曲线如图 8.7 所示，序列长度为 $N=25,50,100,200,300,500,1\,000$. 可以看出鲁棒性设计受不精确干扰信息的影响较小.

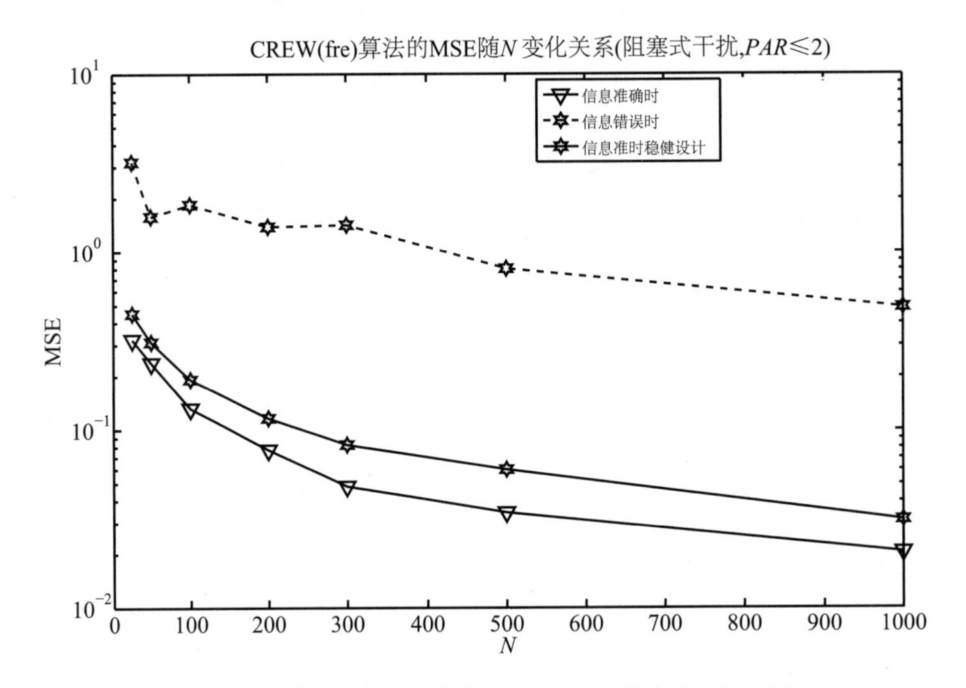

图 8.7 干扰频率信息不准确时 CREW(fre)算法的 MSE 对比

8.6 本章小结

本章提出了 CREW(gra)、CREW(fre)和 CREW(mat)这 3 种算法，它们均可用于接收滤波器和发射信号的联合优化. 本章优化设计的目标是最小化目标散射系数的均方估计误差,也可等价为最大化信干杂比. 在设计发射序列时,考虑了恒模和低峰均比约束. CREW(gra)算法使用梯度法来最小化均方估计误差,其中采用最优 IV 滤波器. 通常情况下,它生成的恒模序列的估计性能最好,但计算复杂度相对较高,且不适用于峰均比约束. CREW(fre)算法从频域着手,寻求最佳发射序列的功率谱,所求最佳功率谱可达均方估计误差下界. CREW(fre)算法的思想可用于匹配滤波器情形,对应的 CREW(mat)算法可视为先前所提 CAN 算法在有色干扰下的拓展. CREW(fre)算法和 CREW(mat)算法的计算效率都很高,可以轻松设计长度$\sim 10^3$ 的序列. 数值算例说明了所设计的接收滤波器和发射序列的有效性.

附录 若干证明

1. 式(8.25)的证明

易知积矩阵$\mathbf{A}^{\mathrm{H}}\mathbf{A}$ 不受$\mathbf{A}^{\mathrm{H}}$ 的列转置影响,由此可知:

$$\mathbf{A}^{\mathrm{H}}\mathbf{A}=\widetilde{\mathbf{A}}^{\mathrm{H}}\widetilde{\mathbf{A}}. \tag{8.76}$$

其中,

$$\widetilde{\mathbf{A}}^{\mathrm{H}}=\begin{bmatrix} x_N & x_{N-1} & \cdots & x_1 & 0 & \cdots & 0 \\ 0 & x_N & & x_2 & x_1 & & \vdots \\ \vdots & \vdots & & \vdots & \vdots & & \vdots \\ 0 & 0 & \cdots & x_N & x_{N-1} & \cdots & x_1 \end{bmatrix}_{N\times(2N-1)}. \tag{8.77}$$

因此,$\mathbf{A}^{\mathrm{H}}\mathbf{A}$ 的第(i,j)个元素可表示为(设 $x_k=0,k\neq[1,N]$)

$$[\mathbf{A}^{\mathrm{H}}\mathbf{A}]_{ij}=\sum_{p=1}^{2N-1}x_{N+i-p}x_{N+j-p}^{*}=\sum_{k=1}^{N}x_k x_{k-(i-j)}^{*}=r_{i-j}. \tag{8.78}$$

由此可证明式(8.25).

2. 采用拉格朗日法求解式(8.42)

可以证明式(8.42)目标函数的二阶导数非正:

$$\sum_{p=1}^{2N-1}\frac{\partial^2}{\partial^2 z_p}\left(\frac{z_p}{\beta z_p+\Phi_p}\right)=-\sum_{p=1}^{2N-1}\frac{2\beta\Phi_p}{(\beta z_p+\Phi_p)^3}\leqslant 0. \tag{8.79}$$

由于$\beta,\{z_p\},\Phi_p$ 都是非负的,目标函数因此是凸函数. 由于式(8.43)和式(8.44)的约束条件是线性的,因此式(8.42)是一个凸优化问题,可以通过最大化如下的拉格朗日函数求解($z_p\geqslant 0$):

$$\begin{aligned} L(\{z_p\}_{p=1}^{2N-1}) &= \sum_{p=1}^{2N-1}\frac{z_p}{\beta z_p+\Phi_p}-\lambda\left(\sum_{p=1}^{2N-1}z_p-N\right) \\ &= \sum_{p=1}^{2N-1}\left(\frac{z_p}{\beta z_p+\Phi_p}-\lambda z_p\right)+\lambda N. \end{aligned} \tag{8.80}$$

其中,λ 为拉格朗日乘子. 事实上,由于式(8.80)已经解耦,仅需考虑最大化如下函数:

$$\widetilde{f}(z_p)=\frac{z_p}{\beta z_p+\Phi_p}-\lambda z_p. \tag{8.81}$$

类似于式(8.79),可以看出 $\widetilde{f}(z_p)$是凹函数.令其一阶导数为 0,可求得该函数的最大值:

$$\frac{\partial \widetilde{f}(z_p)}{\partial z_p}=\frac{\Phi_p}{(\beta z_p+\Phi_p)^2}-\lambda=0, \tag{8.82}$$

其解为

$$\hat{z}_p=\frac{\sqrt{\frac{\Phi_p}{\lambda}}-\Phi_p}{\beta}. \tag{8.83}$$

如果 $\hat{z}_p \geqslant 0$,那么 $\hat{z}_p$ 即为所求解;如果 $\hat{z}_p<0$,考虑到 $\widetilde{f}(z_p)$(凸函数)关于 $z_p \leqslant \hat{z}_p$ 递增而关于 $z_p \geqslant \hat{z}_p$ 递减,$\widetilde{f}(z_p)$在 $z_p=0$ 时取最大值.因此,$\widetilde{f}(z_p)$的最大值,即式(8.42)的解,可以表示为

$$z_p=\max\left\{\frac{\sqrt{\frac{\Phi_p}{\lambda}}-\Phi_p}{\beta},0\right\} \quad (p=1,\cdots,2N-1). \tag{8.84}$$

式(8.48)的解可由式(8.84)的解得到,即用 $\lambda\rho$ 代替 $\sqrt{1/\lambda}$,以确保参数 λ 位于范围[0,1]内,参见式(8.50).

第2部分

周期序列设计方法

9 单个周期序列设计

设$\{x(n)\}_{n=1}^{N}$是所讨论的序列，$\{\tilde{r}(k)\}$表示定义于式(1.16)的周期自相关函数. 在大多数应用中，序列的元素需满足一定的约束条件. 例如，可能要求它们是二相或多相序列，或者至少是单模的(即恒模). 为了一般性，在理论分析中没有采用这样的假设，仅简单地设$x(n)\in\mathbb{C}$ $(n=1,\cdots,N)$，以避免限制后续结果的有效性.

具有冲激周期相关函数的序列有很多应用，特别是在脉冲压缩雷达和无线通信中应用最为广泛(Levanon，Mozeson 2004；Freedman et al. 1995；Stoica et al. 2009a；Ling et al. 2010；Torii et al. 2004). 可以通过最小化一些准则来设计这种序列，这些准则以不同的方式表示实际和期望周期相关性之间的距离. 为了描述这些准则，假设$\tilde{r}(0)$固定(即$\tilde{r}(0)$为常数，例如，对于上述恒模序列，$|x(n)|=1$以及$\tilde{r}(0)=N$). 另外，令$\boldsymbol{X}$表示如下的$N\times N$右循环矩阵：

$$\boldsymbol{X}=\begin{bmatrix} x(1) & x(2) & \cdots & x(N-1) & x(N) \\ x(N) & x(1) & \cdots & x(N-2) & x(N-1) \\ \vdots & & & & \vdots \\ x(2) & x(3) & \cdots & x(N) & x(1) \end{bmatrix}, \tag{9.1}$$

利用$\boldsymbol{X}$可以得到该序列的相关矩阵如下：

$$\begin{bmatrix} \tilde{r}(0) & \tilde{r}(1) & \cdots & \tilde{r}(N-1) \\ \tilde{r}^*(1) & \tilde{r}(0) & \cdots & \tilde{r}(N-2) \\ \vdots & \ddots & \ddots & \vdots \\ \tilde{r}^*(N-1) & \cdots & \tilde{r}^*(1) & \tilde{r}(0) \end{bmatrix}=\boldsymbol{X}\boldsymbol{X}^{\mathrm{H}}. \tag{9.2}$$

结合式(9.2)，可通过最小化如下准则来设计具有冲激周期相关函数的期望序列：

$$C_1=\|\boldsymbol{X}\boldsymbol{X}^{\mathrm{H}}-\tilde{r}(0)\boldsymbol{I}_N\|^2. \tag{9.3}$$

很容易从式(9.2)得到：

$$C_1=\sum_{k=-(N-1)}^{N-1}(N-|k|)\,|\tilde{r}(k)|^2=2\sum_{k=1}^{N-1}(N-k)\,|\tilde{r}(k)|^2. \tag{9.4}$$

以上C_1的表达式表明，相比于较大的相关延迟，该准则更加关注较小的相关延迟(例如，式(9.4)中$|\tilde{r}(1)|^2$的权重是$N-1$，而$|\tilde{r}(N-1)|^2$的权重为1).

利用上述观察可以得到另一个可能看起来更自然的准则，其中待最小化的所有相关延迟的权重相同：

$$C_2=N\sum_{k=1}^{N-1}|\tilde{r}(k)|^2. \tag{9.5}$$

与式(9.3)相比，式(9.5)的因子N使该式更简洁.

和C_1和C_2类似的准则已经用于设计具有类冲激非周期相关的恒模序列(如式(3.2)和

式(3.41)中用于序列集设计的准则).正如所预料的,对于非周期相关,分别将 C_1 和 C_2 最小化所得序列的相关性非常不同.然而,对于周期相关,这两个准则实际上是相同的,可以证明如下:

$$\begin{aligned} C_1 &= \sum_{k=1}^{N-1}(N-k)\mid\tilde{r}(k)\mid^2+\sum_{k=(N-1)}^{1}k\mid\tilde{r}(N-k)\mid^2 \\ &= \sum_{k=1}^{N-1}\left[(N-k)\mid\tilde{r}(k)\mid^2+k\mid\tilde{r}^*(k)\mid^2\right] \\ &= \sum_{k=1}^{N-1}N\mid\tilde{r}(k)\mid^2=C_2. \end{aligned} \tag{9.6}$$

上式利用了 $\tilde{r}(k)$ 的周期性和对称性,即

$$\tilde{r}(N-k)=\tilde{r}(-k)=\tilde{r}^*(-k).$$

下一节将从频域证明 C_1 和 C_2 的等价性.这样处理会得到另外两个准则,记为 C_3 和 C_4.从优化复杂度的角度来看,C_3 和 C_4 要比 C_1 和 C_2 更为简单.

9.1 设计准则

设 $\boldsymbol{F}$ 表示 $N\times N$ 的(逆)DFT 矩阵,其第 (k,p) 个元素为

$$[F]_{kp}=\frac{1}{\sqrt{N}}\mathrm{e}^{\mathrm{j}2\pi kp/N}\quad(k,p=1,\cdots,N). \tag{9.7}$$

令

$$X_p=\sum_{N=1}^{N}x(n)\mathrm{e}^{-\mathrm{j}\frac{2\pi}{N}p_n}\quad(p=1,\cdots,N) \tag{9.8}$$

表示序列 $\{x(n)\}$ 的离散傅里叶变换.那么由此可知:

$$\boldsymbol{X}=\boldsymbol{F}^{\mathrm{H}}\boldsymbol{D}\boldsymbol{F}. \tag{9.9}$$

其中,

$$\boldsymbol{D}=\begin{bmatrix} X_1 & & \boldsymbol{0} \\ & \ddots & \\ \boldsymbol{0} & & X_N \end{bmatrix}. \tag{9.10}$$

出于完整性考虑以及便于读者理解,附录 9 提供了式(9.9)的一个简单证明.

结合式(9.9)及利用 $\boldsymbol{F}$ 为幺正矩阵的性质(即 $\boldsymbol{F}^{\mathrm{H}}\boldsymbol{F}=\boldsymbol{I}$),$C_1$ 可重新表示为

$$\begin{aligned} C_1 &= \|\boldsymbol{X}\boldsymbol{X}^{\mathrm{H}}-\tilde{r}(0)\boldsymbol{I}\|^2 \\ &= \|\boldsymbol{D}\boldsymbol{D}^{\mathrm{H}}-\tilde{r}(0)\boldsymbol{I}\|^2 \\ &= \sum_{p=1}^{N}\left[\mid X_p\mid^2-\tilde{r}(0)\right]^2. \end{aligned} \tag{9.11}$$

关于 C_2,由式(9.2)和式(9.9)可得

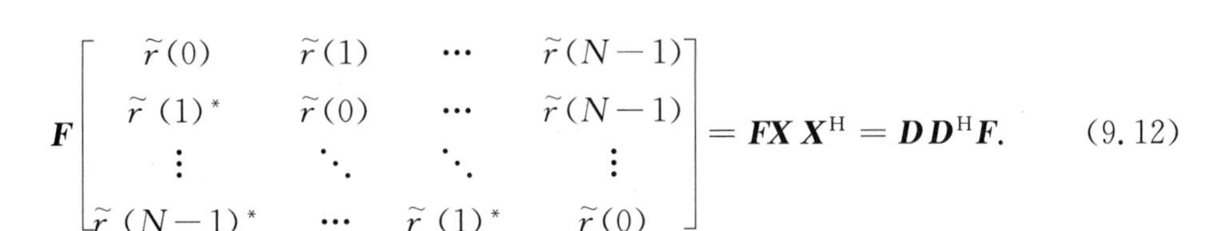

$$F\begin{bmatrix} \tilde{r}(0) & \tilde{r}(1) & \cdots & \tilde{r}(N-1) \\ \tilde{r}(1)^* & \tilde{r}(0) & \cdots & \tilde{r}(N-1) \\ \vdots & \ddots & \ddots & \vdots \\ \tilde{r}(N-1)^* & \cdots & \tilde{r}(1)^* & \tilde{r}(0) \end{bmatrix} = \boldsymbol{F}\boldsymbol{X}\boldsymbol{X}^{\mathrm{H}} = \boldsymbol{D}\boldsymbol{D}^{\mathrm{H}}\boldsymbol{F}. \tag{9.12}$$

由此可得

$$\boldsymbol{F}\begin{bmatrix} \tilde{r}(0) \\ \tilde{r}(1)^* \\ \vdots \\ \tilde{r}(N-1)^* \end{bmatrix} = \frac{1}{\sqrt{N}}\begin{bmatrix} |X_1|^2 e^{j\frac{2\pi}{N}} \\ \vdots \\ |X_N|^2 e^{j\frac{2\pi}{N}N} \end{bmatrix}. \tag{9.13}$$

由式(9.13)可得 C_2 的表达式如下：

$$C_2 = N\sum_{k=1}^{N-1}\left|\tilde{r}(k)\right|^2 = N\left(\left\|\boldsymbol{F}\begin{bmatrix} \tilde{r}(0) \\ \vdots \\ \tilde{r}(N-1)^* \end{bmatrix}\right\|^2 - \tilde{r}(0)^2\right)$$

$$= \sum_{p=1}^{N}\left[|X_p|^4 - \tilde{r}(0)^2\right]. \tag{9.14}$$

对比式(9.11)和式(9.14)，可以看到 $C_1 = C_2$ 当且仅当：

$$-2\tilde{r}(0)\sum_{p=1}^{N}|X_p|^2 + N\tilde{r}(0)^2 = -N\tilde{r}(0)^2. \tag{9.15}$$

也即下式：

$$\tilde{r}(0) = \frac{1}{N}\sum_{p=1}^{N}|X_p|^2. \tag{9.16}$$

式(9.16)是一个 Parseval 型等式，很容易从下式得出：

$$\boldsymbol{F}^{\mathrm{H}}\begin{bmatrix} x(1) \\ \vdots \\ x(N) \end{bmatrix} = \frac{1}{\sqrt{N}}\begin{bmatrix} X_1 \\ \vdots \\ X_N \end{bmatrix}. \tag{9.17}$$

基于上述观察，可从频域证明下面的等式成立：

$$C_1 = C_2. \tag{9.18}$$

定义于式(9.3)的准则 C_1 是序列元素的四次函数. 下述准则与 C_1 有一定关联，但因为是关于未知变量的二次函数故而更简单：

$$C_3 = \|\boldsymbol{X} - \sqrt{\tilde{r}(0)}\boldsymbol{U}\|^2, \tag{9.19}$$

其中，$\boldsymbol{U}$ 为 $N\times N$ 的幺正矩阵，$\boldsymbol{U}^{\mathrm{H}}\boldsymbol{U} = \boldsymbol{U}\boldsymbol{U}^{\mathrm{H}} = \boldsymbol{I}$. 准则 C_3 与 C_1 有关是指如果 C_3 取值很小，则 C_1 取值亦很小，反之亦然；特别地，$C_3 = 0$ 当且仅当 $C_1 = 0$. 因此，另一种序列设计的方法是以最小化 C_3（以 $\{x(n)\}$ 和 $\boldsymbol{U}$ 为优化变量）来代替最小化 C_1.

类似地，从式(9.11)出发可得如下相关但在频域表示更为简单的准则：

$$C_4 = \sum_{p=1}^{N}\left|X_p - \sqrt{\tilde{r}(0)}e^{j\psi_p}\right|^2. \tag{9.20}$$

其中，$\{\psi_p\}$ 为辅助变量(类似于式(9.19)中的矩阵 $\boldsymbol{U}$).

可以看到准则 C_3 和 C_4 以不同的形式与 C_1 发生关联，但两者是等价的，具体解释如下：

利用式(9.9)可将 C_3 重新表示为

$$C_3 = \| \boldsymbol{D} - \sqrt{\tilde{r}(0)}\boldsymbol{V} \|^2. \tag{9.21}$$

其中，$\boldsymbol{V} = \boldsymbol{F}\boldsymbol{U}\boldsymbol{F}^{\mathrm{H}}$ 为 $N \times N$ 的辅助幺正矩阵. 由于 $\boldsymbol{D}$ 为对角阵，可以看到使目标函数最小的幺正矩阵 $\boldsymbol{V}$ 也是对角阵. 为了说明该种情况，注意到 $\boldsymbol{D}$ 的左右奇异矢量构成的矩阵是对角阵，且主对角线上元素为单位模. 根据附录 3 中的结果，使目标函数最小的矩阵 $\boldsymbol{V}$ 定会具有如下形式：

$$\boldsymbol{V} = \begin{bmatrix} \mathrm{e}^{\mathrm{j}\psi_1} & & \boldsymbol{0} \\ & \ddots & \\ \boldsymbol{0} & & \mathrm{e}^{\mathrm{j}\psi_N} \end{bmatrix}. \tag{9.22}$$

将式(9.22)代入式(9.21)并经过简单计算可得准则 C_4，可采用下式非正式地表述：

$$\min_{\{V_{kp}(k \neq p)\}} C_3 = C_4. \tag{9.23}$$

基于以上表述，可得 C_3 和 C_4 等价.

9.2 周期 CAN(PeCAN)算法

如果严格约束序列为二相或多相序列，由于序列相位取值集合很小，以致难以构造完美序列($C_1 = C_2 = C_3 = C_4 = 0$，也称为恒模零自相关(CAZAC)序列(Benedetto et al. 2009; Torii et al. 2004)). 在这种情况下，最小化 C_1 或 C_2 可能是设计最优序列的唯一方法. 另一方面，也可以考虑最小化准则 C_3 或 C_4(与 C_1 或 C_2 存在关联但更简单)来设计一个准最优序列(需要注意的是，使 C_3 或 C_4 最小的序列不一定与使 C_1 或 C_2 最小的序列相同). 为了计算方便，建议采用准则 C_4. 如果通过最小化 C_4 所得的序列性能不佳，那么建议直接最小化 C_1 或 C_2(但难度更大).

另一方面，如果稍微放宽对多相序列的约束，即序列的相位集合较大或者为恒模序列，那么对于任何长度 N，均存在完美序列(Levanon，Mozeson 2004；Torii et al. 2004). 此外，可以采用解析方法(包括闭式解)系统构造这种完美序列. 然而，即使在这种情况下，通过最小化上述准则之一(在这种情况下，所有这些准则都可以优化至零)设计完美序列对于工作在对抗环境中的雷达和无线通信系统具有重要意义(例如隐蔽水下通信，见第 19 章). 事实上，在上述应用中，不仅要使用完美序列来减轻多径干扰，也要采用一个难以被敌人截获的序列. 闭式解或由其他解析方法构造的完美序列只依赖少量参数(如序列长度、可能的符号变化或相移)，因此很容易被猜到. 相比之下，通过最小化上述准则生成的完美序列(见接下来要描述的算法)取决于开始搜索时使用的初始序列，而使用随机初始化所得的序列彼此互不相关；此外，用于初始化的随机序列未知数很多(在二进制情况下为 2^N 个，在恒模情况下为无穷个)，使得对方即使在已知序列长度和生成算法的情况下，也无法精确猜到序列. 基于上一段所提到的类似原因，在这种情况下建议采用 C_4 进行序列设计. 事实上，可以通过下述算法高效地优化 C_4. 其他准则却缺乏同样有效的最优化算法.

式(9.20)中的准则 C_4 可表示为

$$C_4=\left\|\boldsymbol{F}^{\mathrm{H}}\begin{bmatrix}x(1)\\ \vdots\\ x(N)\end{bmatrix}-\begin{bmatrix}\sqrt{\tilde{r}_0}\,\mathrm{e}^{\mathrm{j}\psi_1}\\ \vdots\\ \sqrt{\tilde{r}_0}\,\mathrm{e}^{\mathrm{j}\psi_N}\end{bmatrix}\right\|^2=\left\|\begin{bmatrix}x(1)\\ \vdots\\ x(N)\end{bmatrix}-\boldsymbol{F}\begin{bmatrix}\sqrt{\tilde{r}_0}\,\mathrm{e}^{\mathrm{j}\psi_1}\\ \vdots\\ \sqrt{\tilde{r}_0}\,\mathrm{e}^{\mathrm{j}\psi_N}\end{bmatrix}\right\|^2, \tag{9.24}$$

最小化 C_4 的算法称为 PeCAN 算法(周期 CAN 算法)，如表 9.1 所示. 需要注意的是，PeCAN 算法与第 2 章中用于最小化非周期相关旁瓣的 CAN 算法是相似的. 由于其 FFT 运算优势，PeCAN 算法的计算效率高，即使序列长度 N 达到 10^6 时也可在普通个人电脑上运行.

表 9.1　PeCAN 算法

步骤 0	生成 N 个在 $[0,2\pi]$ 内均匀分布的独立随机变量，作为初始恒模序列 $\{x(n)\}_{n=1}^{N}$ 的相位
步骤 1	固定 $\{x(n)\}$，计算其 FFT，即 $\{X_p\}_{p=1}^{N}$，关于 $\{\psi_p\}_{p=1}^{N}$ 最小化 C_4. $\{\psi_p\}$ 的最优解为 $$\psi_p=\arg(X_p)\quad(p=1,\cdots,N) \tag{9.25}$$
步骤 2	固定 $\{\psi_p\}$，计算 $\{\mathrm{e}^{\mathrm{j}\psi_p}\}$ 的 IFFT，设为 z_p，关于 $\{x(n)\}(\lvert x(n)\rvert=1)$ 最小化 C_4. $\{x(n)\}$ 的最优解为 $$x(n)=\mathrm{e}^{\mathrm{j}\arg(z_n)}\quad(n=1,\cdots,N) \tag{9.26}$$
循环迭代	重复步骤 1 和步骤 2 直到满足一个预定的终止门限

9.3　数 值 仿 真

考虑设计长度为 $N=256$ 的恒模序列($\lvert x(n)\rvert=1$). 采用 200 次不同的随机初始化序列运行 PeCAN 算法. 在所获得的 200 个恒模序列中，保留其中积分旁瓣电平(即 $\sum_{k=1}^{N-1}\lvert\tilde{r}(k)\rvert$) 最低的 50 个序列. 这 50 个序列的归一化周期相关旁瓣(单位为 dB)为

$$20\lg\frac{\lvert\tilde{r}(k)\rvert}{N}\quad(k=-255,\cdots,255). \tag{9.27}$$

采用叠加方式将周期相关函数绘制于图 9.1(a). 图中周期相关旁瓣(对应于时延 $k\neq0$)的值大约为 -200 dB，即 10^{-10}，在实际中可以视为 0. 用于初始化的随机序列相关旁瓣如图 9.1(b)所示，容易看到随机序列的相关旁瓣要比图 9.1(a)高得多. 对图 9.1(a)中的 50 个完美序列的归一化周期互相关计算如下：

$$\frac{1}{N}\sum_{n=1}^{N}x_{m_1}(n)x_{m_2}^{*}[(n-k)\bmod N]\quad(k=0,\cdots,255;m_1,m_2=1,\cdots,50;m_1\neq m_2), \tag{9.28}$$

其中，$\{x_m(n)\}_{n=1}^{N}$ 表示第 m 个完美序列. 对于 k,m_1,m_2，式(9.28)的绝对值位于区间 $[2.36\times10^{-5},0.24]$ 之内(中值为 0.025)，这意味着采用随机序列初始化 PeCAN 算法得到的完

美序列之间几乎不相关.

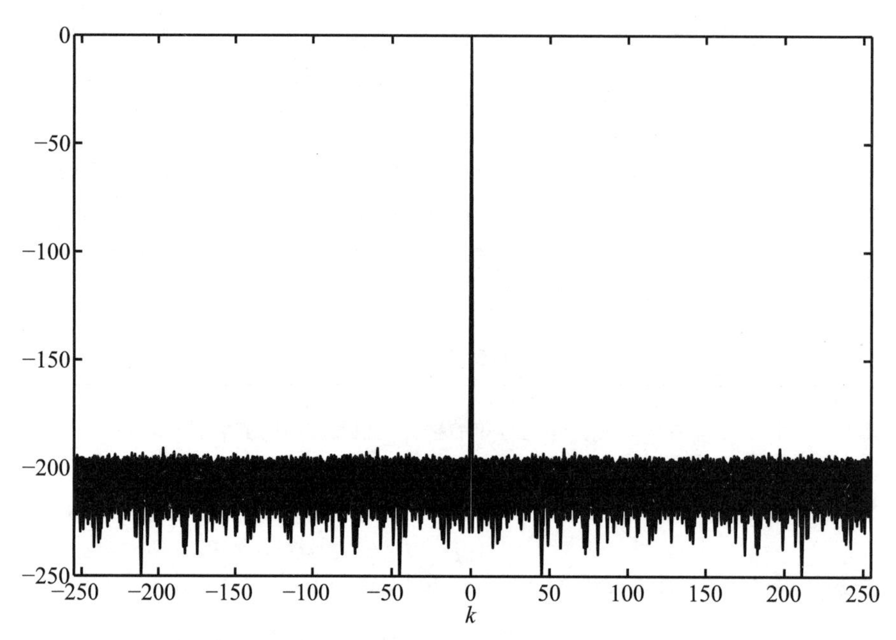

(a) 采用随机序列初始化PeCAN算法生成的50个完美序列(其中序列长度为256)

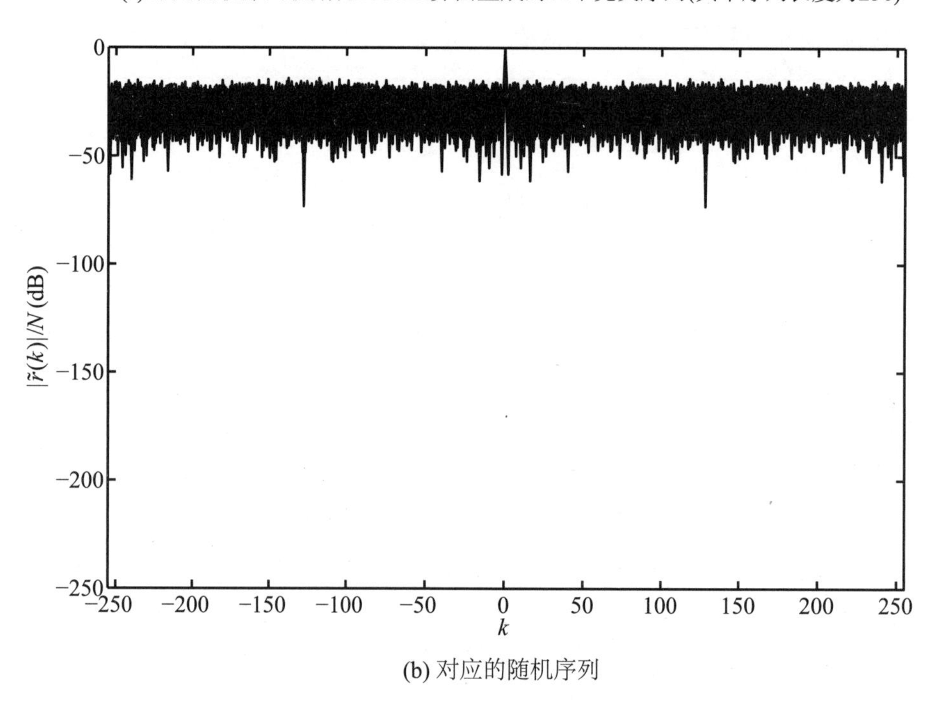

(b) 对应的随机序列

图 9.1　叠加的归一化周期自相关旁瓣

9.4 本章小结

本章研究了若干个可用于设计完美序列或 CAZAC 序列(即周期相关旁瓣为零的序列)的准则,并提出了 PeCAN 算法来优化一个相对容易处理的准则. 在恒模约束下,PeCAN 算法可以高效地设计完美序列. 此外,PeCAN 算法利用随机序列进行初始化,可以生成许多长度相等但互不相同的完美序列.

附录 若干证明

此处对式(9.9)进行证明。

设 $\boldsymbol{J}$ 为 $N\times N$ 移位矩阵:

$$\boldsymbol{J}=\begin{bmatrix}\mathbf{0} & \boldsymbol{I}_{N-1}\\ 1 & \mathbf{0}\end{bmatrix}. \tag{9.29}$$

那么可以得到:

$$\boldsymbol{J}^{\mathrm{T}}\begin{bmatrix}x(1)\\ \vdots\\ x(N-1)\\ x(N)\end{bmatrix}=\begin{bmatrix}x(N)\\ x(1)\\ \vdots\\ x(N-1)\end{bmatrix} \tag{9.30}$$

以及 $\boldsymbol{X}$ 的第 k 列可表述为 $\boldsymbol{x}^{\mathrm{T}}\boldsymbol{J}^{k}(\boldsymbol{x}=[x(1)\cdots x(N)]^{\mathrm{T}})$.

令

$$\begin{aligned}\boldsymbol{a}_p &= \boldsymbol{F}^{\mathrm{H}} \text{ 的第 } p \text{ 行}\\ &= [\mathrm{e}^{-\mathrm{j}\frac{2\pi}{N}p} \quad \cdots \quad \mathrm{e}^{-\mathrm{j}\frac{2\pi}{N}Np}]^{\mathrm{T}},\end{aligned} \tag{9.31}$$

那么可以得到如下等价关系:

$$\begin{aligned}\text{式(9.9)}&\Leftrightarrow \boldsymbol{X}\boldsymbol{F}^{\mathrm{H}}=\boldsymbol{F}^{\mathrm{H}}\boldsymbol{D}\Leftrightarrow \boldsymbol{X}\boldsymbol{a}_p=\boldsymbol{a}_pX_p\\ &\Leftrightarrow \boldsymbol{x}^{\mathrm{T}}\boldsymbol{J}^{k}\boldsymbol{a}_p=\mathrm{e}^{-\mathrm{j}\frac{2\pi}{N}kp}X_p \quad (p,k=1,\cdots,N).\end{aligned} \tag{9.32}$$

最后一个等式对于 $k=N$ 明显是成立的. 因此,不妨假设 $k=1,\cdots,N-1$. 为了说明式(9.32)对于后面的情形也是成立的,注意到

$$\mathrm{e}^{-\mathrm{j}\frac{2\pi}{N}kp}\boldsymbol{X}_p=\sum_{s=1}^{N}x_s\mathrm{e}^{-\mathrm{j}\frac{2\pi}{N}p(s+k)}$$

$$= \boldsymbol{x}^{\mathrm{T}} \begin{bmatrix} \mathrm{e}^{-\mathrm{j}\frac{2\pi}{N}p(k+1)} \\ \vdots \\ \mathrm{e}^{-\mathrm{j}\frac{2\pi}{N}pN} \\ \mathrm{e}^{-\mathrm{j}\frac{2\pi}{N}p(N+1)} \\ \vdots \\ \mathrm{e}^{-\mathrm{j}\frac{2\pi}{N}p(N+k)} \end{bmatrix} = \boldsymbol{x}^{\mathrm{T}} \begin{bmatrix} \mathrm{e}^{-\mathrm{j}\frac{2\pi}{N}p(k+1)} \\ \vdots \\ \mathrm{e}^{-\mathrm{j}\frac{2\pi}{N}pN} \\ \mathrm{e}^{-\mathrm{j}\frac{2\pi}{N}p} \\ \vdots \\ \mathrm{e}^{-\mathrm{j}\frac{2\pi}{N}pk} \end{bmatrix} = \boldsymbol{x}^{\mathrm{T}} \boldsymbol{J}^{k} \boldsymbol{a}_{p} \quad (k = 1, \cdots, N-1). \tag{9.33}$$

由此证明了式(9.32)及式(9.9).

10 周期序列集合设计

设$\{x_m(n)\}(m=1,\cdots,M;n=1,\cdots,N)$表示包含$M$个序列的集合，每个序列的长度为$N$. 序列集的每一个元素均为单位模复数，即$|x_m(n)|=1$. 在时延$k$，第$m_1$个和第$m_2$个序列之间的周期互相关函数可定义为

$$\begin{aligned}\widetilde{r}_{m_1m_2}(k)&=\sum_{n=1}^{N}x_{m_1}(n)x_{m_2}^*[(n-k)\bmod N]\\&=\widetilde{r}_{m_2m_1}^*(-k)=\widetilde{r}_{m_2m_1}^*(N-k)\quad(m_1,m_2=1,\cdots,M;k=0,\cdots,N-1),\end{aligned}\tag{10.1}$$

当$m_1=m_2$时，上述相关函数为自相关函数.

许多领域都要用到具有低自相关和互相关特性的序列集. 对于雷达距离压缩，低自相关性能够提高弱目标的检测性能(Stimson 1998)；在CDMA系统中，低自相关有助于同步，低互相关降低了来自其他用户的干扰(Suehiro 1994)；这种情形在其他应用中也是类似的，如超声成像(Diaz et al. 1999).

自20世纪50年代研究m序列以来，已先后提出了很多相关特性良好的序列族，例如Gold序列(Gold 1967)、Kasami序列(Kasami 1966)和其他类型序列(Sarwate，Pursley 1980；Kumar，Moreno 1991；Fan，Darnell 1997；Han，Yang 2009). 以上序列集中，有些能渐近地达到Welch界，即周期相关性的理论下界(参见Welch(1974)和本书第11章). 注意到Tang等(2000)将Welch界扩展到相关旁瓣在一定延迟范围内可以归零的情况(此后的相关旁瓣指自相关旁瓣和所有互相关旁瓣)，具有此特性的序列被称为零相关区(ZCZ)序列(Fan et al. 1999；Torii et al. 2004；Fan，Mow 2004；Tang，Mow 2008).

本章提出了两种循环优化算法用于设计周期相关性较低的恒模序列集. 第一种算法可以用来生成在指定时延区间内相关旁瓣几乎为零的序列集，所设计的序列集本质上是ZCZ序列集. 第二个算法的目标是在所有时延中获得良好的相关性，该算法基于FFT，可以高效地生成包含很多序列的集合. 与现有的序列集构造方法(本质上是采用确定性代数方法构造)不同，本章所提的算法采用随机序列进行初始化，然后迭代优化相应准则. 以这种方式可以生成许多不同的相关特性良好的序列集. 这些随机分布的序列可广泛地应用于诸多领域，如隐蔽水声通信(见第19章)，在雷达系统中用于对抗相干转发式干扰(Skolnik 2008；Deng 2004)等.

10.1 Multi-PeCAO 算法

设 $\boldsymbol{X}_m$ 表示第 m 个序列的右循环矩阵：

$$\boldsymbol{X}_m=\begin{bmatrix} x_m(1) & x_m(2)\cdots & x_m(N) \\ x_m(N) & x_m(1)\cdots & x_m(N-1) \\ \vdots & & \vdots \\ x_m(N-P+2) & \cdots & x_m(N-P+1) \end{bmatrix}_{P\times N}. \tag{10.2}$$

其中，$P-1$ 为所关注的最大延迟（见下面的式(10.5)）. 易知，$\boldsymbol{X}_m$ 的每一行都是序列 $\{x_m(n)\}_{n=1}^{N}$ 的循环移位，且 $\boldsymbol{X}_m$ 有 P 行（$0<P\leqslant N$）. 将所有的 $\{\boldsymbol{X}_m\}$ 堆叠在一起可得：

$$\boldsymbol{X}=\begin{bmatrix} \boldsymbol{X}_1 \\ \vdots \\ \boldsymbol{X}_M \end{bmatrix}_{MP\times N}. \tag{10.3}$$

且注意到

$$\boldsymbol{X}\boldsymbol{X}^{\mathrm{H}}=\begin{bmatrix} \boldsymbol{R}_{11} & \boldsymbol{R}_{12} & \cdots & \boldsymbol{R}_{1M} \\ \boldsymbol{R}_{21} & \boldsymbol{R}_{22} & \cdots & \boldsymbol{R}_{2M} \\ \vdots & & & \vdots \\ \boldsymbol{R}_{M1} & \boldsymbol{R}_{M2} & \cdots & \boldsymbol{R}_{MM} \end{bmatrix}_{MP\times MP}, \tag{10.4}$$

其中，

$$\boldsymbol{R}_{m_1m_2}=\begin{bmatrix} \tilde{r}_{m_1m_2}(0) & \tilde{r}_{m_1m_2}(1) & \cdots & \tilde{r}_{m_1m_2}(P-1) \\ \tilde{r}_{m_1m_2}(-1) & \ddots & \ddots & \vdots \\ \vdots & & & \tilde{r}_{m_1m_2}(1) \\ \tilde{r}_{m_1m_2}(-P+1) & \cdots & & \tilde{r}_{m_1m_2}(0) \end{bmatrix}, \tag{10.5}$$

可以看到 $\tilde{r}_{m_1m_2}(k)(k=-P+1,\cdots,P-1)$ 在上述 Toeplitz 矩阵中共出现 $P-|k|$ 次，因此其中更为关注相关函数在小的时延处的取值. 由于式(10.4)中 $MP\times MP$ 矩阵的所有对角元素都等于 N（即同相自相关的值），因此通过最小化如下准则，能够使得在所考虑的 P 个时延内互相关和异相自相关最小化：

$$C_P=\left\|\boldsymbol{X}\boldsymbol{X}^{\mathrm{H}}-N\boldsymbol{I}_{MP}\right\|^2. \tag{10.6}$$

通过分析准则 C_p 表明，仅在 $P\leqslant N/M$ 时方有可能使 C_P 的最小值为零. 事实上，如果 $MP>N$，那么式(10.3)中 $\boldsymbol{X}$ 将会是“高”矩阵，由此 $\boldsymbol{X}\boldsymbol{X}^{\mathrm{H}}$ 的秩最大为 N. 在这种情况下，无论选择什么序列，$\boldsymbol{X}\boldsymbol{X}^{\mathrm{H}}$ 的秩总是小于 $\boldsymbol{I}_{MP}$ 的秩，因此无法使 C_P 为零. 值得注意的是，条件 $P\leqslant N/M$ 与文献(Tang et al. 2000)中的理论界一致.

当 $P\leqslant N/M$ 时，易知如果 $\boldsymbol{X}$ 是半幺正矩阵，C_P 为零. 因此，考虑如下最小化问题来取代直接最小化 C_P：

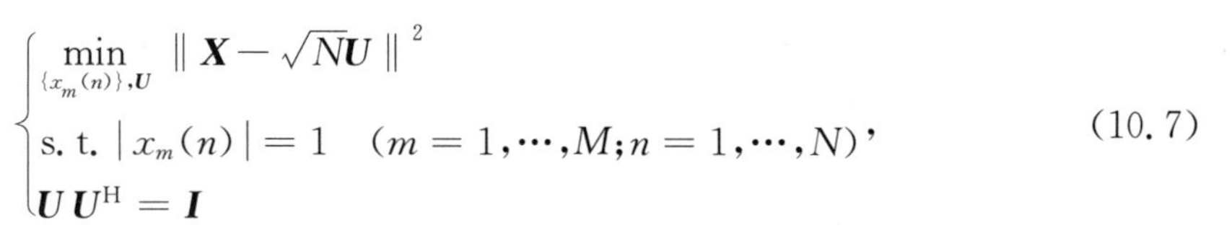

$$\begin{cases}\min\limits_{\{x_m(n)\},\boldsymbol{U}} \|\boldsymbol{X}-\sqrt{N}\boldsymbol{U}\|^2 \\ \text{s. t. } |x_m(n)|=1 \quad (m=1,\cdots,M;n=1,\cdots,N)' \\ \boldsymbol{U}\boldsymbol{U}^{\mathrm{H}}=\boldsymbol{I}\end{cases} \tag{10.7}$$

其中，$MP\times N$ 的半幺正矩阵 $\boldsymbol{U}$ 为辅助变量.

可通过如下循环优化算法最小化准则(10.7). 首先，用一个随机生成的恒模序列集初始化矩阵 $\boldsymbol{X}$. 随后进行迭代，先固定 $\boldsymbol{X}$ 优化 $\boldsymbol{U}$，再固定 $\boldsymbol{U}$ 优化 $\boldsymbol{X}$，直至满足一个给定的迭代终止门限. 迭代过程中，$\boldsymbol{X}$ 和 $\boldsymbol{U}$ 的更新具有闭式解，可由 3.3 节 Multi-CAO 算法推导得到，将所得算法称为 Multi-PeCAO 算法，如表 10.1 所示.

表 10.1 Multi-PeCAO 算法

步骤 0	设定矩阵 $\boldsymbol{X}$ 的初始值
步骤 1	给定 $\{x_m(n)\}$(即 $\boldsymbol{X}$)，采用下式计算 $\boldsymbol{U}$： $$\boldsymbol{U}=\boldsymbol{U}_1\boldsymbol{U}_2^{\mathrm{H}}, \tag{10.8}$$ 其中，$\boldsymbol{U}_1$ 和 $\boldsymbol{U}_2$ 为由 $\boldsymbol{X}$ 的奇异值分解得到的幺正矩阵，即 $\boldsymbol{X}=\boldsymbol{U}_1\boldsymbol{S}\boldsymbol{U}_2^{\mathrm{H}}$
步骤 2	给定 $\boldsymbol{U}$，采用下式计算 $\{x_m(n)\}$： $$x=\exp\left[\mathrm{j}\arg\left(\sum_{k=1}^{P}\mu_k\right)\right] \tag{10.9}$$ 其中，x 表示 $\{x_m(n)\}$ 的任一元素，$\{\mu_k\}_{k=1}^{P}$ 为 $\boldsymbol{U}$ 的 P 个元素，其位置与 $\boldsymbol{X}$ 中 x 的位置相同(注意到 $\{x_m(n)\}$ 的各个元素在 $\boldsymbol{X}$ 中出现 P 次)
循环迭代	重复步骤 1 和步骤 2 直到满足一个预定的终止门限

10.2 Multi-PeCAN 算法

当 $P=N$ 时，尽管无法使 $\boldsymbol{X}\boldsymbol{X}^{\mathrm{H}}$ 的所有非对角线元素为零，然而至少可以试着让它们变小，且无需像在某些应用中那样强调特定的时延. 具体来说，考虑最小化式(10.6)中的准则，且用 N 代替 P：

$$C_N=\|\boldsymbol{X}\boldsymbol{X}^{\mathrm{H}}-N\boldsymbol{I}_{MN}\|^2. \tag{10.10}$$

注意到本节中式(10.2)矩阵 $\boldsymbol{X}_m$ 维度为 $N\times N$，$\boldsymbol{X}$ 的维度为 $MN\times N$，因此 $\boldsymbol{X}\boldsymbol{X}^{\mathrm{H}}$ 包含了周期相关函数在所有时延的取值. 利用周期相关性的周期性，即 $\tilde{r}_{ks}(-k)=\tilde{r}_{ks}(-k+N)$(见式(10.1))，不难发现各个 $\tilde{r}_{ks}(l)$ 在矩阵 $\boldsymbol{X}\boldsymbol{X}^{\mathrm{H}}$ 出现 N 次，可得

$$C_N=N\widetilde{ISL}. \tag{10.11}$$

其中，$\widetilde{\mathrm{ISL}}$ 定义于式(11.2)，也用于 10.3 节.

众所周知，右循环矩阵可以利用 DFT 矩阵进行对角化(见附录 9)：

$$\boldsymbol{X}_m=\boldsymbol{F}^{\mathrm{H}}\boldsymbol{D}_m\boldsymbol{F} \tag{10.12}$$

其中，

$$\begin{cases} [\boldsymbol{F}]_{knl} = \dfrac{1}{\sqrt{N}} \mathrm{e}^{\mathrm{j}\frac{2\pi}{N}(k-1)(l-1)} \quad (k,l=1,\cdots,N) \\ \boldsymbol{D}_m = \begin{bmatrix} y_m(1) & & \boldsymbol{0} \\ & \ddots & \\ \boldsymbol{0} & & y_m(N) \end{bmatrix} \\ y_m(k) = \displaystyle\sum_{n=1}^{N} x_m(n) \mathrm{e}^{-\mathrm{j}\frac{2\pi}{N}(k-1)(n-1)} \quad (k=1,\cdots,N) \end{cases}, \tag{10.13}$$

为简化符号说明，定义

$$\widetilde{\boldsymbol{F}} = \begin{bmatrix} \boldsymbol{F} & \cdots & \boldsymbol{0} \\ \vdots & \vdots & \vdots \\ \boldsymbol{0} & \cdots & \boldsymbol{F} \end{bmatrix}_{MN\times MN}, \quad \boldsymbol{D} = \begin{bmatrix} \boldsymbol{D}_1 \\ \vdots \\ \boldsymbol{D}_M \end{bmatrix}_{MN\times N}, \quad \boldsymbol{y}_p = \begin{bmatrix} y_1(p) \\ \vdots \\ y_M(p) \end{bmatrix}_{M\times 1} \quad (p=1,\cdots,N). \tag{10.14}$$

则式(10.10)准则 C_N 可表示如下：

$$\begin{aligned} C_N &= \| (\widetilde{\boldsymbol{F}}^{\mathrm{H}} \boldsymbol{D} \boldsymbol{F})(\widetilde{\boldsymbol{F}}^{\mathrm{H}} \boldsymbol{D} \boldsymbol{F})^{\mathrm{H}} - N \boldsymbol{I}_{MN} \|^2 \\ &= \| \widetilde{\boldsymbol{F}}^{\mathrm{H}} \boldsymbol{D} \boldsymbol{D}^{\mathrm{H}} \widetilde{\boldsymbol{F}} - N\boldsymbol{I} \|^2 \\ &= \| \boldsymbol{D} \boldsymbol{D}^{\mathrm{H}} - N\boldsymbol{I} \|^2 \\ &= \sum_{p=1}^{N} \| \boldsymbol{y}_p \boldsymbol{y}_p^{\mathrm{H}} - N \boldsymbol{I}_M \|^2. \end{aligned} \tag{10.15}$$

上式可进一步表示为

$$\begin{aligned} C_N &= \sum_{p=1}^{N} \operatorname{tr}[(\boldsymbol{y}_p \boldsymbol{y}_p^{\mathrm{H}} - N\boldsymbol{I})(\boldsymbol{y}_p \boldsymbol{y}_p^{\mathrm{H}} - N\boldsymbol{I})^{\mathrm{H}}] \\ &= \sum_{p=1}^{N} (\| \boldsymbol{y}_p \|^4 - 2\mathbf{N} \| \boldsymbol{y}_p \|^2 + N^2 M) \\ &= N^2 \sum_{p=1}^{N} \left(\left\| \frac{\boldsymbol{y}_p}{\sqrt{N}} \right\|^2 - 1 \right)^2 + N^3(M-1). \end{aligned} \tag{10.16}$$

类似于式(10.6)和式(10.7)，这里不直接最小化 C_N，而是考虑如下与其关联的最小化问题：

$$\begin{cases} \displaystyle\min_{\{x_m(n)\},\{\boldsymbol{\alpha}_p\}} \sum_{p=1}^{N} \left\| \frac{1}{\sqrt{N}} \boldsymbol{y}_p - \boldsymbol{\alpha}_p \right\|^2 \\ \text{s.t. } |x_m(n)| = 1 \quad (m=1,\cdots,M; n=1,\cdots,N) \\ \| \boldsymbol{\alpha}_p \|^2 = 1 \quad (p=1,\cdots,N; \boldsymbol{\alpha}_p \text{ 为 } M\times 1) \end{cases}, \tag{10.17}$$

其中，$\{\boldsymbol{\alpha}_p\}$ 为辅助矢量.

以上优化问题与式(3.16)中非周期相关最小化问题的结构相同. 因此，Multi-CAN 算法可用于求解式(10.17). 由此得到的算法称为 Multi-PeCAN(Multi-sequence periodic CAN)算法，如表 10.2 所示. 值得注意的是，Multi-PeCAN 算法计算效率很高，能在普通 PC 上设计长度为 $NM\sim 10^5$ 的序列集. 另需注意的是，Multi-PeCAN 算法可视为第 9 章 PeCAN 算法的推广.

表 10.2 Multi-PeCAN 算法

步骤 0	初始化$\{x_m(n)\}$
步骤 1	给定$\{x_m(n)\}$,$\{\boldsymbol{\alpha}_p\}$的最优解为 $$\boldsymbol{\alpha}_p=\frac{\boldsymbol{c}_p}{\parallel\boldsymbol{c}_p\parallel}\quad(p=1,\cdots,N),\qquad(10.18)$$ 其中, $$\boldsymbol{c}_p^{\mathrm{T}}\text{ 是}\boldsymbol{F}^{\mathrm{H}}[\boldsymbol{x}_1\cdots\boldsymbol{x}_M]\text{的第 }p\text{ 行}\qquad(10.19)$$ 且$\boldsymbol{x}_m=[x_m(1)\quad\cdots\quad x_m(N)]^{\mathrm{T}}$
步骤 2	给定$\{\boldsymbol{\alpha}_p\}$,$\{x_m(n)\}$最优解为($m=1,\cdots,M;n=1,\cdots,N$): $$x_m(n)=\exp[\arg(\boldsymbol{F}[\alpha_1\cdots\alpha_N]^{\mathrm{T}}\text{ 的第}(n,m)\text{个元素})]\qquad(10.20)$$
循环迭代	重复步骤 1 和步骤 2 直到满足一个预定的终止门限

10.3 数值仿真

令

$$\widetilde{\boldsymbol{X}}=\begin{bmatrix}x_1(1)&\cdots&x_M(1)\\x_1(2)&\cdots&x_M(2)\\\vdots&&\vdots\\x_1(N)&\cdots&x_M(N)\end{bmatrix}_{N\times M},\quad\boldsymbol{J}=\begin{bmatrix}\boldsymbol{0}&\boldsymbol{I}_{N-1}\\1&\boldsymbol{0}\end{bmatrix}_{N\times N},\tag{10.21}$$

则在时刻 k 时$\{x_m(n)\}_{m,n=1}^{M,N}$的自相关和互相关函数可表示为

$$\boldsymbol{P}(k)\equiv\widetilde{\boldsymbol{X}}^{\mathrm{H}}\boldsymbol{J}^k\widetilde{\boldsymbol{X}}=\begin{bmatrix}\tilde{r}_{11}(k)\cdots\tilde{r}_{M1}(k)\\\vdots\\\tilde{r}_{1M}(k)\cdots\tilde{r}_{MM}(k)\end{bmatrix}=\boldsymbol{P}^{\mathrm{H}}(-k)\quad(k=0,\cdots,N-1;\text{假设}\boldsymbol{J}^0=\boldsymbol{I}_N).\tag{10.22}$$

相应地,在时刻 k 的“相关水平”可定义为

$$\text{周期相关水平}=20\lg\frac{\parallel\boldsymbol{P}(k)-N\boldsymbol{I}_M\delta_k\parallel}{\sqrt{MN^2}}\quad(k=-N+1,\cdots,0,\cdots,N-1).\tag{10.23}$$

当所有序列相互正交时,$\boldsymbol{P}(0)=N\boldsymbol{I}_M$,$\boldsymbol{P}(0)$的 F 范数为上述归一化因子$\sqrt{MN^2}$.

10.3.1 Multi-PeCAO 算法

假设发射机数量为 $M=4$,每个发射序列长度为 $N=512$,主要关注前 $P=60$ 个时延的相关性. 接下来采用 Multi-PeCAO 算法设计这样一组序列. 图 10.1 给出了所生成的序列

集的相关水平，从中可以看到前 P 个时延(即从 0 到 $P-1$)的相关水平低于 -60 dB. C_P取值为 0.23，而对于随机生成的相同维数的恒模序列集，C_P取值一般与 10^3 同阶.

注意到在图 10.1 中，感兴趣区域内的相关性随着时延绝对值增加而上升. 这是意料之中的结果，具体可见式(10.5)之后关于“隐含权重”的讨论.

最小化 C_P的另一种方法是“移位”方法，概述如下. 首先生成一个“完美”序列，其长度为 N，自相关函数在所有时延为零，例如 Frank 序列或 Chu 序列(见第 1 章)(图 10.2). 实际上，给定长度，第 9 章中所讨论的 PeCAN 算法可生成许多不同的完美序列. 以 $\boldsymbol{x}$ 表示这个长度为 N 的完美序列. 那么期望序列集被可构造为 $\mathcal{K}=\{\boldsymbol{x}, T^P(\boldsymbol{x}), \cdots, T^{(M-1)P}(\boldsymbol{x})\}$(假设 $MP \leqslant N$)，其中运算符 $T^k(\boldsymbol{x})$表示将序列 $\boldsymbol{x}$ 向右循环移位 k 个元素(将 $\boldsymbol{x}$ 视为行矢量). 采用这种方法，$\mathcal{K}$ 中的序列在前 P 个时延的相关性可以从 $\boldsymbol{x}$ 的前 MP 个时延的自相关中取值，均为零值. 例如，设 $N=512$，$M=4$ 和 $P=128$. 如果取 $\boldsymbol{x}$ 为 $P4$ 序列，则图 10.2 显示了 $\mathcal{K}$ 中序列集的相关水平. 可以看到感兴趣区域内的相关值(时延小于 P)均为零. 这个结果是以感兴趣区域之外的旁瓣变高为代价(实际上，与同相自相关一样高). 将这种前 N/M 时延相关旁瓣为零的序列集称为最优 ZCZ 序列集(Torii et al. 2004；Tang，Mow 2008)(此处假设N/M为整数).

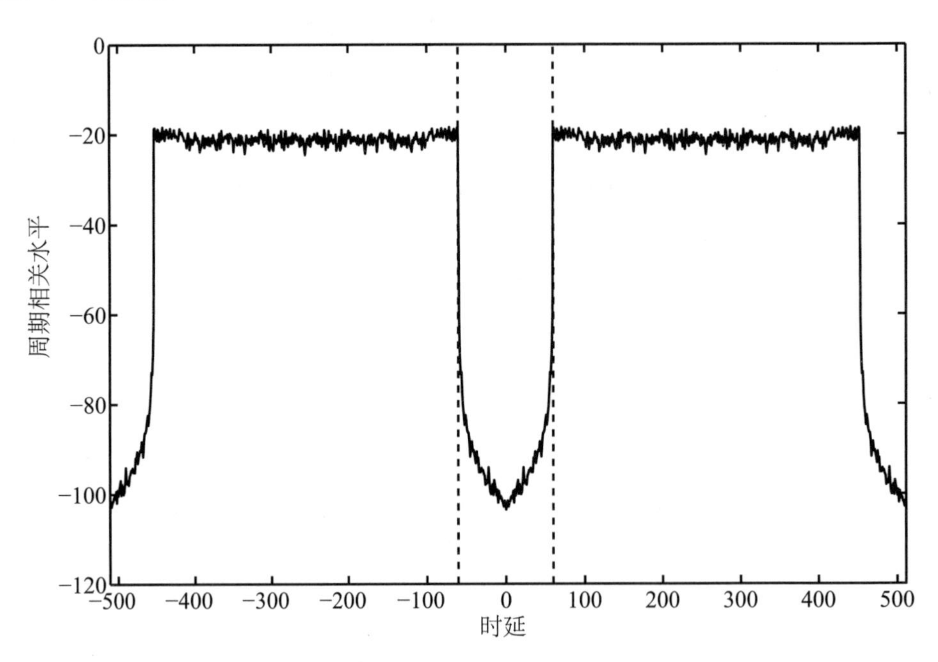

图 10.1 Multi-PeCAO 序列集的周期相关水平($N=512$，$M=4$，优化目标是最小化相关旁瓣在前 60 个时延的值，垂直虚线表示所考虑时延区域的边界)

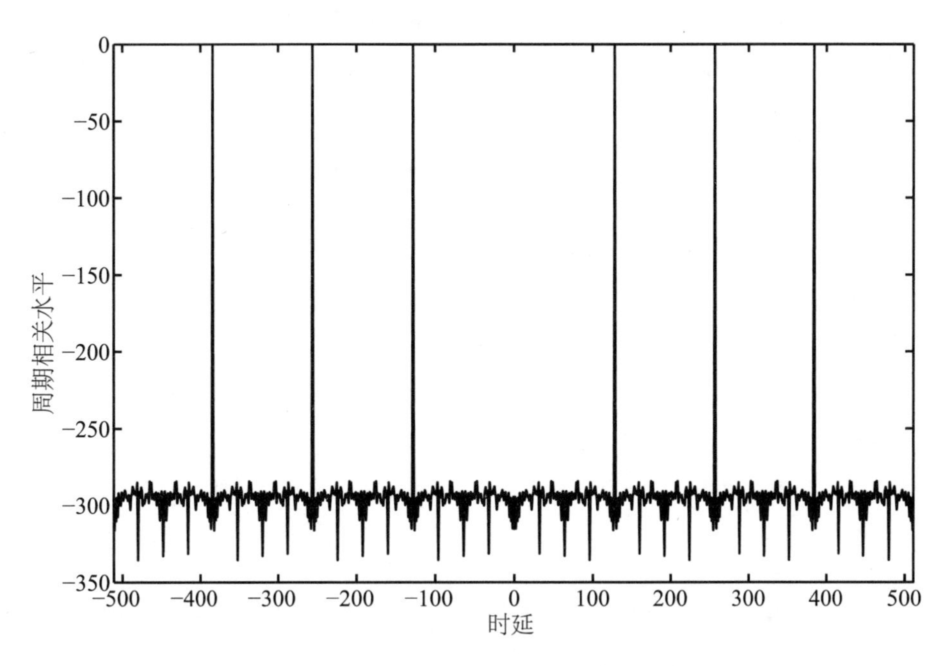

图 10.2 采用“移位”方法生成的最优 ZCZ 序列集的周期相关水平($N=512,M=4$,最优是指 N/M 个时延处相关为零)

10.3.2 Multi-PeCAN 算法

本节采用累积旁瓣电平($\widetilde{\mathrm{ISL}}$)和峰值旁瓣电平($\widetilde{\mathrm{PSL}}$)指标(定义见式(11.2)和式(11.3))来衡量序列的优劣. Welch 界(见第 11 章)指出,对于一个序列集$\{x_m(n)\}_{m,n=1}^{M,N}$,最大相关旁瓣满足如下不等式:

$$\widetilde{PSL} \geqslant B = N\sqrt{\frac{M-1}{NM-1}}. \tag{10.24}$$

其中,保留了波浪号用来表示与周期相关有关的度量. 通常考虑渐近界 $B_{\text{asymp}}=\sqrt{N}$,当$N\gg 1$时,其值接近于 B. 如果一个序列集的$\widetilde{PSL}$渐近地达到 B_{asymp},即$\lim\limits_{N\to\infty}\widetilde{PSL}=\sqrt{N}$,那么将该序列集称为最优序列集. 有趣的是,存在许多最优序列集,如 Kumar 和 Moreno 序列集(1991)或 Han 和 Yang 序列集(2009),此处选择 Kasami 序列集(Kasami 1966)与本章提出的 Multi-PeCAN 序列集进行比较. Kasami 序列集由 m 序列构造而来,包含 $M=\sqrt{N+1}$个长度为 N 的序列,其中对于偶数 k,N 取值限制为 2^k-1(值得注意的是,Multi-PeCAN 算法可以生成任意长度的序列集),且最大相关旁瓣$\widetilde{PSL}$等于 $1+\sqrt{N+1}$.

设 $N=1\ 023$ 和 $M=4$. 分别生成 Kasami 序列集和 MultiPeCAN 序列集. 完整的 Kasami 序列集有 32 个序列,这里选择前 4 个序列(任选其他 4 个序列都会产生相似的结果). 它们的相关水平如图 10.3 所示,其$\widetilde{ISL}$和$\widetilde{PSL}$值如表 10.3 所示. 为便于比较,图 10.4 绘制了随机相位序列集的相关水平. 与最优 Kasami 序列集相比,Multi-PeCAN 序列集$\widetilde{PSL}$更高但$\widetilde{ISL}$较低,这是由于 Multi-PeCAN 算法采用$\widetilde{ISL}$作为优化准则. 另外还可观察到随机相位序列集的相关旁瓣并不显著高于 Kasami 序列集或 Multi-PeCAN 序列集，实际上这也说明了很难最小化序列集自相关和互相关旁瓣(与最小化单个序列的自相关旁瓣正好相反).

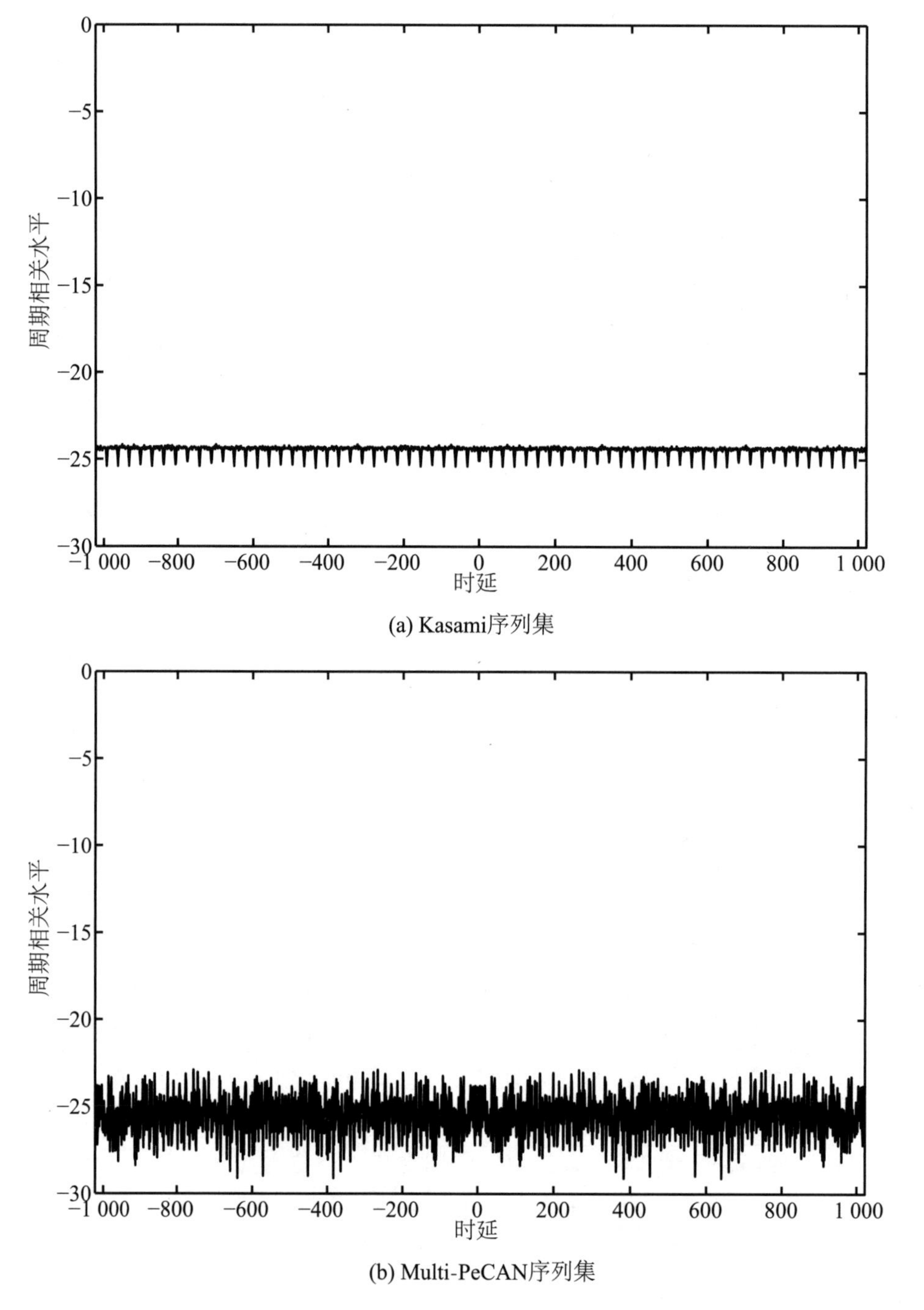

图 10.3　$M=4$ 的序列集的周期相关水平(每个序列的长度为 $N=1\,023$)

另外值得一提的是，不同的初始化序列会导致不同的 Multi-PeCAN 序列集. 经验表明，所有的 Multi-PeCAN 序列集$\widehat{ISL}$值相同，$\widehat{PSL}$值相似. 因此 Multi-PeCAN 算法能够生成许多低相关旁瓣相似的序列集.

表 10.3　随机相位、Kasami 序列集和 Multi-PeCAN 序列集的$\widehat{ISL}$值和$\widehat{PSL}$值($M=4, N=512$)

	$\widehat{ISL}$	$\widehat{PSL}$
随机相位	17 050 045	94.8
Kasami	15 380 972	33.0
Multi-PeCAN	12 558 348	82.2

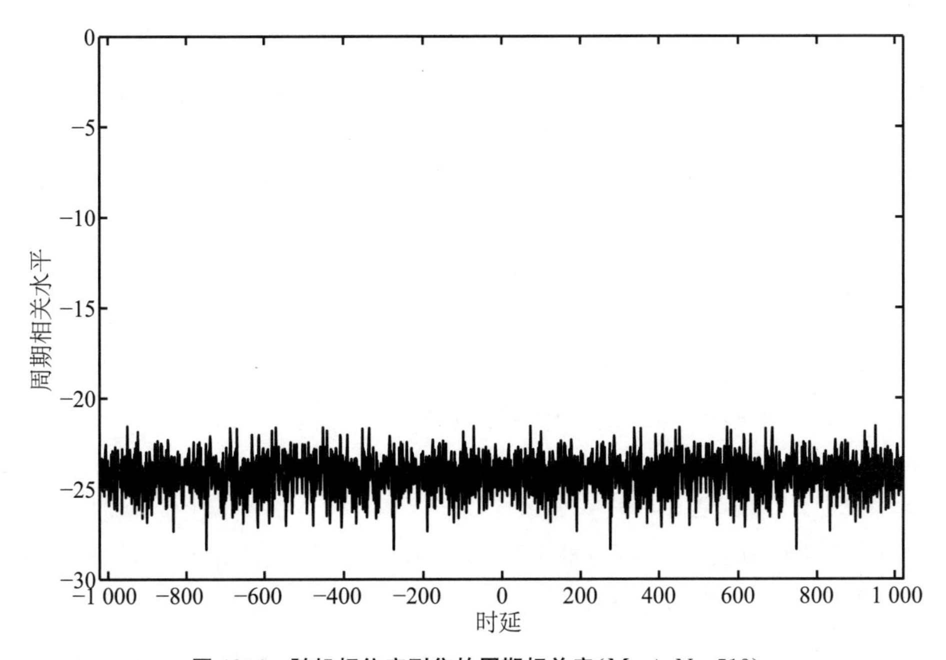

图 10.4　随机相位序列集的周期相关度($M=4, N=512$)

10.4　本 章 小 结

本章提出了两种循环优化算法来生成一组周期相关旁瓣(包括自相关旁瓣和互相关旁瓣)较低的恒模序列. Multi-PeCAO 算法能够生成在一定时延内相关旁瓣极低的序列集，而 Multi-PeCAN 算法的目标是最小化所有时延内的相关旁瓣. Multi-PeCAN 算法计算效率高，可用于设计很长的序列集.

11 周期序列的下界

考虑M组序列$\{x_k(n)\}(k=1,\cdots,M)$，每组序列长度为$N(n=1,\cdots,N)$. 对每组序列施加能量约束：

$$\sum_{n=1}^{N} |x_k(n)|^2 = N \quad (k=1,\cdots,M). \tag{11.1}$$

正如第10章所提及的，周期自相关和互相关较低的序列集在很多领域中都有应用，包括异步CDMA系统(Suehiro 1994)、超声成像(Diaz et al. 1999)以及雷达和声呐系统(Levanon, Mozeson 2004). 表征相关水平的两个常见指标是积分旁瓣电平($\widetilde{ISL}$)和峰值旁瓣电平($\widetilde{PSL}$)：

$$\widetilde{ISL} = \sum_{k=1}^{M}\sum_{l=1}^{N-1} |\tilde{r}_{kk}(l)|^2 + \sum_{k=1}^{M}\sum_{\substack{s=1\\ s\neq k}}^{M}\sum_{l=0}^{N-1} |\tilde{r}_{ks}(l)|^2, \tag{11.2}$$

$$\widetilde{PSL} = \max\{|\tilde{r}_{ks}(l)|\}$$
$$(k,s=1,\cdots,M; l=0,\cdots,N-1;\text{如果 } k=s, l\neq 0). \tag{11.3}$$

Welch(1974)推导了$\widetilde{PSL}$的下界(表示为$\widetilde{B}_{PSL}$). 学者们先后提出了几种可以渐进地达到Welch界的序列集，包括Sarwate(1979)、Kumar和Moreno(1991)、Han和Yang(2009). 与$\widetilde{B}_{PSL}$相比，现有文献中(值得注意的是Sarwate(1979)；Sarwate(1999)除外)很少有研究$\widetilde{ISL}$下界的(记为$\widetilde{B}_{ISL}$)，而且几乎没有任何关于能达到$\widetilde{B}_{ISL}$的序列集的详细讨论. 本章将重点关注与$\widetilde{ISL}$相关的内容，并采用第10章中的Multi-PeCAN框架来得到$\widetilde{B}_{ISL}$和$\widetilde{B}_{PSL}$. 与此同时，在这个框架下推导所有能达到$\widetilde{ISL}$下界的能量约束下周期序列集的闭式解.

11.1 下界推导

根据第10.2节的讨论，周期相关的$\widetilde{ISL}$可以写成如下形式：

$$\widetilde{ISL} = \frac{1}{N}\sum_{p=1}^{N} \|\boldsymbol{y}_p\boldsymbol{y}_p^{\mathrm{H}} - N\boldsymbol{I}_M\|^2 = \frac{1}{N}\sum_{p=1}^{N}(\|\boldsymbol{y}_p\|^2 - N)^2 + N^2(M-1). \tag{11.4}$$

其中，

$$\boldsymbol{y}_p = \begin{bmatrix} y_1(p) \\ \vdots \\ y_M(p) \end{bmatrix}, \quad y_k(p) = \sum_{n=1}^{N} x_k(n)\mathrm{e}^{-\mathrm{j}\frac{2\pi}{N}(p-1)(n-1)}. \tag{11.5}$$

所要研究的问题本质上是在式(11.1)能量约束下最小化式(11.4)中的$\widetilde{ISL}$. 根据帕塞瓦尔等式,这个能量约束条件可以写成

$$\sum_{p=1}^{N} |y_k(p)|^2 = N\sum_{n=1}^{N} |x_k(n)|^2 = N^2 \quad (k=1,\cdots,M). \tag{11.6}$$

令

$$z_{kp} = |y_k(p)|^2 \quad (k=1,\cdots,M; p=1,\cdots,N), \tag{11.7}$$

并注意到可以通过求解以下问题来使式(11.4)最小:

$$\min_{\{z_p\}} f = \frac{1}{N}\sum_{p=1}^{N}\left(\sum_{k=1}^{M} z_{kp} - N\right)^2 \tag{11.8}$$

$$\text{s. t.} \sum_{p=1}^{N} z_{kp} = N^2 \quad (k=1,\cdots,M) \tag{11.9}$$

$$z_{kp} \geqslant 0 (\forall k, p).$$

使用式(11.9)可以得到一个更简单的关于 f 的表达式:

$$\begin{aligned} f &= \frac{1}{N}\sum_{p=1}^{N}\left[\left(\sum_{k=1}^{M} z_{kp}\right)^2 - 2N\sum_{k=1}^{M} z_{kp} + N^2\right] \\ &= g + N^2 - 2MN^2. \end{aligned} \tag{11.10}$$

其中,

$$g = \frac{1}{N}\sum_{p=1}^{N}\sum_{k=1}^{M}\sum_{s=1}^{M} z_{kp} z_{sp}. \tag{11.11}$$

定义 $M\times N$ 的矩阵 $\boldsymbol{Z}$,其第(k,p)个元素为 z_{kp}. 则 g 可以表示为

$$\begin{aligned} g &= \frac{1}{N}\sum_{k=1}^{M}\sum_{s=1}^{M}\left(\sum_{p=1}^{N} \boldsymbol{Z}_{kp} (\boldsymbol{Z}^{\mathrm{T}})_{ps}\right) = \frac{1}{N}\sum_{k=1}^{M}\sum_{s=1}^{M} (\boldsymbol{Z}\boldsymbol{Z}^{\mathrm{T}})_{ks} \\ &= \frac{1}{N}\boldsymbol{u}^{\mathrm{T}}\boldsymbol{Z}\boldsymbol{Z}^{\mathrm{T}}\boldsymbol{u}. \end{aligned} \tag{11.12}$$

其中,

$$\boldsymbol{u} = [1 \quad 1 \quad \cdots \quad 1]^{\mathrm{T}} \quad (M\times 1). \tag{11.13}$$

进一步地,利用式(11.9)中的约束 $\sum_{p=1}^{N} z_{kp} = N^2$ 可得

$$\boldsymbol{Z}\boldsymbol{v} = N^2\boldsymbol{u}. \tag{11.14}$$

其中,

$$\boldsymbol{v} = [1 \quad 1 \quad \cdots \quad 1]^{\mathrm{T}} \quad (N\times 1). \tag{11.15}$$

接下来注意到:

$$\boldsymbol{u}^{\mathrm{T}}\boldsymbol{Z}\boldsymbol{\Pi}\boldsymbol{Z}^{\mathrm{T}}\boldsymbol{u} \geqslant 0. \tag{11.16}$$

其中,

$$\boldsymbol{\Pi} = \boldsymbol{I} - \frac{1}{N}\boldsymbol{v}\boldsymbol{v}^{\mathrm{T}} \tag{11.17}$$

为正定矩阵(因为它是向 $\boldsymbol{v}$ 零空间上的正交投影). 根据式(11.12)、式(11.14)、式(11.16)和式(11.17)可得

$$g = \frac{1}{N}\boldsymbol{u}^{\mathrm{T}}\boldsymbol{Z}\boldsymbol{Z}^{\mathrm{T}}\boldsymbol{u} \geqslant \frac{1}{N}\boldsymbol{u}^{\mathrm{T}}\boldsymbol{Z}\frac{\boldsymbol{v}\boldsymbol{v}^{\mathrm{T}}}{N}\boldsymbol{Z}^{\mathrm{T}}\boldsymbol{u} = N^2\|\boldsymbol{u}\|^2\|\boldsymbol{u}\|^2 = M^2N^2. \tag{11.18}$$

再利用式(11.14)、式(11.18)、式(11.10)和式(11.18)可得

$$\begin{cases}\widetilde{ISL}=f+N^2(M-1)\\ f=g+N^2-2MN^2 \qquad (g\geqslant M^2N^2).\end{cases} \tag{11.19}$$

从而推导出了下面的$\widetilde{ISL}$下界：

$$\widetilde{ISL}\geqslant N^2M(M-1)\triangleq \widetilde{B}_{ISL}. \tag{11.20}$$

从式(11.2)还可以注意到

$$\widetilde{ISL}\leqslant M(N-1)\,\widetilde{ISL}^2+M(M-1)N\,\widetilde{ISL}^2. \tag{11.21}$$

综合式(11.20)和式(11.21)，可得$\widetilde{PSL}$的下界：

$$\widetilde{PSL}\geqslant N\sqrt{\frac{M-1}{NM-1}}\triangleq \widetilde{B}_{PSL}. \tag{11.22}$$

上述$\widetilde{B}_{PSL}$与 Welch(1974)中所得的$\widetilde{PSL}$下界一致，且$\widetilde{B}_{ISL}$与 Sarwate(1999)的研究中未展开讨论的$\widetilde{ISL}$下界一致.

11.2 $\widetilde{ISL}$序列集优化

基于上述讨论，可以得到以下结果：

$$\widetilde{ISL}=g-MN^2 \quad \left(g=\frac{1}{N}\sum_{p=1}^{N}\sum_{k=1}^{M}\sum_{s=1}^{M}z_{kp}z_{sp}\geqslant M^2N^2\right). \tag{11.23}$$

从中很容易看出

$$z_{kp}=N \quad (k=1,\cdots,M,p=1,\cdots,N). \tag{11.24}$$

它满足式(11.9)中的约束条件，且为使得$\widetilde{ISL}$最小的特定最优解. 由于$z_{kp}=|y_k(p)|^2$，$\widetilde{\text{ISL}}$准则只依赖于$|y_k(p)|$，即第k个序列的 DFT 在频率$(p-1)/N$处的绝对值. 也就是说，$\{y_k(p)\}$的相位可以任意选择. 例如，如果为所有$\{y_k(p)\}$选择零相位，那么根据式(11.24)将得出

$$y_k(p)=\sqrt{N} \quad (k=1,\cdots,M;p=1,\cdots,N). \tag{11.25}$$

它对应于下面的序列集：

$$\begin{aligned}x_k(n)&=\frac{1}{N}\sum_{p=1}^{N}y_k(p)\mathrm{e}^{\mathrm{j}\frac{2\pi}{N}(n-1)(p-1)}\\ &=\begin{cases}\sqrt{N} & (n=1)\\ 0 & (n=2,\cdots,N)\end{cases} \qquad (k=1,\cdots,M).\end{aligned} \tag{11.26}$$

很明显，式(11.26)给出的序列集$\{x_k(n)\}$的$\widetilde{ISL}$是$M(M-1)N^2$，它达到了式(11.20)中的$\widetilde{ISL}$下界. 然而，这样的序列集并不实用，因为任意两个序列在零延迟处的互相关与同相自相关一样高，并且集合中任意序列的峰均比都最大.

接下来推导式(11.8)所有可能的最优解. 这里再次指出该问题仅考虑每个序列的能量约束(而不是峰均比约束). 设$\boldsymbol{z}_0$表示元素均为N的$MN\times1$矢量(对应于式(11.24)中的特

定解),考虑 $MN\times 1$ 矢量 $\boldsymbol{z}=\text{vec}(\boldsymbol{Z}^{\text{T}})$,即由 $\boldsymbol{Z}^{\text{T}}$ 的列堆叠得到. 那么,$\boldsymbol{Z}^{\text{T}}\boldsymbol{u}$ 和 $\boldsymbol{Z}\boldsymbol{v}$(见式(11.12)和式(11.14))可以表示为

$$\left.\begin{aligned}\boldsymbol{Z}^{\text{T}}\boldsymbol{u} &= [\boldsymbol{I}_N\cdots\boldsymbol{I}_N]_{N\times MN}\boldsymbol{z}=\boldsymbol{A}\boldsymbol{z} \qquad (\boldsymbol{A}\triangleq\boldsymbol{u}^{\text{T}}\otimes\boldsymbol{I}_N),\\ \boldsymbol{Z}\boldsymbol{v} &= \begin{bmatrix}\boldsymbol{v}^{\text{T}} & \cdots & \boldsymbol{0}\\ \vdots & & \vdots\\ \boldsymbol{0} & \cdots & \boldsymbol{v}^{\text{T}}\end{bmatrix}_{M\times MN}\boldsymbol{z}=\boldsymbol{B}\boldsymbol{z} \quad (\boldsymbol{B}\triangleq\boldsymbol{I}_M\otimes\boldsymbol{v}^{\text{T}})\end{aligned}\right\} \tag{11.27}$$

如果 $MN\times 1$ 的矢量 $\boldsymbol{\delta}$ 满足

$$\begin{bmatrix}\boldsymbol{A}\\ \boldsymbol{B}\end{bmatrix}_{(M+N)\times MN}\boldsymbol{\delta}=0. \tag{11.28}$$

然后,由 $\boldsymbol{z}=\boldsymbol{\delta}$ 可导出式(11.12)中的 $g=0$ 和式(11.14)中的 $\boldsymbol{Z}\boldsymbol{v}=0$. 根据这一结果以及 $\boldsymbol{z}_0$ 是式(11.8)的一个特定解,因此可以得到式(11.8)的所有解均可表示为

$$\boldsymbol{z}=\boldsymbol{z}_0+\rho\boldsymbol{\delta}. \tag{11.29}$$

式中,ρ 的取值应使得 $\boldsymbol{z}$ 的每个元素都大于零. 另外,注意到 $\boldsymbol{z}_0$ 属于 $\boldsymbol{A}^{\text{T}}$ 的值域空间,故而 $\boldsymbol{z}_0^{\text{T}}\boldsymbol{\delta}=0$,$\boldsymbol{z}_0$ 是式(11.8)的最小范数解(实际上,从式(11.29)可以得到 $\|\boldsymbol{z}\|^2=\|\boldsymbol{z}_0\|^2+\rho^2\|\boldsymbol{\delta}\|^2\geqslant\|\boldsymbol{z}_0\|^2$).

接下来的问题就是确定 $\boldsymbol{\delta}$,或者等价地确定 $[\boldsymbol{A}^{\text{T}}\boldsymbol{B}^{\text{T}}]^{\text{T}}$ 的零空间. 假设 $M\geqslant 2$ 且 $N\geqslant 3$,因此 $[\boldsymbol{A}^{\text{T}}\boldsymbol{B}^{\text{T}}]^{\text{T}}$ 是一个具有非平凡零空间的“宽”矩阵. 由于 $\boldsymbol{A}$ 和 $\boldsymbol{B}$ 的特殊结构,可以采用如下方法得到 $[\boldsymbol{A}^{\text{T}}\boldsymbol{B}^{\text{T}}]^{\text{T}}$ 零空间的闭式基. 定义

$$\boldsymbol{G}=\begin{bmatrix}1 & \cdots & \boldsymbol{0}\\ -1 & & \vdots\\ \vdots & \ddots & 1\\ \boldsymbol{0} & \cdots & -1\end{bmatrix}_{N\times(N-1)},\quad \boldsymbol{H}=\begin{bmatrix}\boldsymbol{G} & \cdots & \boldsymbol{0}\\ \vdots & \ddots & \vdots\\ \boldsymbol{0} & \cdots & \boldsymbol{G}\\ -\boldsymbol{G} & \cdots & -\boldsymbol{G}\end{bmatrix} \tag{11.30}$$

($\boldsymbol{H}$ 的维度为 $NM\times(N-1)(M-1)$). 可以验证

$$\boldsymbol{A}\boldsymbol{H}=0,\quad \boldsymbol{B}\boldsymbol{H}=0. \tag{11.31}$$

因为 $\text{rank}(\boldsymbol{H})=(N-1)(M-1)$,$\boldsymbol{H}$ 张成了维度为 $(N-1)(M-1)$ 的子空间,且属于 $[\boldsymbol{A}^{\text{T}}\boldsymbol{B}^{\text{T}}]^{\text{T}}$ 的零空间. 为了说明 $\boldsymbol{H}$ 张成 $[\boldsymbol{A}^{\text{T}}\boldsymbol{B}^{\text{T}}]^{\text{T}}$ 的整个零空间,注意到

$$[\boldsymbol{A}^{\text{T}}\ \boldsymbol{B}^{\text{T}}]=\begin{bmatrix}\boldsymbol{I}_N & \boldsymbol{v} & & \boldsymbol{0}\\ \boldsymbol{I}_N & & \boldsymbol{v} & \\ \vdots & & & \ddots\\ \boldsymbol{I}_N & \boldsymbol{0} & & \boldsymbol{v}\end{bmatrix}_{MN\times(M+N)}. \tag{11.32}$$

上面矩阵的前 $M+N-1$ 列显然是线性独立的,但并非所有的 $M+N$ 列都是线性独立的. 事实上,

$$[\boldsymbol{A}^{\text{T}}\ \boldsymbol{B}^{\text{T}}]\begin{bmatrix}-\boldsymbol{v}\\ 1_{N\times 1}\\ \vdots\\ 1_{N\times 1}\end{bmatrix}=0, \tag{11.33}$$

因此 $\text{rank}([\boldsymbol{A}^{\text{T}}\boldsymbol{B}^{\text{T}}])=M+N-1$,则该矩阵的零空间维数为 $MN-(M+N-1)=(N-1)\times(M-1)=\text{rank}(\boldsymbol{H})$. 从而证明了 $\boldsymbol{H}$ 张成 $[\boldsymbol{A}^{\text{T}}\boldsymbol{B}^{\text{T}}]^{\text{T}}$ 的整个零空间.

总之,矢量 $\boldsymbol{\delta}$ 可以写成 $\boldsymbol{\delta}=\boldsymbol{H}\boldsymbol{w}$,其中 $\boldsymbol{w}$ 为 $(N-1)(M-1)\times 1$ 的任意矢量. 根据式

(11.29),可知式(11.8)的所有解均可表示为

$$z = z_0 + \rho H w. \tag{11.34}$$

对于任意给定的 w 和 ρ,可使用式(11.34)计算 z(即$\{z_{kp}\}$),由此得到 $y_k(p) = \sqrt{z_{kp}}\,e^{j\phi_{kp}}$,其中$\{\phi_{kp}\}$可以随机选择. 于是根据$\{y_k(p)\}_{p=1}^{N}$的逆傅里叶变换可得第 k 个序列($k=1,\cdots,M$). 本文将这种达到$\widetilde{ISL}$下界的序列集称为$\widetilde{ISL}$最优序列集.

注意到在单个序列的情况下(即 $M=1$),$[\boldsymbol{A}^{\mathrm{T}}\ \boldsymbol{B}^{\mathrm{T}}]^{\mathrm{T}}$有一个平凡的零空间,因此式(11.8)只有一个解:$z=z_0$. 这与已知的事实一致,即对于任何达到$\widetilde{ISL}$下界的最优单序列(如 Frank 或 Chu 序列),其 DFT 在所有频率点的幅度都是相同的(如果约束序列能量为 N,则等于$\sqrt{N}$). 如果 $M>1$,类似的结论成立,即当且仅当 $\|y_1\| = \cdots = \|y_N\|$($y_p$的定义见式(11.5))时,所得序列集是达到$\widetilde{ISL}$下界的最优序列集.

最后注意到,如果一组 M 个序列达到$\widetilde{B}_{\mathrm{PSL}}$,那么这 M 个序列是互补序列(Sarwate 1999),即 $\sum_{k=1}^{M} \tilde{r}_{kk}(l) = 0, l = 1,\cdots,N-1$. 因此,本节所述的可达$\widetilde{ISL}$下界的最优序列集构造方法也可用于设计 M 个互补序列.

11.3 数值仿真

本节使用 10.2 节中的 Multi-PeCAN 算法和 11.2 节中的闭式表达式来生成可达$\widetilde{ISL}$下界的最优序列集. $N=10$、$M=2$ 的 Multi-PeCAN 序列集如表 11.1 所示,由式(11.34)构建的大小相同的序列集见表 11.2. 两个序列集均达到了$\widetilde{ISL}$下界:$\widetilde{B}_{\mathrm{PSL}}=200$. Multi-PeCAN 序列集为恒模的,其$\widetilde{PSL}$为 3.53,而表 11.2 中第一个序列的峰均比为 $PAR_1=2.28$,第二个序列的峰均比为 $PAR_2=2.78$,$\widetilde{PSL}$为 3.51.

表 11.1 多个 PeCAN 序列集($N=10$,$M=2$)

x_1	x_2
−0.653 5+0.756 9j	0.790 5+0.612 5j
−0.383 7−0.923 5j	0.659 0+0.752 1j
−0.771 7−0.636 0j	−0.175 3−0.984 5j
−0.798 9−0.60 15j	−0.314 5−0.949 3j
0.910 6−0.413 3j	0.842 6−0.538 5j
−0.045 3+0.999 0j	0.900 4+0.435 1j
0.287 5−0.957 8j	−0.684 0−0.729 5j
0.128 1−0.991 8j	−0.480 9+0.876 8j
−0.802 2+0.597 1j	0.959 9−0.280 4j
−0.913 7−0.406 3j	−0.474 2+0.880 4j

注意到 Multi-PeCAN 算法使用随机序列进行初始化(见第 10 章). 使用不同的初始化序列会产生不同的恒模序列集,这些序列集都有望达到$\widetilde{ISL}$下界. 此外,由于 Multi-PeCAN 算法基于 FFT 运算进行迭代,因此它可以在普通 PC 机上生成高达 $NM\sim10^5$ 的大序列集.

表 11.2 由式(11.34)构成的序列集($N=10$,$M=2$)

$\boldsymbol{x}_1$	$\boldsymbol{x}_2$
0.376 7−1.460 7j	0.737 8+0.107 4j
−0.430 7−0.088 8j	1.451 7+0.499 3j
0.429 2−0.907 6j	0.492 9−0.505 0j
0.290 1+1.167 4j	−0.855 9+0.208 0j
0.987 3+0.964 2j	−0.118 5−0.819 1j
0.906 4+0.448 6j	1.659 6−0.151 6j
−0.165 9+0.182 5j	−0.003 5−0.616 8j
0.878 7−0.744 7j	−0.530 3+0.520 7j
−0.268 6+0.434 1j	0.900 2−0.456 8j
−0.593 9+0.384 9j	−0.031 2+0.631 3j

与 Multi-PeCAN 算法相比,11.2 节中的构造方法具有闭式表达式,因此生成的序列集基本上不受长度限制. 此外,由于可以随机地选择 ρ、$\boldsymbol{w}$ 和 $\{\phi_{kp}\}$(见式(11.34)),因此采用该方法也可以生成许多不同的序列集,且都能达到$\widetilde{B}_{\mathrm{PSL}}$. 事实上,Multi-PeCAN 序列集是恒模的,它们可视为式(11.34)的特例.

11.4 本章小结

本章利用上一章介绍的 Multi-PeCAN 框架分别证明了周期相关序列集$\widetilde{ISL}$和$\widetilde{PSL}$的两个下界,并推导得到了达到$\widetilde{ISL}$下界的任意大小序列集(在能量约束而不是峰均比约束下)的解析表达式. 尽管如此,仍然可用 Multi-PeCAN 算法优化生成达到$\widetilde{ISL}$下界的恒模序列集.

12 周期模糊函数

与式(6.1)中模糊函数的定义类似,下面给出周期模糊函数的定义(Freedman,Levanon 1994;Getz,Levanon 1995):

$$\chi_T(\tau,f)=\frac{1}{T}\int_0^T u(t)u^*(t-\tau)\mathrm{e}^{-\mathrm{j}2\pi f(t-\tau)}\mathrm{d}t, \tag{12.1}$$

其中,τ 和 f 分别表示时延和多普勒频移,$u(t)$是周期为 T 的周期信号,即对于任何整数 n,有

$$u(t)=u(t-nT)\quad(-\infty<t<\infty). \tag{12.2}$$

式(12.1)中定义的周期模糊函数表示与一个周期内返回的信号经匹配滤波后的接收机响应,该返回信号是所发射的周期信号经过时延和多普勒频移的副本.接收机也可以将多个周期内的返回信号通过匹配滤波器,在这种情况下,将周期模糊函数重新定义为

$$\chi_{MT}(\tau,f)=\frac{1}{MT}\int_0^{MT} u(t)u^*(t-\tau)\mathrm{e}^{-\mathrm{j}2\pi f(t-\tau)}\mathrm{d}t. \tag{12.3}$$

其中 M 是大于 1 的整数.可以预见,式(12.1)与式(12.3)密切相关:

$$\begin{aligned}\chi_{MT}(\tau,f)&=\frac{1}{MT}\sum_{m=0}^{M-1}\int_{mT}^{(m+1)T}u(t)u^*(t-\tau)\mathrm{e}^{-\mathrm{j}2\pi f(t-\tau)}\mathrm{d}t\\&=\frac{1}{MT}\sum_{m=0}^{M-1}\int_{mT}^{T}u(t+mT)u^*(t+mT-\tau)\mathrm{e}^{-\mathrm{j}2\pi f(t+mT-\tau)}\mathrm{d}t\\&=\frac{1}{M}\Big(\sum_{m=0}^{M-1}\mathrm{e}^{-\mathrm{j}2\pi fmT}\Big)\chi_T(\tau,f)=\frac{1-\mathrm{e}^{-\mathrm{j}2\pi fMT}}{M(1-\mathrm{e}^{-\mathrm{j}2\pi fT})}\chi_T(\tau,f).\end{aligned} \tag{12.4}$$

对式(12.4)的两边取绝对值,可以得到以下关系式:

$$|\chi_{MT}(\tau,f)|=|\chi_T(\tau,f)|\left|\frac{\sin(\pi f2MT)}{M\sin(\pi fT)}\right|. \tag{12.5}$$

函数$|\sin(\pi fMT)/M\sin(\pi fT)|$是关于 f 的周期函数,周期为 $1/T$,且在 $1/T$ 的整数倍处达到最大值 1. $M=3$,$T=1$ 时该函数如图 12.1 所示.由于掩模函数(mask function)$|\sin(\pi fMT)/M\sin(\pi fT)|$的影响,"多周期"周期模糊函数$|\chi_{MT}(\tau,f)|$的旁瓣比$|\chi_T(\tau,f)|$要低.本章将重点关注式(12.1)中定义的周期模糊函数 $\chi_T(\tau,f)$.

12.1 周期模糊函数的性质

考虑周期性波形

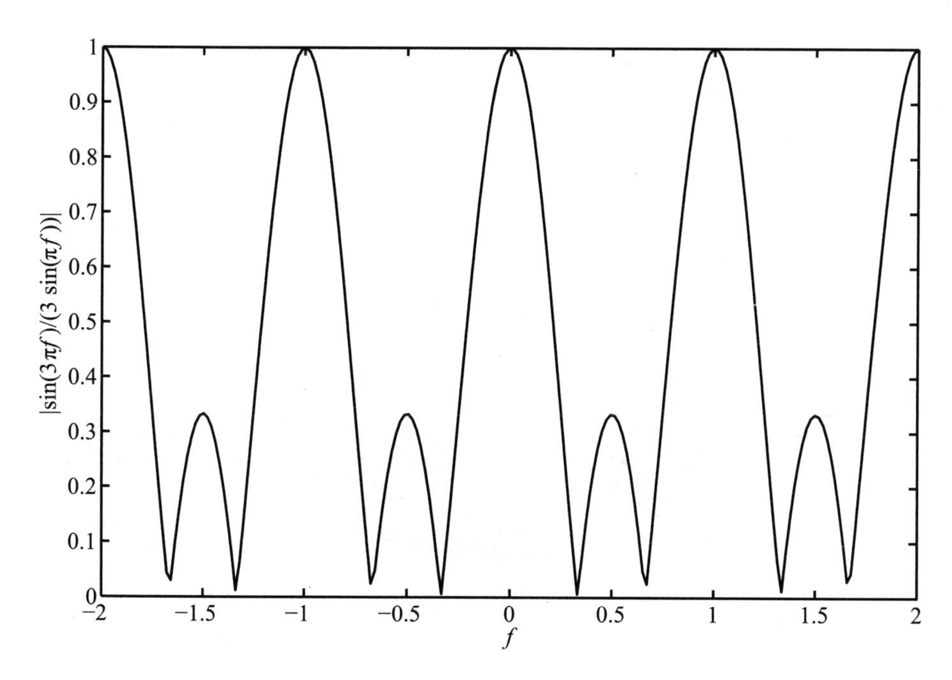

图 12.1　连接两个周期模糊函数定义的函数$\dfrac{\sin(\pi fMT)}{M\sin(\pi fT)}$($M=3, T=1$,见式(12.5))

$$u(t)=\sum_{n=-\infty}^{\infty}x(n\bmod N)p_n(t)\quad(-\infty<t<\infty),\tag{12.6}$$

其中,$\{x(n)\}_{n=1}^{N}$是待设计的编码序列,$p_n(t)$是式(1.2)中定义的持续时间为 t_p 的矩形成形脉冲,mod 运算符定义见式(1.17).

当$\{x(n)\}_{n=1}^{N}$为长度为 50 的 Golomb 序列(定义见式(1.21))时,$u(t)$的周期模糊函数的幅度(以下均简称为周期模糊函数)如图 12.2 所示. 在图中,延迟 τ 用 T(等于 Nt_p)归一化,多普勒频移 f 用 $1/T$ 归一化,周期模糊函数的绝对值经过归一化后在原点的峰值为 1. 与图 6.2 中同一 Golomb 序列的模糊函数相比,在图 12.2 上可清晰地看出函数沿时延轴的周期性.

长度为 50 的 Chu 序列(定义见式(1.22))的周期模糊函数如图 12.3 所示. 可以看出类似于图 12.2 的多普勒容忍特性(参见沿对角的脊线). 此外,图 12.3 中的周期模糊函数的体积比图 12.2 更集中于脊线上,从而低副瓣区域更大. 图 12.4 绘制了长度为 50 的随机相位序列的周期模糊函数. 与图 12.2 或图 12.3 所示的周期模糊函数不同,随机相位序列的周期模糊函数为图钉状,表示具有多普勒敏感特性. 用这个随机相位序列初始化 PeCAN 算法(见第 9 章),得到的 PeCAN 序列的周期模糊函数如图 12.5(b)所示,它除了具有图钉形状外,还可观察到在零多普勒延迟处的白色水平条纹,这是因为 PeCAN 序列的周期自相关旁瓣几乎为 0.

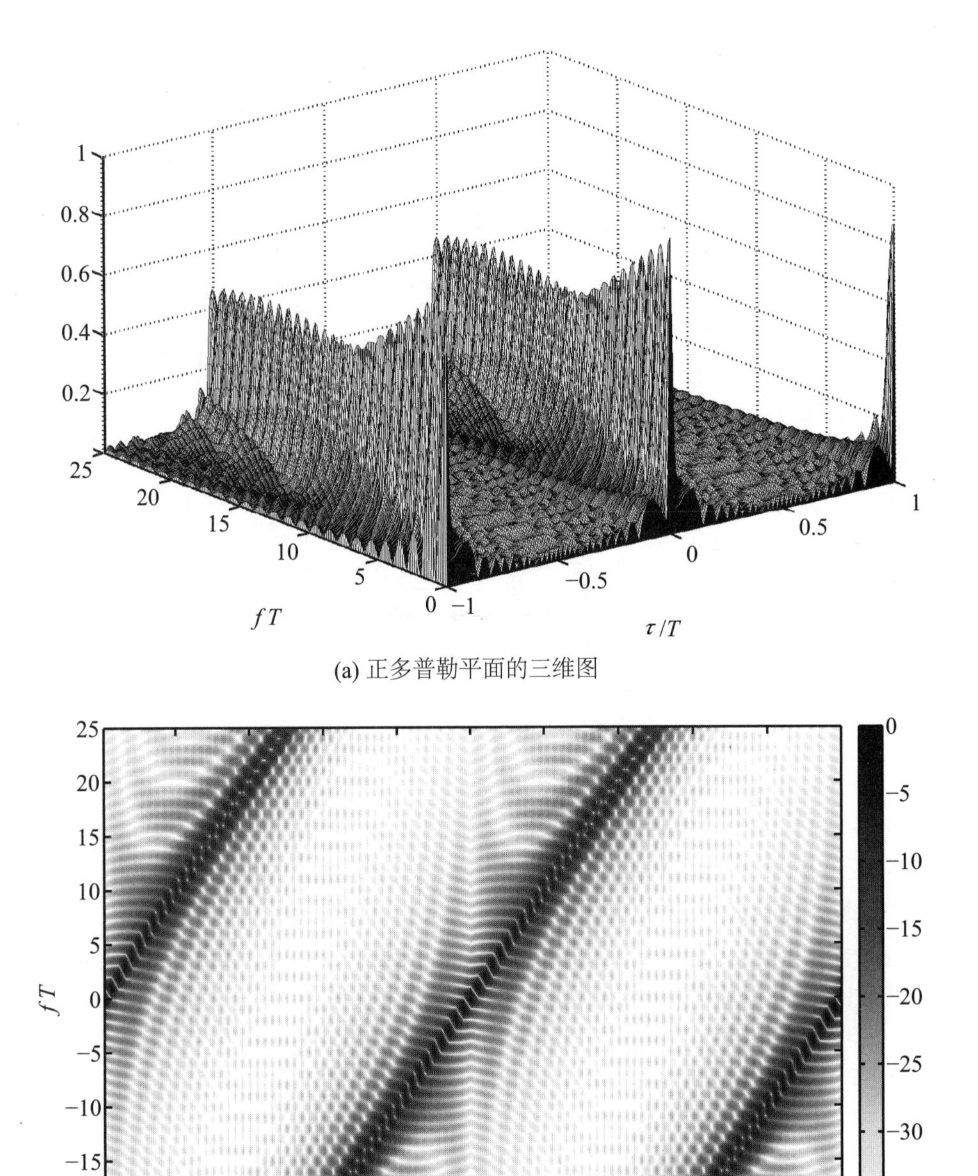

(a) 正多普勒平面的三维图

(b) 整个平面的二维图

图 12.2　长度为 50 的 Golomb 序列的周期模糊函数

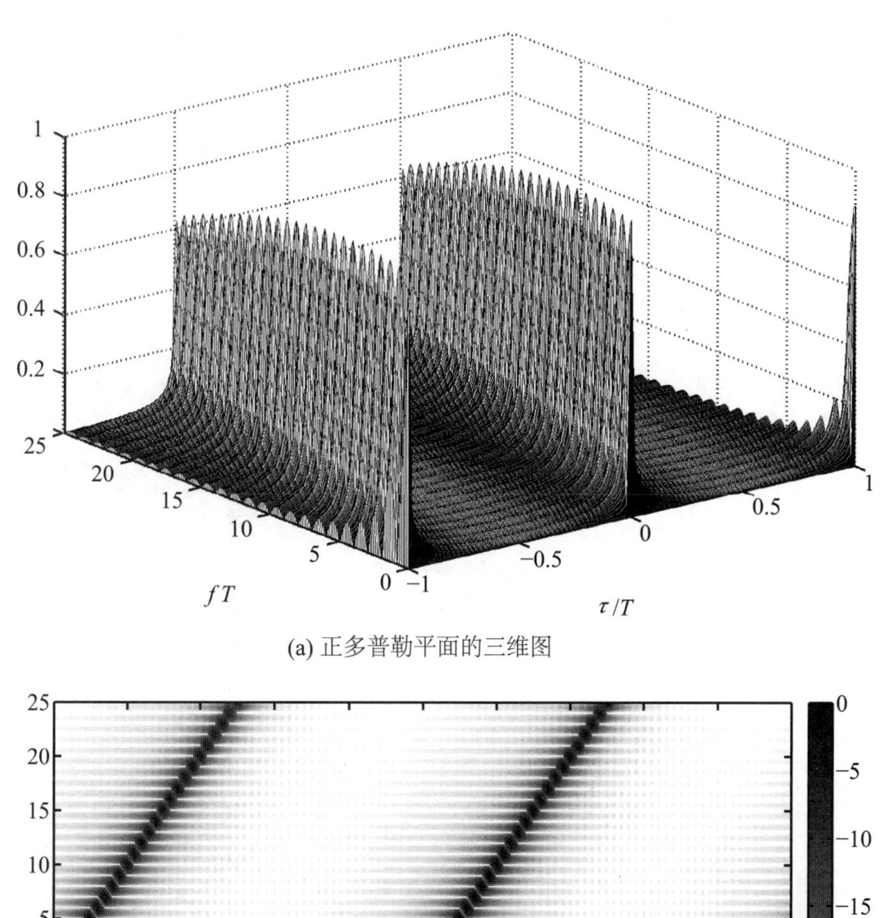

(a) 正多普勒平面的三维图

(b) 整个平面的二维图

图 12.3 长度为 50 的 Chu 序列的周期模糊函数

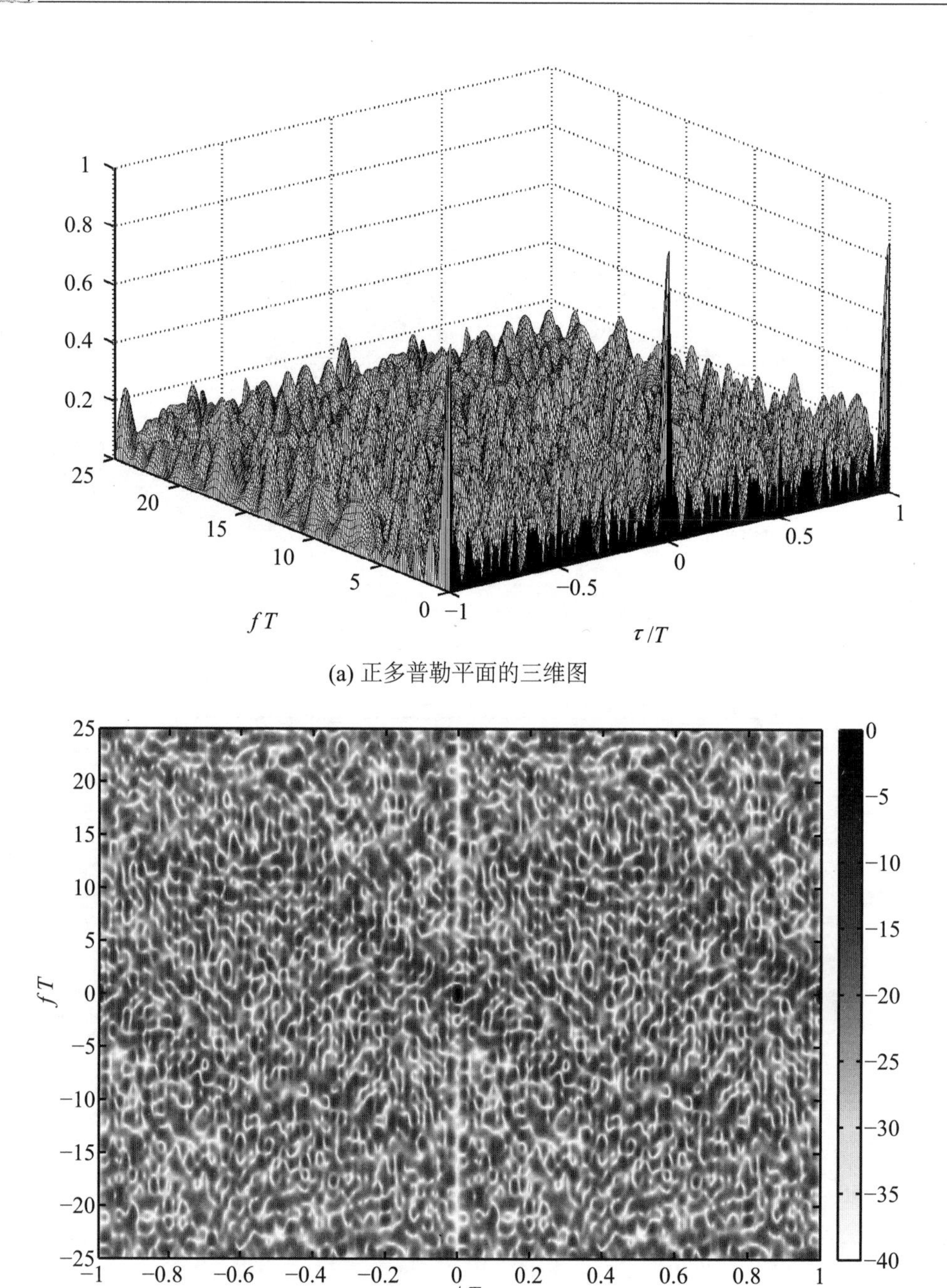

(a) 正多普勒平面的三维图

(b) 整个平面的二维图

图 12.4　长度为 50 的随机相位序列的周期模糊函数

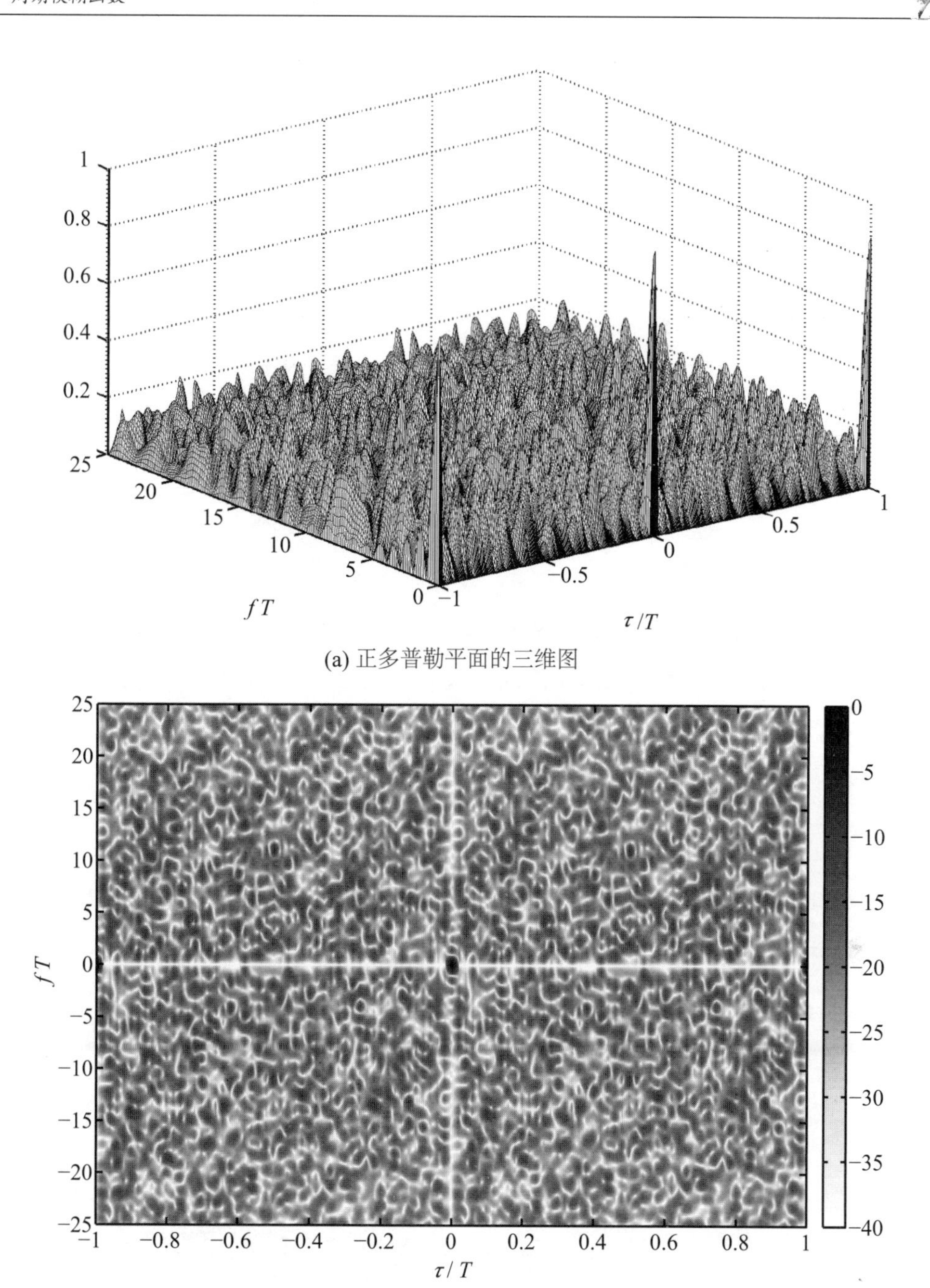

(a) 正多普勒平面的三维图

(b) 整个平面的二维图

图 12.5　由图 12.4 的随机相位序列初始化，长度为 50 的 PeCAN 序列的周期模糊函数

下面给出周期模糊函数的一些性质（适用于任何周期性信号 $u(t)$）. 由于这些性质要么是不道自明的，要么与模糊函数的性质非常相似（见第 6.1 节），这里省略了相关的证明.

① 为时延的周期性函数，即对任意整数 n 下式均成立：

$$\chi_T(\tau,f)=\chi_T(\tau+nT,f). \tag{12.7}$$

② 在（$\tau=nT$，$f=0$）处取值最大：

$$|\chi_T(\tau,f)|^2 \leqslant \frac{E_T^2}{T^2}, \tag{12.8}$$

其中，E_T 表示 $u(t)$ 在一个周期的能量

$$E_T = \int_0^T |u(t)|^2 \mathrm{d}t. \tag{12.9}$$

③ 对称性：

$$|\chi_T(\tau,f)| = |\chi_T(-\tau,-f)|. \tag{12.10}$$

④ 单个周期内体积恒定：

$$V_T = \int_0^T \int_{-\infty}^{\infty} |\chi_T(\tau,f)|^2 \mathrm{d}\tau \mathrm{d}f = \frac{E_T^2}{T^2}. \tag{12.11}$$

12.2 离散周期模糊函数

在第 6.2 节中，离散模糊函数由式(6.10)中信号模型的模糊函数定义导出. 类似地，本节将推导离散周期模糊函数的定义. 由式(12.6)可知，式(12.1)中的周期模糊函数可以写成

$$\chi_T(\tau,f) = \frac{1}{T}\int_0^T \Big(\sum_{n=-\infty}^{\infty} x(n\mathrm{mod}N) p_n(t)\Big) \Big(\sum_{m=-\infty}^{\infty} x^*(m\mathrm{mod}N) p_m(t-\tau)\Big) \mathrm{e}^{-\mathrm{j}2\pi f(t-\tau)} \mathrm{d}t. \tag{12.12}$$

由于 $\chi_T(\tau,f)$ 是关于 τ 的周期函数，因此可以仅关注其中一个周期 $0\leqslant\tau\leqslant T(T=Nt_p)$. 注意到 $p_n(t)$ 的持续时间为 $(n-1)t_p$ 到 nt_p，故而可得

$$\begin{aligned}\chi_T(\tau,t) &= \frac{1}{T}\int_0^T \Big(\sum_{n=1}^{N} x(n) p_n(t)\Big) \Big(\sum_{m=-N+1}^{N} x^*(m\mathrm{mod}N) p_m(t-\tau)\Big) \mathrm{e}^{-\mathrm{j}2\pi f(t-\tau)} \mathrm{d}t \\ &= \frac{1}{T}\sum_{m=-N+1}^{N}\sum_{n=1}^{N} x^*(m\mathrm{mod}N) \Big(\int_0^T p_n(t) p_m(t-\tau) \mathrm{e}^{-\mathrm{j}2\pi f(t-\tau)} \mathrm{d}t\Big) x(n).\end{aligned} \tag{12.13}$$

利用从式(6.13)到式(6.16)的推导，再加上一些细微的修正，得到了栅格点($\tau=kt_p, f=p/Nt_p$)处的周期模糊函数值：

$$\chi_T\Big(kt_p, \frac{p}{Nt_p}\Big) = \frac{1}{T}\mathrm{e}^{\mathrm{j}\pi\frac{p}{N}} \mathrm{sinc}\Big(\pi\frac{p}{N}\Big) \tilde{r}_T(k,p). \tag{12.14}$$

式中，$\tilde{r}_T(k,p)$ 就是所谓的离散周期模糊函数：

$$\tilde{r}_T(k,p) = \sum_{n=1}^{N} x(n) x^*((n-k)\mathrm{mod}N) \mathrm{e}^{-\mathrm{j}2\pi\frac{(n-k)p}{N}} \Big(k = \cdots,-2,-1,0,1,2,\cdots; p = -\frac{N}{2},\cdots,\frac{N}{2}-1\Big). \tag{12.15}$$

很容易观察到$\widetilde{r}_T(k,p)$是关于k的周期函数：

$$\widetilde{r}_T(k,p)=\widetilde{r}_T(k+nN,p),\tag{12.16}$$

上式对于任何整数n均成立.另外，离散周期模糊函数是对称的，即

$$|\widetilde{r}_T(k,p)|=|\widetilde{r}_T(-k,-p)|.\tag{12.17}$$

且在一个周期内体积恒定：

$$\sum_{k=0}^{N-1}\sum_{p=-N/2}^{N/2-1}|\widetilde{r}_T(k,p)|^2=N^3.\tag{12.18}$$

其中，利用了能量约束$\sum_{n=1}^{N}|x(n)|^2=N$.由于与离散模糊函数性质相似，再次省略了相关证明.

12.3　离散周期模糊函数的旁瓣最小化

与6.3节中离散模糊函数的旁瓣最小化类似，本节的目标是最小化矩形区域内的离散周期模糊函数旁瓣：

$$\min_{\{x(n)\}}\sum_{k\in\mathcal{K}}\sum_{p\in\mathcal{P}}|\widetilde{r}(k,p)|^2\tag{12.19}$$

$$\text{s.t. }|x(n)|=1\quad(n=1,\cdots,N).\tag{12.20}$$

其中，$\mathcal{K}$表示感兴趣的时延集$\mathcal{K}=\{0,\pm1,\cdots,\pm(K-1)\}(K<N)$，$p$表示感兴趣的多普勒频率集$p=\{0,\pm1,\cdots,\pm(P-1)\}(P<N/2)$.如式(6.23)一样定义一组$P$个序列$\{x_m(n)\}_{m=1}^{P}$.令$\widetilde{r}_{ml}(k)$表示$x_m(n)$和$x_l(n)$之间的周期互相关函数(定义见式(10.1))：

$$\begin{aligned}\widetilde{r}_{ml}(k)&=\sum_{n=1}^{N}x_m(n)x_l^*[(n-k)\text{mod}N]\\&=\exp\left[\text{j}2\pi\frac{(m-1)(k\text{mod}N)}{N}\right]\cdot\sum_{n=1}^{N}x(n)x^*[(n-k)\text{mod}N]\cdot\\&\quad\exp\left\{-\text{j}2\pi\frac{[(n-k)\text{mod}N](l-m)}{N}\right\}\\&\quad(k\in K;m,l=1,\cdots,P).\end{aligned}\tag{12.21}$$

注意到当在指数中用$(n-k)\text{mod}N$替换$(n-k)$时，式(12.15)中的$\widetilde{r}_T(k,p)$保持不变，不难验证$\{|\widetilde{r}_T(k,p)|\}(k\in\mathcal{K},\ p\in\mathscr{P})$的所有值都包含在$\{|\widetilde{r}_{ml}(k)|\}(k\in\mathcal{K};m,l=1,\cdots,P)$中.

因此，为了最小化式(12.19)中的目标函数，可以等价地最小化式(12.21)中的周期相关函数.定义

$$\widetilde{\boldsymbol{X}}=[\widetilde{\boldsymbol{X}}_1\cdots\widetilde{\boldsymbol{X}}_P]_{N\times KP},\tag{12.22}$$

其中

$$\widetilde{\boldsymbol{X}}_m=\begin{bmatrix}x_m(1)&x_m(N)&\cdots&x_m(N-K+2)\\x_m(2)&x_m(1)&\cdots&x_m(N-K+3)\\\vdots&\vdots&&\vdots\\x_m(N)&x_m(N-1)&&x_m(N-K+1)\end{bmatrix}_{N\times K}\quad(m=1,\cdots,P).\tag{12.23}$$

矩阵的第 k 列可由第一列向下循环移动 $k-1$ 个元素得到. 不难看出所有的 $\{|\tilde{r}_{ml}(k)|\}(k\in\mathcal{K};m,l=1,\cdots,P)$ 均出现在矩阵$\tilde{\boldsymbol{X}}^{\mathrm{H}}\tilde{\boldsymbol{X}}$ 中. 另外注意到$\{x(n)\}$的每个元素都为单位模,因此$\tilde{\boldsymbol{X}}^{\mathrm{H}}\tilde{\boldsymbol{X}}$ 的对角线元素等于 N. 因此,可以通过最小化如下目标函数来使式(12.19)中的准则变小

$$\| \tilde{\boldsymbol{X}}^{\mathrm{H}}\tilde{\boldsymbol{X}} - N\boldsymbol{I}_{KP} \|^2. \tag{12.24}$$

进而考虑以下最小化问题(见式(6.27)和式(6.28)):

$$\begin{cases} \min\limits_{\{x(n)\},\boldsymbol{U}} \| \tilde{\boldsymbol{X}} - \sqrt{N}\boldsymbol{U} \|^2 \\ \text{s. t. } |x(n)| = 1 \quad (n = 1,\cdots,N) \\ x_m(n) = x(n)\mathrm{e}^{\mathrm{j}2\pi\frac{n(m-1)}{N}} \quad (m = 1,\cdots,P; n = 1,\cdots,N) \\ \boldsymbol{U}^{\mathrm{H}}\boldsymbol{U} = \boldsymbol{I} \quad (\boldsymbol{U}\text{ 为 }N\times KP) \end{cases}. \tag{12.25}$$

可以看到式(6.26)和式(12.23)中两个矩阵具有结构相似性,因此可参照表 6.1 中所述的循环优化算法来求解式(12.25). 当 $N=100$,$K=15$ 和 $P=4$ 时,算法所综合的离散周期模糊函数如图 12.6 所示. 图中央的“白色”区域与图 6.7 中的类似,表明成功抑制了原点周围区域的旁瓣.

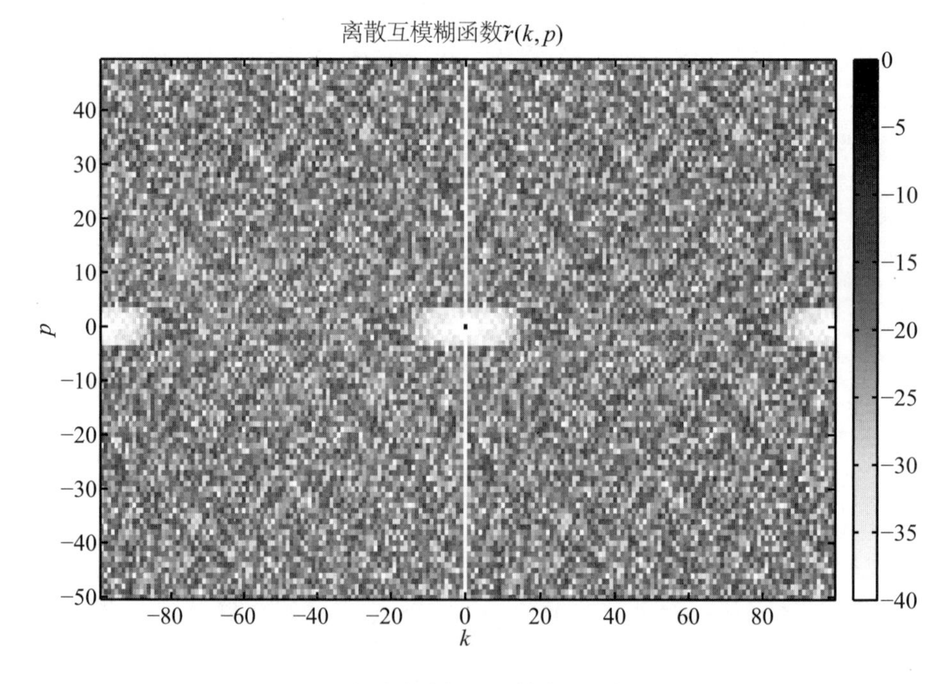

图 12.6 所综合的离散周期模糊函数$|\tilde{r}_T(k,p)|$

12.4 本章小结

本章所引入的周期模糊函数可视为存在多普勒频移时，对周期相关函数的推广. 与第6章讨论模糊函数的思路基本相同，本章研究了周期模糊函数的性质，引入了离散周期模糊函数的概念，并研究了如何最小化离散周期模糊函数旁瓣. 最后指出，周期互模糊函数可以与第7章的介绍和分析相呼应，不存在任何困难. 然而，此处不再继续讨论这个问题.

第3部分

阵列波束方向图综合问题

13　从窄带方向图到协方差矩阵

天线阵列方向图设计已经得到了广泛研究，相关文献众多，其中包括经典的解析设计方法(Mailloux 1982;Dolph 1946;Elliott 1975;Ward et al. 1996;Van Trees 2002)以及近年来所提的数值优化方法(Lebret，Boyd 1997;Scholnik，Coleman 2000;Cardone et al. 2002;San Antonio，Fuhrmann 2005;Li，Xie，Stoica，Zheng，Ward 2007). 这些方法主要考虑的是接收方向图设计，即通过优化加权系数使某个特定方向的回波信号增强，其他方向的回波减弱，这样就可以从信号中估计某些特征(包括信号功率和到达方向). 在窄带情况下，接收方向图设计可以归结为有限冲击响应(FIR)滤波器设计;对于宽带情形，其可以归结为 FIR 滤波器组的设计.

另一方面，发射方向图设计主要是指通过设计探测信号去近似某个特定的期望发射方向图(即能量在空域和频域的分布). 通常认为发射方向图设计和接收方向图设计是等价的，在某种意义上这是部分成立的. 由于两者问题模型相似，因此将接收方向图设计得到的 FIR 滤波器抽头应用于探测信号时，在理论上可以获得等同的发射方向图. 然而，在实际中，考虑到发射波形的能量和峰均比等约束条件，设计发射方向图会更加困难. 需要特别指出的是，数模转换器限制了所允许的信号最大幅度. 此外，只有当输入信号具有恒模特性时，功率放大器才能很好地工作(Skolnik 2008;Patton，Rigling 2008). 如果发射信号的幅度起伏较大，可能会导致能量损耗甚至信号畸变. 因此，设计发射方向图时必须对发射波形施加恒模或者低峰均比约束. 相反，在接收方向图设计中，尽管也需考虑一些容易满足的约束(比如滤波器系数的对称性)，FIR 滤波器的抽头系数可以取任何值. 因此，除非采用相控阵列等简单情形，否则应区别对待发射方向图设计与更为普遍的接收方向图设计.

已有前人研究了 MIMO 雷达的探测信号设计问题，比如 Fuhrmann 和 San Antonio (2004)、Forsythe 和 Bliss(2005). 与相控阵列发射单个波形(不同阵元发射信号为同一信号的不同相移版本)不同的是，MIMO 雷达可以随意选择探测波形(Fishler Haimovich，Blum，Chizhik，Cimini，Valenzuela 2004;Fishler，Haimovich，Blum，Cimini，Chizhik，Valenzuela 2004;Robey et al. 2004;Xu et al. 2006;Fishler et al. 2006;Li，Stoica 2009). 本章对 Fuhrmann 和 San Antonio(2004)所采用的准则进行修正，以便同时考虑不同感兴趣目标回波间的互相关特性. 本章提出了一种高效的半正定二次规划算法 (semidefintie quadratic programming，SQP)，它可以在多项式时间内求解发射信号设计问题. 需要注意的是，本章所提出的方法仅适用于窄带信号. 另外，尽管本章主要关注 MIMO 雷达，但其中的研究结果可用于许多其他领域(具体可见第 17 章). 关于宽带方向图的综合问题，将在第 15 章详细讨论.

13.1 问题模型

考虑 M 个发射天线，其中 $x_m(n)$ 表示第 m 个天线发射的基带离散信号，令 θ 表示位置参数，比如方位角及其距离，假设发射信号为窄带信号并且传播信道是非色散的，那么位于 θ 处的基带信号如下（Fuhrmann，San Antonio 2004；Stoica，Moses 2005）：

$$\sum_{m=1}^{M} \mathrm{e}^{-\mathrm{j}2\pi f_0 \tau_m(\theta)} x_m(n) \triangleq \boldsymbol{a}^{\mathrm{H}}(\theta)\boldsymbol{x}(n) \quad (n=1,\cdots,N). \tag{13.1}$$

其中，f_0 为载频；$\tau_m(\theta)$ 为第 m 个阵元发射信号到达目标所需的时间；N 为每个发射信号脉冲的采样点数，则

$$\boldsymbol{x}(n) = [x_1(n)\ x_2(n)\ \cdots\ x_M(n)]^{\mathrm{T}}, \tag{13.2}$$

$$\boldsymbol{a}(\theta) = [\mathrm{e}^{\mathrm{j}2\pi f_0 \tau_1(\theta)}\ \mathrm{e}^{\mathrm{j}2\pi f_0 \tau_2(\theta)}\ \cdots\ \mathrm{e}^{\mathrm{j}2\pi f_0 \tau_M(\theta)}]^{\mathrm{T}}. \tag{13.3}$$

假设发射阵列已校准，因此给定 θ 时，$\boldsymbol{a}(\theta)$ 已知.

根据式(13.1)可知，发射信号在位置 θ 处的功率为

$$\boldsymbol{P}(\theta) = \boldsymbol{a}^{\mathrm{H}}(\theta)\boldsymbol{R}\boldsymbol{a}(\theta), \tag{13.4}$$

其中，$\boldsymbol{R}$ 为 $\boldsymbol{x}(n)$ 的协方差矩阵，即

$$\boldsymbol{R} = E\{\boldsymbol{x}(n)\,\boldsymbol{x}^{\mathrm{H}}(n)\}. \tag{13.5}$$

式(13.4)中的空间谱是 θ 的函数，因此被称为发射方向图.

接下来考虑的问题之一是如何设计 $\boldsymbol{R}$，其中 $\boldsymbol{R}$ 需要满足如下的阵元等功率特性：

$$R_{mm} = \frac{c}{M} \quad (m=1,\cdots,M;c\ 为定值), \tag{13.6}$$

R_{mm} 表示矩阵 $\boldsymbol{R}$ 的第 (m,m) 个元素. 设计 $\boldsymbol{R}$ 应考虑以下目标：

① 在给定某个目标位置处的空间功率最大，或者更为一般地，与某个期望发射方向图匹配；

② 最小化不同目标处发射信号的互相关性. 注意到从式(13.1)可以得出位置 θ 和 $\bar{\theta}$ 处信号的互相关为 $\boldsymbol{a}^{\mathrm{H}}(\theta)\boldsymbol{R}\boldsymbol{a}(\bar{\theta})$.

根据①，很自然地希望所设计的 $\boldsymbol{R}$ 能够使发射功率在感兴趣目标处的探测功率最大，在其他位置功率最小. 关于②，从 Xu 等(2006)的研究及其引用的文献可知，任何自适应 MIMO 雷达技术的统计性能严重依赖于互相关方向图 $\boldsymbol{a}^{\mathrm{H}}(\theta)\boldsymbol{R}\boldsymbol{a}(\bar{\theta})\,(\theta\neq\bar{\theta})$. 互相关性的增加会使算法性能快速下降. 为了强调上述结论的重要性，以相控阵雷达为例，由于任意两个不同位置目标的探测信号完全相关/相干，因此无法使用常规的自适应技术. 为了验证以上论述，13.3 节将在收发天线完全等同的情况下，以 Xu 等(2006)研究中的自适应技术处理 MIMO 雷达数据为例进行说明. 为简化处理，假设空间目标为点目标，则回波数据可以表示为

$$\boldsymbol{y}(n) = \sum_{k=1}^{K} \beta_k\, \boldsymbol{a}^{*}(\theta_k)\, \boldsymbol{a}^{\mathrm{H}}(\theta_k)\boldsymbol{x}(n) + \boldsymbol{g}(n), \tag{13.7}$$

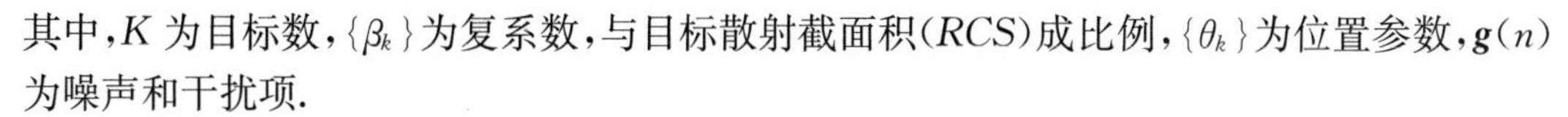

其中，K 为目标数，$\{\beta_k\}$ 为复系数，与目标散射截面积(RCS)成比例，$\{\theta_k\}$ 为位置参数，$\boldsymbol{g}(n)$ 为噪声和干扰项.

接下来讨论另一个关于 $\boldsymbol{R}$ 的设计问题. 在考虑式(13.6)中阵元等功率约束后，设计目标如下：

③ 最小化设定区域内的旁瓣电平；

④ 获得既定的 3 dB 波束宽度.

在接下来的部分，将介绍如何通过数学建模并求解相应的 $\boldsymbol{R}$，达成①和②或者③和④的目标.

评述 下一节给出的最优设计方法，特别是 13.2.3 和 13.2.5 中的方法可通过适当修正后应用于其他的发射功率约束，比如非均匀阵元功率约束或者总功率约束 $\mathrm{tr}(\boldsymbol{R})=c$，其中 $\mathrm{tr}(\cdot)$表示矩阵的迹. 然而，还是式(13.6)中的约束最有意义.

在确定 $\boldsymbol{R}$ 之后，可以采用多种方法综合发射信号$\{x(n)\}$使其协方差矩阵接近 $\boldsymbol{R}$，例如仅需令$\{\boldsymbol{x}(n)\}=\boldsymbol{R}^{1/2}\boldsymbol{w}(n)$，其中$\{\boldsymbol{w}(n)\}$为均值为 0、协方差矩阵为 $\boldsymbol{I}$ 的独立同分布序列，$\boldsymbol{R}^{1/2}$ 为 $\boldsymbol{R}$ 的平方根. 然而，上述方法合成的信号序列在实际感知系统中并不能满足所有要求(比如，信号不满足恒模要求). 在第 14 章将讨论当给定协方差矩阵时，如何获得实用的雷达探测信号.

13.2 最优设计

根据是否依赖先验信息以及应用不同优化准则来达到前面所述的目标①和②或者③和④，本节将考虑 4 种 MIMO 雷达设计问题. 与此同时，本节也讨论了与之相对应的相控阵列设计问题.

首先，假设没有任何关于感兴趣空域的先验信息.

13.2.1 目标位置未知时的功率最大化

假设感兴趣空域共有 $\widetilde{K}(\widetilde{K}\leqslant K)$个目标，不失一般性，令相应的角度为$\{\theta_k\}_{k=1}^{\widetilde{K}}$. 那么，发射信号在目标处的累积功率为

$$\sum_{k=1} \boldsymbol{a}^{\mathrm{H}}(\theta_k)\boldsymbol{R}\boldsymbol{a}(\theta_k) \triangleq \mathrm{tr}(\boldsymbol{R}\boldsymbol{B}), \tag{13.8}$$

其中

$$\boldsymbol{B}=\sum_{k=1}^{\widetilde{k}}\boldsymbol{a}(\theta_k)\,\boldsymbol{a}^{\mathrm{H}}(\theta_k). \tag{13.9}$$

在本小节，假设雷达没有关于 $\boldsymbol{B}$ 的任何先验信息. 因此，可以考虑优化 $\boldsymbol{R}$ 来最大化式(13.8)在最坏情况下的功率，即

$$\begin{cases} \max\limits_{\boldsymbol{R}} \min\limits_{\boldsymbol{B}} \operatorname{tr}(\boldsymbol{RB}) \\ \text{s. t. } R_{mm} = \dfrac{c}{M} \quad (m=1,\cdots,M) \\ \boldsymbol{R} \geqslant 0 \\ \boldsymbol{B} \geqslant 0;\ B \neq 0 \end{cases}, \tag{13.10}$$

其中 $\boldsymbol{R} \geqslant 0$ 表示 $\boldsymbol{R}$ 为半正定矩阵，约束 $\boldsymbol{B} \neq 0$ 是为了避免内层优化中的平凡解 $\boldsymbol{B}=0$.

与式(13.10)的设计问题类似，但使用一个不那么严格的总功率约束 $\operatorname{tr}(\boldsymbol{R})=c$ 代替式(13.10)中的等功率约束，Stoica 和 Ganesan(2002)得到的解为

$$\boldsymbol{R} = \frac{c}{M}\boldsymbol{I}. \tag{13.11}$$

由于式(13.11)也满足等功率约束，因此该式也是式(13.10)的最优解. 从直观上很好理解这个解的意义：由于没有感兴趣目标位置的任何先验信息，MIMO 雷达在空间任何位置处发射一个等功率的探测信号，即在任何位置 θ 处

$$\frac{c}{M} \| \boldsymbol{a}(\theta) \|^2 = c,$$

从式(13.3)可得 $\| \boldsymbol{a}(\theta) \|^2 = M$.

接下来假设可获得感兴趣目标的大致位置，在此前提下考虑三类设计问题. 关于如何获得目标位置的先验信息，后面在适当的环节将会解释.

13.2.2 目标位置已知时功率最大化

假设已获得 $\boldsymbol{B}$ 的估计值 $\hat{\boldsymbol{B}}$. 那么就不用考虑式(13.10)内层的最小化问题，相应的优化问题变为：在约束等功率的前提下，最大化感兴趣位置目标处的总功率. 这是一个半正定规划(SDP)问题，可以采用数值方法高效求解. 与式(13.10)不同的是它没有闭式解. 为此，接下来用总功率约束代替等功率约束，并考虑如下的优化问题：

$$\begin{cases} \max\limits_{\boldsymbol{R}} \operatorname{tr}(\boldsymbol{R}\hat{\boldsymbol{B}}) \\ \text{s. t. } \operatorname{tr}(\boldsymbol{R}) = c \quad (\boldsymbol{R} \geqslant 0) \end{cases}. \tag{13.12}$$

利用矩阵理论中的著名不等式，有

$$\operatorname{tr}(\boldsymbol{R}\hat{\boldsymbol{B}}) \leqslant \lambda_{\max}(\hat{\boldsymbol{B}}) \operatorname{tr}(\boldsymbol{R}) = c\lambda_{\max}(\hat{\boldsymbol{B}}), \tag{13.13}$$

其中，$\lambda_{\max}(\hat{\boldsymbol{B}})$表示矩阵 $\hat{\boldsymbol{B}}$ 的最大特征值，最后一个等号成立是因为 $\operatorname{tr}(\boldsymbol{R})=c$. 很明显，要达到式(13.13)的上界，$\boldsymbol{R}$ 需要满足下式：

$$\boldsymbol{R} = c\boldsymbol{u}\boldsymbol{u}^{\mathrm{H}}, \tag{13.14}$$

其中，$\boldsymbol{u}$ 是矩阵 $\hat{\boldsymbol{B}}$ 最大特征值 $\lambda_{\max}(\hat{\boldsymbol{B}})$ 对应的(归一化)特征矢量(Stoica，Ganesan 2002).

评述 如果 $\widetilde{K}=1$，式(13.14)退化为

$$\boldsymbol{R} = c\frac{\boldsymbol{a}(\hat{\theta})\boldsymbol{a}^{\mathrm{H}}(\hat{\theta})}{\| \boldsymbol{a}(\hat{\theta}) \|^2}, \tag{13.15}$$

这就是相控阵雷达系统中常用的时延求和发射波束形成器.

式(13.14)的最大功率解非常便于计算和使用. 特别地，利用恒模信号与 $\boldsymbol{u}$ 相乘可以合成式(13.14)所示的协方差矩阵. 然而，式(13.14)的设计也有一些不足：

① 与式(13.14)对应的各阵元发射功率可能起伏较大；

② 尽管式(13.14)能使得感兴趣目标处的总发射功率最大，然而每个目标处的功率分布不可控，因此，不同目标处的功率可能并不相同且与期望的水平有所差异；

③ 式(13.14)也无法控制互相关方向图.

事实上，对于式(13.14)中的解以及任何秩 1 解，互相关方向图的归一化幅度为($\theta \neq \bar{\theta}$)：

$$\frac{|\boldsymbol{a}^{\mathrm{H}}(\theta)\boldsymbol{R}\boldsymbol{a}(\bar{\theta})|}{|\boldsymbol{a}^{\mathrm{H}}(\theta)\boldsymbol{R}\boldsymbol{a}(\theta)|^{1/2}\ |\boldsymbol{a}^{\mathrm{H}}(\bar{\theta})\boldsymbol{R}\boldsymbol{a}(\bar{\theta})|^{1/2}} = \frac{|\boldsymbol{a}^{\mathrm{H}}(\theta)\boldsymbol{u}|\ |\boldsymbol{u}^{\mathrm{H}}\boldsymbol{a}(\bar{\theta})|}{|\boldsymbol{a}^{\mathrm{H}}(\theta)\boldsymbol{u}|\ |\boldsymbol{a}^{\mathrm{H}}(\bar{\theta})\boldsymbol{u}|} = 1. \tag{13.16}$$

由于反射至雷达处的任意两个目标回波信号完全相干，故而无法应用自适应定位技术.

接下来，用方向图匹配准则代替功率最大化准则设计发射方向图，同时考虑阵元等功率约束以及对每一个目标处的功率控制，该准则还包含了对互相关方向图的惩罚项.

评述 对接收端的信干噪比(SINR)进行优化也可得到式(13.10)或式(13.12)，但是所用的 $\boldsymbol{B}$ 并不相同. 为了对此进行说明，以 $\boldsymbol{R}$ 为优化变量，基于式(13.7)的最大化接收端信干噪比等价于最大化下述准则：

$$\mathrm{tr}\left(\sum_{k=1}^{K}\sum_{p=1}^{K}\beta_k\beta_p^{\mathrm{H}}\,\boldsymbol{a}_k^*\ \boldsymbol{a}_k^{\mathrm{H}}\boldsymbol{R}\,\boldsymbol{a}_p\,\boldsymbol{a}_p^{\mathrm{T}}\right) \equiv \mathrm{tr}(\boldsymbol{R}\widetilde{\boldsymbol{B}}), \tag{13.17}$$

其中，$\boldsymbol{a}_k$ 是 $\boldsymbol{a}(\theta_k)$的简化表示，并且

$$\widetilde{\boldsymbol{B}} = \sum_{k=1}^{K}\sum_{p=1}^{K}(\beta_k\beta_p^{\mathrm{H}})(\boldsymbol{a}_p^{\mathrm{T}}\boldsymbol{a}_k^*)(\boldsymbol{a}_p\,\boldsymbol{a}_k^{\mathrm{H}}). \tag{13.18}$$

(很容易验证 $\widetilde{\boldsymbol{B}} \geqslant 0$). 显然，式(13.10)、式(13.12)和式(13.18)中的代价函数具有相同形式. 另外，如果目标在空间分布得很开($\boldsymbol{a}_p^{\mathrm{T}}\boldsymbol{a}_k^{\mathrm{H}} \approx 0, p \neq k$)以及 β_k 取值相似，$\widetilde{\boldsymbol{B}} \approx \boldsymbol{B}$(相差一个常数项).

相比式(13.12)中最大化目标处的信号功率，最大化接收数据 SINR 应该是一个更好的准则. 尽管如此，这里仍然主要考虑式(13.12)，因为式(13.12)比式(13.17)更加贴近 13.2.3 节中发射方向图匹配设计的一般模型；另外，下文将述及，式(13.12)中的设计问题仅仅依赖于发射方向图模型(见式(13.1)～(13.5))，而式(13.17)及其设计要求使用接收数据模型(见式(13.7)).

13.2.3 方向图匹配设计

令 $\phi(\theta)$表示期望发射方向图，$\{\mu_{l=1}^{L}\}$表示覆盖期望空域的栅格点. 假设栅格点能够很好地近似目标位置$\{\theta_k\}_{k=1}^{\widetilde{K}}$. 和上一节一样，不考虑$\{\theta_k\}_{k=1}^{\widetilde{K}}$估计值$\{\hat{\theta}_k\}_{k=1}^{\widetilde{K}}$. 在本节的最后以及下一节，将解释如何获得 $\phi(\theta)$和$\{\hat{\theta}_k\}_{k=1}^{\widetilde{K}}$.

发射方向图设计的目标是通过优化 $\boldsymbol{R}$，使发射方向图$\boldsymbol{a}^{\mathrm{H}}(\theta)\boldsymbol{R}\boldsymbol{a}(\theta)$在感兴趣的目标空域内匹配或者近似匹配期望发射方向图 $\phi(\theta)$. 此外，还应使得互相关方向图$\boldsymbol{a}^{\mathrm{H}}(\theta)\boldsymbol{R}\boldsymbol{a}(\bar{\theta})$($\theta \neq \bar{\theta}$)在集合$\{\hat{\theta}_k\}_{k=1}^{\widetilde{K}}$中取值最小. 从数学上讲，如果采用最小二乘方法对匹配误差进行建模，则需要求解以下问题：

$$\begin{cases}\min\limits_{\alpha,\boldsymbol{R}}\left\{\dfrac{1}{L}\sum\limits_{l=1}^{L}w_l\left[\alpha\phi(\mu_l)-\boldsymbol{a}^{\mathrm{H}}(\mu_l)\boldsymbol{R}\boldsymbol{a}(\mu_l)\right]^2+\dfrac{2w_c}{\widetilde{K}^2-\widetilde{K}}\sum\limits_{k=1}^{\widetilde{K}-1}\sum\limits_{p=k+1}\left|\boldsymbol{a}^{\mathrm{H}}(\hat{\theta}_k)\boldsymbol{R}\boldsymbol{a}(\hat{\theta}_p)\right|^2\right\}\\ \text{s. t. } R_{mm}=\dfrac{c}{M}\quad(m=1,\cdots,M)\\ \boldsymbol{R}\geqslant 0.\end{cases}$$

(13.19)

其中，$w_l\geqslant 0$ 为第 l 个栅格点上的加权值，$w_c\geqslant 0$ 为互相关项的加权值. 如果在 μ_l 处的方向图匹配结果比在 μ_k 处更重要，那么 w_l 应该设置得大一点. 需要注意的是，如果 $\max\limits_l w_l>w_c$，则表示更加强调上述设计准则中的第一项；如果 $\max\limits_l w_l<w_c$，则相反.

注意到可以通过求解一个最小二乘问题来获得式(13.19)中尺度因子 α 的最优解. 在进行方向图匹配设计时引入 α 是因为 $\phi(\theta)$ 通常以归一化的形式给出(即 $\forall\theta,\phi(\theta)\leqslant 1$)，而我们感兴趣的问题是去近似 $\phi(\theta)$ 经过合适缩放的版本，而非 $\phi(\theta)$ 本身.

接下来，将说明式(13.19)中的设计问题可以表达为一个半正定二次规划问题，因此能在多项式时间内进行有效求解. 此外，还将解释如何获得式(13.19)所需的先验信息.

为了说明式(13.19)是一个半正定二次规划问题，需要一些额外的符号说明. 令 $\mathrm{vec}(\boldsymbol{R})$ 是将矩阵 $\boldsymbol{R}$ 按列拉直得到的 $M^2\times 1$ 维矢量. $\boldsymbol{r}$ 是由 $R_{mm}(m=1,\cdots,M)$ 以及 $R_{mp}(m,p=1,\cdots,M;p>m)$ 的实部、虚部组成的 $M^2\times 1$ 维实值矢量. 那么，考虑到 $\boldsymbol{R}$ 的共轭对称性，可得

$$\mathrm{vec}(\boldsymbol{R})=\boldsymbol{J}\boldsymbol{r}\tag{13.20}$$

其中，很容易推导 $M^2\times M^2$ 的矩阵 $\boldsymbol{J}$ 的元素为固定常数$(0,\pm j,\pm 1)$. 利用 vec 算子的一些简单性质和式(13.20)，很容易验证($\otimes$表示 Kronecker 积)

$$\begin{aligned}\boldsymbol{a}^{\mathrm{H}}(\mu_l)\boldsymbol{R}\boldsymbol{a}(\mu_l)&=\mathrm{vec}\left[\boldsymbol{a}^{\mathrm{H}}(\mu_l)\boldsymbol{R}\boldsymbol{a}(\mu_l)\right]\\&=\left[\boldsymbol{a}^{\mathrm{T}}(\mu_l)\otimes\boldsymbol{a}^{\mathrm{H}}(\mu_l)\right]\boldsymbol{J}\boldsymbol{r}\\&\equiv-\boldsymbol{g}_l^{\mathrm{T}}\boldsymbol{r},\end{aligned}\tag{13.21}$$

以及

$$\begin{aligned}\boldsymbol{a}^{\mathrm{H}}(\hat{\theta}_k)\boldsymbol{R}\boldsymbol{a}(\hat{\theta}_p)&=\left[\boldsymbol{a}^{\mathrm{T}}(\hat{\theta}_p)\otimes\boldsymbol{a}^{\mathrm{H}}(\hat{\theta}_k)\right]\boldsymbol{J}\boldsymbol{r}\\&\equiv\boldsymbol{d}_{k,p}^{\mathrm{H}}\boldsymbol{r}.\end{aligned}\tag{13.22}$$

将式(13.21)和式(13.22)代入式(13.19)可以得到以下更为紧凑的优化准则(很明显为 $\boldsymbol{r}$ 和 α 的二次函数)：

$$\begin{aligned}&\frac{1}{L}\sum_{l=1}^{L}w_l\left[\alpha\phi(\mu_l)+\boldsymbol{g}_l^{\mathrm{T}}\boldsymbol{r}\right]^2+\frac{2w_c}{\widetilde{K}^2-\widetilde{K}}\sum_{k=1}^{\widetilde{K}-1}\sum_{p=k+1}\left|\boldsymbol{d}_{k,p}^{\mathrm{H}}\boldsymbol{r}\right|^2\\&=\frac{1}{L}\sum_{l=1}^{L}w_l\left\{\left[\phi(\mu_l)\boldsymbol{g}_l^{\mathrm{T}}\right]\begin{bmatrix}\alpha\\ \boldsymbol{r}\end{bmatrix}\right\}^2+\frac{2w_c}{\widetilde{K}^2-\widetilde{K}}\sum_{k=1}^{\widetilde{K}-1}\sum_{p=k+1}\left|\left[0\ \boldsymbol{d}_{k,p}^{\mathrm{H}}\right]\begin{bmatrix}\alpha\\ \boldsymbol{r}\end{bmatrix}\right|^2\\&\equiv\boldsymbol{\rho}^{\mathrm{T}}\boldsymbol{\Gamma}\boldsymbol{\rho},\end{aligned}\tag{13.23}$$

其中

$$\boldsymbol{\rho}=\begin{bmatrix}\alpha\\ \boldsymbol{r}\end{bmatrix}\tag{13.24}$$

以及

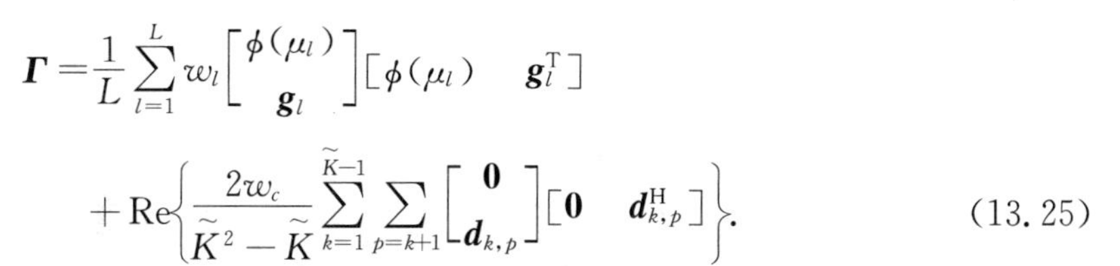

$$\boldsymbol{\Gamma} = \frac{1}{L}\sum_{l=1}^{L} w_l \begin{bmatrix} \phi(\mu_l) \\ \boldsymbol{g}_l \end{bmatrix} \begin{bmatrix} \phi(\mu_l) & \boldsymbol{g}_l^{\mathrm{T}} \end{bmatrix} + \mathrm{Re}\left\{ \frac{2w_c}{\widetilde{K}^2 - \widetilde{K}} \sum_{k=1}^{\widetilde{K}-1} \sum_{p=k+1} \begin{bmatrix} \boldsymbol{0} \\ \boldsymbol{d}_{k,p} \end{bmatrix} \begin{bmatrix} \boldsymbol{0} & \boldsymbol{d}_{k,p}^{\mathrm{H}} \end{bmatrix} \right\}. \tag{13.25}$$

矩阵 $\boldsymbol{\Gamma}$ 通常为秩亏矩阵. 例如，对于包含 M 个阵元的均匀线性阵列，阵元间距为半波长或者小于半波长，如果 $w_c=0$，很容易发现 $\boldsymbol{\Gamma}$ 的秩为 $2M$. 然而，$\boldsymbol{\Gamma}$ 秩的缺失并不会对求解半正定二次规划问题造成严重影响.

以式(13.23)为设计准则，式(13.19)可以重写为下述的半正定二次规划问题(Sturm 1999；Boyd，Vandenberghe 2004)：

$$\begin{aligned} & \min_{\delta,\boldsymbol{\varrho}} \delta \\ & \text{s.t.} \ \| \boldsymbol{\varrho} \| \leqslant \delta \\ & R_{mm}(\boldsymbol{\varrho}) = \frac{c}{M} \quad (m=1,\cdots,M) \\ & \boldsymbol{R}(\boldsymbol{\varrho}) \geqslant 0, \end{aligned} \tag{13.26}$$

其中($\boldsymbol{\Gamma}^{1/2}$ 是 $\boldsymbol{\Gamma}$ 的均方根)

$$\boldsymbol{\rho} = \boldsymbol{\Gamma}^{1/2} \boldsymbol{\varrho}, \tag{13.27}$$

且明确了 $\boldsymbol{R}$ 为$\boldsymbol{\varrho}$的线性函数. 对于实际中常见的的阵列尺寸 M，可在 PC 机上利用一些公开发布的软件对上述问题进行高效求解(Sturm 1999).

在某些应用中，希望合成的方向图在某些位置上更加逼近期望值. 如上所述，在某种程度上，可以通过在式(13.19)中选择合适的权值 $\{w_l\}$ 达到上述目标. 然而，如果要方向图精确匹配期望值，仅仅选择合适的 $\{w_l\}$ 是不够的，必须修改相应的优化模型.

例如，如果希望发射方向图在多个点上能够等于期望值，那么需要在式(13.19)中附加下列约束：

$$\boldsymbol{a}^{\mathrm{H}}(\breve{\mu}_l)\boldsymbol{R}\boldsymbol{a}(\breve{\mu}_l) = \zeta_l \quad (l=1,\cdots,\breve{L}), \tag{13.28}$$

其中，$\{\zeta_l\}$ 为预设值. 如果在一些点 $\{\breve{\mu}_l\}_{l=1}^{\breve{L}}$ 上严格小于等于某些特定的期望值，则需要对式(13.19)进行相似的修正. 这些扩展后的优化问题(附加等式或者不等式)也是半正定二次规划问题，因此与式(13.19)类似，仍然可以采用一些成熟的软件进行有效求解(Sturm 1999；Boyd，Vandeberghe 2004).

在结束本节之前，简要解释如何得到期望方向图 $\phi(\theta)$ 和(初始)位置的估计值(相关内容在下一节还会进一步讨论). 在开始工作时，MIMO 雷达并没有关于场景的先验信息，因此朝目标发射 maximin 意义下功率最优的信号，即 $\boldsymbol{R}=(c/M)\boldsymbol{I}$(见式(13.11)). 然后利用接收阵列的数据 $\boldsymbol{y}(n)_{n=1}^{N}$ 计算文献(Xu et al. 2006)中广义似然比检验(GLRT)函数，即

$$\widetilde{\phi}(\theta) = 1 - \frac{\boldsymbol{a}^{\mathrm{H}}(\theta)\hat{\boldsymbol{R}}_{yy}^{-1}\boldsymbol{a}(\theta)}{\boldsymbol{a}^{\mathrm{H}}(\theta)\boldsymbol{Q}^{-1}\boldsymbol{a}(\theta)}, \tag{13.29}$$

其中，

$$\hat{\boldsymbol{Q}} = \hat{\boldsymbol{R}}_{yy} - \frac{\hat{\boldsymbol{R}}_{yx}\boldsymbol{a}(\theta)\boldsymbol{a}^{\mathrm{H}}(\theta)\hat{\boldsymbol{R}}_{yx}^{\mathrm{H}}}{\boldsymbol{a}^{\mathrm{H}}(\theta)\hat{\boldsymbol{R}}_{xx}\boldsymbol{a}(\theta)}, \tag{13.30}$$

$$\hat{\boldsymbol{R}}_{yx} = \frac{1}{N}\sum_{n=1}^{N}\boldsymbol{y}(n)\boldsymbol{x}^{\mathrm{H}}(n), \tag{13.31}$$

$\hat{\boldsymbol{R}}_{xx}$ 和$\hat{\boldsymbol{R}}_{yy}$ 的定义类似(注意到由于 $\boldsymbol{R}=(c/M)\boldsymbol{I}$,采样矩阵$\hat{\boldsymbol{R}}_{xx}$ 一般与$(c/M)\boldsymbol{I}$ 会稍微有所差异). 函数 $\tilde{\phi}(\theta)$具备下列性质(具体详见 Xu et al. (2006)):

① 在目标位置$\{\theta_k\}_{k=1}^{K}$附近接近 1,在其他地方接近 0;

② 与其他方法得到的空间(伪)谱不同,式(13. 29)即使在可能出现的强干扰处的值也比较小(假设干扰信号与 $\boldsymbol{x}(n)$不相关);

③ 式(13. 29)在目标位置附近生成的峰值宽度能够在分辨力和稳健性之间很好地折中.

基于上述特性,可以选择 $\tilde{\phi}(\theta)$的主峰位置作为$\{\theta_k\}_{k=1}^{\tilde{K}}$的估计值,进而可以获得期望发射方向图,详细分析见下一节. 值得注意的是,鉴于上述性质,MIMO 雷达就不会在干扰所处的方向浪费发射功率(同时也使得雷达难以被检测),也不会向不感兴趣的目标位置发射信号(从而允许雷达将更多的功率发向感兴趣的目标).

13.2.4 最小化方向图旁瓣

在某些应用中,方向图设计的目标是:当 MIMO 雷达指向指定的角度 θ_0时,将某些区域的旁瓣电平降到最小. 在约束阵元等功率发射的前提下,方向图旁瓣最小化问题可以建模如下:

$$\begin{cases}\min\limits_{t,\boldsymbol{R}}(-t)\\ \text{s.t. } \boldsymbol{a}^{\mathrm{H}}(\theta_0)\boldsymbol{R}\boldsymbol{a}(\theta_0)-\boldsymbol{a}^{\mathrm{H}}(\mu_l)\boldsymbol{R}\boldsymbol{a}(\mu_l)\geqslant t \quad (\forall\mu_l\in\Omega)\\ \boldsymbol{a}^{\mathrm{H}}(\theta_1)\boldsymbol{R}\boldsymbol{a}(\theta_1)=0.5\,\boldsymbol{a}^{\mathrm{H}}(\theta_0)\boldsymbol{R}\boldsymbol{a}(\theta_0)\\ \boldsymbol{a}^{\mathrm{H}}(\theta_2)\boldsymbol{R}\boldsymbol{a}(\theta_2)=0.5\,\boldsymbol{a}^{\mathrm{H}}(\theta_0)\boldsymbol{R}\boldsymbol{a}(\theta_0)\\ \boldsymbol{R}\geqslant 0\\ R_{mm}=\dfrac{c}{M} \quad (m=1,\cdots,M)\end{cases}, \tag{13.32}$$

其中,$\theta_2-\theta_1$ 表示 3 dB 主波束宽度($\theta_2>\theta_0$ 且 $\theta_1<\theta_0$),Ω 表示感兴趣区域的旁瓣. 利用一些公开发布的软件可在多项式时间内求解上述半正定规划问题(Sturm 1999). 与前一节所述的半正定二次规划问题类似,如有需要,可用总功率约束替换阵元等功率约束. 注意到有时可以放宽式(13. 32)中的 3 dB 主波束宽度约束,比如将其替换为

$$(0.5-\delta)\boldsymbol{a}^{\mathrm{H}}(\theta_0)\boldsymbol{R}\boldsymbol{a}(\theta_0)\leqslant\boldsymbol{a}^{\mathrm{H}}(\theta_i)\boldsymbol{R}\boldsymbol{a}(\theta_i)\leqslant(0.5+\delta)\boldsymbol{a}^{\mathrm{H}}(\theta_0)\boldsymbol{R}\boldsymbol{a}(\theta_0) \quad (i=1,2)$$

其中,δ 取很小的值. 约束放宽后不仅可以获得更低的旁瓣,而且可行解区域与式(13. 32)相比有所增加.

在保证总发射功率为 c 的前提下,也可以将阵元功率约束放宽为更加灵活的约束,即将阵元功率限定在 c/M 附近的某个范围之内. 约束放宽后不仅旁瓣电平变低了,而且方向图更为平滑,后续的仿真中将说明这一点.

13.2.5 相控阵列方向图设计

最后简要说明传统相控阵列的方向图设计问题. 由于相控阵方向图仅仅依赖于阵列加权矢量,因此所有阵元的发射信号为同一信号经过不同尺度缩放后的波形. 基于上述分析,

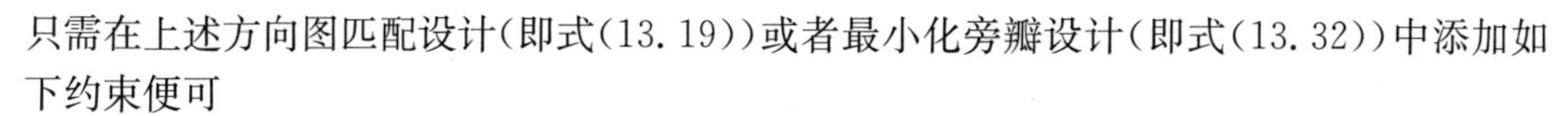

只需在上述方向图匹配设计(即式(13.19))或者最小化旁瓣设计(即式(13.32))中添加如下约束便可

$$\operatorname{rank}(\boldsymbol{R}) = 1. \tag{13.33}$$

然而,秩1约束使得原有的凸优化问题变成了非凸优化问题.凸性的缺失使得这些秩1约束问题相比原始优化问题要难解得多(Orsi et al. 2004).通常采用半正定松弛(SDR)技术来近似求解这些秩约束问题(Boyd,Vandenberghe 2004).去除秩约束条件便能得到原优化问题的半正定松弛.因此,很有意思的是,MIMO雷达方向图设计可视为相控阵列方向图设计的半正定松弛.

在下面的数值仿真中,将采用Orsi等(2004)的类牛顿法(Newton-like)来求解相控阵列的秩1约束设计问题.该算法首先采用半正定松弛获得初始解,这个解正好对应于MIMO雷达方向图设计问题.虽然该方法无法保证类牛顿算法的收敛性(Orsi et al. 2004),但是在数值仿真中并没有遇到明显的收敛问题.需要说明的是,文献[Orsi et al. 2004]的方法仅适用于实值矢量和矩阵,因此需要把式(13.33)中的秩1约束重写为实值形式:

$$\operatorname{rank}(\widetilde{\boldsymbol{R}}) = 2, \tag{13.34}$$

其中,

$$\widetilde{\boldsymbol{R}} = \begin{bmatrix} \operatorname{Re}(\boldsymbol{R}) & -\operatorname{Im}(\boldsymbol{R}) \\ \operatorname{Im}(\boldsymbol{R}) & \operatorname{Re}(\boldsymbol{R}) \end{bmatrix}, \tag{13.35}$$

式(13.33)和式(13.34)之间的等价性证明见附录13.

13.3 数值仿真

本节给出几个数值算例来说明所提及方法设计MIMO雷达探测信号的优点.考虑采用线性均匀阵列的MIMO雷达,阵元数为$M=10$,阵元间距为半波长.收发阵列为同一阵列.不失一般性,设定总发射功率为$c=1$.

13.3.1 方向图匹配设计

首先考虑场景中有$K=3$个目标,分别位于$\theta_1=-40°$,$\theta_1=0°$和$\theta_1=40°$,目标幅度分别为$\beta_1=\beta_2=\beta_3=1$.在角度25°处有一未知强干扰,与MIMO雷达发射波形不相关,功率为10^6(60 dB).每一个发射信号脉冲经采样后为256点.接收信号中包含零均值圆对称空时高斯白噪声,功率为σ^2.假设只有目标反射发射信号(实际上背景也会反射信号).在这种情况中,相比全向辐射,将功率更多地发向目标会产生少得多的杂波.因此,通过设计合适的发射方向图,MIMO雷达取得的性能增益可能比本节结果所示还要多.

由于没有利用任何关于目标位置的先验信息,所以初始探测波形由目标位置未知时最大化方向图功率设计所得到,即$\boldsymbol{R}=(c/M)\boldsymbol{I}$.相应的发射方向图在空间等功率分布,即在任何角度$\theta$,功率恒为$c=1$.基于该初始波形得到的接收数据,利用式(13.29)~式(13.31)中的 GLRT 技术可以估计目标位置，也可以采用 Capon 技术估计目标位置，即下面空间谱最大值对应的位置（详见 Xu et al.（2006））：

$$\frac{\left|\boldsymbol{a}^{\mathrm{H}}(\theta)\hat{\boldsymbol{R}}_{yy}^{-1}\hat{\boldsymbol{R}}_{yx}\boldsymbol{a}^{\mathrm{H}}(\theta)\right|}{\left|\boldsymbol{a}^{H}(\theta)\hat{\boldsymbol{R}}_{yy}^{-1}\boldsymbol{a}(\theta)\right|\left|\boldsymbol{a}^{\mathrm{T}}(\theta)\hat{\boldsymbol{R}}_{xx}\boldsymbol{a}^{\mathrm{H}}(\theta)\right|}. \tag{13.36}$$

$\sigma^2=-10$ dB 时的 Capon 谱如图 13.1(a)所示. 从中可以看出，只有在目标位置附近会出现一个比较窄的峰. 另外注意到由于存在强干扰，在 $\theta=25°$附近会出现假峰. 随角度变化的 GLRT 伪谱如图 13.1(b)所示. 可以看出 GLRT 方法在目标处的取值接近 1，在包括干扰位置的其他地方取值接近 0. 因此，GLRT 方法可以用来抑制 Capon 谱中的干扰峰. Capon 谱中的剩余峰可以用来估计目标位置. 另外注意到 Capon 谱要比 GLRT 谱的谱峰更尖锐，因此，有必要时将用 Capon 谱代替 GLRT 谱来估计目标位置.

利用 Capon 或者 GLRT 所得的目标初始位置可用来对式(13.14)中的最大化功率设计问题建模，下面主要利用 GLRT 估计. 基于所优化的 $\boldsymbol{R}$ 合成的发射方向图如图 13.2 所示. 因为 $\boldsymbol{R}$ 的秩为 1，此时 MIMO 雷达与相控阵列雷达等同. 因而，当存在多目标时，由于目标回波完全相关，将无法利用自适应方法来增强目标位置的估计性能.

利用 Capon 或者 GLRT 获得的初始目标位置估计也可以用来构造方向图匹配设计中的期望方向图. 在接下来的仿真中，利用 GLRT 伪谱的主峰位置 $\hat{\theta}_1,\cdots,\hat{\theta}_{\hat{K}}$ 来构造期望方向图（$\hat{K}$ 为 K 的估计）：

$$\phi(\theta)=\begin{cases}1 & (\theta\in[\hat{\theta}_k-\Delta,\hat{\theta}_k+\Delta];k=1,\cdots,\hat{K})\\ 0 & (\text{其他})\end{cases}, \tag{13.37}$$

其中，2Δ 为每个目标的波束宽度（Δ 应该大于预期的 $\{\hat{\theta}_k\}$ 误差）. 设 $\Delta=10°$，角度间隔为 0.1°，$w_l=1, l=1,\cdots,L, w_c=0$，求解式(13.19)中的方向图匹配问题所得的发射方向图如图 13.3(a)所示，其中虚线表示式(13.37)中期望方向图与尺度因子 α 的乘积. 相控阵列的方向图（附加约束 rank($\boldsymbol{R}$)=1 后的优化结果）如图 13.3(b)所示. 值得注意的是，相控阵列

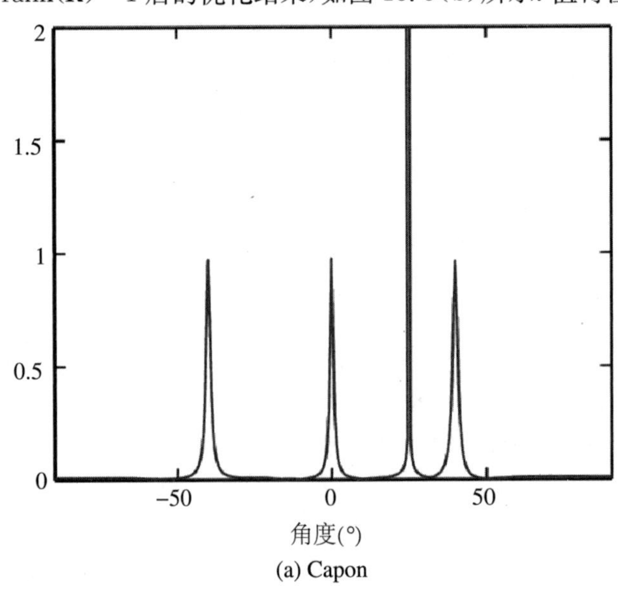

(a) Capon

图 13.1　初始全向探测时随 θ 变化的 Capon 谱和 GLRT 伪谱

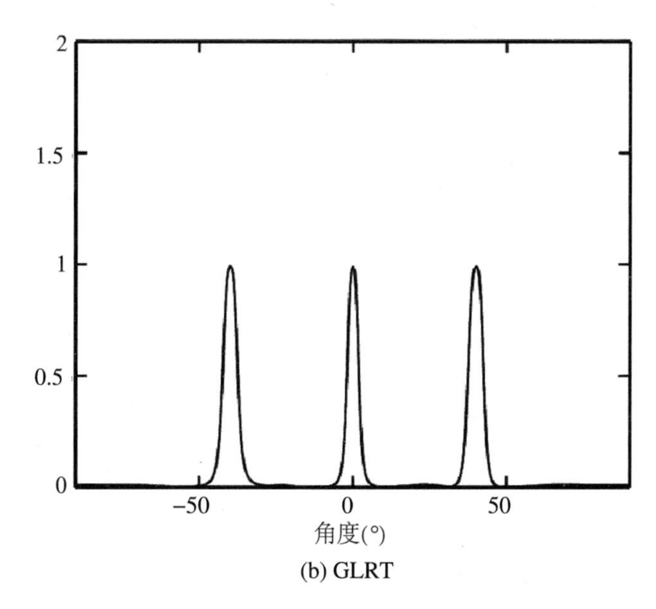

(b) GLRT

图 13.1 初始全向探测时随 θ 变化的 Capon 谱和 GLRT 伪谱(续)

方向图的旁瓣电平比 MIMO 雷达更高. 另外,MIMO 雷达的发射方向图是对称的(或者近似对称的),很自然这是因为期望方向图是对称的;然而相控阵的方向图是非对称的(采用相控阵列生成对称方向图会使得匹配性能急剧下降). 更为重要的是,在多目标情况下,相控阵发射方向图虽然能够在目标处形成峰值,但是由于目标回波是相干的,导致无法采用自适应技术实现目标的检测和定位.

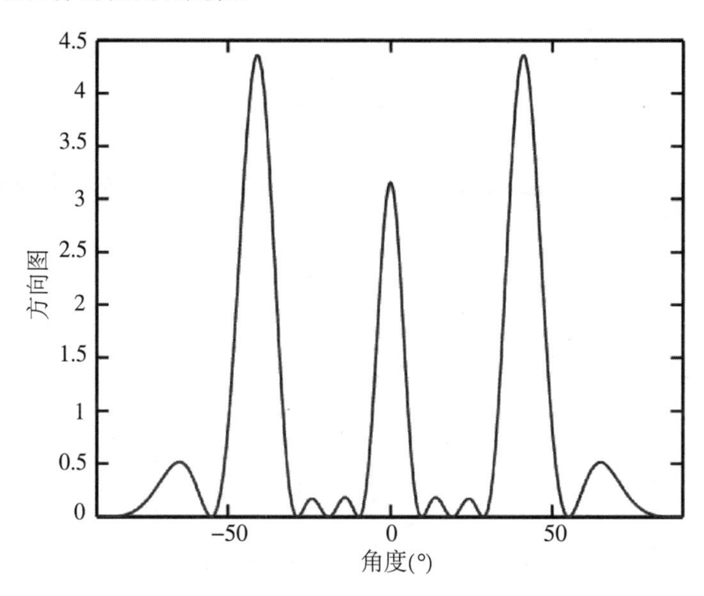

图 13.2 目标位置给定时(利用初始全向探测进行估计)基于最大化功率所设计的发射方向图

注意到,虽然图 13.3(a)中 $w_c=0$,但从中仍然可以看出目标回波之间的互相关较低. 然而当 $w_c=0$ 时,随着 Δ 下降,目标回波间的互相关性将会变强. 在这种情况下,需要增加式(13.19)中第二项代价函数的权值,才能获得更低的回波互相关.令$\Delta=5°$,回波信号归一化互相关系数随w_c的变化曲线如图13.4(a)所示.从中可以发现当w_c接近于0时,第一个目标和第三个目标的回波具有很强的相关性,这对于任何自适应技术都非常不利.相反,当$w_c=1$时,所有的互相关系数都近似为0.图13.4(b)比较了$w_c=0$和$w_c=1$时的发射方向图性能.注意到$w_c=1$和$w_c=0$的方向图设计结果非常相似,尽管前者相比后者拥有更优的互相关性能.

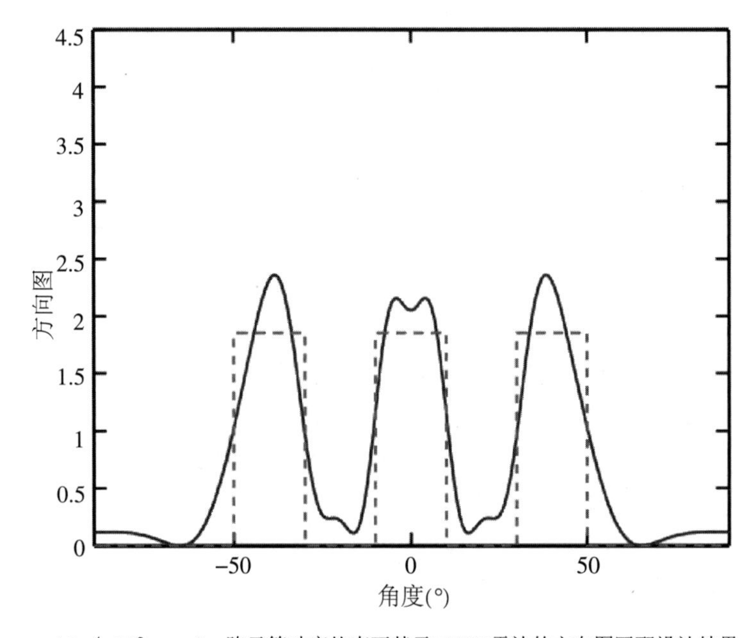

(a) $\varDelta=10°$, $w_c=0$, 阵元等功率约束下基于MIMO雷达的方向图匹配设计结果

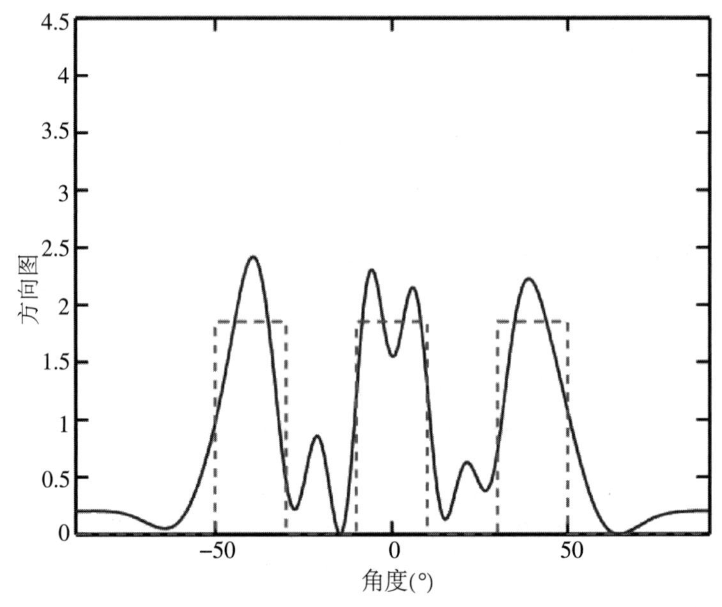

(b) $\varDelta=10°$, $w_c=0$, 阵元等功率约束下基于相控阵列的方向图匹配设计结果

图 13.3 发射方向图(用α进行尺度缩放的期望方向图用虚线表示)

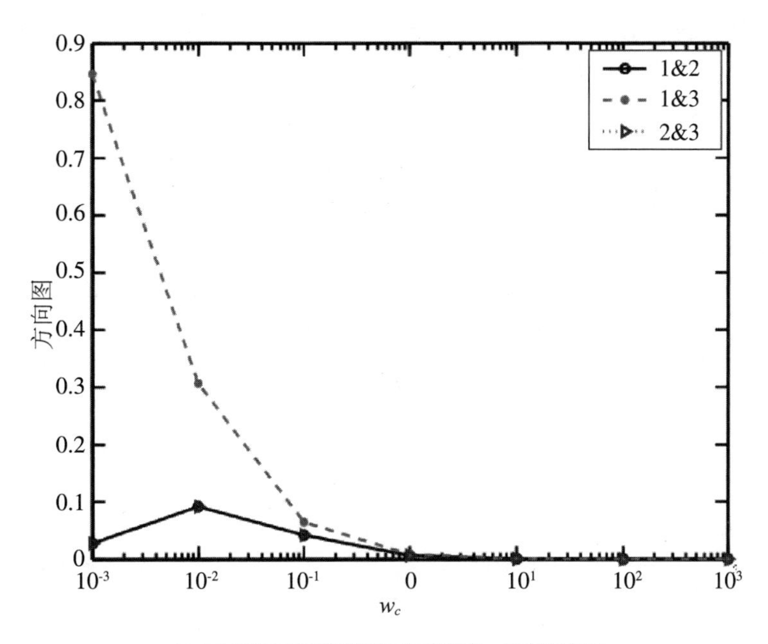

(a) 3个目标回波信号互相关系数随w_c的变化关系

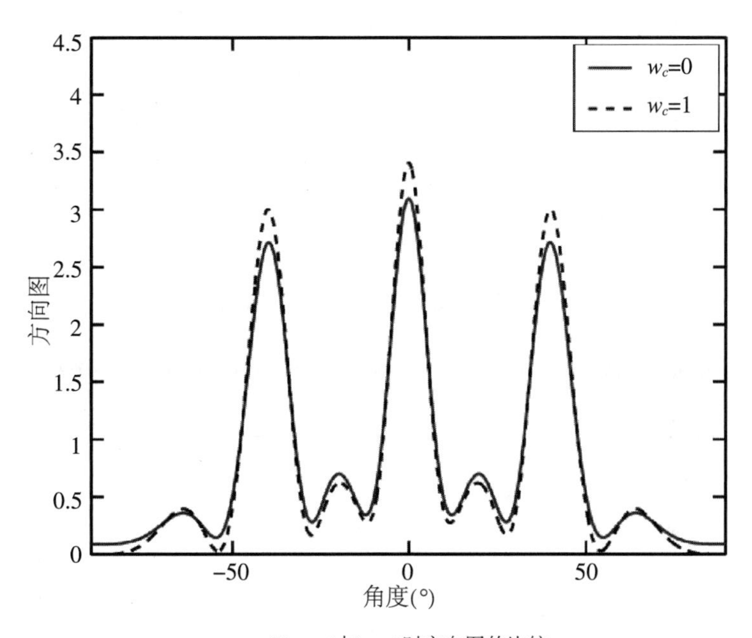

(b) w_c=0与w_c=1时方向图的比较

图 13.4　阵元等功率约束下基于 MIMO 雷达的方向图匹配设计结果(Δ=5°)

在实际中,理论协方差矩阵 $\boldsymbol{R}$ 主要通过采样矩阵 $\hat{\boldsymbol{R}}_{xx}=\dfrac{1}{N}\sum_{n=1}^{N}\boldsymbol{x}(n)\,\boldsymbol{x}^{\mathrm{H}}(n)$ 来实现,这将使合成的发射方向图与设计的方向图有细微的差别(除非$\hat{\boldsymbol{R}}_{xx}=\boldsymbol{R}$,仅当$\boldsymbol{x}(n)=\boldsymbol{R}^{1/2}\boldsymbol{w}(n)$且$\dfrac{1}{N}\sum_{n=1}^{N}\boldsymbol{w}(n)\,\boldsymbol{w}^{\mathrm{H}}(n)=\boldsymbol{I}$时成立;接下来假设$\{\boldsymbol{w}(n)\}$为空时白噪声信号从而使后面的等式在

有限样本的条件下近似成立). 令 $\varepsilon(\theta)$ 为矩阵$\hat{\boldsymbol{R}}_{xx}$ 和 $\boldsymbol{R}$ 对应方向图的相对差异:

$$\varepsilon(\theta)=\frac{\boldsymbol{a}^{\mathrm{H}}(\theta)(\hat{\boldsymbol{R}}_{xx}-\boldsymbol{R})\boldsymbol{a}(\theta)}{\boldsymbol{a}^{\mathrm{H}}(\theta)\boldsymbol{R}\boldsymbol{a}(\theta)}\quad(\theta\in[-90^\circ,90^\circ]).\tag{13.38}$$

当 $w_c=1,N=256$ 时,以图 13.4(b)中的设计结果为例,$\varepsilon(\theta)$随 θ 的变化关系如图 13.5(a)所示. 从中可以发现两者的差异非常小. 将式(13.38)在所有格点上的经过多次蒙特卡洛实验后得到的均方值作为$\hat{\boldsymbol{R}}_{xx}$ 和 $\boldsymbol{R}$ 对应方向图的均方差. 设定蒙特卡洛实验次数为 1 000, 均方差随 N 的变化关系如图 13.5(b)所示. 正如预期,采样点 N 越大,均方差越小.

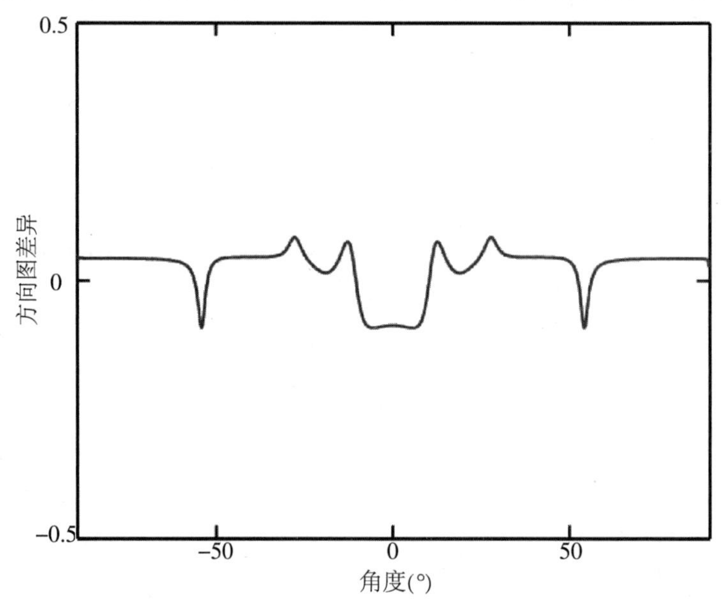

(a) N=256时，方向图差异随θ的变化

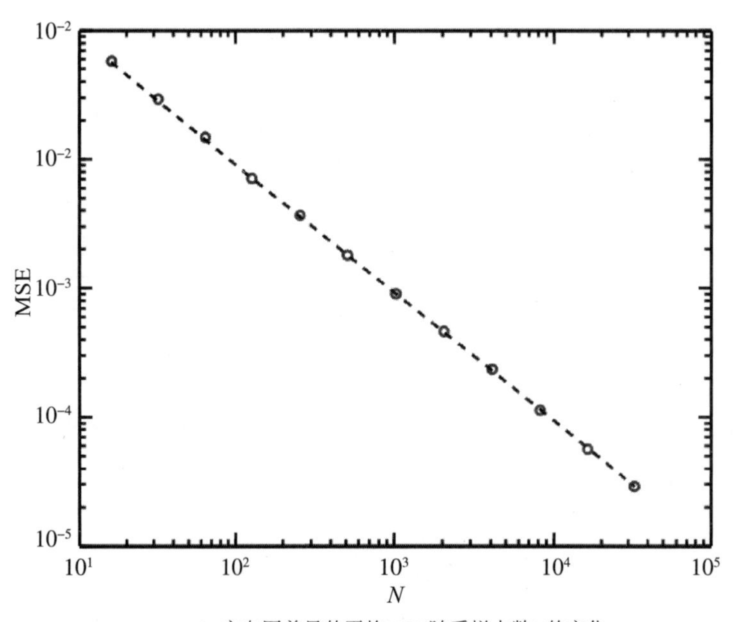

(b) 方向图差异的平均MSE随采样点数N的变化

图 13.5　用$\hat{\boldsymbol{R}}_{xx}$代替 $\boldsymbol{R}$ 时,方向图的差异分析

接下来,考虑从反射信号中估计复幅度$\{\beta_k\}$(见式(13.7))和位置参数$\{\theta_k\}$. 假设目标数为$K=3$,分别位于$\theta_1=-40°$、$\theta_1=0°$和$\theta_1=3°$,目标幅度分别为$\beta_1=\beta_2=\beta_3=1$. 在25°处存在一个与MIMO雷达波形不相关的未知强干扰,功率为10^6(60 dB). 每个发射脉冲采样后为256点. 接收信号中包含零均值圆对称空时高斯白噪声,功率为$\sigma^2=-10$ dB. 初始阶段采用全向探测信号对应的Capon谱和GLRT伪谱分别如图13.6(a)和图13.6(b)所示. 从中可以看出,此时无法分辨在空间上靠得很近的两个目标. 接下来利用这个初始结果对式

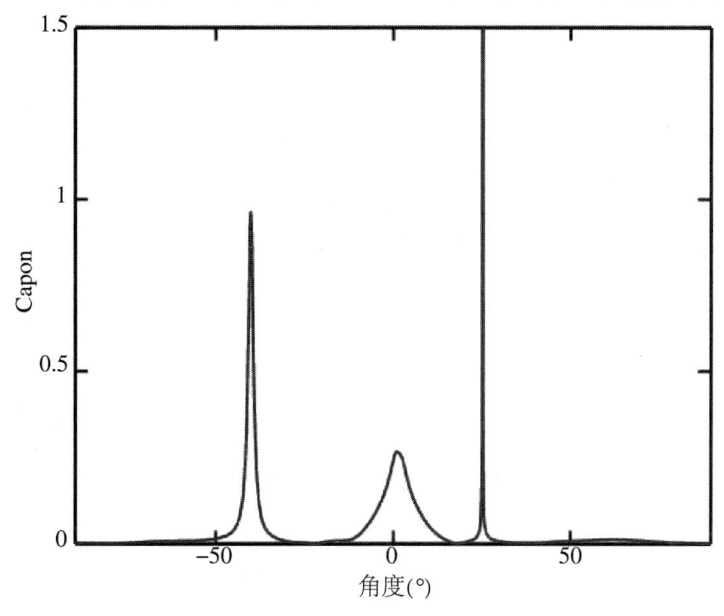

(a) 初始全向探测时的Capon谱

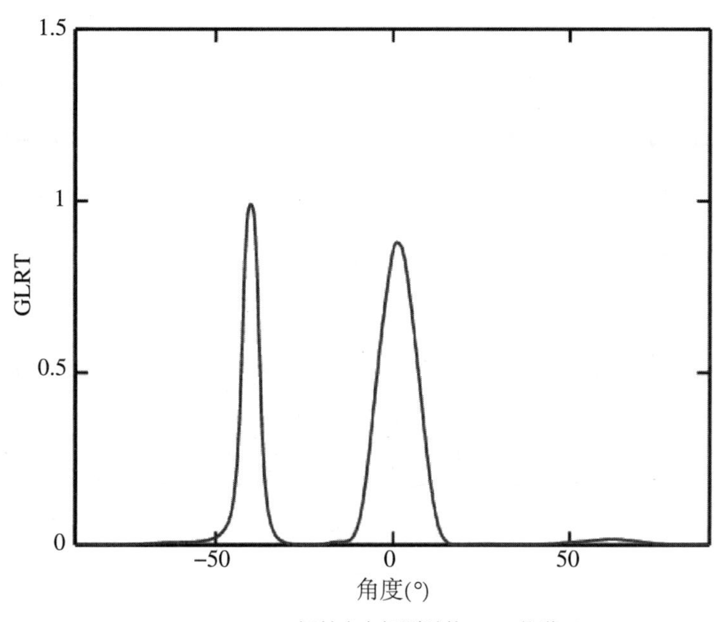

(b) 初始全向探测时的GLRT伪谱

图13.6　Capon谱和GLRT伪谱随θ的变化

(13.19)中的方向图匹配设计问题进行建模,其中角度栅格大小为 $0.1°$,$w_l=1,l=1,\cdots,L$,$w_c=1$. 因为初始波形仅指示两个主峰,将这两个主峰位置应用于式(13.19). 期望方向图见式(13.37),其中 $\Delta=10°$,$\hat{K}=2$. 图 13.7(a)和图 13.7(b)分别为发射优化后波形的 Capon 谱和 GLRT 伪谱,此时可以区分两个相距很近的目标.

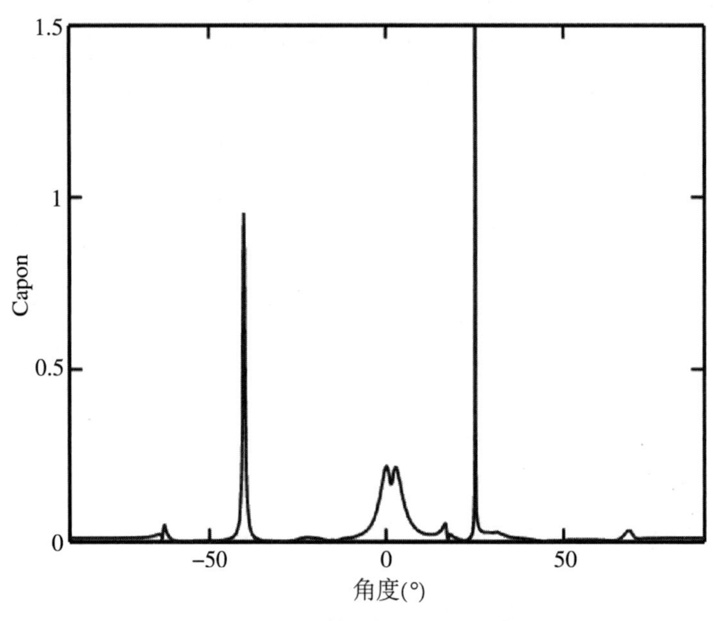

(a) 最优探测波形的Capon谱

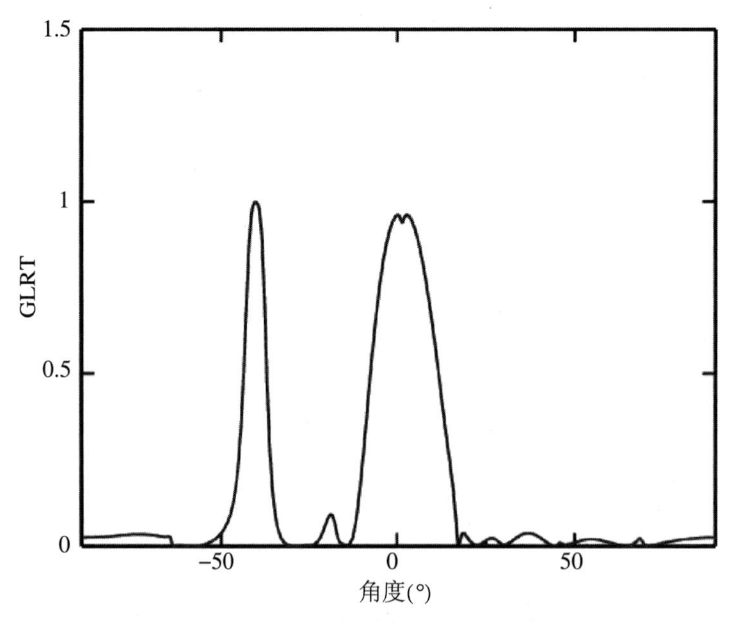

(b) 最优探测波形的GLRT伪谱

图 13.7　Capon 谱和 GLRT 伪谱随 θ 的变化

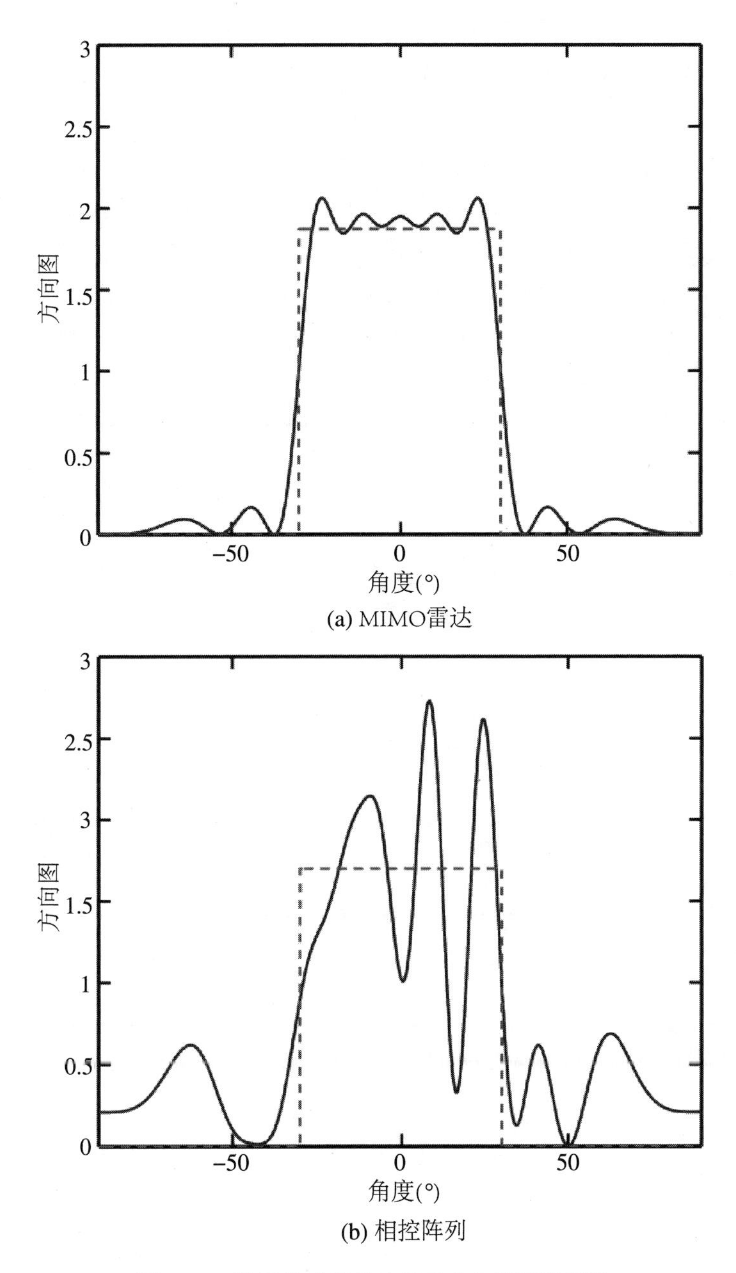

(a) MIMO雷达

(b) 相控阵列

图 13.8　阵元等功率约束下的方向图匹配设计

在结束本节之前，考虑仅有一个主波束的情形，其中主波束指向 0°，波束宽度为 60°，角度栅格间隔为 0.1°，$w_l=1$，$l=1,\cdots,L$，$w_c=0$. 基于式(13.19)的方向图匹配设计结果如图 13.8(a)所示. 图 13.8(b)为式(13.19)中考虑 rank($\boldsymbol{R}$)=1 约束后的相控阵列方向图. 注意到在阵元等功率约束下，相控阵方向图设计的自由度为 $M-1$(实值参数). 因此对于相控阵列而言，很难合成合适的宽波束(spoiled beam，也被称为掠夺性波束). 由于 MIMO 雷达拥有比较高的自由度(M^2-M)，因此其合成的方向图非常接近期望方向图. 有趣的是，在总功率约束下，部分数值实验表明 MIMO 雷达与相控阵列的方向图非常相似. 然而，在总功率约束下，相控阵列的阵元功率变化很大，在很多场合中无法应用.

13.3.2 最小化方向图旁瓣

考虑式(13.32)的方向图设计问题,其中主波束指向为 $\theta_0=0^\circ$,3 dB 波束宽度为 20°($\theta_1=-10^\circ$,$\theta_2=10^\circ$),旁瓣区域为 $\Omega=[-90^\circ,-20^\circ]\cup[20^\circ,90^\circ]$,角度栅格大小为 0.1°. 基于式(13.32)获得的最小化方向图旁瓣设计结果如图 13.9(a)所示,可以观察到 MIMO 雷达的峰值旁瓣电平相比主瓣低了将近 18 dB. 考虑式(13.32)中秩 1 约束后所得的相控阵列方向图如图 13.9(b)所示. 可以看到该方法无法合成合适的主瓣,出现了峰值分裂现象,并且其旁瓣电平比 MIMO 雷达高了 5 dB.

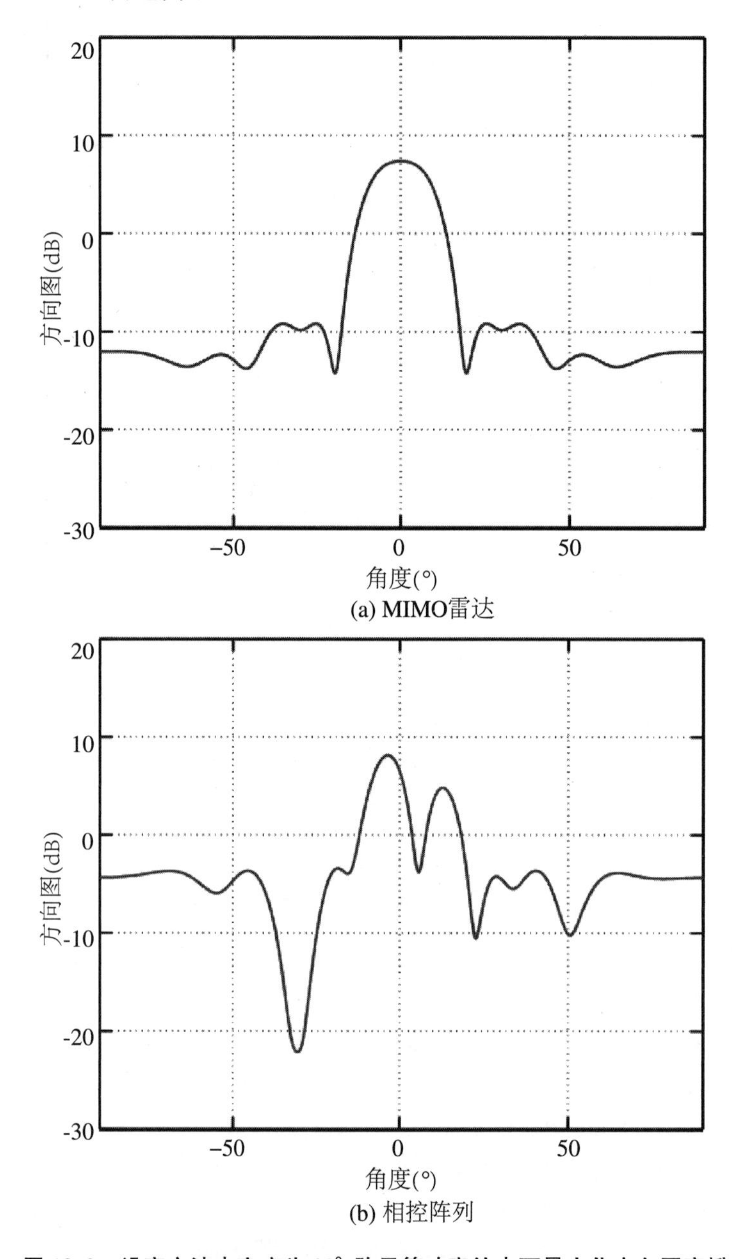

图 13.9 设定主波束宽度为 20°,阵元等功率约束下最小化方向图旁瓣

图 13.10 与图 13.9 类似，只不过允许其阵元功率在 $c/M=1/10$ 的 80%～120%之间变化，但总功率仍然为 $c=1$. 从中可以观察到，通过放宽对阵元等功率的约束，MIMO 雷达的峰值旁瓣电平下降了 3 dB. 反之，相控阵列的方向图性能并不能显著提升.

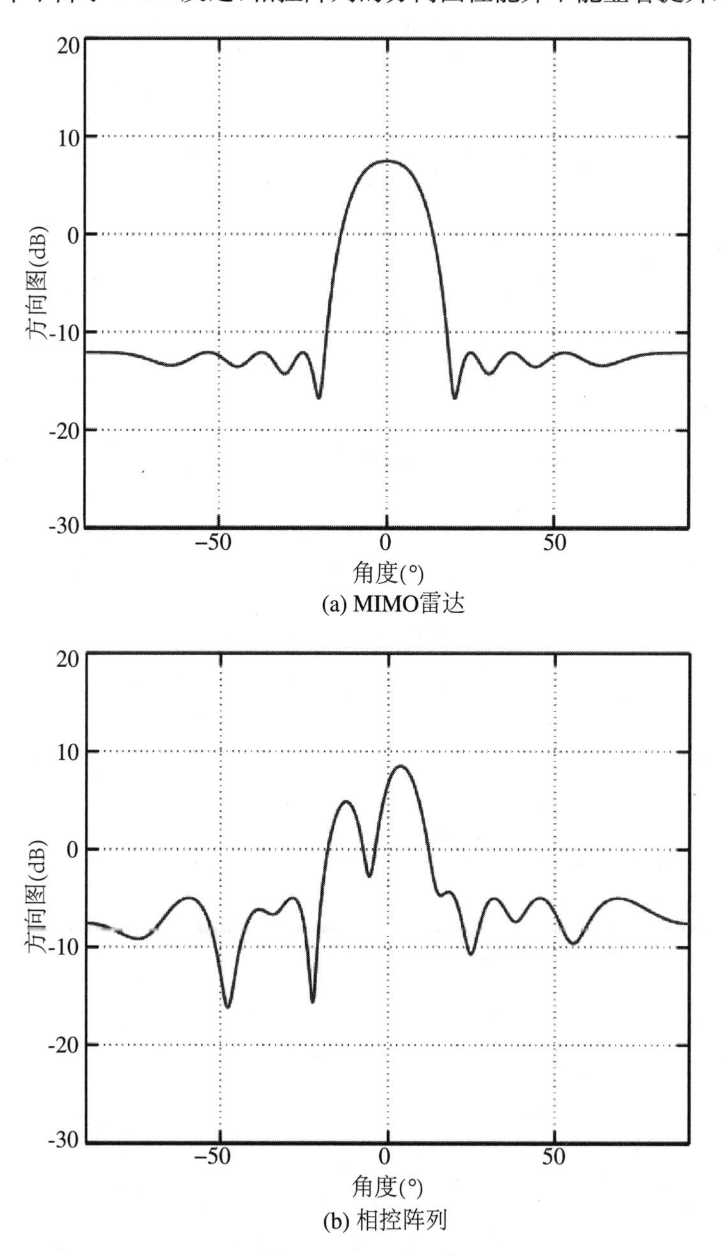

图 13.10　设定主波束宽度为 20°，阵元功率浮动变化(±20%)时，最小化方向图旁瓣设计结果

13.4 本章小结

本章以 MIMO 雷达为例研究了多天线系统的发射方向图设计问题.可以发现,通过设计发射方向图能够使发射功率聚焦于感兴趣目标的位置,同时减小了目标回波之间的互相关,有效地提升了自适应 MIMO 雷达技术的参数估计精度和分辨率.在阵元等功率约束下,由于多天线系统具有更高的自由度,因此相比相控阵列可以获得更优的发射方向图.值得注意的是,本章主要通过设计波形协方差矩阵合成方向图.在下一章,将研究如何设计波形去匹配一个给定的协方差矩阵.

附录 协方差矩阵的秩

引理 令 $\boldsymbol{R}\in\mathbb{C}^{M\times M}$,且 $\widetilde{\boldsymbol{R}}\in\mathbb{R}^{2M\times 2M}$,具体定义见式(13.35).那么

$$\text{rank}(\boldsymbol{R})=M-m\Leftrightarrow\text{rank}(\widetilde{\boldsymbol{R}})=2(M-m)\quad(m=0,\cdots,M).\tag{13.39}$$

证明 令 $\boldsymbol{v}\in\mathbb{C}^{M\times 1}(\boldsymbol{v}\neq 0)$为属于 $\boldsymbol{R}$ 零空间 $\mathbb{N}(\boldsymbol{R})$中的矢量,即

$$\boldsymbol{R}\boldsymbol{v}=0.\tag{13.40}$$

上式表明

$$\widetilde{\boldsymbol{R}}\begin{bmatrix}\text{Re}(\boldsymbol{v})\\ \text{Im}(\boldsymbol{v})\end{bmatrix}=0.\tag{13.41}$$

另外,式(13.40)也意味着 $\boldsymbol{R}(\text{j}\boldsymbol{v})=0$,因此

$$\widetilde{\boldsymbol{R}}\begin{bmatrix}-\text{Im}(\boldsymbol{v})\\ \text{Re}(\boldsymbol{v})\end{bmatrix}=0.\tag{13.42}$$

式(13.41)和式(13.42)中的矢量相互线性独立.事实上,如果假设它们不是互相线性独立的,则存在一个非零复数 $\zeta\neq 0$ 满足下式:

$$\begin{bmatrix}\text{Re}(\boldsymbol{v}) & -\text{Im}(\boldsymbol{v})\\ \text{Im}(\boldsymbol{v}) & \text{Re}(\boldsymbol{v})\end{bmatrix}\begin{bmatrix}\text{Re}(\zeta)\\ \text{Im}(\zeta)\end{bmatrix}=0\Rightarrow\boldsymbol{v}\zeta=0\Rightarrow\boldsymbol{v}=0,\tag{13.43}$$

这与假设 $\boldsymbol{v}\neq 0$ 相矛盾.

故而对于任一矢量 $\boldsymbol{v}\in\mathbb{N}(\boldsymbol{R})$,在空间 $\mathbb{N}(\widetilde{\boldsymbol{R}})$中可以获得(如式(13.41)和式(13.42))两个线性独立矢量.另外,利用类似式(13.43)的论据可以表明,如果 $\boldsymbol{v}_1,\boldsymbol{v}_2,\cdots\in\mathbb{N}(\boldsymbol{R})$线性独立,在空间 $\mathbb{N}(\widetilde{\boldsymbol{R}})$中的相应矢量仍然线性独立.因此有

$$\text{rank}(\boldsymbol{R})=M-m\Rightarrow\text{rank}(\widetilde{\boldsymbol{R}})\leqslant 2(M-m)\quad(m\in[0,M]).\tag{13.44}$$

相反,对于任一满足 $\widetilde{\boldsymbol{R}}\boldsymbol{v}=0$ 的 $\boldsymbol{v}(\boldsymbol{v}\neq 0$,也就是 $\boldsymbol{v}\in\mathbb{N}(\widetilde{\boldsymbol{R}}))$,将 $\boldsymbol{v}$ 写为$[\text{Re}(\boldsymbol{v}^{\text{T}})\text{Im}(\boldsymbol{v}^{\text{T}})]^{\text{T}}$,由此可以构造 $\boldsymbol{v}$ 满足使 $\boldsymbol{v}\in\mathbb{N}(\boldsymbol{R})$.另外,利用 $\widetilde{\boldsymbol{R}}$ 的结构,同上可知$[-\text{Im}(\boldsymbol{v}^{\text{T}})\text{Re}(\boldsymbol{v}^{\text{T}})]^{\text{T}}\in$

$\mathbb{N}(\widetilde{\boldsymbol{R}})$,并且$[\mathrm{Re}(\boldsymbol{v}^{\mathrm{T}})\mathrm{Im}(\boldsymbol{v}^{\mathrm{T}})]^{\mathrm{T}}$ 和$[-\mathrm{Im}(\boldsymbol{v}^{\mathrm{T}})\mathrm{Re}(\boldsymbol{v}^{\mathrm{T}})]^{\mathrm{T}}$ 相互线性独立.因此,对于$\mathbb{N}(\widetilde{\boldsymbol{R}})$中任何两个像这样线性独立的矢量,存在一个对应矢量 $\boldsymbol{v}\in\mathbb{N}(\boldsymbol{R})$.同样,类似于上述证明,$\mathbb{N}(\widetilde{\boldsymbol{R}})$内线性独立的矢量意味着在$\mathbb{N}(\boldsymbol{R})$内对应的矢量也线性独立,因此有

$$\mathrm{rank}(\widetilde{\boldsymbol{R}})=2(M-m)\Rightarrow\mathrm{rank}(\boldsymbol{R})\leqslant M-m\quad(m\in[0,M]).\tag{13.45}$$

结合式(13.44)和式(13.45)便可得到式(13.39).事实上,如果 $\mathrm{rank}(\boldsymbol{R})=M-m$,一定有 $\mathrm{rank}(\widetilde{\boldsymbol{R}})=2(M-m)$(否则,如果 $\mathrm{rank}(\widetilde{\boldsymbol{R}})<2(M-m)$,利用式(13.44)和式(13.45)将得出 $\mathrm{rank}(\boldsymbol{R})<M-m$,这就相互矛盾).相似地,从式(13.44)和式(13.45)也能得出

$$\mathrm{rank}(\widetilde{\boldsymbol{R}})=2(M-m)\Rightarrow\mathrm{rank}(\boldsymbol{R})=M-m.$$

14 从协方差矩阵到波形

第13章主要通过优化波形协方差矩阵$\boldsymbol{R}$来设计发射方向图.虽然设计$\boldsymbol{R}$非常重要,但是最终仍需设计波形.因此,可以考虑优化关于$\boldsymbol{X}$的性能准则来直接设计发射波形.然而,对于相同的性能准则,优化发射波形矩阵$\boldsymbol{X}$要比优化协方差矩阵$\boldsymbol{R}$更加困难,这是因为$\boldsymbol{X}$的未知数比$\boldsymbol{R}$更多,而且由于$\boldsymbol{R}$是$\boldsymbol{X}$的二次函数,这些准则与$\boldsymbol{X}$之间的相依性要比与$\boldsymbol{R}$之间的相依性更加错综复杂.

本章主要考虑以下问题:在前一优化阶段已经得到$\boldsymbol{R}$的前提下,如何设计发射波形矩阵$\boldsymbol{X}$,使其在满足实际约束(比如恒模或者低峰均比约束)的前提下,协方差矩阵等于或者接近$\boldsymbol{R}$.本章提出了一种循环优化算法对$\boldsymbol{X}$进行优化.另外,本章还考虑了如何使合成的波形具有良好的自相关和互相关特性.数值算例表明了所提算法的有效性.

14.1 问题模型

考虑包含M个发射天线的有源感知系统.令$\boldsymbol{X}\in\mathbb{C}^{N\times M}$的列表示发射波形,$N$为每个波形的采样点数.

在实际系统中,为避免采用价格高昂的放大器和A/D转换器,发射波形应该具有恒模特性.令$x_m(n)$表示$\boldsymbol{X}$的第(n,m)个元素,波形恒模意味着,对于某个固定的γ,有

$$|x_m(n)|=\sqrt{\gamma}\quad(n=1,\cdots,N).\tag{14.1}$$

例如,可以令$\gamma=R_{mm}$,其中R_{mm}是$\boldsymbol{R}$的第m个对角元素,且为了简化表示,略去了γ与m之间的相依性.然而,式(14.1)对信号矩阵的约束比较严格.在某些现代系统中,可以把恒模约束替换为低峰均比约束(定义见式(4.14).同样,为了简化表示下式略去了ρ与m之间的相依性):

$$PAR(\boldsymbol{x}_m)\equiv\frac{\max\limits_{n}|x_m(n)|^2}{\frac{1}{N}\sum\limits_{n=1}^{N}|x_m(n)|^2}\leqslant\rho\quad(\rho\in[1,N]).\tag{14.2}$$

如果再对式(14.2)施加一个功率约束:

$$\frac{1}{N}\sum_{n=1}^{N}|x_m(n)|^2=\gamma\,(\gamma=R_{mm}),\tag{14.3}$$

则低峰均比约束可以表示为

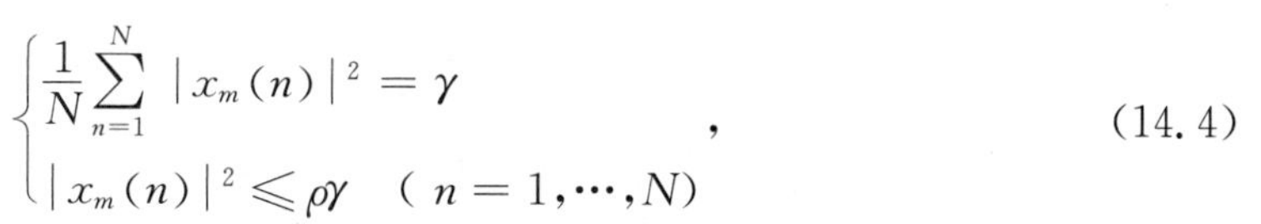

$$\begin{cases}\dfrac{1}{N}\sum\limits_{n=1}^{N}|x_m(n)|^2=\gamma \\ |x_m(n)|^2\leqslant\rho\gamma \quad (n=1,\cdots,N)\end{cases},\tag{14.4}$$

接下来用 C 表示满足上述约束的信号矩阵 $\boldsymbol{X}$ 的集合.

令

$$\boldsymbol{R}\equiv\frac{1}{N}\boldsymbol{X}^{\mathrm{H}}\boldsymbol{X}\tag{14.5}$$

为发射波形的(采样)协方差矩阵.给定协方差矩阵 $\boldsymbol{R}$,一类能合成 $\boldsymbol{R}$ 的无约束波形矩阵 $\boldsymbol{X}$ 可以表示为

$$\frac{1}{\sqrt{N}}\boldsymbol{X}^{\mathrm{H}}=\boldsymbol{R}^{1/2}\boldsymbol{U}^{\mathrm{H}},\tag{14.6}$$

其中,$\boldsymbol{U}^{\mathrm{H}}$是任意的 $M\times N$ 维半幺正矩阵($\boldsymbol{U}^{\mathrm{H}}\boldsymbol{U}=\boldsymbol{I}$),$\boldsymbol{R}^{1/2}$是矩阵 $\boldsymbol{R}$ 的 Hermitian 均方根(自此以后,假设 $N\geqslant M$).因此,如果不考虑时域相关性约束,探测信号矩阵 $\boldsymbol{X}$ 的综合可以建模为如下的优化问题:

$$\min_{\boldsymbol{X}\in C;\boldsymbol{U}}\|\boldsymbol{X}-\sqrt{N}\boldsymbol{U}\boldsymbol{R}^{1/2}\|^2.\tag{14.7}$$

很多实际的应用都要求所综合的波形具有良好的时域相关特性.第 3 章研究了如何合成自/互相关特性良好的恒模发射信号.这里对波形矩阵合成问题进行进一步扩展,使其在满足低峰均比约束的条件下能合成任意协方差矩阵 $\boldsymbol{R}$,且具有良好的时域相关特性.

令

$$r_{m\widetilde{m}}(p)=\sum_{n=p+1}^{N}x_m(n)x_{\widetilde{m}}^{*}(n-p)=r_{\widetilde{m}m}^{*}(-p)\qquad(p=0,1,\cdots,N-1),\tag{14.8}$$

表示 $x_m(n)$和 $x_{\widetilde{m}}(n)$在时延 p 处的(互)相关(见式(3.1)).为了保证 $\boldsymbol{X}$ 具有良好的时域自/互相关特性,要求

$$\sum_{m=1}^{M}\sum_{\widetilde{m}=1}^{M}\sum_{p=-P+1,\,p\neq0}^{P-1}|r_{m\widetilde{m}}(p)|^2\ \text{比较“小”},\tag{14.9}$$

其中,P 是根据实际应用场景选定的一个整数.上式意味着自相关函数$\{r_{mm}(p)\}(p\neq0)$和互相关函数$\{r_{m\widetilde{m}}(p)\}_{m\neq\widetilde{m}}(p\neq0)$的旁瓣在所有的时延 $p=-P+1,\cdots,-1,1,\cdots,P-1$ 都比较“小”.

令 $\bar{\boldsymbol{X}}$ 表示式(3.42)中定义的分块托普利兹矩阵.注意到$\bar{\boldsymbol{X}}^{\mathrm{H}}$ 的维数是 $MP\times(P+N-1)$.接下来假设 $MP<P+N-1$.此外自/互相关函数$\{x_m(n)\}_{m=1,n=1}^{M,N}$是半正定矩阵$\bar{\boldsymbol{X}}^{\mathrm{H}}\bar{\boldsymbol{X}}$ 的元素.为了合成 $\boldsymbol{R}$(见式(14.5))并同时满足式(14.9),波形矩阵设计问题可以表述为

$$\|\bar{\boldsymbol{X}}^{\mathrm{H}}\bar{\boldsymbol{X}}-N\widetilde{\boldsymbol{R}}\|^2\ \text{足够“小”},\tag{14.10}$$

其中,$\widetilde{\boldsymbol{R}}=\boldsymbol{R}\otimes\boldsymbol{I}$,$\otimes$表示矩阵的 Kronecker 积.

参考式(14.7)的推导思路,考虑时域相关特性的探测信号矩阵 $\boldsymbol{X}$ 设计问题可以表述为

$$\min_{\boldsymbol{X}\in C;\widetilde{\boldsymbol{U}}}\|\bar{\boldsymbol{X}}-\sqrt{N}\widetilde{\boldsymbol{U}}\widetilde{\boldsymbol{R}}^{1/2}\|^2,\tag{14.11}$$

其中,$\widetilde{\boldsymbol{U}}^{\mathrm{H}}$ 是任意一个维数为 $MP\times(P+N-1)$半幺正矩阵($\widetilde{\boldsymbol{U}}^{\mathrm{H}}\widetilde{\boldsymbol{U}}=\boldsymbol{I}$).

14.2 基于循环优化算法的信号合成

在恒模约束下,式(14.11)可以利用3.3节中的Multi-CAO算法求解.唯一不同的是将式(3.46)中的$\bar{\boldsymbol{X}}^{\mathrm{H}}$替换为了$\boldsymbol{R}^{1/2}\bar{\boldsymbol{X}}$.

在式(14.4)中的低峰均比约束下,将式(3.48)重新表示为下式:

$$\begin{aligned}\sum_{k=1}^{P}|x-\mu_k|^2&=P|x|^2-2\mathrm{Re}\left(x^*\sum_{k=1}^{P}\mu_k\right)+\sum_{k=1}^{P}|\mu_k|^2\\&=P\left|x-\frac{\sum_{k=1}^{P}\mu_k}{P}\right|^2+const.\end{aligned}\tag{14.12}$$

其中,$const$表示一个与x无关的项.令$\boldsymbol{x}_m$表示$\boldsymbol{X}$的第m列.给定式(14.12),Multi-CAO算法(见表3.3)的第二步退化为M个相互独立的最小化问题($m=1,\cdots,M$):

$$\begin{cases}\min\limits_{\boldsymbol{x}_m}\|\boldsymbol{x}_m-\boldsymbol{z}\|^2\\ \text{s. t. }\dfrac{1}{N}\sum\limits_{n=1}^{N}|x_m(n)|^2=\gamma\\ |x_m(n)|^2\leqslant\rho\gamma\quad(n=1,\cdots,N)\end{cases},\tag{14.13}$$

其中,$\boldsymbol{z}$的第p个元素定义为$\left(\sum\limits_{k=1}^{P}\mu_k\right)/P$.可以利用4.2节中的最近矢量法求解上述最小化问题.

为方便起见,在下面的仿真中将上述列出的算法称为循环优化算法(CA).

14.3 数值仿真

如果下式

$$\|\boldsymbol{X}^{\mathrm{H}}\boldsymbol{J}_p\boldsymbol{X}\|^2\tag{14.14}$$

对于$p=-P+1,\cdots,-1,1,\cdots,P-1$均很小(理想情况下为0),则发射波形将具有良好的自/互相关特性.

式(14.14)中,因

$$\boldsymbol{J}_p=\begin{bmatrix}\overbrace{0\quad 1}^{p+1}&&\boldsymbol{0}\\&\ddots&\\&&1\\\boldsymbol{0}&&\end{bmatrix}_{L\times L}=\boldsymbol{J}_{-p}\quad(p\geqslant 0)\tag{14.15}$$

为移位矩阵.因此可利用式(14.14)的归一化值,即"相关电平",来衡量$\boldsymbol{X}$的时域相关特性.

假设定义在感兴趣区域 Ω 上的期望方向图为 $\phi(\theta)$. 令 $\{\mu_l\}_{l=1}^{L}$ 是覆盖 Ω 的有限栅格点. $\{\theta_k\}_{k=1}^{\widetilde{K}}$ 是给定感兴趣位置的集合. 为了方便起见，将式(13.19)中通过优化协方差矩阵 $\boldsymbol{R}$ 来匹配方向图的数学问题重写为

$$\begin{cases}\min\limits_{\alpha,\boldsymbol{R}}\left\{\dfrac{1}{L}\sum\limits_{l=1}^{L}w_l\left[\alpha\phi(\mu_l)-\boldsymbol{a}^{\mathrm{H}}(\mu_l)\boldsymbol{R}\boldsymbol{a}(\mu_l)\right]^2+\dfrac{2w_c}{\widetilde{K}^2-\widetilde{K}}\sum\limits_{k=1}^{\widetilde{K}-1}\sum\limits_{p=k+1}^{\widetilde{k}}\left|\boldsymbol{a}^{\mathrm{H}}(\hat{\theta}_k)\boldsymbol{R}\boldsymbol{a}(\hat{\theta}_p)\right|^2\right\}\\ \text{s. t. } R_{mm}=\dfrac{c}{M}\quad(m=1,\cdots,M)\\ \boldsymbol{R}\geqslant 0\end{cases},\tag{14.16}$$

其中，α 表示尺度因子，$w_l\geqslant 0(l=1,\cdots,L)$，$w_c\geqslant 0$. 第 13 章已经说明了上述问题是一个半正定二次规划问题，能够在多项式时间内进行有效求解.

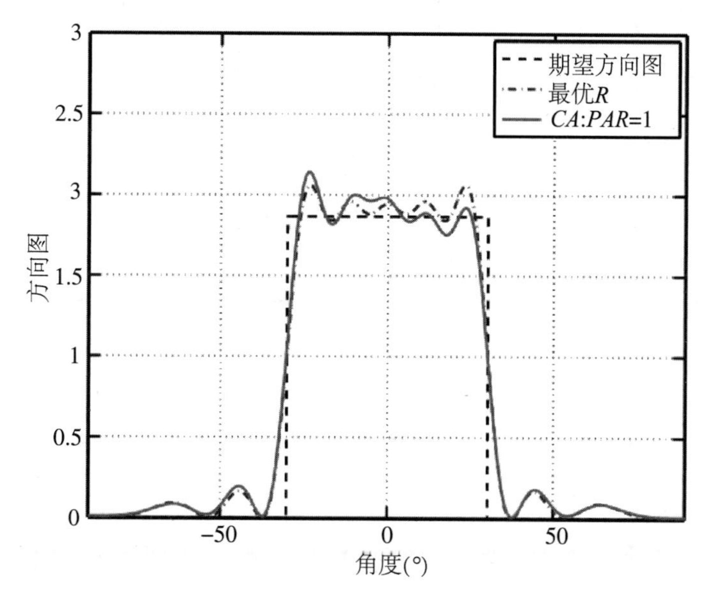

图 14.1　阵元等功率约束时方向图匹配设计结果(主波束宽度为 60°，采用 CA 算法合成恒模探测信号时，所使用的参数为 $M=10$，$N=256$ 和 $P=1$)

在第一个数值仿真中，发射阵列为包含 $M=10$ 个阵元的线性均匀阵列，阵元间距为半波长，采样点 N 为 256. 在设计 $\boldsymbol{R}$ 的过程中，考虑了阵元等功率约束，以及 $\gamma=1$(见式(14.4)). Ω 的格点尺寸为 0.1°. 期望方向图在 0°处拥有一个宽度为 60°的主波束. 式(14.16)中的权值 w_l 设置为 1，w_c 设置为 0. 在 $PAR=1$(恒模)、$PAR=1.1$、$PAR=2$ 的约束下，基于 CA 算法合成的波形方向图如图 14.1 和 14.2 所示，其中 $P=1$. 为了用于比较，同时给出了基于最优 $\boldsymbol{R}$(矩阵 $\boldsymbol{R}$ 是式(14.16)的最优解)的发射方向图和基于尺度因子 α 加权的期望方向图. 注意到利用 CA 算法合成的波形方向图与期望方向图非常接近，即使在恒模约束下也是如此. 另外，随着峰均比增加，合成波形的方向图也逐渐逼近最优 $\boldsymbol{R}$ 的方向图.

接下来考虑相同的波形合成问题，但是 $P=10$. 在 CA 算法的第 0 步利用相同的初始值(依据 $P=1$ 时 $\boldsymbol{X}$ 的初始值构造 $P=10$ 时 $\hat{\boldsymbol{X}}$ 的初始值). 所得的方向图如图 14.3 和图 14.4 所示，结果与图 14.1 和图 14.2 类似. 图 14.5 为图 14.1～图 14.4 中 CA 算法所合成波形的相关电平(式(14.14)的归一化值)随 P 的变化关系. 不出所料，随着峰均比的增加，相关电平逐渐降低. 从中也可以看出，由于优化了波形的时域自/互相关性能，图 14.5(b)中波形的相关电平要比图 14.5(a)低很多.

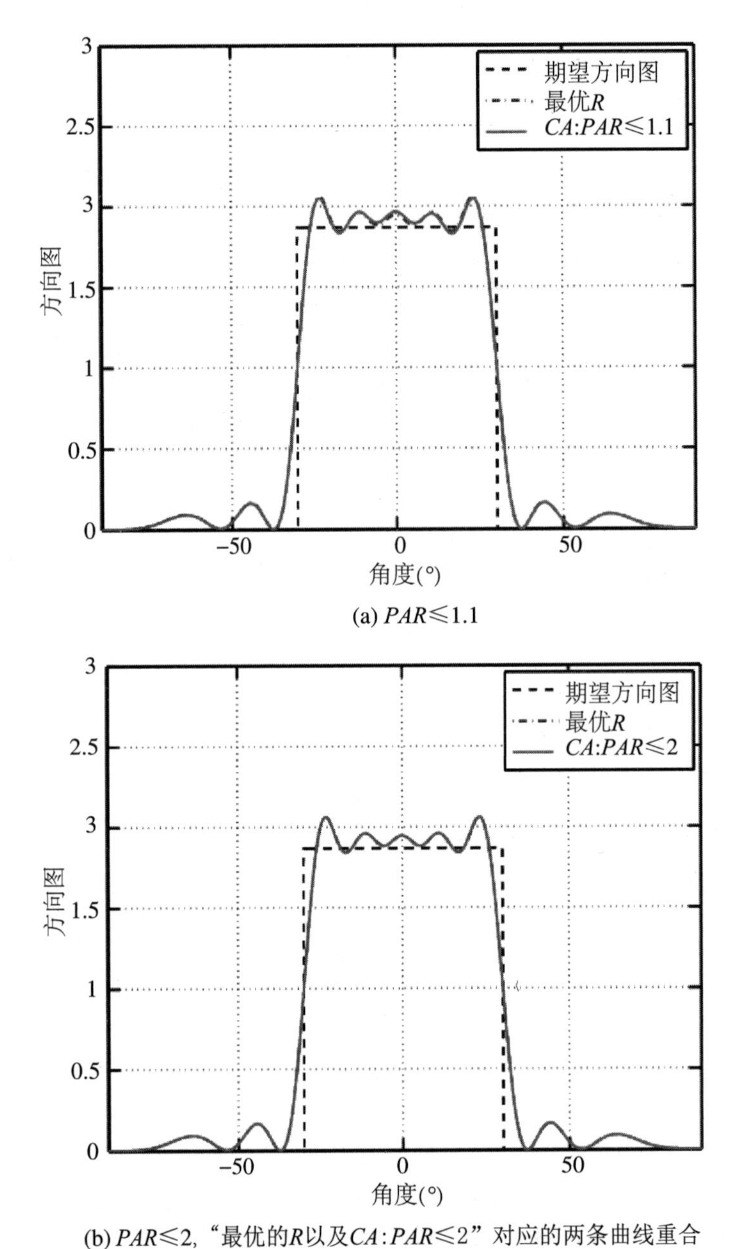

(a) $PAR \leqslant 1.1$

(b) $PAR \leqslant 2$, “最优的R以及$CA:PAR \leqslant 2$” 对应的两条曲线重合

图 14.2 阵元等功率约束时方向图匹配设计结果(除了更换为峰均比约束，其余同图 14.1 一样)

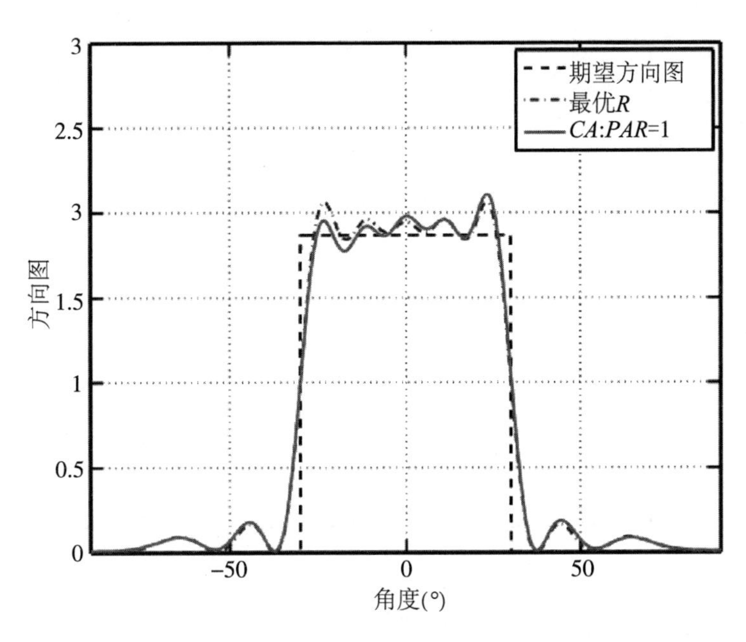

图 14.3 阵元等功率约束时方向图匹配设计结果(主波束宽度为 60°;采用 CA 算法合成恒模探测信号时,所使用的参数为 $M=10$,$N=256$ 和 $P=10$)

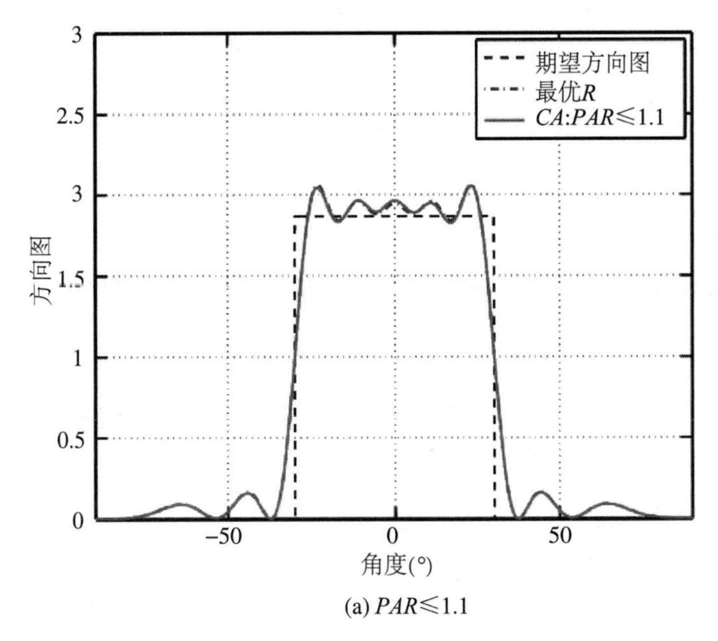

(a) $PAR\leqslant1.1$

图 14.4 阵元等功率约束时方向图匹配设计结果(除了替换为峰均比约束,其余同图 14.3 一样)

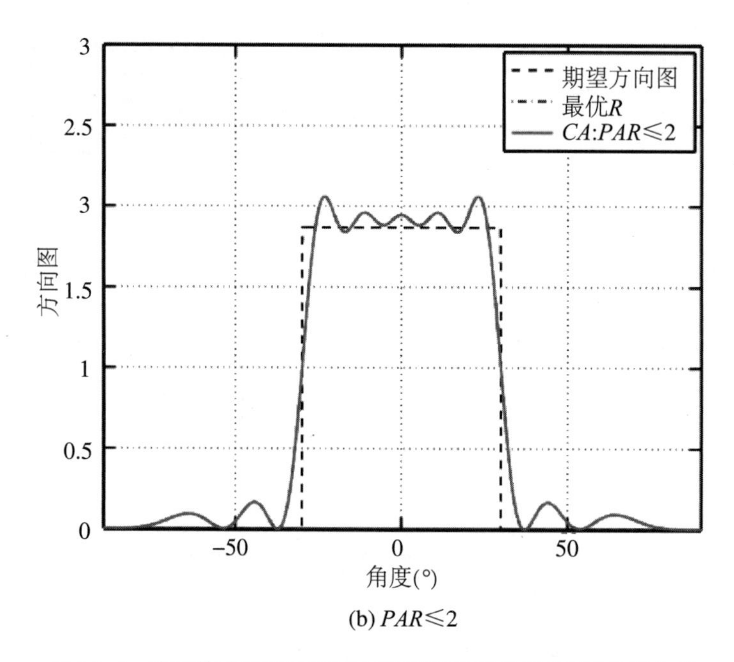

(b) $PAR \leqslant 2$

图 14.4　阵元等功率约束时方向图匹配设计结果(除了替换为峰均比约束,其余同图 14.3 一样)**(续)**

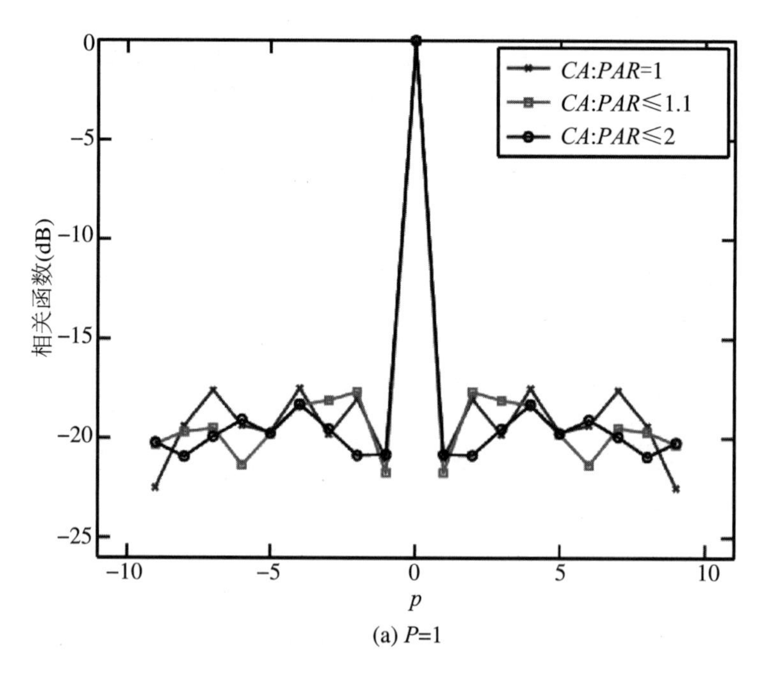

(a) $P=1$

图 14.5　CA 算法合成波形的相关电平随 P 的变化关系($M=10$、$N=256(\boldsymbol{R}\neq\boldsymbol{I})$)

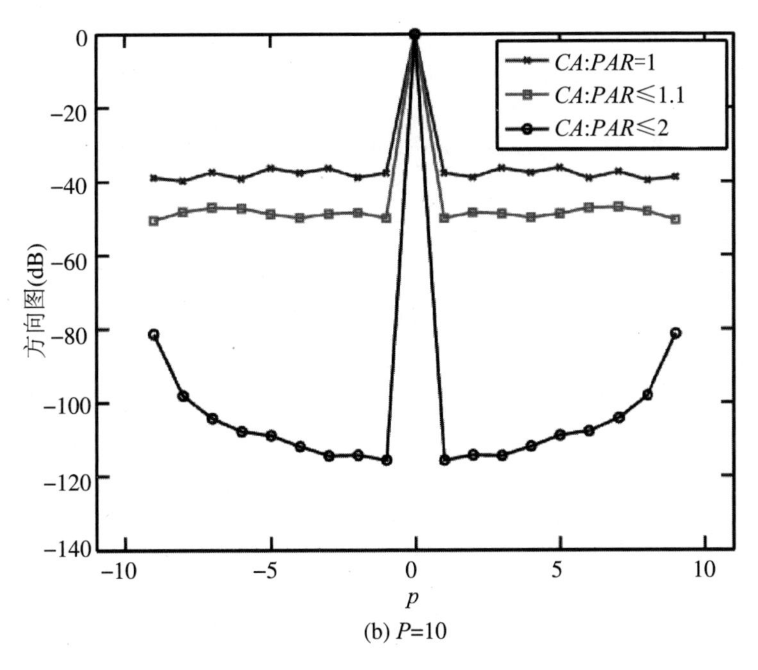

(b) P=10

图 14.5 CA **算法合成波形的相关电平随** P **的变化关系**($M=10$、$N=256$($\boldsymbol{R}\neq\boldsymbol{I}$))**(续)**

14.4 本章小结

发射波形合成在许多需要设计方向图的应用(比如 MIMO 雷达和 MIMO 通信)中非常重要. 本章提出了一种高效的循环优化算法来合成恒模或者低峰均比约束下的发射波形,使其协方差矩阵能够近似给定的 $\boldsymbol{R}$. 另外,本章还考虑了如何设计波形使其具备良好的时域自/互相关特性. 数值算例说明了所提方法的有效性.

15 宽带发射方向图合成

第13和14章研究了窄带发射方向图设计问题,也可参见相关讨论(Forsythe,Bliss 2005;Stoica et al. 2007;Fuhrmann,San Antonio 2008;Stoica, Li,Zhu 2008;Guo,Li 2008).这些方法多数是首先根据期望方向图优化发射信号协方差矩阵(见第13章),然后设计信号逼近前一阶段得到的协方差矩阵(见第14章).在宽带情况下,也有文献提出了类似的方法用于设计功率谱密度矩阵(San Antonio,Fuhrmann 2005),但是由于恒模或者峰均比约束比较复杂,这些方法无法合成发射信号.

针对宽带有源感知系统的发射方向图综合问题,本章提出WB-CA(宽带方向图循环优化)算法来设计恒模或者低峰均比序列.此处并非像文献[San Antonio,Fuhrmann 2005]所述那样将问题建模为发射谱密度矩阵的优化,而是通过傅里叶变换建立方向图与发射信号之间的直接联系.15.1节对设计准则进行了建模,接下来在15.2节描述了所提算法,15.3节进行了数值仿真,15.4节为总结与评述.

15.1 问题模型

考虑均匀线性阵列(ULA)的远场方向图综合问题,如图15.1所示(值得注意的是,通过采用一个比式(15.7)更一般化的导向矢量,本章所提方法可以很容易地推广到非均匀阵列,比如在第17章中所采用的导向矢量).假设有M个线性分布的各向同性阵元,阵元间距为d.将第m个阵元的发射信号记为$s_m(t)$.考虑阵列方向θ($0°\leqslant\theta\leqslant 180°$)处的远场方向图.很容易得到相邻两阵元间的时延为$d\cos\theta/c$,其中$c$为光速.令$s_m(t)=x_m(t)e^{j2\pi f_c t}$,其中$f_c$为载频,$x_m(t)$为基带信号,其频率范围为$[-B/2,B/2]$.

利用上述符号注记,角度θ处的远场信号可以表示为

$$\begin{aligned} z_\theta(t) &= \sum_{m=1}^{M} s_m\left[t-\frac{(m-1)d\cos\theta}{c}\right] \\ &= \sum_{m=1}^{M} x_m\left[t-\frac{(m-1)d\cos\theta}{c}\right] e^{j2\pi f_c\left[t-\frac{(m-1)d\cos\theta}{c}\right]}. \end{aligned} \tag{15.1}$$

假设$x_m(t)$的持续时间为$[0,\tau]$.那么,$x_m(t)$的傅里叶变换可以表示为

$$y_m(f)=\int_0^\tau x_m(t)e^{-j2\pi ft}dt \quad \left(f\in\left[\frac{-B}{2},\frac{B}{2}\right]\right), \tag{15.2}$$

相应的傅里叶逆变换为

$$x_m(t) = \int_{-B/2}^{B/2} y_m(f)e^{j2\pi ft}df. \tag{15.3}$$

将式(15.3)代入式(15.1)可得

$$z_\theta(t)=\int_{-B/2}^{B/2}Y(\theta,f)\mathrm{e}^{\mathrm{j}2\pi(f+f_c)t}\mathrm{d}f, \tag{15.4}$$

其中

$$Y(\theta,f)=\sum_{m=1}^{M}y_m(f)\mathrm{e}^{-\mathrm{j}2\pi(f+f_c)\frac{(m-1)d\cos\theta}{c}}. \tag{15.5}$$

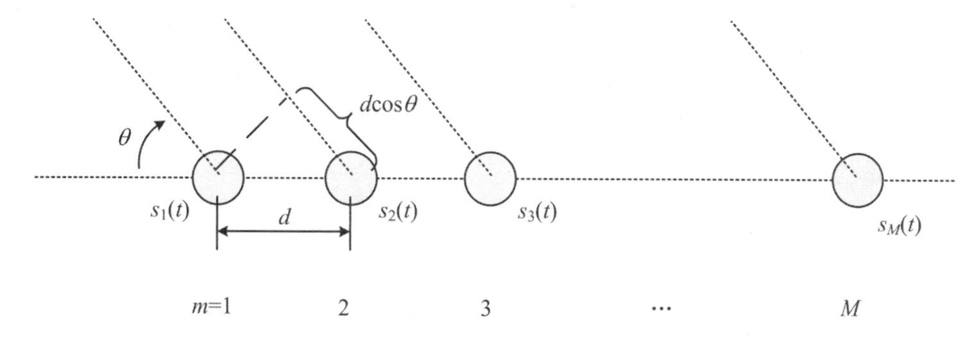

图 15.1　均匀线性阵列配置示意图

根据式(15.4)可以定义方向图在空间角度 θ 和频率 $f+f_c$ 处的表达式为

$$P(\theta,f+f_c)=|Y(\theta,f)|^2=|\boldsymbol{a}^{\mathrm{H}}(\theta,f)\boldsymbol{y}(f)|^2\quad\left(f\in\left[\frac{-B}{2},\frac{B}{2}\right]\right), \tag{15.6}$$

其中

$$\boldsymbol{a}(\theta,f)=\left[1\ \mathrm{e}^{\mathrm{j}2\pi(f+f_c)\frac{d\cos\theta}{c}}\ \cdots\ \mathrm{e}^{\mathrm{j}2\pi(f+f_c)\frac{(M-1)d\cos\theta}{c}}\right]^{\mathrm{T}} \tag{15.7}$$

和

$$\boldsymbol{y}(f)=[y_1(f)\ y_2(f)\ \cdots\ y_M(f)]^{\mathrm{T}}. \tag{15.8}$$

接下来所要研究的问题是如何设计信号 $\{x_m(t)\}_{m=1}^M$(频带限于$[-B/2,B/2]$)使其方向图 $P(\theta,f+f_c)$(如式(15.6)所示)与期望方向图匹配.后文中,仅在必要时予以明确表示基带频率范围为$[-B/2,B/2]$.

对信号进行数字采样:

$$x_m(n)\equiv x_m(t=nT_s)\quad(n=1,\cdots,N), \tag{15.9}$$

其中,T_s为符号周期,满足 $T_s=1/B$ 并且 $N=\lfloor\tau/T_s\rfloor$.那么式(15.2)可以写为

$$y_m(fT_s)=T_s\sum_{n=1}^{N}x_m(nT_s)\mathrm{e}^{-\mathrm{j}2\pi nfT_s}\quad\left(f\in\left[\frac{-B}{2},\frac{B}{2}\right]\right). \tag{15.10}$$

由于 fT_s的取值范围为$[-0.5,\ 0.5]$,故而$\{x_m(n)\}$的离散傅里叶变换为

$$y_m(p)=\sum_{n=1}^{N}x_m(n)\mathrm{e}^{-\mathrm{j}2\pi\frac{(n-1)}{N}p}\quad\left(p=-\frac{N}{2},\cdots,0,\cdots,\frac{N}{2}-1\right), \tag{15.11}$$

其中,假定 N 为偶数(如果 N 为奇数,p 的取值范围将从$-(N-1)/2$ 到$(N-1)/2$).注意到$\{y_m(p)\}$的尺度并不影响所提方法性能(具体可见式(15.26)后的讨论),因此从式(15.10)到式(15.11)的推导中丢弃了常数乘子 T_s.

与上面考虑频率栅格点类似,采用栅格点$\{\theta_k\}_{k=1}^K$覆盖整个空间角度区间$[0°,180°]$.为了简化表示,令

$$\boldsymbol{a}_{kp}=\boldsymbol{a}\left(\theta_k,\frac{p}{NT_s}\right)\quad(\text{见式(15.7)}) \tag{15.12}$$

和

$$\boldsymbol{y}_p = [y_1(p)\ y_2(p)\ \cdots\ y_M(p)]^{\mathrm{T}} \quad (\text{见式}(15.11)). \tag{15.13}$$

根据式(15.6),在离散角度-频率栅格点上的方向图可以表示为

$$P_{kp} = |\boldsymbol{a}_{kp}^{\mathrm{H}}\boldsymbol{y}_p|^2. \tag{15.14}$$

令 d_{kp} 表示期望方向图,则波形优化的目标是求解下面的方向图匹配问题:

$$\begin{cases} \min\limits_{\{x_m(n)\}} \sum\limits_{k=1}^{K} \sum\limits_{p=-N/2}^{N/2} (d_{kp} - |\boldsymbol{a}_{kp}^{\mathrm{H}}\boldsymbol{y}_p|)^2 \\ \text{s.t.}\ \ PAR(\boldsymbol{x}_m) \leqslant \rho \quad (m=1,\cdots,M) \end{cases}, \tag{15.15}$$

其中,$\rho \geqslant 1$ 为预设门限,$PAR(\boldsymbol{x}_m)$(见式(14.2))为第 m 个序列的峰均比. 通常会对所设计序列施加能量约束:

$$\sum_{n=1}^{N} |x_m(n)|^2 = N \quad (m=1,\cdots,M).$$

峰均比约束会使式(15.15)中的优化问题非凸,因此难以求解. 当 $\rho=1$ 时更容易看出这种非凸性,此时每一个元素 $x_m(n)$ 都位于单位圆上,因此是非凸集合. 由于维度较高,使得模拟退火算法等全局优化算法在求解式(15.15)时计算量非常高. 15.2 节提出了一种高效的循环优化算法来求解式(15.15)的局部最小解.

评述 注意到可以通过成形脉冲将 $\{x_m(n)\}$ 与 $\{x_m(t)\}$ 进行关联:

$$x_m(t) = \sum_{n=1}^{N} x_m(n)p(t-(n-1)T_{\mathrm{s}}) \quad (m=1,\cdots,M), \tag{15.16}$$

其中,$p(t)$ 为成形脉冲(见式(1.1)). 只有当 $p(t)$ 为理想的奈奎斯特成形脉冲(即中心在 0、第一个过零点在 T_{s} 的辛克函数)时,才能将基带信号 $x_m(t)$ 的频谱限定在区间 $[-B/2, B/2]$. 采用其他任何实际的成形脉冲,比如截断升余弦脉冲(Proakis 2001)都会造成频谱在 $[-B/2,B/2]$ 外的泄露. 故而式(15.6)和式(15.14)之间只是近似等效. 在 15.3 节的仿真实验中将分析这种近似对设计结果的影响.

另外,还有以下两点值得注意:

① 窄带发射方向图设计仅仅是宽带设计问题的特例;

② 接收方向图设计可以采用相似的方法建模,但与发射问题有着本质区别. 附录 15.1 和 15.2 对此进行了详细说明.

15.2 优化方法

直接以 $\{x_m(n)\}$ 为变量对式(15.15)直接优化是非常困难的(除非矩阵 $[\boldsymbol{a}_{1p} \cdots \boldsymbol{a}_{Kp}]$ 对任一个 p 都是半幺正矩阵,然而这通常不成立). 为此本节采用两阶段设计法:

阶段 1(基于方向图合成频谱) 首先以 $\{\boldsymbol{y}_p\}$ 为变量求解式(15.15),$\{\boldsymbol{y}_p\}$ 为 $\mathbb{C}^{M\times 1}$ 中的任意矢量.

阶段 2(基于频谱合成波形) 优化设计 $\{\boldsymbol{x}(n)\}$,在 $\{\boldsymbol{x}(n)\}$ 满足峰均比约束的前提下,使其 DFT 逼近所得的 $\{\boldsymbol{y}_p\}$.

15.2.1 基于方向图合成频谱

对式(15.15)中的任意一项$[d-|\boldsymbol{a}^{\mathrm{H}}\boldsymbol{y}|]^2$,有下式成立($d\geqslant 0$):

$$\begin{aligned}\min_{\phi}|d\mathrm{e}^{\mathrm{j}\phi}-\boldsymbol{a}^{\mathrm{H}}\boldsymbol{y}|^2&=\min_{\phi}\{d^2+|\boldsymbol{a}^{\mathrm{H}}\boldsymbol{y}|^2\\&\quad-2\mathrm{Re}[d|\boldsymbol{a}^{\mathrm{H}}\boldsymbol{y}|\cos(\phi-\arg(\boldsymbol{a}^{\mathrm{H}}\boldsymbol{y}))]\}\\&=(d-|\boldsymbol{a}^{\mathrm{H}}\boldsymbol{y}|)^2\quad(\text{对于 }\phi=\arg(\boldsymbol{a}^{\mathrm{H}}\boldsymbol{y})).\end{aligned}\tag{15.17}$$

因此,给定辅助变量$\{\phi_{kp}\}$,可以得到式(15.15)的最优解,即使得如下准则最小的$\{\boldsymbol{y}_p\}$:

$$\sum_k\sum_p|d_{kp}\mathrm{e}^{\mathrm{j}\phi_{kp}}-\boldsymbol{a}_{kp}^{\mathrm{H}}\boldsymbol{y}_p|^2.\tag{15.18}$$

此时可以利用表15.1中的循环算法来最小化上述准则(关于$\{\boldsymbol{y}_p\}$和$\{\phi_{kp}\}$).

表 15.1 WB-CA 阶段 1:基于方向图合成频谱

第 0 步	初始化$\{\phi_{kp}\}$,例如可以设置为0,也可令其为在$[0,2\pi]$之间均匀分布的随机变量
第 1 步	将$\{\phi_{kp}\}$固定为最近一次的取值(记为$\{\hat{\phi}_{kp}\}$),令 $$\boldsymbol{A}_p=\begin{bmatrix}\boldsymbol{a}_{1p}^{\mathrm{H}}\\\vdots\\\boldsymbol{a}_{kp}^{\mathrm{H}}\end{bmatrix},\quad\boldsymbol{b}_p=\begin{bmatrix}d_{1p}\mathrm{e}^{\mathrm{j}\hat{\phi}_{1p}}\\\vdots\\d_{kp}\mathrm{e}^{\mathrm{j}\hat{\phi}_{kp}}\end{bmatrix},\tag{15.19}$$ 则式(15.18)可以写为$\sum_p\|\boldsymbol{b}_p-\boldsymbol{A}_p\boldsymbol{y}_p\|^2$. 利用最小二乘估计可以得到$\{\boldsymbol{y}_p\}$的最优解为 $$\hat{\boldsymbol{y}}_p=(\boldsymbol{A}_p^{\mathrm{H}}\boldsymbol{A}_p)^{-1}\boldsymbol{A}_p^{\mathrm{H}}\boldsymbol{b}_p\quad\left(p=-\frac{N}{2},\cdots,0,\cdots,\frac{N}{2}-1\right)\tag{15.20}$$
第 2 步	将$\{\boldsymbol{y}_p\}$固定为最近一次的取值,$\{\phi_{kp}\}$的最优解为(见式(15.17)) $$\hat{\phi}_{kp}=\arg(\boldsymbol{a}_{kp}^{\mathrm{H}}\hat{\boldsymbol{y}}_p)\tag{15.21}$$
循环迭代	重复步骤1和2直至收敛,例如,当$\{\phi_{kp}\}$在相邻两次迭代的变化小于预设的门限

表15.1中的算法能够使式(15.18)的目标函数经过迭代后单调下降,因此也逐步减小了式(15.15)的目标函数值. 所以,该算法至少能够有界地收敛到式(15.15)的某个局部最优值. 此处循环算法的基本原理与附录2中所述的 Gerchberg-Saxton 算法非常相关(也可见这里引用的参考文献).

评述 依据帕塞瓦尔等式,对$\{x_m(n)\}$的能量约束相当于对$\{\boldsymbol{y}_p\}$施加下列约束:

$$\sum_{p=-N/2}^{n/2-1}|y_m(p)|^2=N\sum_{n=1}^{N}|x_m(n)|^2=N^2\quad(m=1,\cdots,M),\tag{15.22}$$

其中,$y_m(p)$是$\boldsymbol{y}_p$(见式(15.13))中的第m个元素. 在表15.1中,为了方便起见,迭代步骤中省去了式(15.22)中的约束(引入此约束后将无法使用式(15.20)求解$\{\boldsymbol{y}_p\}$). 然而,由于在阶段2考虑了对$\{x_m(n)\}$的能量约束,所提算法依然具有不错的性能.

15.2.2 基于频谱合成波形

阶段2的目标是在考虑峰均比的约束后,合成发射波形$\{\boldsymbol{x}(n)\}_{n=1}^{N}$,使其DFT与第一阶段得到的$\{\hat{\boldsymbol{y}}_p\}_{p=-N/2}^{N/2-1}$尽可能地接近.

从式(15.18)的最小化准则可以发现,第一阶段得到的$\{\hat{\boldsymbol{y}}_p\}_{p=-N/2}^{N/2-1}$存在相位模糊,即如果($\{\boldsymbol{y}_p\}$,$\{\phi_{kp}\}$)是式(15.18)的最优解,那么对于任何的($\{\boldsymbol{y}_p \mathrm{e}^{\mathrm{j}\psi_p}\}$,$\{\phi_{kp}+\psi_p\}$)也是式(15.15)的最优解.

为了有效地利用$\{\hat{\boldsymbol{y}}_p\}$相位的灵活性,引入$\{\psi_p\}_{p=-N/2}^{N/2-1}$并以$\{x_m(n)\}$和$\{\psi_p\}$为变量最小化如下准则:

$$\sum_{p=-N/2}^{N/2} \left\| \hat{\boldsymbol{y}}_p^{\mathrm{T}} \mathrm{e}^{\mathrm{j}\psi_p} - \left[1 \quad \mathrm{e}^{-\mathrm{j}2\pi\frac{p}{N}} \quad \cdots \quad \mathrm{e}^{-\mathrm{j}2\pi\frac{(N-1)p}{N}}\right]\boldsymbol{X} \right\|^2 \tag{15.23}$$

其中

$$\begin{aligned}\boldsymbol{X} &= [\boldsymbol{x}_1 \boldsymbol{x}_2 \cdots \boldsymbol{x}_M] \\ &= \begin{bmatrix} x_1(1) & x_2(1) & \cdots & x_M(1) \\ \vdots & \vdots & & \vdots \\ x_1(N) & x_2(N) & & x_M(N) \end{bmatrix}.\end{aligned} \tag{15.24}$$

进一步定义

$$\begin{cases} \boldsymbol{e}_p^{\mathrm{H}} = \left[1 \quad \mathrm{e}^{-\mathrm{j}2\pi\frac{p}{N}} \quad \cdots \quad \mathrm{e}^{-\mathrm{j}2\pi\frac{(N-1)p}{N}}\right] \quad \left(p=-\dfrac{N}{2},\cdots,\dfrac{N}{2}-1\right) \\ \boldsymbol{F}^{\mathrm{H}} = \begin{bmatrix} \boldsymbol{e}_{-N/2}^{\mathrm{H}} \\ \vdots \\ \boldsymbol{e}_{N/2-1}^{\mathrm{H}} \end{bmatrix}_{N\times N} \\ \boldsymbol{S}^{\mathrm{T}} = \begin{bmatrix} \hat{\boldsymbol{y}}_{-N/2} \mathrm{e}^{\mathrm{j}\psi_{-N/2}} \\ \vdots \\ \hat{\boldsymbol{y}}_{N/2-1} \mathrm{e}^{\mathrm{j}\psi_{N/2-1}} \end{bmatrix}_{N\times M} \end{cases}. \tag{15.25}$$

那么式(15.23)可以写为

$$\left\{ \left\| \boldsymbol{S}^{\mathrm{T}} - \boldsymbol{F}^{\mathrm{H}}\boldsymbol{X} \right\|^2 = N \left\| \frac{1}{N}\boldsymbol{F}\boldsymbol{S}^{\mathrm{T}} - \boldsymbol{X} \right\|^2 . \right. \tag{15.26}$$

其中,等式成立是因为$1/\sqrt{N}\boldsymbol{F}$为幺正矩阵.

再一次利用循环优化算法(关于$\{x_m(n)\}$和$\{\psi_p\}$)最小化式(15.26),具体过程见表15.2.注意到在表15.2中可以利用FFT计算$\boldsymbol{F}^{\mathrm{H}}\boldsymbol{X}$和$\boldsymbol{F}\boldsymbol{S}^{\mathrm{T}}$,从而减少计算时间.

易知$\boldsymbol{S}$的尺度对式(15.27)没有影响.这对式(15.28)同样成立(从相关文献(Tropp et al. 2005)关于式(15.28)的求解过程中可得).因此,选择期望方向图$\{d_{kp}\}$时无需考虑对其归一化,因为$\{\boldsymbol{y}_p\}$能够自动缩放来匹配$\{d_{kp}\}$,并且$\{\boldsymbol{y}_p\}$的缩放不影响$\{x_m(n)\}$的合成.

下面概括一下所提的两阶段设计方法,该方法首先求解$\{\boldsymbol{y}_p\}$,然后合成$\{x_m(n)\}$.它把式(15.18)简化为N个波束形成矢量$\{\boldsymbol{y}_p\}$的设计问题,其中每一个波束形成矢量对应一个频点,然后选择合适的$\{x_m(n)\}$去匹配矢量$\{\boldsymbol{y}_p\}$.注意到$\{\boldsymbol{y}_p\}$有$2MN$个实值元素,在恒模约束下$\{x_m(n)\}$有MN个自由变量,如果峰均比大于1,则$\{x_m(n)\}$的自由度将大于MN.另外,$\{\psi_p\}$的自由度为N.因此,可以期待所提方法能够获得一个比较可靠的匹配性能.

尽管WB-CA算法需要迭代,但是迭代更新公式非常简单且收敛速度很快.从下一节的数值仿真可以看出,在普通个人电脑上使用MATLAB运行WB-CA算法仅需几秒钟的时间.

表 15.2 WB-CA 阶段 2:基于频谱合成波形

第 0 步	初始化$\{\psi_p\}$,比如可以设置为$\{\psi_p=0\}$
第 1 步	当$\{\psi_p\}$固定为最近一次的取值时,式(15.26)中关于$\{x_m(n)\}$的最小化问题的解与峰均比约束有关.在恒模约束下(即$\lvert x_m(n)\rvert=1$),式(15.26)的最优解可由下式直接得到: $\hat{x}_m(n)=\exp[\mathrm{j}\arg(\boldsymbol{F}\boldsymbol{S}^{\mathrm{T}}\text{ 的第}(n,m)\text{ 个元素})]\quad(m=1,\cdots,M;n=1,\cdots,N).\qquad(15.27)$ 如果施加约束 $PAR\leqslant\rho(\rho>1)$,需要求解 M 个独立的最小化问题($m=1,\cdots,M$): $\begin{cases}\min\limits_{\boldsymbol{x}_m}\ \lVert\boldsymbol{u}_m-\boldsymbol{x}_m\rVert^2\\ \text{s.t.}\ \ PAR(\boldsymbol{x}_m)\leqslant\rho\end{cases},\qquad(15.28)$ 其中,$\boldsymbol{u}_m$是$\frac{1}{N}\boldsymbol{F}\boldsymbol{S}^{\mathrm{T}}$ 的第 m 列.上述问题可以利用 4.2 节的"最近矢量"法求解
第 2 步	将$\{x_m(n)\}$固定为最近一次的取值,$\{\psi_p\}$的最优解为(式(15.29)的推导与式(15.17)类似): $\hat{\psi}_p=\arg(\hat{\boldsymbol{y}}_p^{\mathrm{H}}\boldsymbol{v}_p)\quad\left(p=-\frac{N}{2},\cdots,\frac{N}{2}-1\right),\qquad(15.29)$ 其中,$\boldsymbol{v}_p^{\mathrm{T}}$ 是$\boldsymbol{F}^{\mathrm{H}}\boldsymbol{X}$ 的第$(p+N/2)$列
循环迭代	重复步骤 1 和 2 直至收敛

15.3 数值仿真

除非特别声明,本节均使用下面的参数设置:线性均匀阵列的阵元数为 $M=10$,发射信号的载频为 $f_c=1\ \mathrm{GHz}$,带宽为 $B=200\ \mathrm{MHz}$,符号数目为 $N=64$,符号周期为 $T_s=1/B$.阵元间隔为 $d=c/2(f_c+B/2)$,即选择最高频率对应波长的一半作为阵元间隔,目的是为了抑制栅瓣.空间角度经离散化后包含 $K=180$ 个格点(即格点间隔为 1°).

评述 在实际应用中,天线阵元之间通常存在互耦.上面所使用的阵元间距 d 对于低端频率来说是过采样的(即采样间隔小于半波长),这将使得互耦效应不可忽略,即能量将在发射机之间耦合.然而,这个问题不属于本章的研究范畴(因为它依赖于硬件实现,比如系统容忍性和天线类型),感兴趣的读者可以参阅 Hui(2007)、Frazer 等(2007)和 Svantesson(1999)关于阵列解耦的讨论.

15.3.1 理想时延的情况

依据式(15.6),通过选择下列的信号频谱可以使发射波束指向角度 θ_0:

$$\boldsymbol{y}(f)=\sqrt{N}\boldsymbol{a}(\theta_0,f)\quad\left(f\in\left[-\frac{B}{2},\frac{B}{2}\right]\right).\tag{15.30}$$

其中,引入$\sqrt{N}$是由于能量约束.对于某个固定的 f(也就是 p),根据式(15.30)可以得到下式(见式(15.14)):

$$P_{kp} = N \left| \sum_{m=1}^{M} e^{j2\pi\left(\frac{p}{NT_s}+f_c\right)\frac{(m-1)(\cos\theta_0-\cos\theta_k)}{c}} \right|^2, \tag{15.31}$$

与窄带相控阵列一样,波束指向 θ_0.对应的信号也就是式(15.30)的傅里叶逆变换,如下式所示(差一个乘性常系数):

$$x_m(t) = \text{sinc}\left\{\frac{\pi}{T_s}\left[t - \frac{(m-1)d\cos\theta_0}{c}\right]\right\} \quad (m = 1,\cdots,M). \tag{15.32}$$

其中,$\text{sinc}(t)=\sin(t)/t$.注意到$\{x_m(t)\}$峰均比很高,这不是我们期望的.另外,因为

$$\frac{d}{c} = \frac{1}{2f_c + B} \ll T_s,$$

所以会使时延$\frac{md\cos\theta_0}{c}$太小以致难以在实际中实现,特别是当 θ_0 接近但不等于 90°时尤甚.

当 $\theta_0=120°$时,式(15.31)所示的二维方向图($10\lg(P_{kp}/N)$)如图 15.2(a)所示,三维图如图 15.2(b)所示.从图中可以看出,在整个频率范围内,方向图在 θ_0 处具有比较清晰的主波束.

评述 对于窄带信号,当线性均匀阵列孔径一定时,相控阵列的发射方向图主瓣波束宽度最窄.在上述实验中,用式(15.32)中的$\{x_m(t)\}$经过理想时延后产生类似式(15.31)的相控阵列方向图,它在每一个频点上都具有最窄的主瓣,因此将其称为"理想时延"情况.

假设每个阵元的发射能量等于 N 并且全向辐射.式(15.22)中的能量约束 $\sum_p |y_m(p)|^2 = N^2$ 表明$|y_m(p)|^2$的平均值等于 N.因此,如果只有一个阵元,P_{kp} 在角度-频率平面上的每一点都等于 N(见式(15.31)).这就是所有图形都利用 $10\lg(P_{kp}/N)$进行归一化的原因.如果有 M 个发射波形,其相干叠加的最大值为 $P_{kp}=\max|\boldsymbol{a}_{kp}^H\boldsymbol{y}_p|^2 = |M\sqrt{N}|^2=M^2N$,在图中取值为 $10\lg(M^2N/N)=20$ dB.事实上,在上述理想时延中,所有 M 个波形在 $\theta=\theta_0$ 处相干叠加,并且在 $\theta=\theta_0$ 所有的频率上均匀分布,因此可以产生一个高度恒定为 20 dB 的主瓣(见图 15.2 和式(15.31)).在其他的例子中,主瓣的高度并不一定是 20 dB,色棒的最顶端总是对应于图形中的最大值.

15.3.2 窄主波束

利用所提出的 WB-CA 算法合成下面所期望的发射方向图:

$$d(\theta,f+f_c)=\begin{cases}1 & (\theta=120°)\\ 0 & (\text{其他})\end{cases} \quad \left(\text{对于所有 } f\in\left[-\frac{B}{2},\frac{B}{2}\right]\right), \tag{15.33}$$

上式表明,期望方向图主瓣在所有频率上位于 120°,且需尽可能的窄.

WB-CA 算法的第一阶段产生 DFT 矢量$\{\hat{\boldsymbol{y}}_p\}_{p=-N/2}^{N/2-1}$,对其进一步归一化以保持总能量(也就是经归一化后使 $\sum_p \|\boldsymbol{y}_p\|^2 = MN^2$).直接利用$\{\hat{\boldsymbol{y}}_p\}$计算得到的方向图 P_{kp} 如图 15.3所示.得到的方向图与图 15.2 的理想方向图非常相似.然而,对$\{\hat{\boldsymbol{y}}_p\}_{p=-N/2}^{N/2-1}$进行傅里叶逆变换得到的发射波形(对应于图 15.3)并不满足能量和峰均比约束.实际上,由傅里叶

逆变换得到的 M 个序列，其能量变化范围为 55.4～71.2，峰均比变化范围为 1.3～1.8.应当注意的是，在实际中需要缩放这样的发射波形以保证最大能量不超标，但这会不可避免地造成能量损失.

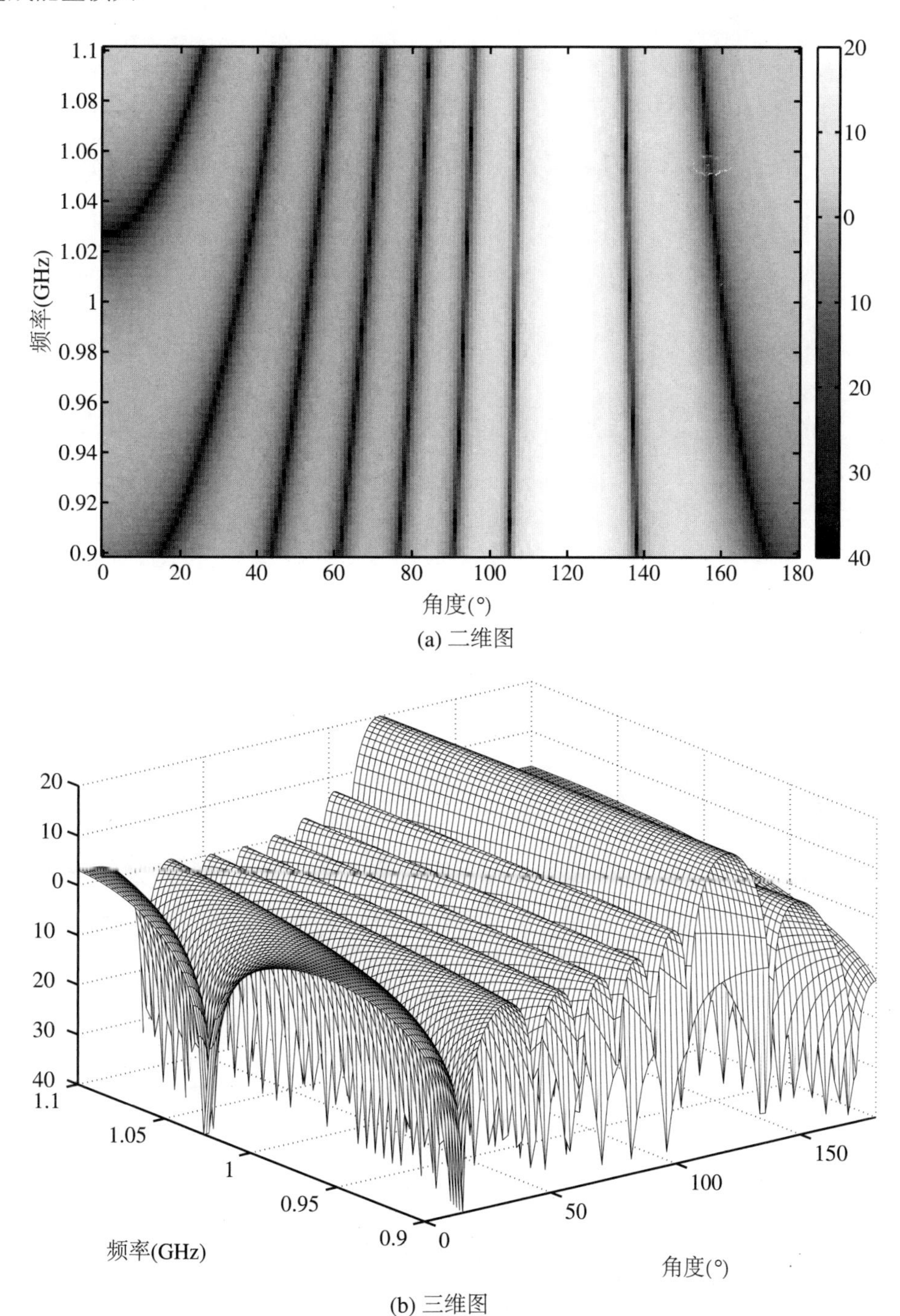

图 15.2 式(15.31)所示的理想时延方向图

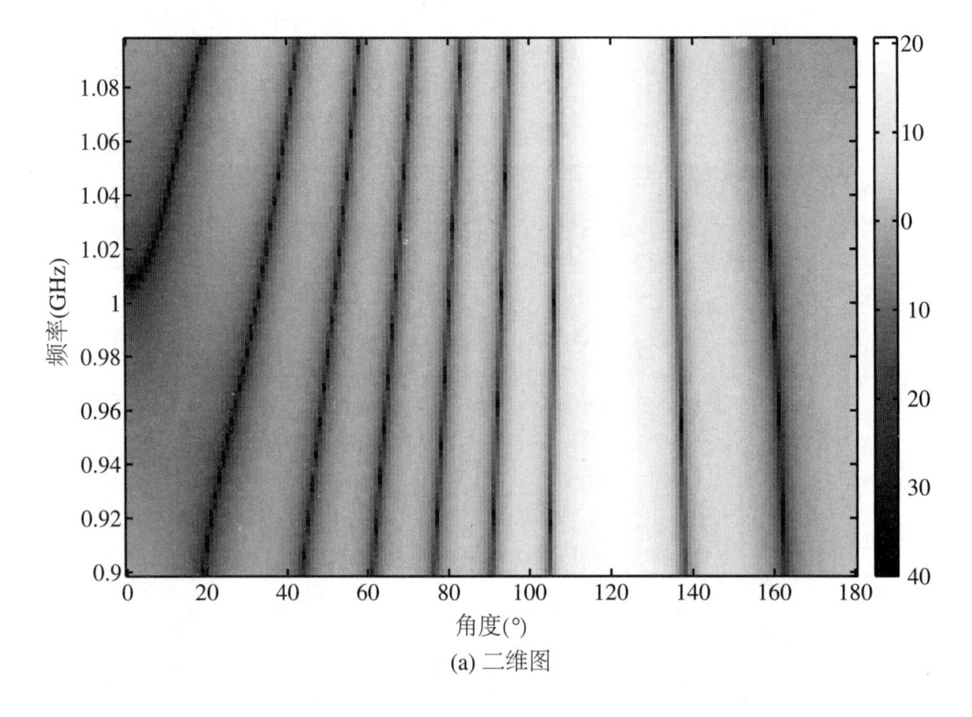

(a) 二维图

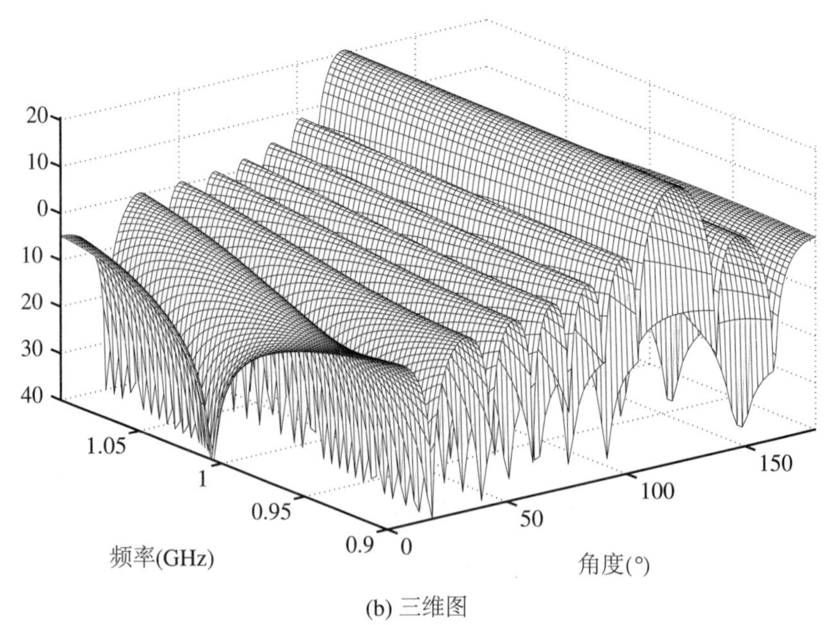

(b) 三维图

图 15.3 仅包含总能量约束时基于 WB-CA 算法设计的方向图(期望方向图见式(15.33))

WB-CA 算法的第二阶段在恒模约束下合成序列$\{\hat{x}_m(n)\}$. 之后,计算$\{\hat{x}_m(n)\}$的 DFT 并基于式(15.14)获得方向图,如图 15.4 所示. 很明显,严格的恒模约束会使方向图匹配性能恶化. 表 15.3 给出了图 15.3 和图 15.4 拟合准则(见式(15.15))中的最小值.

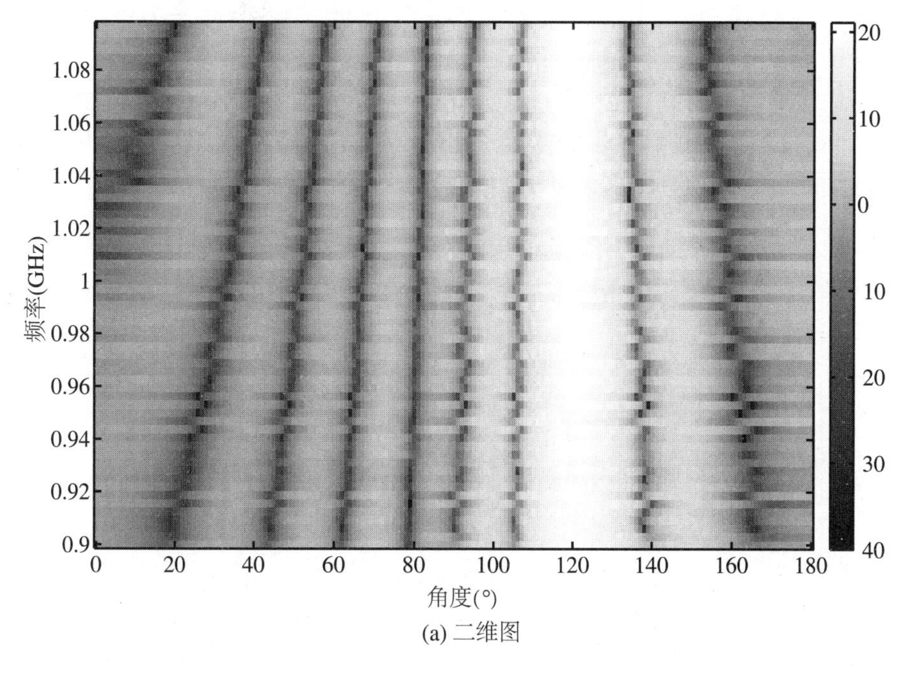

(a) 二维图

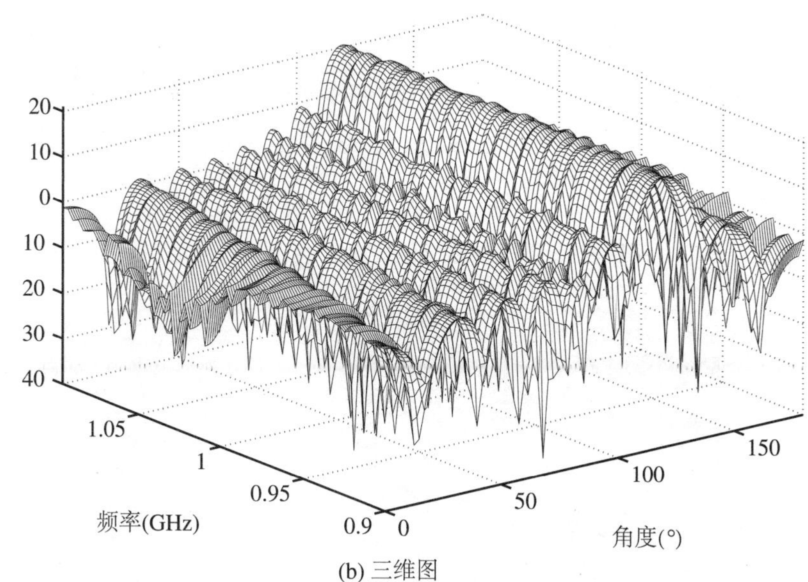

(b) 三维图

图 15.4 恒模约束下基于 WB-CA 算法设计的方向图(期望方向图见式(15.33))

表 15.3 图 15.3 和图 15.4 的优化值

	图 15.3	图 15.4
准则(15.15)	5 987 914	6 048 430

接下来分析与$\{\hat{x}_m(n)\}$对应的连续时间波形的方向图(见 15.1 节末尾的评述). 更具体地,将每个$\{\hat{x}_m(n)\}_{n=1}^{N}(m=1,\cdots,M)$通过一个升余弦 FIR 滤波器(滚降系数为 0.5)来获得连续时间波形$\hat{x}_m(t)$. $\{\hat{x}_m(t)\}$的谱密度函数如图 15.5 所示,从中可以看出,虽然部分能量

泄露在感兴趣的频带之外，但频谱依然能够很好地覆盖频带$[f_c-B/2, f_c+B/2]$. 式(15.6)定义的$\{\hat{x}_m(t)\}$的方向图如图 15.6 所示. 与图 15.4 相比，图 15.6 所示的方向图与期望方向图的匹配程度更差. 正如 15.1 节末尾处评述讨论的一样，一个实际的脉冲成形波形使得式(15.6)和式(15.14)并非精确相等. 由于 WB-CA 算法的目标是使式(15.14)匹配期望的方向图，因此，式(15.6)和式(15.14)的差异正好解释了为何从图 15.4 到图15.6会出现性能下降.

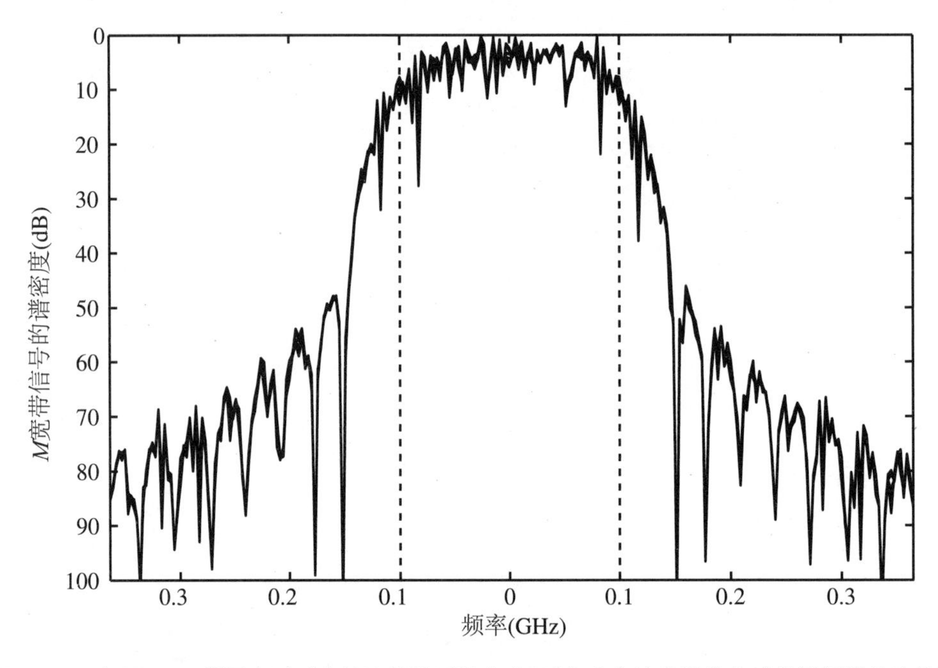

图 15.5　与图 15.4 所用序列对应的连续波形谱密度(两条垂直的虚线代表感兴趣频带的边界)

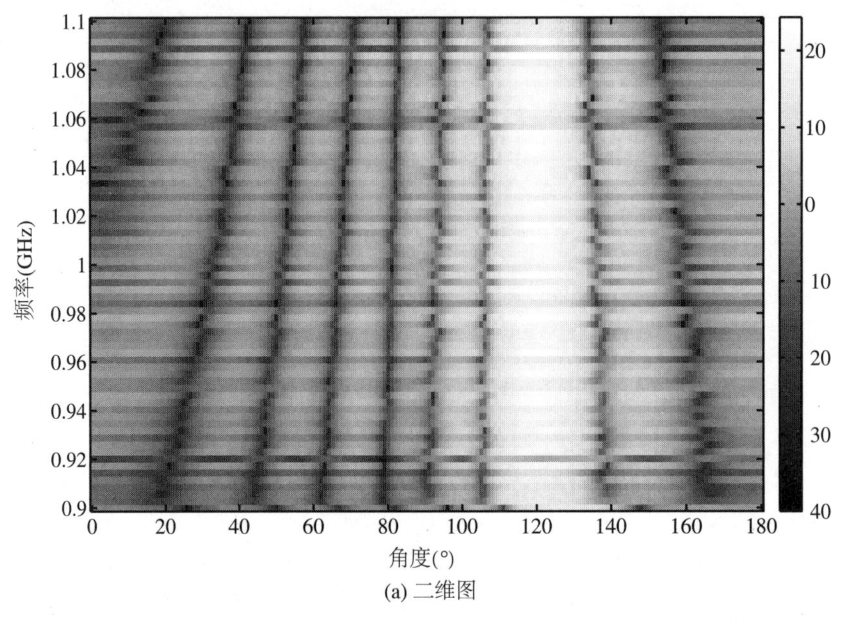

(a) 二维图

图 15.6　与图 15.4 序列对应的连续波形方向图(期望方向图见式(15.33))

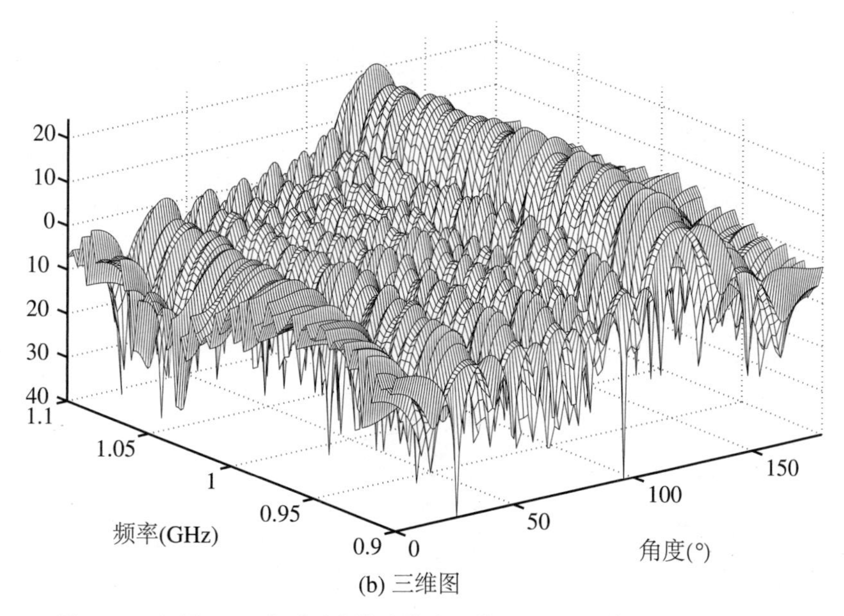

(b) 三维图

图 15.6 与图 15.4 序列对应的连续波形基于 WB-CA 算法设计的方向图
(期望方向图见式(15.33))**(续)**

15.3.3 两个主波束

本例考虑下述期望方向图：

$$d(\theta,f+f_c)=\begin{cases}1 & (f_c-B/2\leqslant f\leqslant f_c \text{ 且 } \theta=120^\circ)\\ 1 & (f_c\leqslant f\leqslant f_c+B/2 \text{ 且 } \theta=60^\circ)\\ 0 & (\text{其他})\end{cases}. \tag{15.34}$$

恒模约束下基于 WB-CA 算法所设计的方向图如图 15.7 所示，$PAR\leqslant 2$ 约束下所设计的方向图如图 15.8 所示. 虽然图 15.7 的方向图匹配误差较小，图 15.8 显示出将峰均比从 1 放宽到 2 时可以明显提升性能，这是因为波形设计的自由度变高了. 表 15.4 也显示匹配误差的大小表明性能提升.

表 15.4 图 15.7 和图 15.8 的优化值

	图 15.7	图 15.8
准则(15.15)	5 698 808	5 619 700

15.3.4 宽主波束

上面两个例子主要关注如何获得主瓣尽可能窄的方向图. 具体来说，图 15.2 展示了类似理想相控阵列的方向图，它有尽可能窄的主波束，并在 15.3.2 节用实际波形进行了近似. 若要获得更窄的主瓣，必须选择更大的 M，即更多的发射天线阵元.

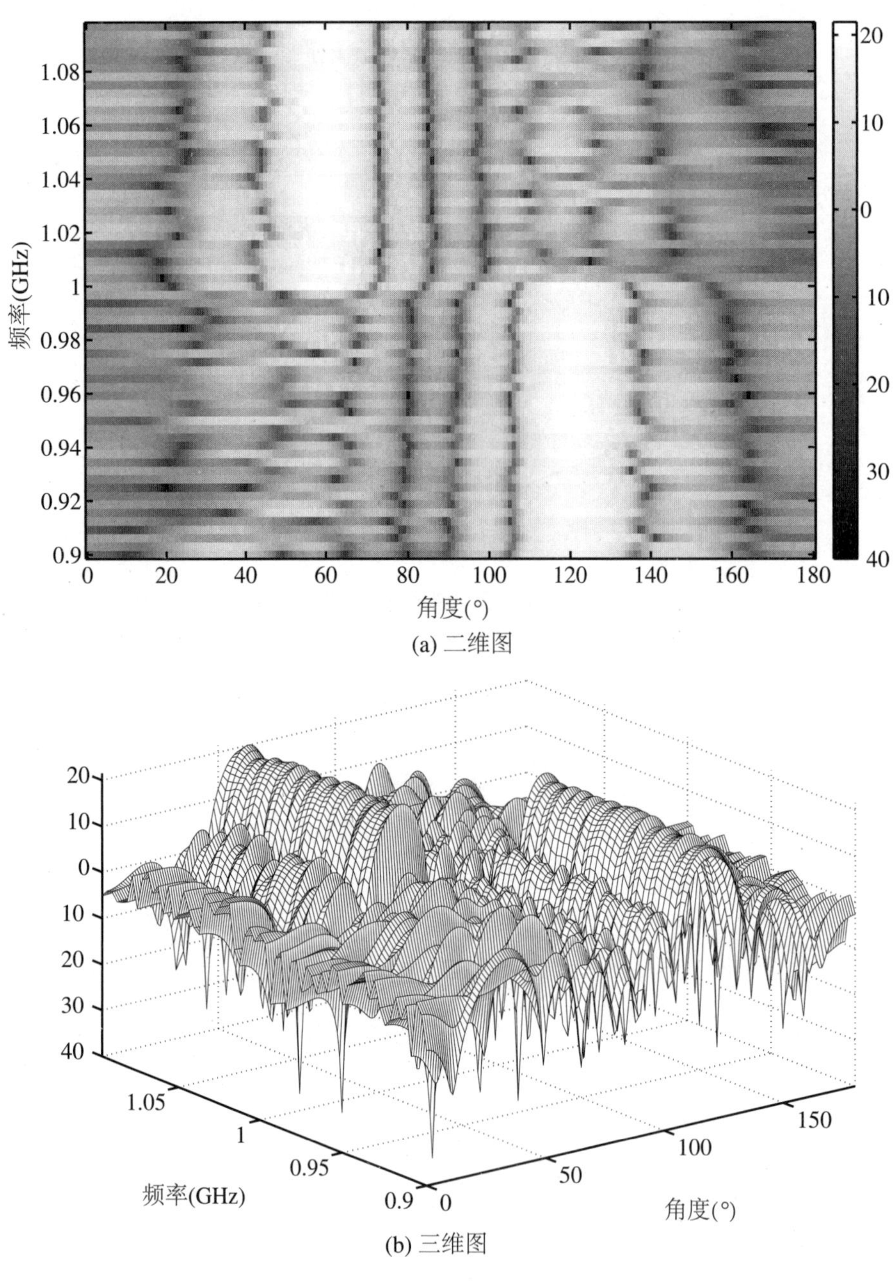

图 15.7 恒模约束下基于 WB-CA 算法设计的方向图(期望方向图见式(15.34))

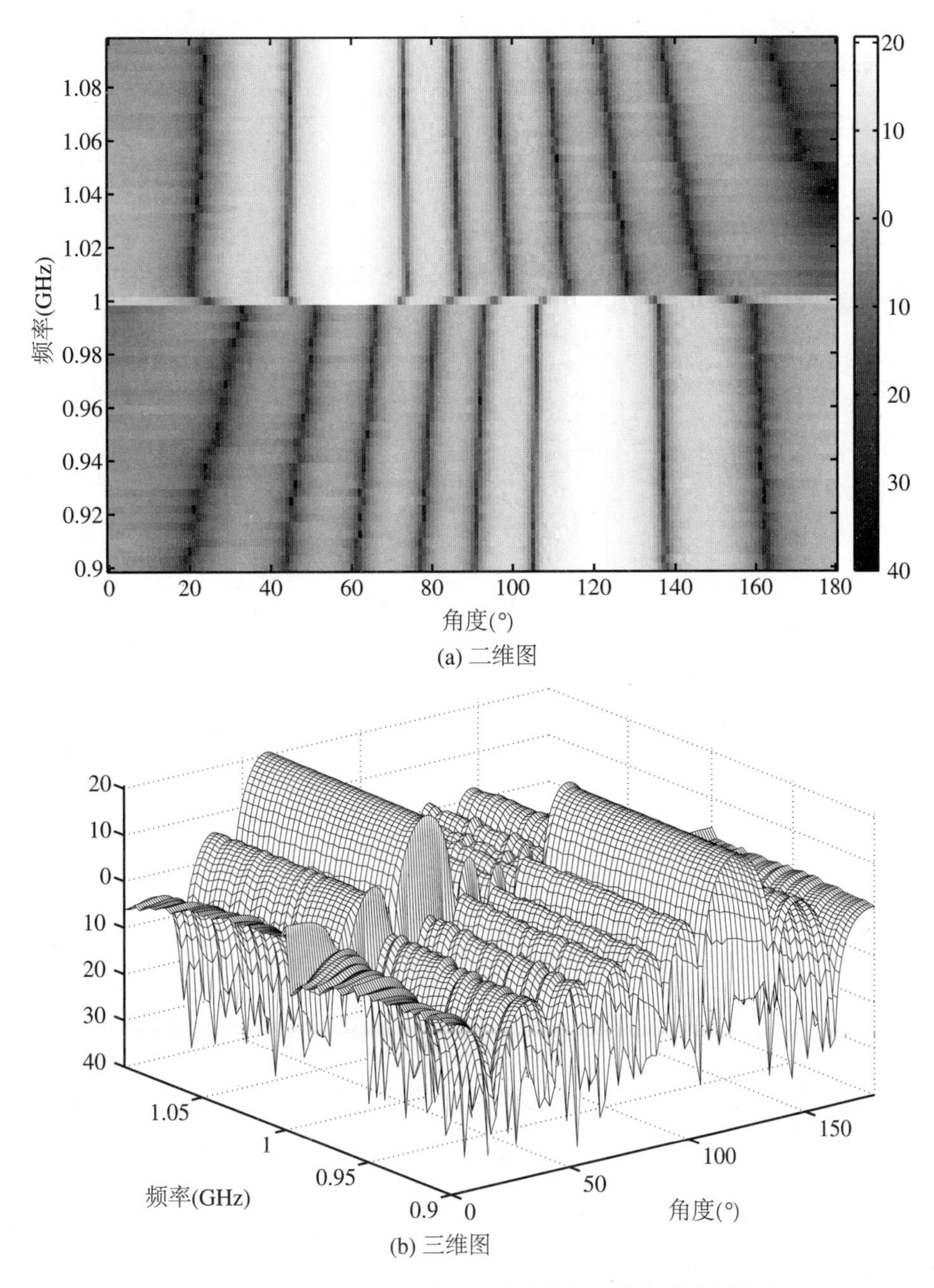

图 15.8 PAR≤2 时基于 WB-CA 算法设计的方向图(期望方向图见式(15.34))

此处考虑主瓣较宽的期望方向图:

$$d(\theta,f+f_c)=\begin{cases}1 & (100^\circ\leqslant\theta\leqslant 140^\circ)\\ 0 & (\text{其他})\end{cases}\quad\left(\text{对于所有的 } f\in\left[-\frac{B}{2},\frac{B}{2}\right]\right),\tag{15.35}$$

恒模约束下基于 WB-CA 算法设计的方向图如图 15.9 所示,$PAR\leqslant 2$ 约束下算法设计的方向图如图 15.10 所示. 从图 15.9 和图 15.10 可以发现,与图 15.2 的主波束不同,方向图在不同的频率上的主波束宽度几乎固定. 在图 15.2 中随着频率的增加方向图的主瓣会轻微变窄. 另外注意到图 15.9 和图 15.10 中存在"主瓣分裂". 如果合成比式(15.35)更宽的主波束，那么分裂现象会更加严重（比如主瓣可能会出现两次分裂，造成主波束区域有 3 个局部最大值）.

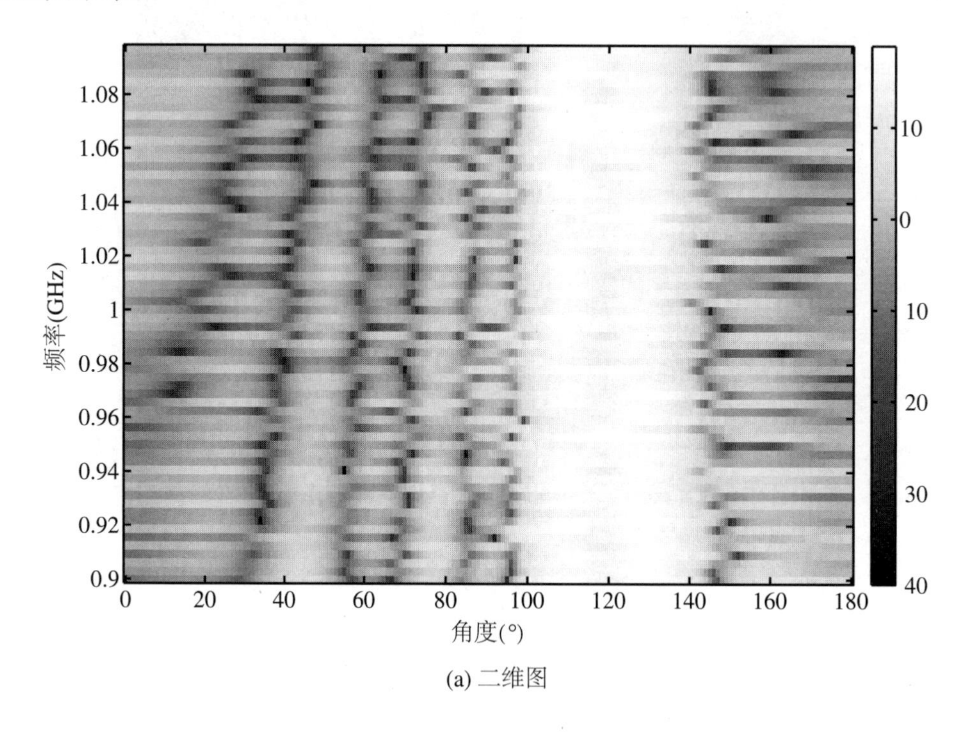

(a) 二维图

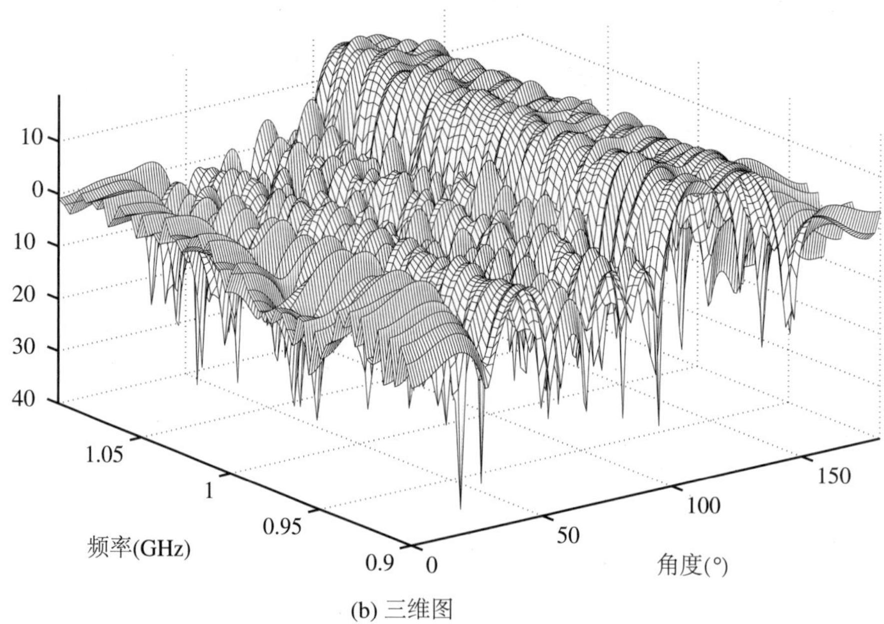

(b) 三维图

图 15.9 恒模约束下基于 WB-CA 算法设计的方向图（期望方向图见式（15.35））

在上述所有的例子中，信号带宽 B 设定为 200 MHz. 增加带宽意味着有更多的约束，会使得方向图匹配更加困难. 为了说明这个事实，将带宽设为 350 MHz，并重复图 15.4 的实验，相应的结果如图 15.11 所示，相比图 15.4 方向图变得更加不规则.

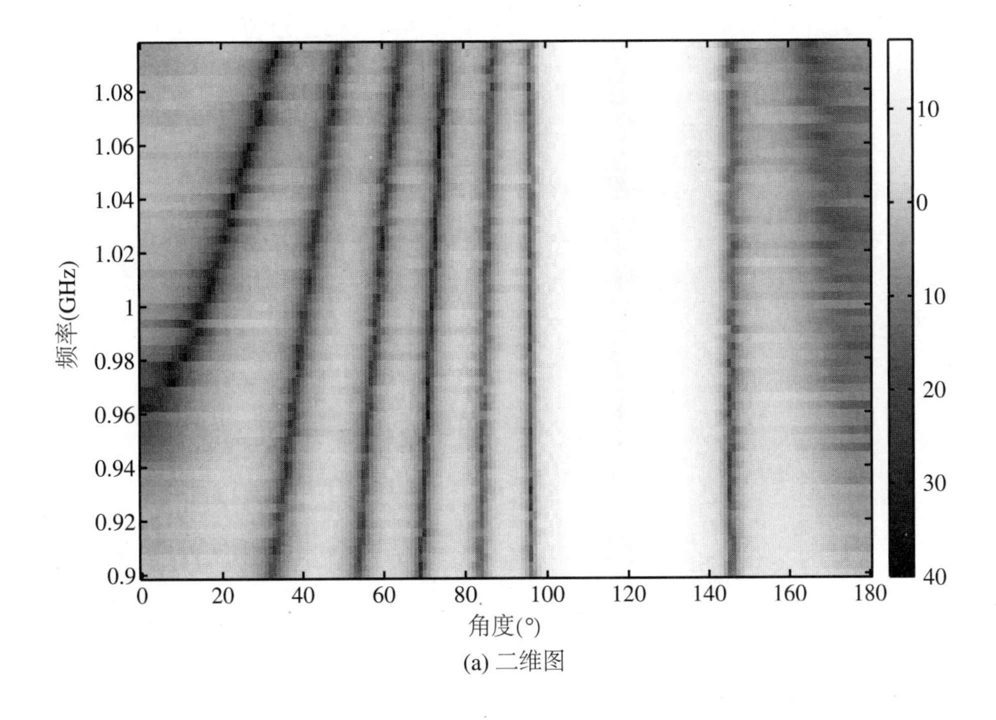

(a) 二维图

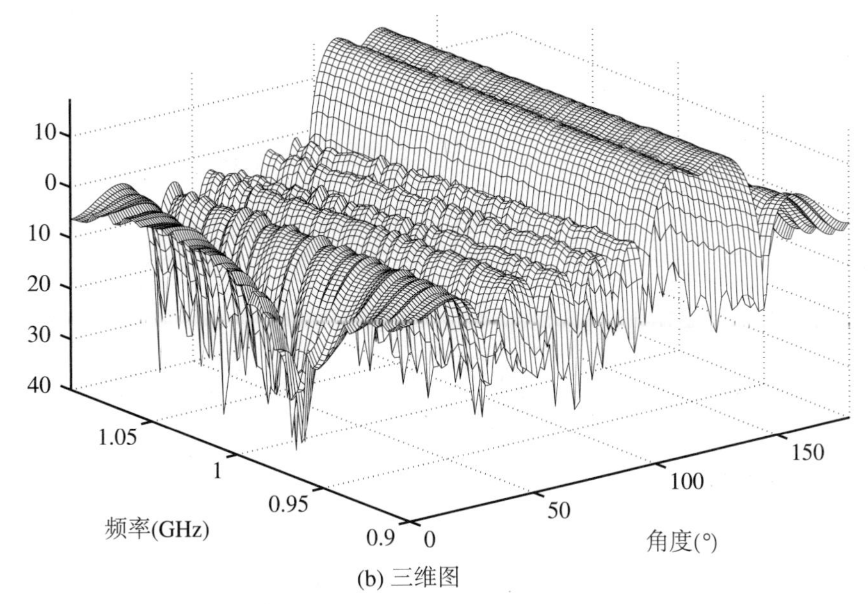

(b) 三维图

图 15.10 $PAR \leqslant 2$ **时基于 WB-CA 算法设计的方向图**(期望方向图见式(15.35))

关于 N(发射符号的数目)的选择问题,需要明确的是增加 N 并不会提升方向图匹配的性能. 这是因为增加 N 虽然会提高波形 $\{x_m(n)\}$ 的自由度,但是也会成比例地增加 WB-CA 算法在第二阶段需要匹配的 $\{\boldsymbol{y}_p\}$ 中的元素数目(见 15.2 节末尾处的讨论). 同时,N 也不能太小,因为频率栅格点要足够密集才能较好地覆盖整个频带.

最后,需要指出 WB-CA 算法的初始点(两个阶段的第 0 步)并非决定算法性能的重要因素. 在所有仿真中,初始相位都是随机产生,不同的初始化会产生不同的波形,但是这些波形具有相似的方向图,这也说明了方向图匹配问题具有高度的多模性和挑战性.

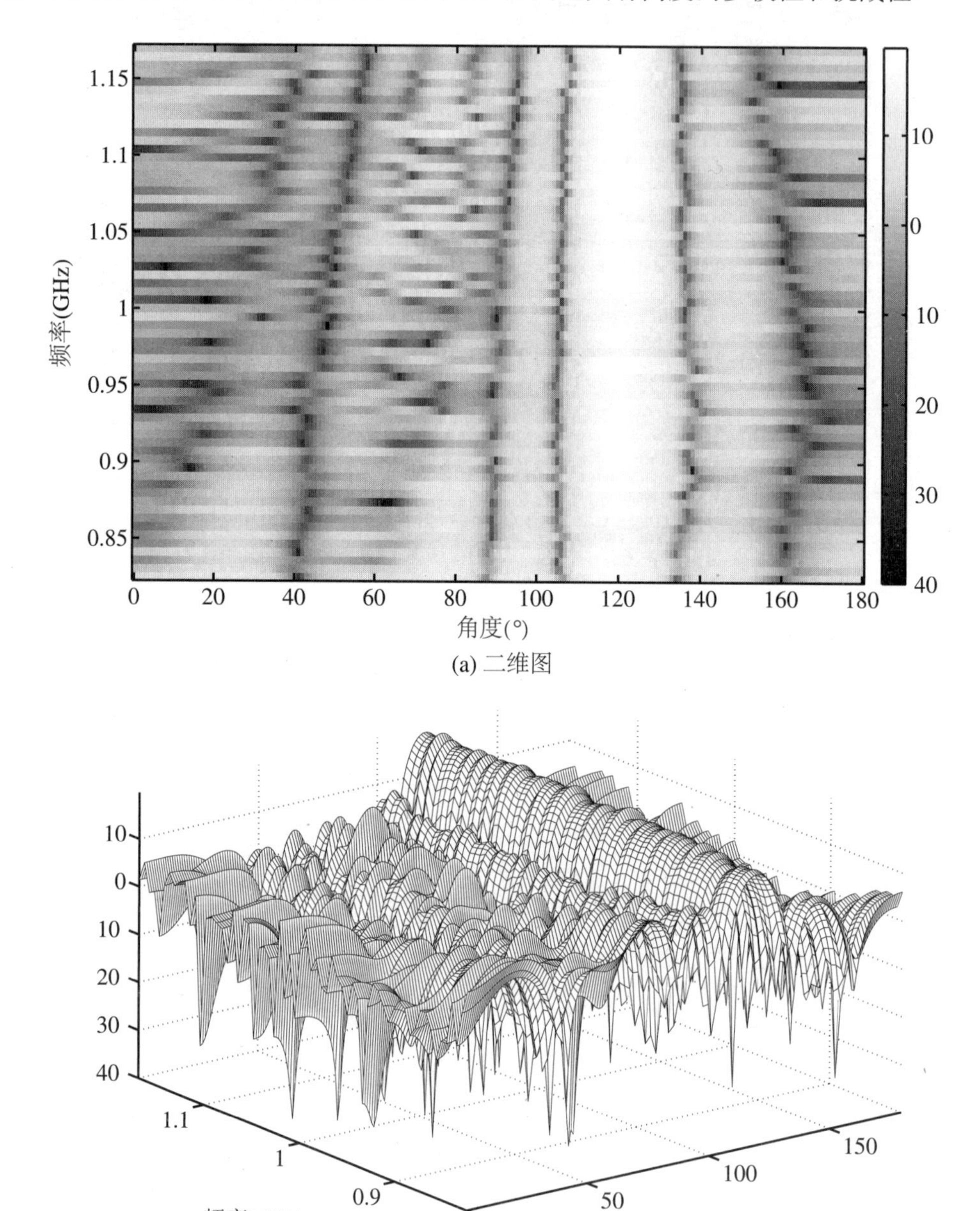

(b) 三维图

图 15.11　带宽 B 由 200 MHz 变化到 350 MHz 时恒模约束下基于 WB-CA 算法的方向图(其余条件与图 15.4 相同)

15.4　本章小结

本章提出了 WB-CA 算法来合成宽带阵列系统的发射方向图.该系统能够利用波形分集特性合成不同类型的宽带方向图.同时,算法设计时考虑了实际波形约束,比如恒模和低峰均比约束.WB-CA 算法采用循环优化方法来最小化方向图匹配误差,其计算效率很高且能够保证局部收敛(图 15.11).仿真实例表明了 WB-CA 算法产生的波形能够有效匹配期望方向图.

注意到 WB-CA 算法是针对一维线性均匀阵列(见图 15.1)设计的,但是通过采用比式(15.7)更为一般化的导向矢量,能够将 WB-CA 算法很容易地推广到一维非均匀阵列的情形,例如见第 17 章.然而对于二维阵列,由于空间维度的增加,WB-CA 算法所面临的优化问题会变得更加复杂.

附录　若干证明

1. 窄带发射方向图

在窄带情况下,$B \ll f_c$,因此能量随频率 f 的分布并不重要,重要的是 f 上的总能量,具体如下(见式(15.14)):

$$P(\theta_k)=\sum_{p=-N/2}^{N/2-1}P_{kp}=\sum_{p=-N/2}^{N/2-1}\left|\boldsymbol{a}_{kp}^{\mathrm{H}}\boldsymbol{y}_p\right|^2. \tag{15.36}$$

因为阵元间距 d 与载频波长在同一个数量级,窄带假设 $B \ll f_c$ 表明

$$\frac{fd\cos\theta}{c}\sim 0\quad\left(-\frac{B}{2}\leqslant f\leqslant\frac{B}{2}\right)$$

这意味着导引矢量$\boldsymbol{a}_{kp}^{\mathrm{H}}$与频率无关.因此可以舍弃下标 p 并且式(15.36)可以写为

$$\begin{aligned}P(\theta_k)&=\boldsymbol{a}_k^{\mathrm{H}}\Big(\sum_{p=-N/2}^{N/2-1}\boldsymbol{y}_p\boldsymbol{y}_p^{\mathrm{H}}\Big)\boldsymbol{a}_k\\&=\boldsymbol{a}_k^{\mathrm{H}}\left\{\sum_{u=1}^{N}\sum_{v=1}^{N}\boldsymbol{x}(u)\boldsymbol{x}(v)\left[\sum_{p=-N/2}^{N/2-1}\mathrm{e}^{-\mathrm{j}2\pi\frac{(u-v)p}{N}}\right]\right\}\boldsymbol{a}_k\\&=\boldsymbol{a}_k^{\mathrm{H}}\left(N\sum_{n=1}^{N}\boldsymbol{x}(n)\boldsymbol{x}^{\mathrm{H}}(n)\right)\boldsymbol{a}_k,\end{aligned} \tag{15.37}$$

其中,$\boldsymbol{x}(n)$定义如下

$$\boldsymbol{x}(n)=[x_1(n)x_2(n)\cdots x_M(n)]^{\mathrm{T}}\quad(n=1,\cdots,N). \tag{15.38}$$

式(15.37)的结果与第 13 章中用到的窄带方向图表达式是一致的(仅差一个乘性常系数).值得注意的是,WB-CA 算法虽然对于宽带和窄带都适用,但是设计窄带方向图时仍然推荐使用第 13 章和第 14 章讨论的算法,这是因为第 13 章中的半正定规划问题具有全局

最优解.

2. 接收方向图

为了与 15.1 节的讨论呼应,这里对宽带信号的接收方向图合成问题进行简单说明.

假设有一个频带为$[f_c-B/2,\ f_c+B/2]$的宽带信号 $g(t)\mathrm{e}^{\mathrm{j}2\pi f_c t}$ 由角度 θ($0°\leqslant\theta\leqslant 180°$)入射至线性均匀阵列. 令 $G(f)$为 $g(t)$的傅里叶变换,第 m 个阵元的接收信号可以写为

$$
\begin{aligned}
r_m(t) &= g\left[t-\frac{(m-1)d\cos\theta}{c}\right]\mathrm{e}^{\mathrm{j}2\pi f_c\left[t-\frac{(m-1)d\cos\theta}{c}\right]} \\
&= \int_{-B/2}^{B/2} G(f)\,\mathrm{e}^{-\mathrm{j}2\pi(f+f_c)\frac{(m-1)d\cos\theta}{c}}\mathrm{e}^{\mathrm{j}2\pi(f+f_c)t}\mathrm{d}f.
\end{aligned}
\tag{15.39}
$$

令 $H_m(f)$表示用于处理解调信号 $r_m(t)\mathrm{e}^{-\mathrm{j}2\pi f_c t}$ 的 FIR 滤波器频率响应. 那么,接收方向图在频域的表达式为

$$
A(\theta,f+f_c)=\left|\sum_{m=1}^{M}H_m(f)\mathrm{e}^{-\mathrm{j}2\pi(f+f_c)\frac{(m-d)d\cos\theta}{c}}\right|^2 \quad \left(f\in\left[-\frac{B}{2},\frac{B}{2}\right]\right), \tag{15.40}
$$

其中,省略 $G(f)$是因为所有的阵元都包含它. 接收方向图综合可以视为设计 M 个滤波器$\{h_m(t)\}_{m=1}^{M}$($h_m(t)$的傅里叶变换是 $H_m(f)$),使得 $A(\theta,f+f_c)$匹配期望方向图.

如引言指出的那样,本质上不存在对于$\{h_m(t)\}_{m=1}^{M}$的任何约束,因此可以用很多方法来设计$\{h_m(t)\}_{m=1}^{M}$,比如经典滤波器设计方法(Ward et al. 1996)或者凸优化(Lebret,Boyd 1997). 另一方面,本章(包括第 13 章和第 14 章)所研究的发射方向图设计问题就要困难很多. 这是因为尽管式(15.6)和式(15.40)具有同样的形式,但是发射方向图设计需要考虑阵元等功率约束和峰均比约束.

第4部分

应用示例

16 雷达距离压缩与距离-多普勒成像

第 3.4.5 节给出了一个雷达 SAR 成像的示例，成像结果表明采用 Multi-WeCAN 序列要优于现有序列. 本章将介绍更多的雷达成像的示例. 特别地，对于某些特殊情况，例如，当信噪比较低或目标相距比较近时，如果接收机使用匹配滤波器，那么即使精细地设计发射波形，可能也无法充分抑制杂波或噪声. 为解决这些问题，本章将着重关注雷达系统接收端的设计. 除了匹配滤波器之外，本章还将回顾工具变量(IV)滤波器(见第 8 章)和迭代自适应方法(Yardibi et al 2010)，它们都是以损失信噪比或增加计算复杂度为代价提升干扰抑制性能的.

16.1 问题描述

令 $s(t)$ 表示包含 N 个子脉冲的发射波形(见式(1.1)). 用矢量 $\boldsymbol{x}$ 来表示 $s(t)$，它的分量对应于每个子脉冲的相位编码

$$\boldsymbol{x} = [x(1)x(2)\cdots x(N)]^{\mathrm{T}}. \tag{16.1}$$

由于硬件限制，如功率放大器的局限性，通常约束 $\boldsymbol{x}$ 的分量为恒模，如式(1.4)所示.

场景中的目标由其雷达散射截面积$\{K_{r,l}\}$表示，其中 $r=1,\cdots,R$ 表示距离门，$l=1,\cdots,L$ 表示多普勒门. 于是接收信号 $\boldsymbol{y}_{r'}$(与发射波形在感兴趣距离门 r' 处的反射对齐)可以建模为

$$\boldsymbol{y}_{r'} = K_{r',l'}\tilde{\boldsymbol{x}}_{l'} + \sum_{\substack{n=-N+1 \\ (r'+n,l)\neq(r',l')}}^{N-1}\sum_{l=1}^{L} K_{r'+n,l}\boldsymbol{J}_n\tilde{\boldsymbol{x}}_l + \boldsymbol{\varepsilon}, \tag{16.2}$$

式中，$\{K_{r',l'}\}$为感兴趣目标的反射系数，$\boldsymbol{\varepsilon}$ 为接收信号的噪声分量. 此外，$\boldsymbol{J}_n$是一个移位矩阵，用于在时间上对齐与感兴趣距离门相距 n 个距离门的目标反射信号：

$$\boldsymbol{J}_n = \begin{bmatrix} \mathbf{0} & & \mathbf{0} \\ \vdots & & \\ 1 & & \\ & \ddots & \\ \mathbf{0} & & \underbrace{1\ 0\ \cdots\ 0}_{n+1} \end{bmatrix}_{N\times N} = \boldsymbol{J}_{-n}^{\mathrm{T}} \quad (n=0,1,\cdots,N-1). \tag{16.3}$$

假设一般情况下，对于任意 r，如果 $r\notin\{1,\cdots,R\}$，$K_{r,l}=0$. 令$\tilde{\boldsymbol{x}}=\boldsymbol{x}\odot\boldsymbol{a}_l$表示经多普勒频移后的波形，其中

$$\boldsymbol{a}_l = [1 \quad e^{j\omega_l} \quad \cdots \quad e^{j\omega_l(N-1)}]^{\mathrm{T}} \quad (l = 1,\cdots,L), \tag{16.4}$$

且 ω_l 表示第 l 个多普勒门的多普勒频率(假设感兴趣的多普勒间隔包含 L 个单元). $\boldsymbol{y}_{r'}$ 的模型示意图(未显示多普勒频移)见图 16.1,接下来所感兴趣的问题便是如何估计未知目标系数(即 $\{K_{r',l'}\}$).

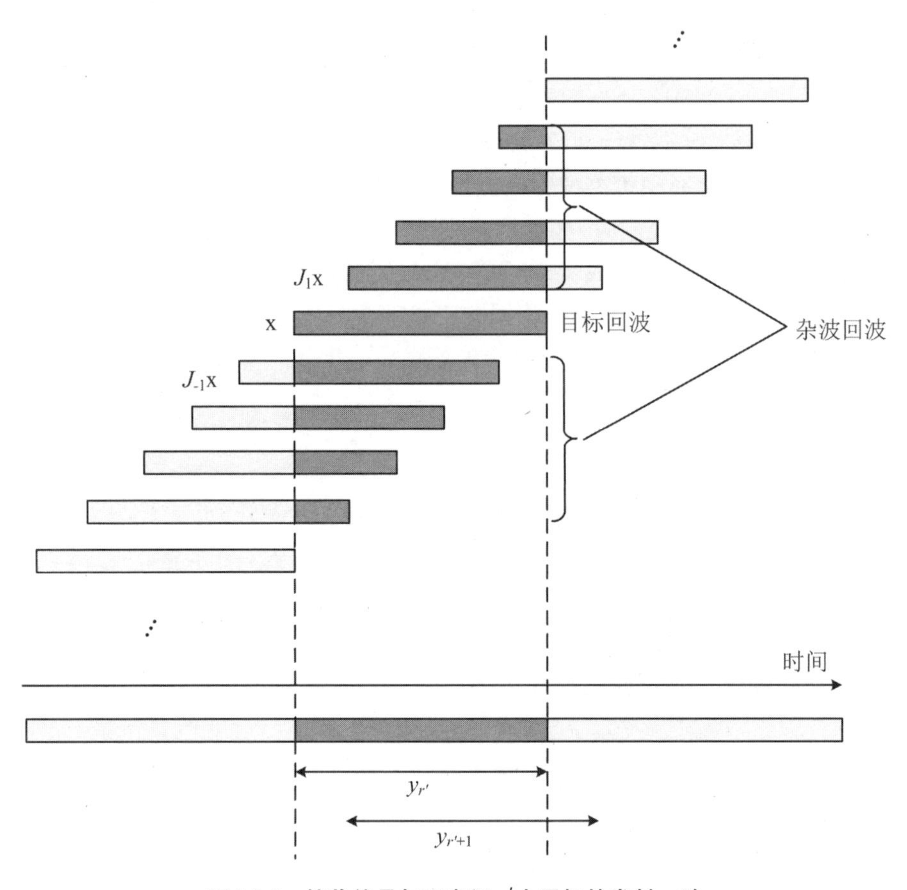

图 16.1 接收信号与距离门 r' 中目标的发射一致

16.2 接收机设计

前述章节所描述的波形,如 CAN 波形和 WeCAN 波形,其目的是通过降低相关性,从而在接收端获得较好的杂波抑制性能. 然而,在某些情况下,如果接收机使用匹配滤波器,即使精心构造雷达发射波形,也可能无法充分抑制旁瓣. 为此,本节将主要关注有源感知系统的接收端处理方法. 首先讨论匹配滤波器,由此激发设计更先进接收机的需求.

16.2.1 匹配滤波

如第 1 章所讨论的,匹配滤波器可以放大接收信号中感兴趣的信号,并减少噪声分量,通常假定噪声分量与发射序列不相关.在仅存在随机加性白噪声的情况下,匹配滤波器具有最高的信噪比.如果发射波形或波形集具有良好的相关特性,匹配滤波器也会减弱感兴趣距离门临近单元目标的反射信号.

将匹配滤波器应用于 $\boldsymbol{y}_{r'}$ 后,反射系数 $K_{r',l'}$ 的最小二乘估计如下所示:

$$\hat{K}_{r',l'}=\frac{\sum_{n=1}^{N}\widetilde{x}_{l'}^{*}(n)y_{r'}(n)}{\sum_{n=1}^{N}\left|\widetilde{x}_{l'}(n)\right|^{2}}=\frac{\widetilde{\boldsymbol{x}}_{l'}^{\mathrm{H}}\boldsymbol{y}_{r'}}{\|\widetilde{\boldsymbol{x}}_{l'}\|^{2}}. \tag{16.5}$$

通过重新表述式(16.2)中的接收信号模型,可以为场景中其他目标生成类似的估计值(在 $r'=1,\cdots,R$ 时,$\boldsymbol{y}_{r'}$ 与感兴趣的距离门 r' 的反射信号对齐).

如果式(16.2)中没有干扰项(即对于任意 $\{r,l\}\neq\{r',l'\}$,$K_{r,l}=0$),则匹配滤波器将提供 $K_{r',l'}$ 的高精度估计.当接收到的信号中存在干扰项(杂波)时,这在实际中相当常见,那么用于估计的匹配滤波器性能将直接取决于发射序列的相关特性.第 2 章和第 3 章描述了几种可用于设计低相关性序列或序列集的循环优化方法.

值得注意的是,波形 $s(t)$ 的自相关表示匹配滤波器对多普勒频移可忽略的目标(相对于雷达的静止目标)的时域响应.如果目标在运动,则必须考虑如第 6 章所述的信号模糊函数.长度 $N=50$ 的 CAN 序列(采用随机序列初始化)的模糊函数如图 6.5 所示.可以看出 CAN 波形的模糊函数为"图钉"形.虽然图钉形的模糊函数可以提高多普勒分辨率,但是模糊函数的总体积是恒定的(见式(6.2)).由于无法设计序列使其模糊函数旁瓣在所有时延和多普勒频移都为零,故转而寻求设计更先进的接收机来取代匹配滤波器.

16.2.2 IV 接收滤波器

IV 滤波器(也称为失配滤波器)是一种更通用的估计 $K_{r',l'}$ 的方法,它以损失信噪比为代价来显著降低旁瓣(见 Ackroyd,Ghani 1973;Zoraster 1980;Stoica,Li,Xue 2008 和第 8 章).暂时忽略多普勒效应(故 $L=1,\omega_l=0$ 和 $\widetilde{\boldsymbol{x}}_l=\boldsymbol{x}$),$K_{r'}$ 的 IV 估计值如下所示:

$$\hat{K}_{r'}=\frac{\boldsymbol{z}^{\mathrm{H}}\boldsymbol{y}_{r'}}{\boldsymbol{z}^{\mathrm{H}}\boldsymbol{x}}, \tag{16.6}$$

其中,$\boldsymbol{z}$ 表示 IV 接收滤波器.如果 $\boldsymbol{z}=\boldsymbol{x}$,式(16.6)变成了对 $K_{r'}$ 采用匹配滤波.与匹配滤波器不同,$\boldsymbol{z}$ 一般只用于参数估计,因此并不约束 $\boldsymbol{z}$ 的元素为恒模.另外,注意到 IV 滤波器可以采用离线方式预先计算.从计算复杂度的角度来看,使用该滤波器的复杂度与匹配滤波器相当.因此,IV 滤波器给接收机造成的负担最小.注意到这里假设 $\boldsymbol{z}$ 是长度为 N 的矢量.当然通过将发射波形补零,可以设计更长的 IV 矢量来进一步降低旁瓣,但这会进一步牺牲信噪比.

考虑到 Stoica,Li 和 Xue(2008)给出的 IV 公式.IV 方法的目标是在使用 IV 滤波器的情况下找到一个使 ISL 最小的矢量 $\boldsymbol{z}$(ISL 的原始定义见式(2.1)):

$$ISL_{\mathrm{IV}}=\frac{\sum_{\substack{k=-(N-1)\\k\neq 0}}^{N-1}\left|\boldsymbol{z}^{\mathrm{H}}\boldsymbol{J}_{k}\boldsymbol{x}\right|^{2}}{\left|\boldsymbol{z}^{\mathrm{H}}\boldsymbol{x}\right|^{2}}. \tag{16.7}$$

应用柯西-施瓦茨不等式,可以证明当 $\boldsymbol{z}=\boldsymbol{R}_{\mathrm{IV}}^{-1}\boldsymbol{x}$ 时,ISL_{IV}达到最小值,其中

$$\boldsymbol{R}_{\mathrm{IV}} = \sum_{\substack{k=-(N-1)\\k\neq 0}}^{N-1} \boldsymbol{J}_k\boldsymbol{x}\,\boldsymbol{x}^{\mathrm{H}}\,\boldsymbol{J}_k^{\mathrm{T}}. \tag{16.8}$$

假设场景中运动目标的多普勒频移$\{\omega_l\}_{l=1}^{L}$位于 $\Omega=[\omega_a,\ \omega_b]$所表示的不确定区间内(其中 $\omega_b>\omega_a$,并选择 L 使$\{\omega_l\}_{l=1}^{L}$覆盖 Ω). 除了知道目标多普勒频移属于 Ω,由于没有其他先验知识,因此式(16.7)中的 ISL 准则可以改写如下(Stoica,Li,Xue 2008):

$$ISL_{\mathrm{IV,D}} = \sum_{\substack{k=-(N-1)\\k\neq 0}}^{N-1} \left(\frac{1}{\omega_b-\omega_a}\right)\frac{\int_{\Omega} |\boldsymbol{z}_{l'}^{\mathrm{H}}\boldsymbol{J}_k\widetilde{\boldsymbol{x}}(\omega)|^2\mathrm{d}\omega}{|\boldsymbol{z}_{l'}^{\mathrm{H}}\widetilde{\boldsymbol{x}}_{l'}|^2}, \tag{16.9}$$

其中,$\boldsymbol{z}_{l'}$表示多普勒单元 l'的接收滤波器,$\widetilde{\boldsymbol{x}}(\omega)$表示经过多普勒频移后的波形(对应于多普勒频率 ω). 当不确定多普勒频移区间 Ω 变大时,$ISL_{\mathrm{IV,D}}$的最小可达值会显著大于 ISL_{IV}. 直观地说,这是因为基于 $ISL_{\mathrm{IV,D}}$的设计更为保守,即试图优化在整个 Ω 上的平均 ISL. 因此,当多普勒效应不可忽略时,IV 方法的效果并不好.

16.3 迭代自适应方法(IAA)

为了在多普勒频移不可忽略情况下达到更高的分辨率,本节以增加接收机的计算复杂度为代价,探索了一种更先进的估计技术. Yardibi 等(2010)首次提出了迭代自适应方法(IAA),这种方法具有更高的分辨率和抗干扰性能. IAA 算法是一种非参数化、无需设定用户参数的加权最小二乘算法. 在 Yardibi 等(2010)的研究中,IAA 算法在通信信道估计、雷达和声呐距离-多普勒成像以仿无源阵列感知方面表现出良好的性能. 尽管一些自适应算法需要大量的样本来获得准确的目标估计,然而 IAA 算法即使在单个数据快拍下也具有良好的性能. 本节简要地总结一下 IAA 算法.

考虑式(16.2)中的 $\boldsymbol{y}_{r'}$模型. IAA 的目标是最小化以下与感兴趣目标 $K_{r',l'}$相关的加权最小二乘代价函数:

$$\|\ \boldsymbol{y}_{r'} - K_{r',l'}\,\widetilde{\boldsymbol{x}}_{l'}\ \|_{\boldsymbol{Q}_{r',l'}^{-1}}^2, \tag{16.10}$$

其中,$\|\boldsymbol{u}\|_{\boldsymbol{Q}^{-1}}^2 \equiv \boldsymbol{u}^{\mathrm{H}}\boldsymbol{Q}^{-1}\boldsymbol{u}$. 感兴趣目标 $K_{r',l'}$的干扰协方差矩阵用$\boldsymbol{Q}_{r',l'}$表示,定义

$$\boldsymbol{Q}_{r',l'} = \boldsymbol{R}_{\mathrm{IAA}}(r') - |K_{r',l'}|^2\,\widetilde{\boldsymbol{x}}_{l'}\,\widetilde{\boldsymbol{x}}_{l'}^{\mathrm{H}}, \tag{16.11}$$

其中,

$$\boldsymbol{R}_{\mathrm{IAA}}(r') = \sum_{r=-N+1}^{N-1}\sum_{l=1}^{L} |K_{r'+r,l}|^2\,\boldsymbol{J}_r\,\widetilde{\boldsymbol{x}}_l\,\widetilde{\boldsymbol{x}}_l^{\mathrm{H}}\,\boldsymbol{J}_r^{\mathrm{H}}. \tag{16.12}$$

经简化,感兴趣目标 $K_{r',l'}$的加权最小二乘估计如下:

$$\hat{K}_{r',l'} = \frac{\widetilde{\boldsymbol{x}}_{l'}^{\mathrm{H}}\boldsymbol{R}_{\mathrm{IAA}}^{-1}(r')\boldsymbol{y}_{r'}}{\widetilde{\boldsymbol{x}}_{l'}^{\mathrm{H}}\boldsymbol{R}_{\mathrm{IAA}}^{-1}(r')\boldsymbol{x}_{r'}}\quad (l'=1,\cdots,L,;r'=1,\cdots,R). \tag{16.13}$$

由于式(16.13)的估计值取决于协方差矩阵 $\boldsymbol{R}_{\mathrm{IAA}}(r')$,而协方差矩阵 $\boldsymbol{R}_{\mathrm{IAA}}(r')$又取决于目标幅值,因此该算法采用了一种迭代方法,如表 16.1 所示. 它使用第 16.2.1 小节中所述的匹配滤波器初始化目标系数. 为了估计其他距离单元中的目标,只需重新定义 $\boldsymbol{y}_{r'}$,它表示长

度为 N 的信号矢量，与从感兴趣的单元 r' 接收到的反射信号对齐. IAA 通常在大约 10 次迭代后收敛（相当于表 16.1 中的 $T_{\mathrm{IAA}}=10$）；IAA 的局部收敛性证明可见相关文献（Roberts et al 2010）.

表 16.1　用于距离-多普勒成像的 IAA 算法

步骤 0	初始化：$$\hat{K}_{r',l'}=\frac{1}{N}\boldsymbol{x}_p^{\mathrm{H}}\boldsymbol{y}_{l'}\quad(l'=1,\cdots,L_1;r'=1,\cdots,R)$$
步骤 1	对于 $r'=1,\cdots,R$，计算协方差矩阵：$$\boldsymbol{R}_{\mathrm{IAA}}(r')=\sum_{r=-(N-1)}^{N-1}\sum_{l=1}^{L}\lvert\hat{\kappa}_{r'+r,1}\rvert^2\boldsymbol{J}_r\tilde{\boldsymbol{x}}_l\tilde{\boldsymbol{x}}_l^{\mathrm{H}}\boldsymbol{J}_r^{\mathrm{H}}$$
步骤 2	对于所有距离单元 $r'=1,\cdots,R$ 和多普勒频移单元 $l'=1,\cdots,L$ 更新估计值：$$\hat{\kappa}_{r',l'}=\frac{\tilde{\boldsymbol{x}}_{l'}^{\mathrm{H}}\boldsymbol{R}_{\mathrm{IAA}}^{-1}(r')\boldsymbol{y}_{r'}}{\tilde{x}_{l'}^{\mathrm{H}}\boldsymbol{R}_{\mathrm{IAA}}^{-1}(r')\tilde{x}_{l'}}$$
循环迭代	重复步骤 1 和 2 直至收敛，比如重复 T_{IAA} 次

16.4　数值仿真

下面给出了两个雷达成像示例，其中一个是静止目标成像，另一个是运动目标成像. 由于已经证明 CAN 序列比其他现有的发射序列具有更低的相关旁瓣，为了比较，接下来只考虑 Frank 序列（见式（1.23））以及 CAN 序列（由 Frank 序列初始化）. 对于每一个例子，假设噪声为循环对称独立同分布的加性复高斯噪声，均值为零，方差为 σ^2，信噪比定义为 $10\lg(1/\sigma^2)$.

16.4.1　多普勒频移可忽略

第一个场景包含 512 个均匀分布的距离门. 场景中包含 3 个目标：一个目标位于第 200 个距离单元，振幅为 −7 dB；另一个目标位于第 308 个距离单元，振幅为 −17 dB；最后一个目标位于第 320 个距离单元，振幅为 0 dB. 发射波形长度 $N=256$，信噪比（SNR）为 20 dB. 在每个图形中用圆圈表示真实的目标位置.

采用 Frank 序列作为发射序列、接收端采用匹配滤波器的距离压缩结果如图 16.2（a）所示. 很明显，该方案成功地识别了两个较强的目标. 然而，第三个较弱的目标出现在最强目标的旁瓣内，匹配滤波器不会在目标的真正位置产生峰值. 在图 16.2（b）中，再次使用匹配滤波器，但以 CAN 序列作为发射序列. 在这种情况下，由于序列的旁瓣降低了，因此在最弱目标的位置可以看到峰值.

图 16.3（a）和图 16.3（b）也使用 CAN 序列，但图 16.3（a）中采用的是 IV 滤波器（长度为 N）. 与图 16.2（b）中的匹配滤波器结果相比，IV 滤波器产生的泄漏更低，并且在真实目标位置处峰值明显分离. 如前所述，IV 滤波器可以离线预先计算，因此这种方法的计算复

杂度并不比匹配滤波器的更高. 经 IAA 处理后的结果如图 16. 3(b)所示. 在这种情况下, IAA 与 IV 滤波器具有类似的性能,但该方法增加了接收端的计算量.

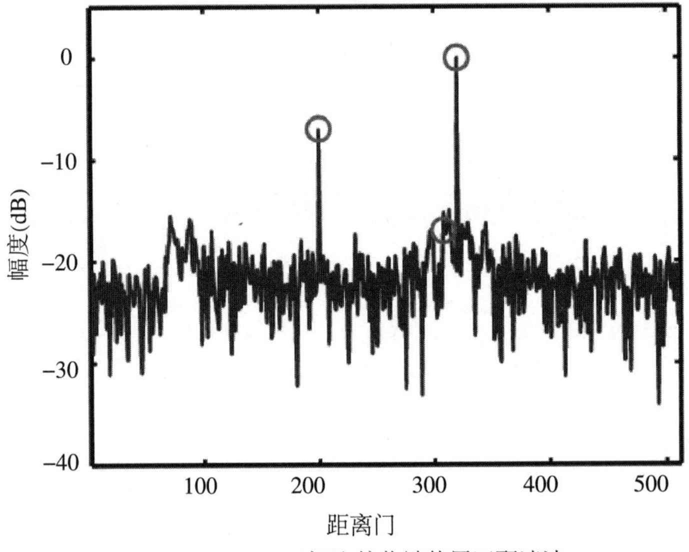

(a) Frank序列(接收端使用匹配滤波)

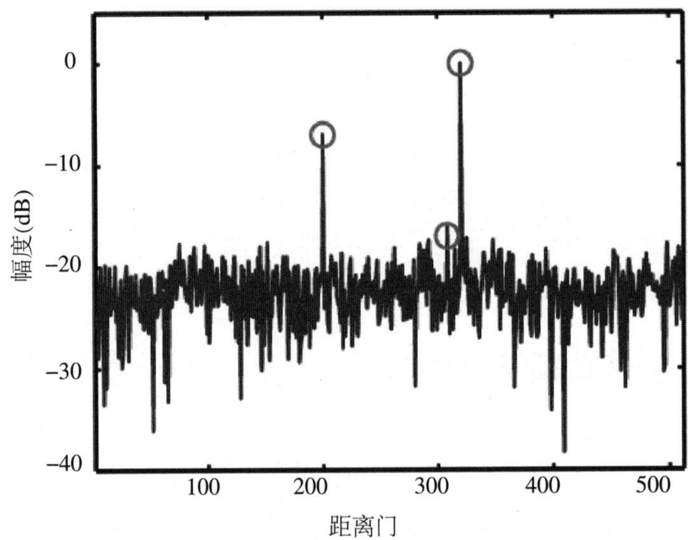

(b) CAN序列(接收端使用匹配滤波)

图 16. 2　距离像(N=256 和 SNR=20 dB,用圆圈表示每个真实的目标位置)

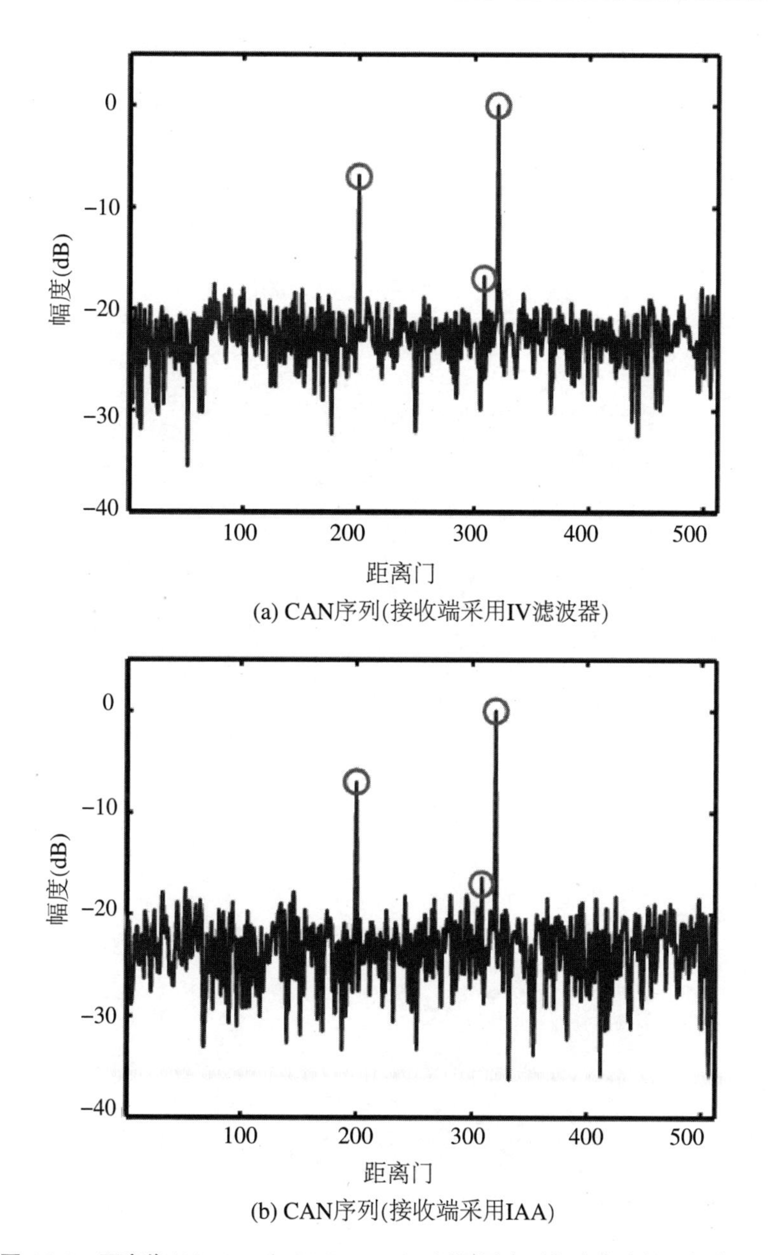

(a) CAN序列(接收端采用IV滤波器)

(b) CAN序列(接收端采用IAA)

图 16.3　距离像(N=256 和 SNR=20 dB,用圆圈表示每个真实的目标位置)

16.4.2　多普勒频移不可忽略

本例评估多普勒不可忽略时的接收机设计方法性能.目标的多普勒频移用 $\Phi_l=\omega_l N\times(180°/\pi)$表示,其中 $l=1,\cdots,L$. 场景中包含 R=100 个等间距的距离单元和 L=37 个多普勒单元,每个单元之间的间隔为 5°(可以通过设置 $\Phi_l=-90°$和 $\Phi_L=-90°$来定义 Ω).场景中包含 3 个目标:第一个目标位于第 60 个距离单元,多普勒频移−10°;第二个和第三个目标的多普勒频移为 10°,振幅为 30 dB,分别位于第 40 个和第 65 个距离单元处.将 SNR 设置为 10 dB(同样,假设循环对称独立同分布噪声),并且将发射序列的长度设置为 N=36.

在每个图形中再次用圆圈表示真实的目标位置,根据其振幅进行着色.

图 16.4(a)和图 16.4(b)分别采用 Frank 序列和 CAN 序列作为发射序列,在接收端使用匹配滤波.很明显,当多普勒不可忽略时,匹配滤波器表现不佳,这是因为目标估计值具有高旁瓣,导致无法辨识较弱的目标(信噪比为 10 dB). CAN 序列对应的结果具有更低的副瓣,故而在剩下的两张图中,只使用 CAN 序列作为发射序列.

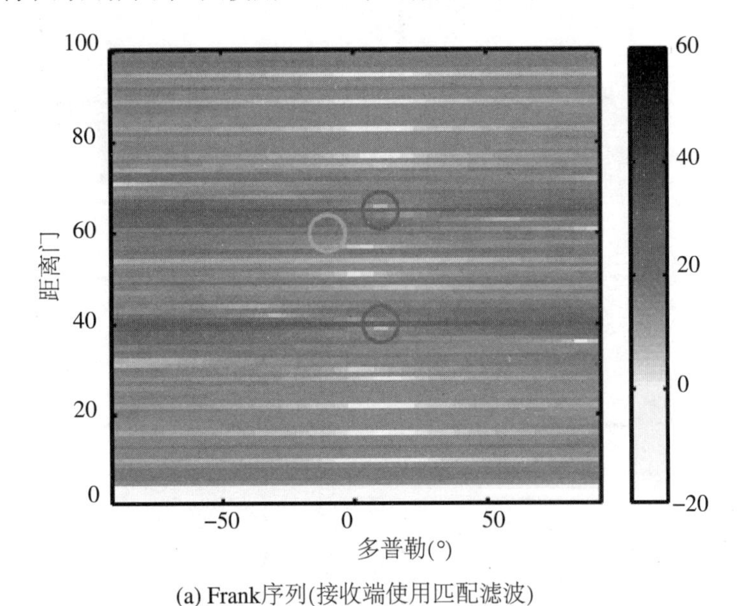

(a) Frank序列(接收端使用匹配滤波)

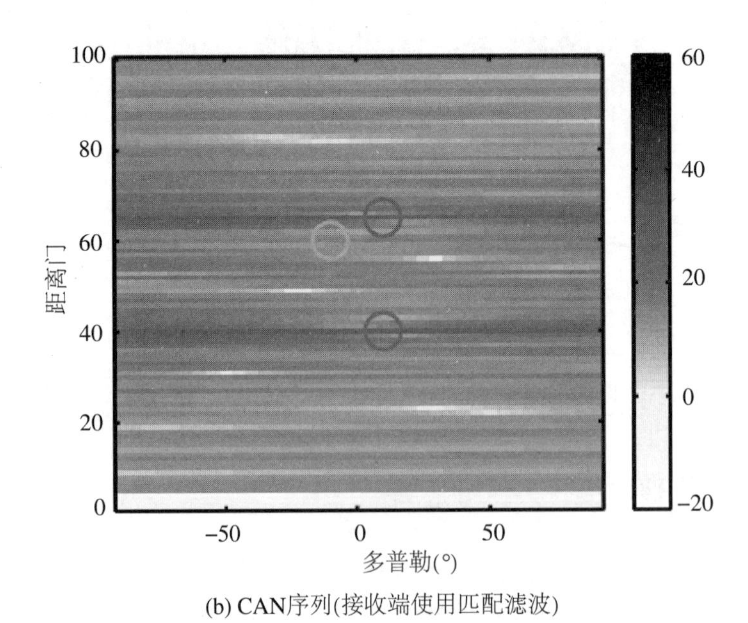

(b) CAN序列(接收端使用匹配滤波)

图 16.4　距离多普勒像($N=36$,$SNR=10$ dB,用圆圈表示每个真实的目标位置)

在图 16.5(a)中,采用 IV 滤波器替代匹配滤波器.不出所料,IV 滤波器对运动目标的

表现性能并不理想. 与匹配滤波相比，旁瓣略有减少，但较高的旁瓣继续影响图像质量. 经IAA处理后的结果如图16.5(b)所示. 与匹配滤波器和IV滤波器相比，IAA显著地降低了旁瓣，并在每个真正的目标位置产生一个峰值. 当然，这是以增加计算量为代价的.

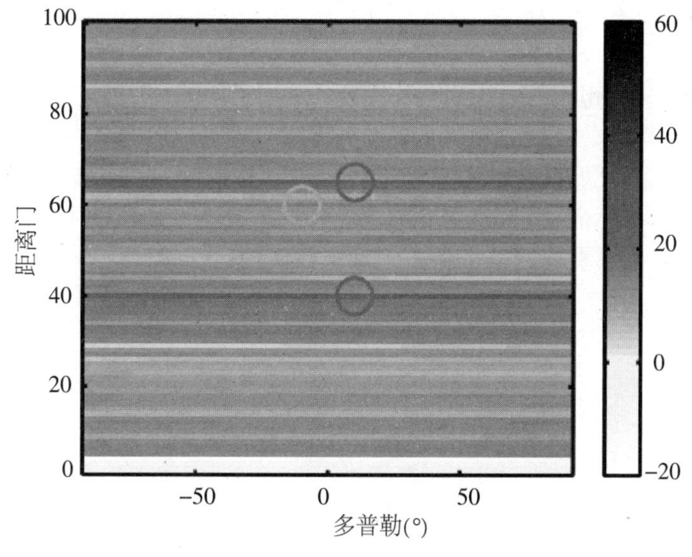

(a) Frank序列(接收端采用IV滤波)

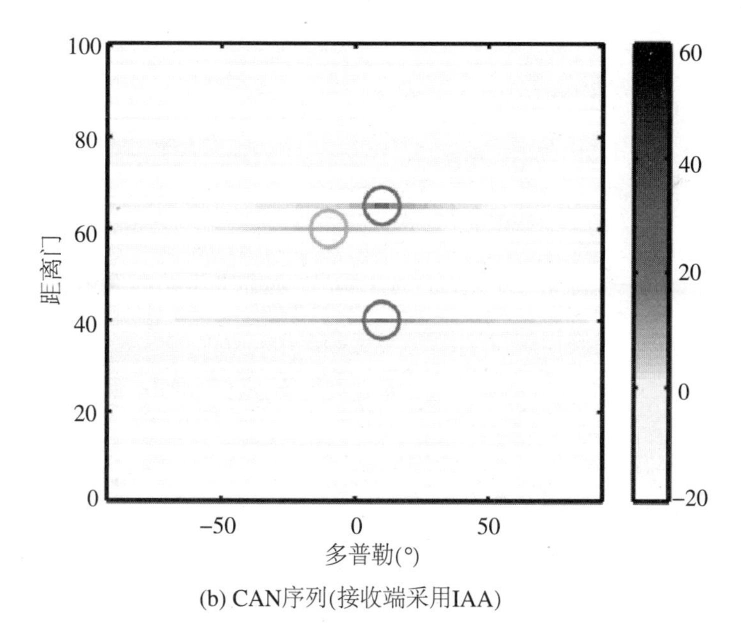

(b) CAN序列(接收端采用IAA)

图16.5　距离多普勒像（$N=36$ 和 $SNR=10$ dB，用圆圈表示每个真实的目标位置）

16.5 本章小结

本章展示了具有低相关特性的 CAN 序列能提升雷达距离压缩和距离多普勒成像性能. 结果表明,当需要进一步提高分辨率和抑制干扰时,而仅利用信号设计无法实现这一目标时,在接收机端需要比匹配滤波器更好的信号处理手段. 与匹配滤波器相比,IV 滤波器在多普勒可忽略时(目标静止)具有更好的性能. 当场景中存在运动目标时,IAA 算法以增加计算负担为代价,能够获得更高的分辨率和更精确的目标估计.

17　用于乳腺癌热疗的超声系统

乳腺癌成像技术，比如微波成像(Meaney et al. 2000;Guo et al. 2006)、超声成像(Szabo 2004;Kremkau 1993)、热成像(Kruger et al. 1999)以及磁共振成像的发展，有效提高了非手术对乳腺瘤进行观察和准确定位的能力. 这使得乳腺癌的非侵入式局部高热治疗变成了可能. 许多研究已经表明了局部高热治疗乳腺癌的有效性(Falk, Issels 2001; Vernon et al. 1996). 局部高热治疗面临的挑战是如何将恶性肿瘤加热至 43 ℃以上并持续 30～60 min，同时在周围健康的乳房组织中保持较低的温度.

局部高热技术有两种：微波高热(Fenn et al. 1996)和超声高热(Diederich, Hynynen 1999). 其中微波在生物组织中的穿透性较弱，此外，由于微波的波长较长，其生成的局部焦点在正常组织与癌变组织交汇处的效果并不理想. 相比之下，超声波要比微波穿透性好得多. 然而，由于声波波长较短，它产生的焦点尺寸(直径为毫米或者亚毫米级)要比肿瘤(直径为厘米级)小很多. 因此，需要多个焦点才能完整覆盖肿瘤区域. 这不仅会导致治疗时间过长而且还可能会遗漏部分肿瘤细胞.

本章将给出一种用于乳腺癌治疗的波形分集超声高热技术. 如同第 13 章所述，通过传感器发射多个不同的波形，相比于传统相控阵技术能够更加灵活地设计发射方向图. 在阵元等功率约束下，通过设计发射信号(空间)协方差矩阵，波形分集能够使分布在整个肿瘤区域的功率最大，同时对周围健康组织的影响最小.

所提算法的有效性在含肿瘤的二维乳腺模型中进行了验证. 该模型包含了乳房组织、皮肤和胸壁. 采用了有限时域差分(FDTD)方法来对乳房温度分布和声场进行仿真. 通过数值仿真可以表明所提方法为有效的高热治疗提供了必要的温度梯度，同时可在健康组织周围保持较低的温度.

17.1　基于超声高热的波形分集

考虑如图 17.1 所示的超声高热系统. 令 $\boldsymbol{r}_0$ 表示肿瘤的中心位置，且假设其位置通过乳腺癌成像技术能够预先精确估计. 在乳房周围位置 $\boldsymbol{r}_m(m=1,\cdots,M)$ 布置 M 个声传感器. 令第 m 个声传感器发射的离散时间基带信号为 $x_m(n)(n=1,\cdots,N)$，其中 N 表示每个发射信号脉冲的采样点数.

假设发射的声信号为窄带信号并且每个声传感器各向同性. 乳房内部位置 $\boldsymbol{r}$ 处的基带信号可以表示为

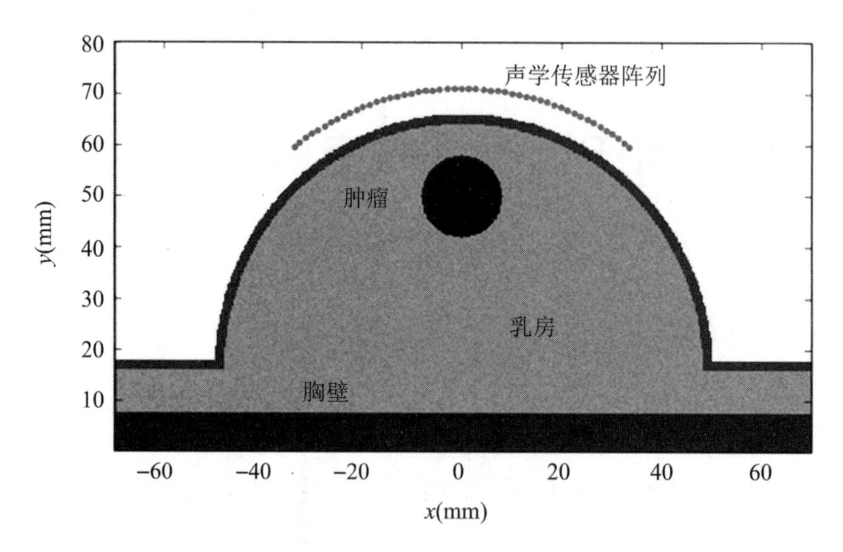

图 17.1　乳房模型和传感器阵列

$$y(\boldsymbol{r},n)=\sum_{m=1}^{M}\frac{\mathrm{e}^{-\mathrm{j}2\pi f_c\tau_m(\boldsymbol{r})}}{\|\boldsymbol{r}_m-\boldsymbol{r}\|^{1/2}}x_m(n)\quad(n=1,2,\cdots,N).\tag{17.1}$$

其中，f_c为载频，则

$$\tau_m(\boldsymbol{r})=\frac{\|\boldsymbol{r}_m-\boldsymbol{r}\|}{c}\tag{17.2}$$

是第 m 个传感器发射信号到达位置 $\boldsymbol{r}$ 所需的时间，c 为声音在乳房组织内部的传播速度，$1/\|\boldsymbol{r}_m-\boldsymbol{r}\|^{1/2}$为声波的传播衰减. 令

$$\boldsymbol{a}(\boldsymbol{r})=\left[\frac{\mathrm{e}^{\mathrm{j}2\pi f_c\tau_1(\boldsymbol{r})}}{\|\boldsymbol{r}_1-\boldsymbol{r}\|^{1/2}}\ \frac{\mathrm{e}^{\mathrm{j}2\pi f_c\tau_2(\boldsymbol{r})}}{\|\boldsymbol{r}_2-\boldsymbol{r}\|^{1/2}}\cdots\ \frac{\mathrm{e}^{\mathrm{j}2\pi f_c\tau_M(\boldsymbol{r})}}{\|\boldsymbol{r}_M-\boldsymbol{r}\|^{1/2}}\right]^{\mathrm{T}}\tag{17.3}$$

为导向矢量且

$$\boldsymbol{x}(n)=[x_1(n)x_2(n)\cdots x_M(n)]^{\mathrm{T}}.\tag{17.4}$$

于是式(17.1)可以写为

$$y(\boldsymbol{r},n)=\boldsymbol{a}^{\mathrm{H}}(\boldsymbol{r})\boldsymbol{x}(n)\quad(n=1,2,\cdots,N).\tag{17.5}$$

可以把位置 $\boldsymbol{r}$ 处发射信号的功率称为发射方向图(见第 13 章)，将其表示为

$$P(\boldsymbol{r})=E\{y(\boldsymbol{r},n)\boldsymbol{y}^{\mathrm{H}}(\boldsymbol{r},n)\}=\boldsymbol{a}^{\mathrm{H}}(\boldsymbol{r})\boldsymbol{R}\boldsymbol{a}(\boldsymbol{r}),\tag{17.6}$$

其中，$\boldsymbol{R}$ 为 $\boldsymbol{x}(n)$的协方差矩阵，即

$$\boldsymbol{R}=E\{\boldsymbol{x}(n)\boldsymbol{x}^{\mathrm{H}}(n)\}.\tag{17.7}$$

发射方向图是位置 $\boldsymbol{r}$ 的函数.

波形分集技术的目的是使声波功率集中于整个肿瘤区域，并且最小化在乳房健康组织区域的峰值功率电平. 相应的方向图设计问题是在阵元等功率约束下，设计合适的协方差矩阵 $\boldsymbol{R}$ 来达到以下目的：

① 得到与整个肿瘤区域相匹配的预定主波束宽度(以肿瘤中心功率的 10%作为计算依据)；

② 最小化指定区域(乳房周围的健康组织区域)的峰值旁瓣电平.

此处阵元等功率约束可以写为

$$R_{mm}=\frac{c}{M}\quad (m=1,2,\cdots,M),\tag{17.8}$$

其中,R_{mm} 表示 $\boldsymbol{R}$ 的第(m,m)个元素,c 为总发射功率.

以上问题可以建模为(见 13.2.4 节的类似模型):

$$\begin{cases}\min\limits_{t,\boldsymbol{R}}(-t)\\ \text{s. t. } \boldsymbol{a}^{\mathrm{H}}(\boldsymbol{r}_0)\boldsymbol{R}\boldsymbol{a}(\boldsymbol{r}_0)-\boldsymbol{a}^{\mathrm{H}}(\mu)\boldsymbol{R}\boldsymbol{a}(\mu)\geqslant t\quad (\forall\mu\in\Omega_B)\\ \boldsymbol{a}^{\mathrm{H}}(\upsilon)\boldsymbol{R}\boldsymbol{a}(\upsilon)\geqslant 0.9\,\boldsymbol{a}^{\mathrm{H}}(\boldsymbol{r}_0)\boldsymbol{R}\boldsymbol{a}(\boldsymbol{r}_0)\quad (\forall\upsilon\in\Omega_T)\\ \boldsymbol{a}^{\mathrm{H}}(\upsilon)\boldsymbol{R}\boldsymbol{a}(\upsilon)\leqslant 1.1\,\boldsymbol{a}^{\mathrm{H}}(\boldsymbol{r}_0)\boldsymbol{R}\boldsymbol{a}(\boldsymbol{r}_0)\quad (\forall\upsilon\in\Omega_T)\\ \boldsymbol{R}\geqslant 0\\ R_{mm}=\frac{c}{M}\quad (m=1,2,\cdots,M)\end{cases},\tag{17.9}$$

其中,Ω_{T}和 Ω_{B}分别表示肿瘤区域和周围健康的乳房组织区域(旁瓣区域).

如第 13 章所述,此类方向图设计问题是一个半正定规划问题,可以利用公开发布的软件在多项式时间内有效求解.一旦确定 $\boldsymbol{R}$,以 $\boldsymbol{R}$ 为协方差矩阵的的信号序列$\{x(n)\}$可以采用第 14 章讨论的方法合成或者采用下式(当无需关注信号的峰均比时):

$$\boldsymbol{x}(n)=\boldsymbol{R}^{1/2}w(n)\quad (n=1,2,\cdots,N),\tag{17.10}$$

其中,$\{w(n)\}$为均值为 0、协方差矩阵为 $\boldsymbol{I}$ 的独立同分布随机矢量序列,$\boldsymbol{R}^{1/2}$ 为 $\boldsymbol{R}$ 的均方根.通过声传感器阵列发射上述 $\boldsymbol{x}(n)$,在整个肿瘤区域可以得到期望的高功率,同时最小化周围健康乳房组织区域的功率.

17.2 数 值 仿 真

本节所考虑的二维乳房模型是一个直径为 10 cm 的半圆,包括乳房组织、皮肤和胸壁(见图 17.1).乳房组织的声波特性假设为正常值上下 5%变动的随机变量.将一个直径为 16 mm 的肿瘤植入乳房模型的皮下,肿瘤的中心位置为 $x=0$ mm,$y=50$ mm.在乳房模型周围布置了 51 个声传感器,相邻传感器的间隔为 1.5 mm(载频波长的一半),声波的载频为 500 kHz.

采用 Yuan 等(1999)和 Katsibas,Antonopoulos(2004)的 FDTD 方法计算乳房的声波功率以及组织里的温度分布,详见相关文献(Guo,Li 2008).

本节通过几个仿真来验证波形分集方法的有效性.与此同时,也把常规的时延求和(DAS)波束形成法(也称为相控阵列)应用于该场景,并将其结果与基于波形分集的方法进行比较.DAS 波束形成器利用下面的加权矢量在所有的传感器中发射相同波形

$$\boldsymbol{w}=\frac{\boldsymbol{a}(\boldsymbol{r}_0)}{\|\boldsymbol{a}(\boldsymbol{r}_0)\|^2}.\tag{17.11}$$

相应的方向图为

$$P(\boldsymbol{r})=|\boldsymbol{a}^{\mathrm{H}}(\boldsymbol{r})\boldsymbol{w}|^2,\tag{17.12}$$

它为式(17.6)的一种特例,即 $\boldsymbol{R}=\boldsymbol{w}\boldsymbol{w}^{\mathrm{H}}$.

当采用上述乳房模型时，发射方向图在 Ω_B 和 Ω_T 的分布情况如图 17.2 所示. 图 17.2(a)是波形分集技术对应的方向图(计算方式见式(17.6))，协方差矩阵 $\boldsymbol{R}$ 通过式(17.9)优化得到. 从图中可以发现，主波束的 3 dB 波束宽度与肿瘤区域能够很好地匹配，而且旁瓣电平很低. 图 17.2(b)为采用 DAS 方法(对应于式(17.12))的方向图. 从中可知，该方向图非常窄，只在肿瘤的中心区域形成了焦点.

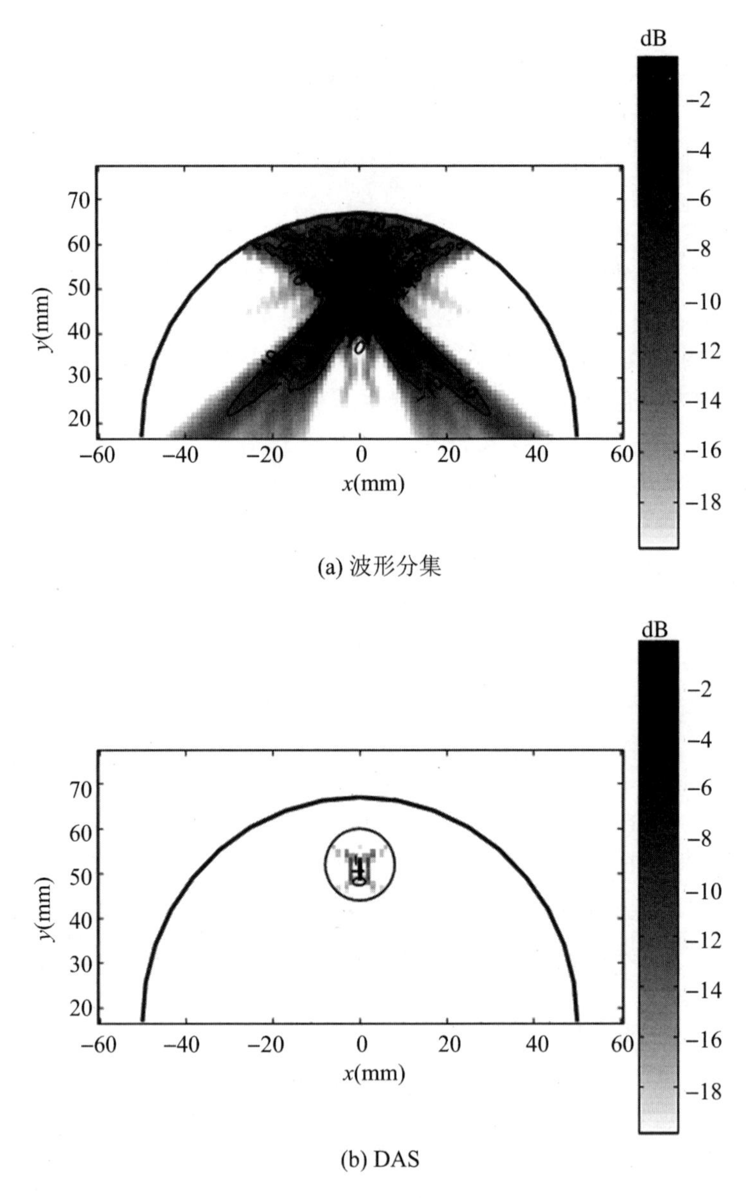

(a) 波形分集

(b) DAS

图 17.2　不同方法获得的方向图

图 17.3(a)和图 17.3(b)分别为以波形分集技术和 DAS 方法在乳房内部的形成的声波功率密度图. 图 17.3 中的声波功率密度与图 17.2 中的方向图吻合得较好，利用波形分集技术形成的焦点能够较好地匹配整个肿瘤区域.

乳房模型内部的温度分布如图 17.4 所示. 图 17.4(a)为基于波形分集技术的温度分布

情况，它使肿瘤区域的温度超过 43 ℃，同时在周围健康组织处维持了较低的温度水平（低于 40 ℃）. 相比而言，DAS 技术只能在很小的肿瘤区域内使温度超过 43 ℃.

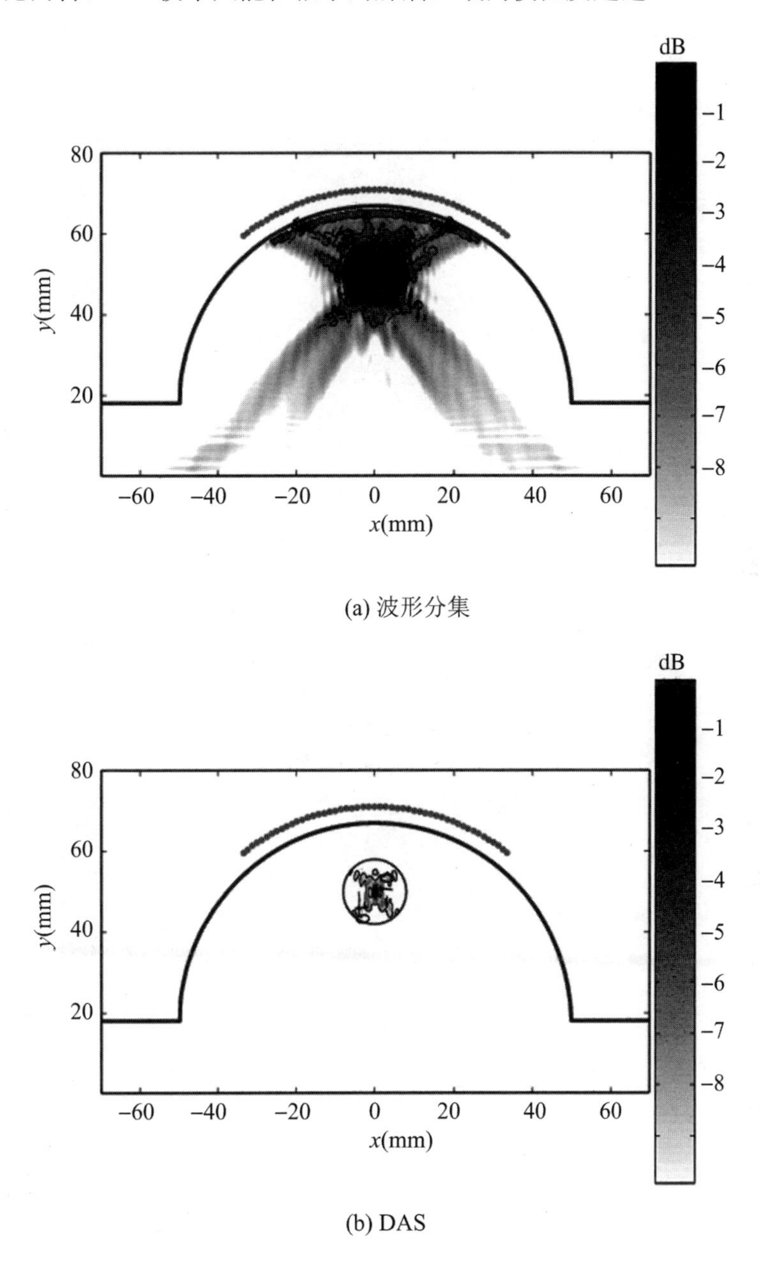

(a) 波形分集

(b) DAS

图 17.3 不同方法获得的功率密度

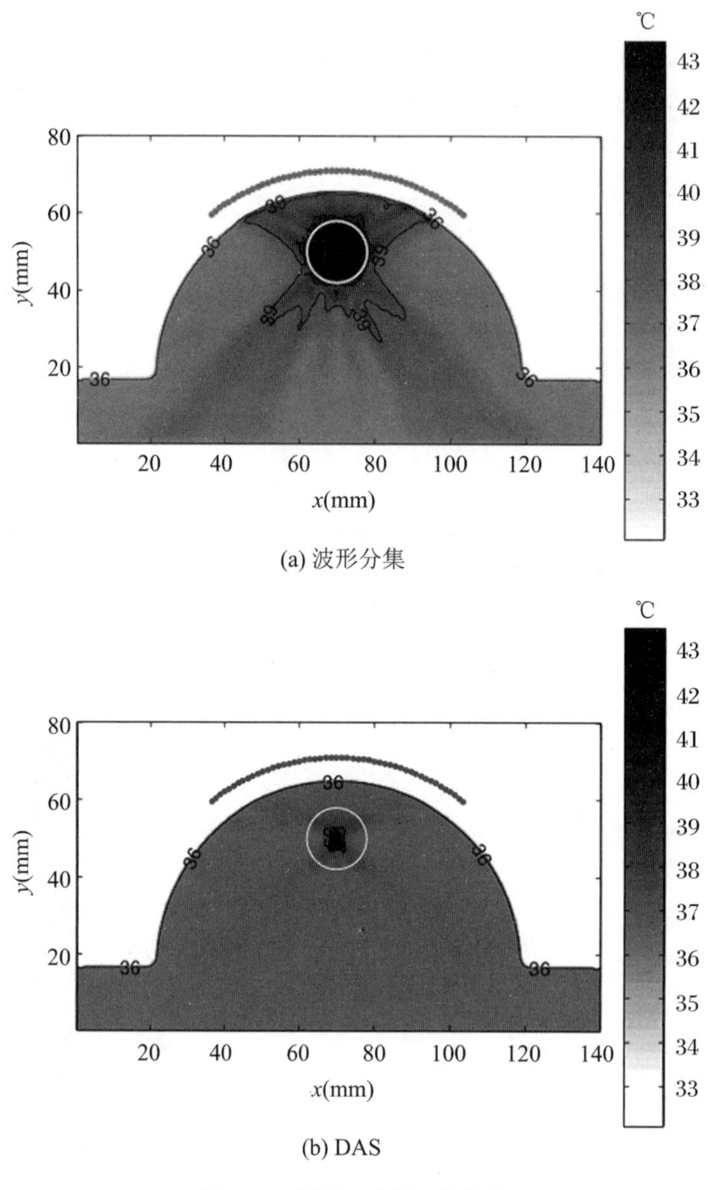

(a) 波形分集

(b) DAS

图 17.4　不同方法的温度分布

17.3　本 章 小 结

本章提出了一种基于波形分集的乳腺癌超声高热治疗技术. 通过优化发射波形协方差矩阵,该方法提供的焦点可以覆盖肿瘤区域,同时对周围健康乳房区域的影响最小. 数值仿真表明,该方法与传统的 DAS 方法相比声波功率分布更优,可为有效进行乳腺癌高热治疗提供必要的温度梯度. 关于该主题的最近研究结果参见文献[Zeng et al. 2010].

18 隐蔽水声通信——相干体制

水声信道可用带宽少，且存在双重扩展现象，即时域（多径延迟扩展）和频域（多普勒）扩展（Kilfoyle，Baggeroer 2000），这使得在水声信道中实现可靠通信极具挑战. 存在时延和多普勒扩展是许多通信信道都有的问题，但在水声环境中这个问题被进一步放大（Stojanovic et al. 1994）. 双重扩展使接收机结构更加复杂，并难以从接收到的信号中提取所需符号.

采用直接序列扩频（direct-sequence spread-spectrum，DSSS）技术的遥测系统数据率通常较低. 现有文献中，采用低数据率的水声通信体制包括 Palmese et al. 2007；Stojanovic et al. 1998；Hursky et al. 2006；Yang，Yang 2008；Stojanovic，Freitag 2000；Blackmon et al. 2002；Ritcey ，Griep 1995；Stojanovic，Freitag 2004；Sozer et al. 1999；Tsimenidis et al. 2001；Iltis，Fuxjaeger 1991. 通过牺牲数据率，扩频技术利用了频率选择性水声信道的频率分集特性，同时受益于扩频增益，允许多个用户在信道中同时共存. 在接收端，去中心化的接收体制包括非线性均衡，例如假设反馈均衡（Stojanovic，Freitag 2000）以及线性均衡（Tse，Viswanath 2005），例如 RAKE 接收机. 有文献（Blackmon et al. 2002）比较了假设反馈均衡和 RAKE 接收机的性能.

本章将考虑采用相干 RAKE 接收方案的单用户场景（无需信道估计的非相干体制将在第 19 章中讨论）. 尽管相干 RAKE 接收机无法完全抵消频率选择性水声信道中的严重符号内或符号间干扰，但可以通过精心设计扩频波形来减轻干扰所导致的不利影响（Ling，Yardibi，Su，He，Li 2009）. 好的波形设计方法考虑了诸如调制方案、信道特性等实际问题，在接收端仅需简单有效的处理（例如 RAKE 接收机）. 理想的扩频波形在某些时延上的非周期相关取值为零，能够有效地抑制符号内和符号间干扰（Yang，Yang 2008）. 例如，自相关特性良好的 m 序列是水声信道中常用的扩频波形. 然而，m 序列以及大多数其他现有的实际扩频波形都是以确定性的方式构造的，对码片长度有着严格的限制. 由于隐蔽水声通信要求波形具有低发现概率（low probability of detection，LPD）或低截获概率（low probability of interception，LPI），所以这些波形并不适用.

由于信道变化使得处理增益不高，这就要求在使用相干 RAKE 接收时增加码片的信噪比来保证检测性能的可靠. 然而，增加码片信噪比会导致 LPD 性能变差，即使得发射信号更容易被窃听者检测到. 为了保护传输信号的私密性，可以考虑使用另一种度量标准，即低截获性能（Yang，Yang 2008）. 可以使用多种方式来降低信号被截获的概率，例如在信源或者信道编码的过程中使用加密技术. 本章仅从扩频波形设计的视角来研究低截获概率特性. 采用确定性的方式所构造的扩频波形（例如 m 序列）并不是一个可行的选择，这是因为窃听者能够用暴力搜索的方式从所有可能的波形中找出可疑的波形. 好的扩频波形，其相位不应受限（不应来自有限字母表），长度应当可变. 值得注意的是，仅仅从低截获概率的观点来看，随机相位扩频波形(每一个码片的相位均为 0 至 2π 之间的独立同分布变量)很有吸引力. 然而，正如数值算例所示，由于随机相位波形的相关性未经优化，它在不同实现中的检测性能起伏很大. 幸运的是，以随机相位波形作为初始点，采用第 3 章中的 CAN 算法和 WeCAN 算法能够改善波形的相关特性. 以此方式所设计的波形，除了具备随机相位波形的可变长度和任意相位值特性之外，还具有良好的相关特性.

18.1 问 题 建 模

假设发射机采用经过格雷编码的 QPSK 调制将比特流数据转化为符号数据流$\{s_n\}$，且$\{s_n\}$中每一个 QPSK 符号经过包括 P 个码元的恒模扩频波形 $\boldsymbol{x}$($\boldsymbol{x}=[x_1 \cdots x_P]^{\mathrm{T}}$)的扩频处理. 所得到的相位调制波形$\{s_n\boldsymbol{x}\}$经过变频到载波频率，然后在包含强噪声的水声信道中传输.

假设信道为块衰落信道，即信道冲激响应至少在一个符号周期内是平稳的. 令 $\boldsymbol{h}_n=[h(n,1) \cdots h(n,R)]^{\mathrm{T}}$表示第 n 个符号周期内的信道冲激响应，其中 R 表示信道抽头数(一般 $P>R$). 另外还假设信号已经过采样和同步处理，在接收端可获得经过采样的复基带信号. 值得注意的是，虽然此处主要关注 QPSK 调制，但接下来的推导可以很容易地推广至更一般的 M-PSK 情况.

将重点集中在检测第 n 个 QPSK 符号 s_n，则问题可以建模为(对于所有感兴趣的 QPSK 符号可重复相同的分析)

$$\boldsymbol{y}_n=\boldsymbol{X}_n\boldsymbol{h}_n+\boldsymbol{e}_n, \tag{18.1}$$

其中，

$$\boldsymbol{y}_n=[y_1 \quad \cdots \quad y_{P+R-1}]^{\mathrm{T}} \tag{18.2}$$

包含了采样后的 $P+R-1$ 个数据样本(即 $\boldsymbol{y}_n$的第一个元素 y_1，与 s_nx_1相对应，等等). 另外，

$$\boldsymbol{e}_n=[e_1 \quad \cdots \quad e_{P+R-1}]^{\mathrm{T}} \tag{18.3}$$

代表加性噪声(热噪声或硬件相关噪声、干扰或来自海洋的外部噪声). 假设 $\boldsymbol{e}_n$的元素独立同分布，服从均值为 0、方差为 σ^2 的圆对称复值高斯分布，记为$\boldsymbol{e}_n\sim\mathcal{CN}(0,\sigma^2\boldsymbol{I})$. 矩阵 $\boldsymbol{X}_n\in\mathbb{C}^{(P+R-1)\times R}$包含相位调制后的扩频波形经过不同时延的副本：

$$\boldsymbol{X}_n=\begin{bmatrix} s_nx_1 & s_{n-1}x_P & \cdots & s_{n-1}x_{P-R+2} \\ \vdots & s_nx_1 & & s_{n-1}x_{P-R+3} \\ s_nx_P & \vdots & \vdots & \vdots \\ s_{n+1}x_1 & s_nx_P & & s_{n-1}x_P \\ \vdots & s_{n+1}x_1 & \vdots & s_nx_1 \\ s_{n+1}x_{R-2} & \vdots & \vdots & \vdots \\ s_{n+1}x_{R-1} & s_{n+1}x_{R-2} & \cdots & s_nx_P \end{bmatrix}, \tag{18.4}$$

其中，s_{n-1}和 s_{n+1}分别代表当前感兴趣符号的前一个和后一个符号.

接下来的问题便是给定 $\boldsymbol{y}_n$和扩频波形 $\boldsymbol{x}$，如何从中估计 QPSK 符号 s_n. 如前所述，这里采用的是相干 RAKE 接收. 本章对设计既方便接收处理、又具有低截获通信性能的扩频波

形 $\boldsymbol{x}$ 特别感兴趣.

18.2　扩频波形综合

本节首先分析那些便于相干 RAKE 接收的常见扩频波形的特性. 具体来说,本节将评估扩频波形相关特性(非周期自相关)对 RAKE 接收机每一个输出的影响. 接下来将采用第 3 章提出的两种算法来生成具有期望特性的扩频波形.

采用下式分解式中的矩阵 $\boldsymbol{X}_n$,这样就可以将 s_n 的贡献从其相邻的符号 s_{n-1} 和 s_{n+1} 中分离:

$$\boldsymbol{X}_n = s_n\boldsymbol{C} + s_{n-1}\boldsymbol{B} + s_{n+1}\boldsymbol{A}, \tag{18.5}$$

其中,矩阵 $\boldsymbol{A},\boldsymbol{B},\boldsymbol{C}$ 的维数与 $\boldsymbol{X}_n$ 相同. 矩阵 $\boldsymbol{C}$ 只包括与当前感兴趣的符号 s_n 相关的 $\boldsymbol{x}$ 的移位副本:

$$\boldsymbol{C} = \begin{bmatrix} x_1 & & \boldsymbol{0} \\ \vdots & \ddots & \\ x_P & & x_1 \\ & \ddots & \vdots \\ \boldsymbol{0} & & x_P \end{bmatrix}. \tag{18.6}$$

矩阵 $\boldsymbol{B}$ 和 $\boldsymbol{A}$ 包括与 s_{n-1} 和 s_{n+1} 相关的剩余码片:

$$\boldsymbol{B} = \begin{bmatrix} 0 & x_P & \cdots & x_{P-R+2} \\ 0 & 0 & & x_{P-R+3} \\ \vdots & \vdots & \ddots & \vdots \\ 0 & 0 & \cdots & x_P \\ & & \boldsymbol{0} & \end{bmatrix}, \quad \boldsymbol{A} = \begin{bmatrix} & & \boldsymbol{0} & \\ x_1 & \cdots & 0 & 0 \\ \vdots & \ddots & \vdots & \vdots \\ x_{R-2} & & 0 & 0 \\ x_{R-1} & \cdots & x_1 & 0 \end{bmatrix}. \tag{18.7}$$

值得注意的是,矩阵 $\boldsymbol{A},\boldsymbol{B},\boldsymbol{C}$ 都和符号 s_n 的序号 n 无关.

相干 RAKE 接收机的通用架构如图 18.1 所示. 接收到的信号 $\boldsymbol{y}_n$ 首先与矢量 $\boldsymbol{x}^{(l)} \in \mathbb{C}^{(P+R-1)\times 1}$ 相乘,该矢量是扩频波形 $\boldsymbol{x}$ 的移位版本,对应于第 l 个信道抽头(即在第 n 个符号周期对应的信道抽头系数 $h(n,l)$). 更具体地说,$\boldsymbol{x}^{(l)}$ 是式(18.6)中矩阵 $\boldsymbol{C}$ 的第 l 列:

$$\boldsymbol{x}^{(l)} = [\underbrace{0 \ \cdots \ 0}_{l-1} \ x_1 \ x_2 \ \cdots \ x_P \ \underbrace{0 \ \cdots \ 0}_{R-l}]^{\mathrm{T}}, \tag{18.8}$$

其中,$l=1,\cdots,R$. 扩频波形 $\boldsymbol{x}$ 的相关函数照常定义为(见式(1.15)):

$$r_k = \sum_{n=k+1}^{P} x_n x_{n-k}^* = r_{-k}^* \quad (k = 0,\cdots,P-1), \tag{18.9}$$

其中,由于 $\{x_p\}_{p=1}^P$ 的恒模特性,$r_0=P$.

容易验证

$$\boldsymbol{x}^{(l)\mathrm{H}}\boldsymbol{C} = [r_{l-1} \ \cdots \ r_1 \ r_0 \ r_1^* \ \cdots \ r_{R-l}^*], \tag{18.10}$$

$$\boldsymbol{x}^{(l)\mathrm{H}}\boldsymbol{B} = [\underbrace{0 \ \cdots \ 0}_{l} \ r_{P-1} \ \cdots \ r_{P-R+l}], \tag{18.11}$$

以及

$$\boldsymbol{x}^{(l)\mathrm{H}}\boldsymbol{A}=\begin{bmatrix}r_{P-l+1}^{*} & \cdots & r_{P-1}^{*} & \underbrace{0 \quad \cdots \quad 0}_{R-l+1}\end{bmatrix}. \tag{18.12}$$

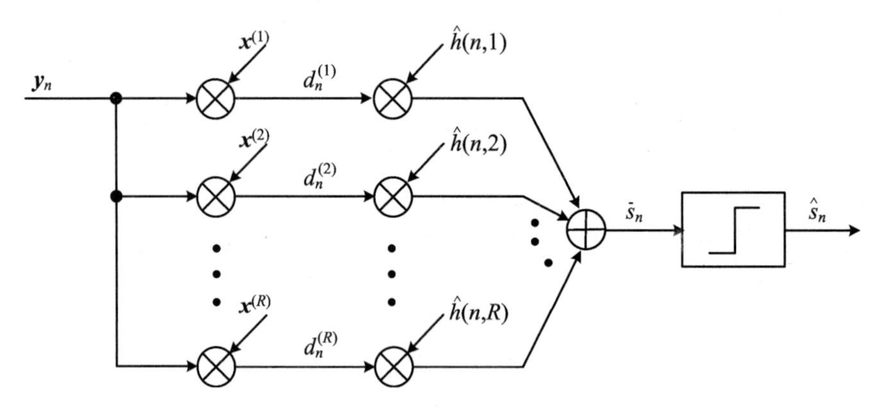

图 18.1　相干 RAKE 检测器的结构

基于式(18.1)、式(18.10)～式(18.12)，RAKE 接收机指峰 $d_n^{(l)}$ 的输出如下(见图 18.1)：

$$\begin{aligned}d_n^{(l)}&=\boldsymbol{x}^{(l)\mathrm{H}}\,\boldsymbol{y}_n\\&=\boldsymbol{x}^{(l)\mathrm{H}}(s_n\boldsymbol{C}+s_{n-1}\boldsymbol{B}+s_{n+1}\boldsymbol{A})\,\boldsymbol{h}_n+\boldsymbol{x}^{(l)\mathrm{H}}\,\boldsymbol{e}_n\\&=\sum_{q=1}^{l-1}(s_nr_{l-q}+s_{n+1}r_{P-l+q}^{*})h(n,q)\\&\quad+\sum_{q=l+1}^{R}(s_nr_{q-l}^{*}+s_{n-1}r_{P+l-q})h(n,q)+s_nr_0h(n,l)+e_n^{(l)},\end{aligned} \tag{18.13}$$

其中 $l=1,2,\cdots,R$，$e_n^{(l)}=\boldsymbol{x}^{(l)\mathrm{H}}\boldsymbol{e}_n\mathcal{CN}(0,r_0\sigma^2)$. 值得注意的是，矢量$\{\boldsymbol{x}^{(l)}\}$之间的相关性会使得噪声$\{e_n^{(l)}\}$变得相关.

将第 n 个符号周期内得到的$\{d_n^{(l)}\}_{r=1}^{R}$采用合适的信道抽头加权求和，便可得到符号估计 $\bar{s}_n$(见图 18.1)：

$$\bar{s}_n=\frac{\sum_{l=1}^{R}d_n^{(l)}\hat{h}^{*}(n,l)}{r_0\sum_{l=1}^{R}|\hat{h}(n,l)|^2}=\frac{\sum_{l=1}^{R}d_n^{(l)}\hat{h}^{*}(n,l)}{r_0\,\|\hat{\boldsymbol{h}}_n\|^2}. \tag{18.14}$$

对 $\bar{s}_n$ 进行硬判决，便可得到 $\hat{s}_n$，如图 18.1 所示.

对于 $R>1$ 的频率选择性信道($R=1$ 对应于平坦衰落信道)，$\boldsymbol{x}$ 的相关性非常重要(见式(18.13)). 因此，希望扩频序列具有良好的相关特性. 在水声通信中，通常没有信道冲激响应信息，理想的相关函数应当满足

$$r_k=0,\quad k\in[1,R-1]\cup[P-R+1,P-1]. \tag{18.15}$$

假设 $P>2R-2$. 相关函数$\{r_k\}$在 $k\in[R,P-R]$区间的取值对 RAKE 接收机的性能没有影响.

当使用上述理想扩频波形时，噪声序列$\{e_n^{(l)}\}$不相关，式(18.13)可以简化为

$$d_n^{(l)}=s_nr_0h(n,l)+e_n^{(l)}\quad(l=1,\cdots,R). \tag{18.16}$$

因此，理想的扩频波形能够将包含 R 个抽头的频率选择性信道分解为 R 个并行且独立的

信道,这些信道之间互不干扰.故而,RAKE 接收机的指峰之间不存在干扰,符号估计由下式给出(假设信道估计是理想的,即$\boldsymbol{h}_n=\hat{\boldsymbol{h}}_n$):

$$\bar{s}_n = s_n + \frac{\sum_{l=1}^{R} e_n^{(l)} h^*(n,l)}{r_0 \ \| \boldsymbol{h}_n \|^2}. \tag{18.17}$$

由于 $r_0=P$,$|s_n|=1$,另外令 $SNR=\|\boldsymbol{h}_n\|/\sigma^2$ 表示在 RAKE 处理前的码元输入信噪比,很容易得出相干 RAKE 接收机的输出将信噪比增加了 P 倍.因此,在直接序列扩频相关文献中,也把码片长度 P 称为处理增益(Tse, Viswanath 2005).注意到在式(18.17)中,$\sum_{r=1}^{R} e_n^{(l)} h^*(n,l) \sim \mathscr{CN}(0, \| h_n \|^2 \sigma^2)$.正如之前所提及的,这是因为当理想扩频波形满足式(18.15)中的条件时,噪声序列$\{e_n^{(l)}\}$不相关.

假设扩频波形满足式(18.15)中的条件,因此式(18.17)成立,且式中的噪声不相关,则 QPSK 调制的误比特率为(Proakis 2001):

$$P_{\text{BER}} = \frac{1}{2}\operatorname{erfc}\left(\sqrt{\frac{P \times SNR}{2}}\right), \tag{18.18}$$

其中,erfc(·)代表余补误差函数.

如前所述,在水声环境中(尤其是水下媒介的时变特性),码长 P 的取值受限,这是因为如果采用了长码,块衰落假设就很难成立了(Yang, Yang 2008).为此,在水声环境中,更多地采用码长相对较短的扩频波形.

可以使用第 2 章提出的 CAN 算法和 WeCAN 算法来近似达到式(18.15)中的目标.这两种算法都利用循环优化方法来高效地降低相关旁瓣.此外,通过不同的随机相位初始化,可以获得不同的波形.如下一节所示,可变的波形长度和随机的相位值保证了 LPI 性能,而优化后的相关特性抑制了相干 RAKE 接收中的符号内和符号间干扰.这两个性质使得所设计的波形特别适合隐蔽水声通信.

在所考虑的两种算法中,WeCAN 算法的目标在于抑制感兴趣时延处的相关(即 $k\in[1,R-1]\cup[P-R-1,P-1]$),因此使用 WeCAN 算法时,假设了 $P>2R-2$(见式(18.15)),这隐含了对信道抽头数 R 的先验信息的要求.对于实际的水声通信系统,在试验之前可能不知道 R 的取值,或者说关系式 $P>2R-2$ 可能并不成立(但仍然假设 $P>R$).在严重的时间色散信道中,如果扩频波形较短,就是这样的情况.此时,应该抑制所有时延(即$[1, P-1]$)的相关水平,相应地应使用 CAN 算法来设计波形.

18.3 数值仿真

本节比较了 4 种不同的扩频波形的误比特率性能.需要注意的是,对于 CAN 算法和 WeCAN 算法所设计的波形以及随机相位波形,码片长度 P 可以随意设定.然而,为了满足 m 序列的码片长度约束,令 $P=63$.4 种扩频波形的相关水平如图 18.2 和图 18.3 所示,其中相关水平定义如下(也可见式(2.43)):

$$\text{相关水平} = 20\lg\frac{|r_p|}{P}\text{dB} \quad (p = 0,1\cdots,P-1), \tag{18.19}$$

r_p由式(18.9)给出.值得注意的是,图 18.3(a)和图 18.3(b)中的 CAN 波形和 WeCAN 波形采用了图 18.2(b)中的随机相位波形作为初始点.本节考虑图 18.4 所仿真的时不变频率选择性信道冲激响应,其中信道抽头数为 $R=20$.重点关注抑制时延区间$[-62,-44]\cup[-19,-1]\cup[1,19]\cup[44,62]$的相关水平(如图 18.2 和图 18.3 虚线所示).总的来说,WeCAN 波形在感兴趣时延区间的相关水平最低,而随机相位波形的相关水平最高.

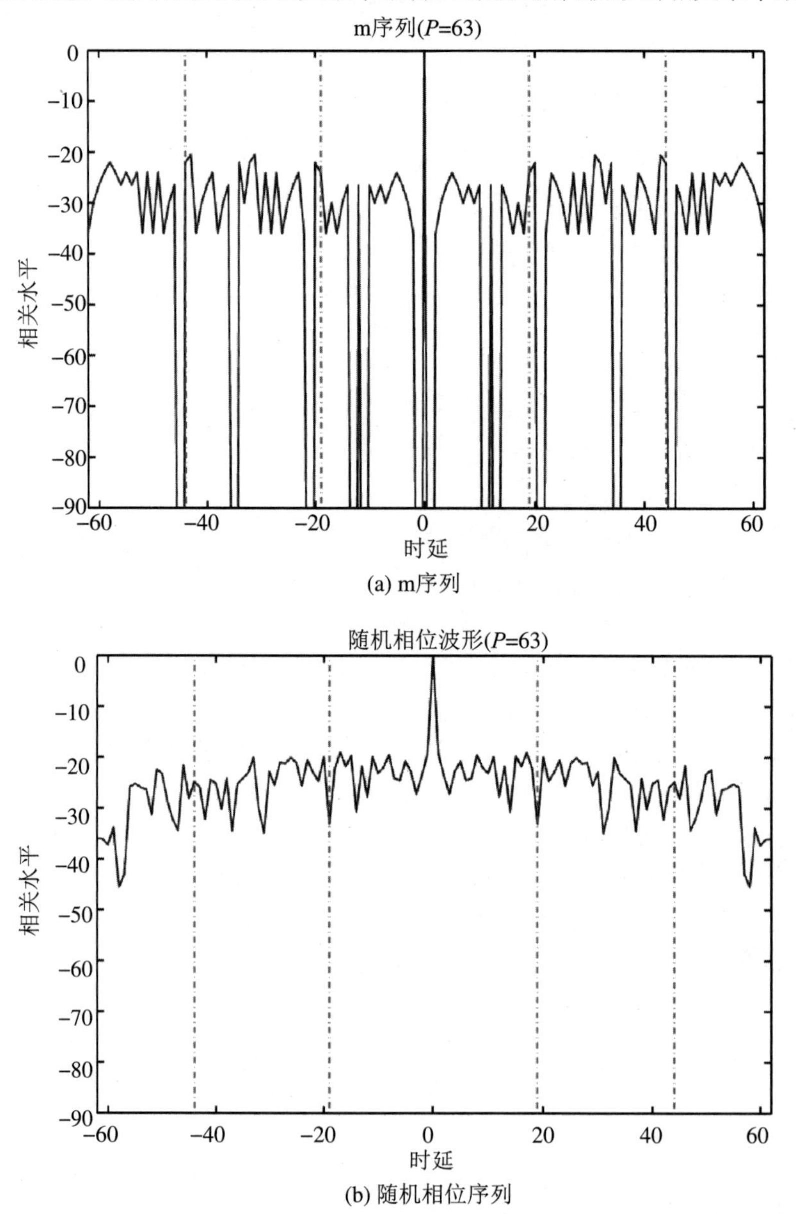

(a) m序列

(b) 随机相位序列

图 18.2　扩频波形的相关水平(波形长度 $P=63$,垂直虚线代表所要抑制的相关水平对应的时延区间:$[-62,-44]\cup[-19,-1]\cup[1,19]\cup[44,62]$)

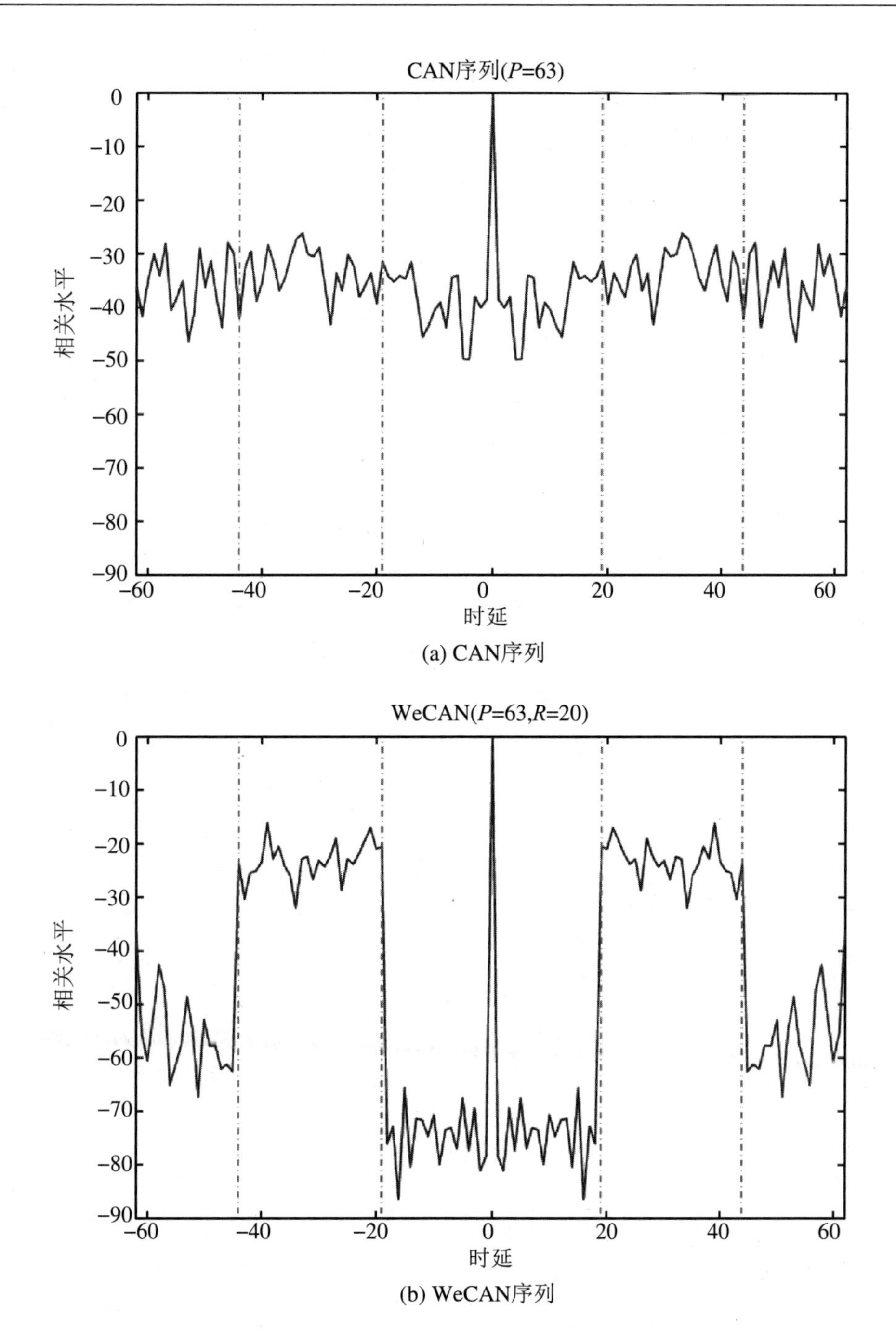

(a) CAN序列

(b) WeCAN序列

图 18.3 扩频波形的相关水平(波形长度 $P=63$,垂直虚线代表所要抑制的相关水平对应的时延区间:$[-62,-44]\cup[-19,-1]\cup[1,19]\cup[44,62]$)(需要注意的是,这里使用了图 18.2(b)中的随机相位序列来初始化 CAN 算法和 WeCAN 算法)

接下来评估误比特率性能.所选择的信息序列包括 1 000 个 QPSK 符号,每一个符号共用相同的扩频波形.发射信号在图 18.4 所示的频率选择性信道传播,然后采用图 18.1 中的相干 RAKE 接收机处理.所得的观测矢量采用式(18.1)构造.在本例中,使用了 50 个不同的随机相位波形,产生方法如下:首先生成1 000个独立的随机相位波形,计算它们的峰值旁瓣比,从中选择峰值旁瓣比最低的50个(这1 000个波形中峰值旁瓣比最低的为−19.02 dB,相应的相关函数如图18.2所示).利用所选择50个随机相位波形来初始化CAN算法和WeCAN算法,综合出50个CAN波形和50个WeCAN波形.

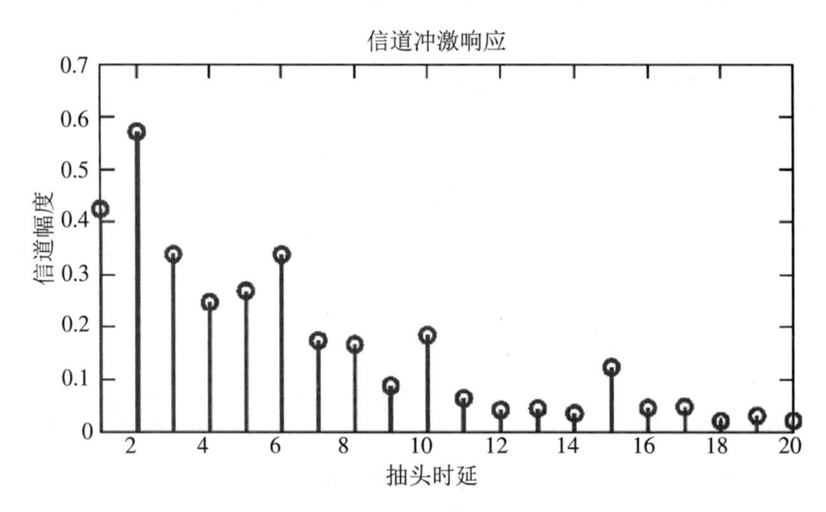

图18.4　所模拟的信道冲激响应幅度(其中考虑了$R=20$个信道抽头数)

首先假设接收机已知信道冲激响应.以上4种波形的经验误比特率曲线以及式(18.18)给出的理论误比特率值如图18.5(a)~(c)所示,其中采用5 000次蒙特卡洛实验平均来计算图中的每一个点.在蒙特卡洛实验中,信息序列和噪声图案是变化的.从图18.5(a)可以看出,理论误比特率曲线可以视作所选择的50个随机相位波形的平均检测性能.然而,随机相位波形的误比特率性能起伏较大.例如,当信噪比为−12 dB时,50条经验误比特率曲线的取值范围超过3个数量级.与之相比,相应的50个CAN波形的性能起伏范围大大缩小.如图18.5(c)所示,由于WeCAN波形在感兴趣时延区间上具有很低的相关水平,其理论和经验误比特率性能非常相似.图18.5(c)也画出了m序列的误比特率曲线.对比图18.2、图18.3以及图18.5(a)~(c),可以看出误比特率性能与相关性能之间的一致性.

接下来,假设接收机未知理想的信道冲激响应信息,需要使用训练模式来估计信道冲激响应,此时要分析以上波形的检测性能.为此,在1 000个QPSK负载符号之前加入5个QPSK导频符号,使用这5个QPSK导频符号(扩频后具有500个码元)来估计信道信息.这里采用SLIM(sparse learning via iterative minimization)算法估计信道信息(Ling, Tan, Yardibi, Li, He, Nordenvaad 2009),并基于所估计的信道冲激响应进行RAKE检测,所得的四种波形经验误比特率性能如图18.6(a)~(c)所示,其中也画出了对应于理想扩频波形和已知信道冲激响应时的理论误比特率性能.采用5 000次蒙特卡洛实验平均来计算图中的每一个点.在蒙特卡洛实验中,信息序列(包括5个QPSK导频符号)和噪声图案是变化的.对比图18.6(a)~(c)与图18.5(a)~(c),可以看出信道冲激响应估计误差的存在使得经验误比特率增加了将近1个数量级.对于时不变信道,如果采用更多的导频符号来估计信道信息,就可以消除CAN波形和WeCAN波形理论和经验误比特率性能之间的空隙.

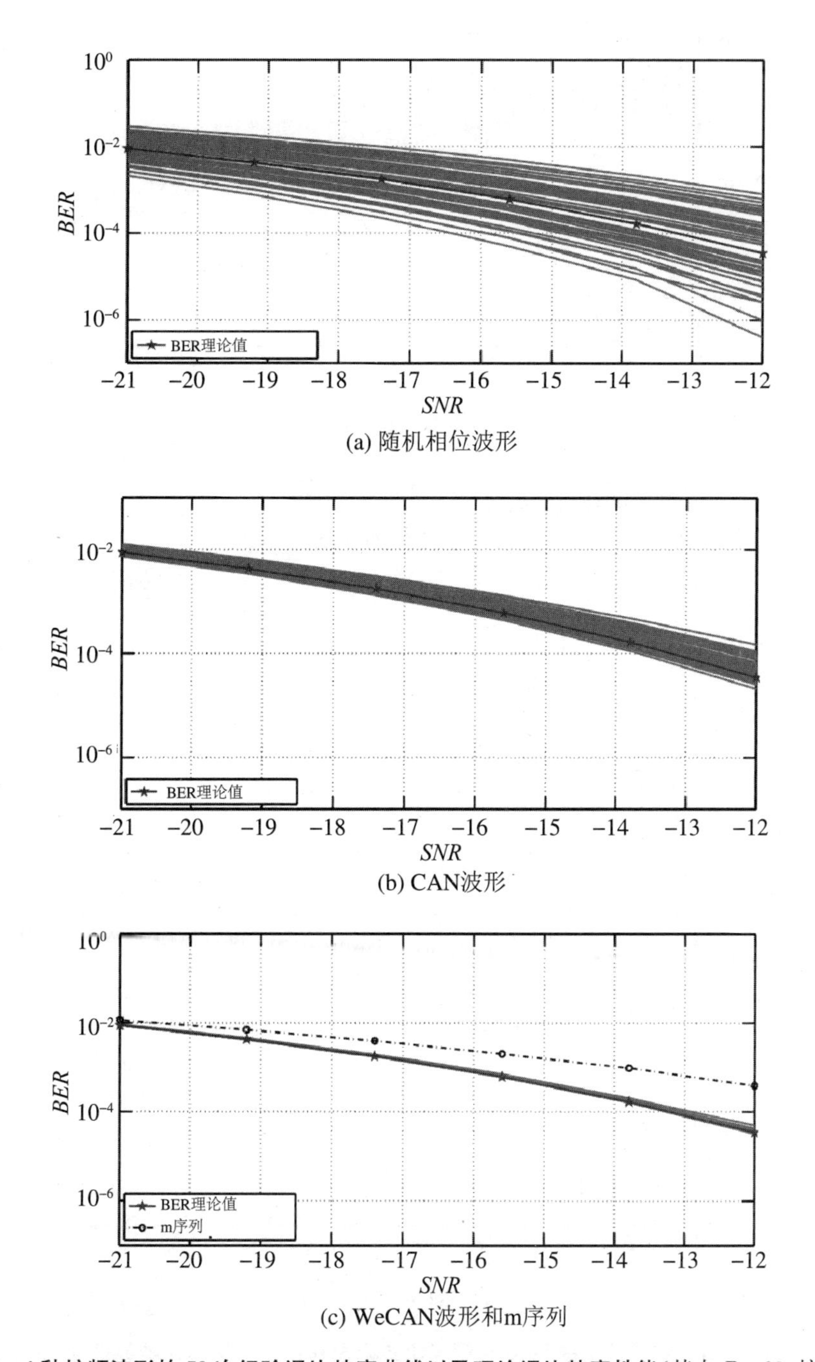

(a) 随机相位波形

(b) CAN波形

(c) WeCAN波形和m序列

图 18.5 4 种扩频波形的 50 次经验误比特率曲线以及理论误比特率性能(其中 $P=63$,接收机已知信道冲激响应. 曲线中的每一个点都采用了 5 000 次蒙特卡洛实验进行平均)(需要注意的是,采用了图(a)中 50 个不同的随机相位波形来初始化 CAN 算法和 WeCAN 算法,并生成 50 个不同的 CAN 波形和 WeCAN 波形)

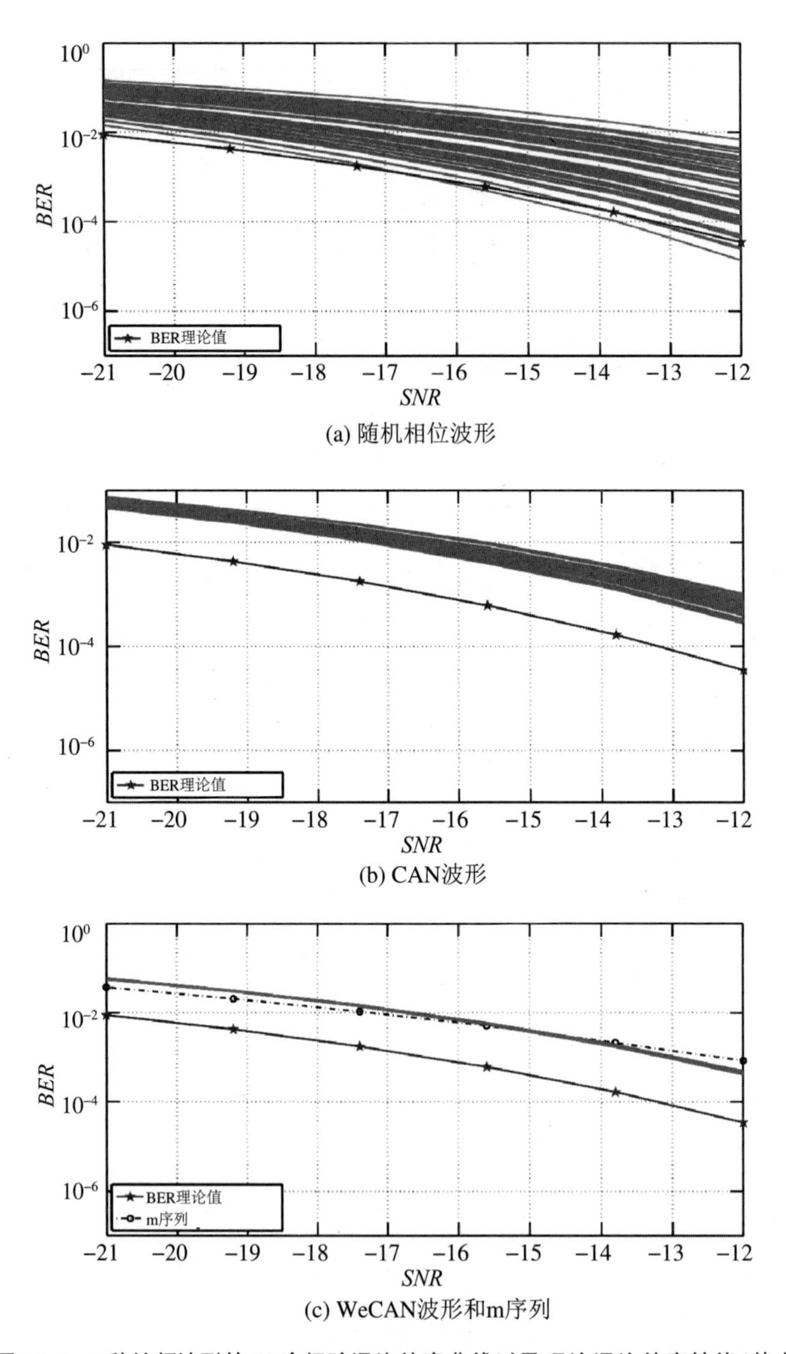

(a) 随机相位波形

(b) CAN波形

(c) WeCAN波形和m序列

图 18.6 4 种扩频波形的 50 次经验误比特率曲线以及理论误比特率性能（其中 $P=63$，接收机利用 5 个 QPSK 导频信号估计信道冲激响应. 曲线中每一个点采用了 5 000 次蒙特卡洛实验进行平均. 需要注意的是，采用了图(a)中 50 个不同的随机相位波形来初始化 CAN 算法和 WeCAN 算法，并生成 50 个不同的 CAN 波形和 WeCAN 波形）

尽管随机相位扩频波形有助于 LPI 通信，但其检测性能的巨大波动使它们并不受欢迎，这是因为如图 18.5 和图 18.6 所示，很难预测由随机相位波形特定实现的性能. 而优化后的 CAN 波形和 WeCAN 波形的误比特率性能比较一致，这使它们比随机相位波形更受欢迎. 需要注意的是，m 序列也具有很好的误比特率性能，但由于其编码方式是确定的，不太适用于隐蔽通信.

18.4 本章小结

本章研究了基于直接序列扩频和相干 RAKE 接收的隐蔽水声通信技术. 结果表明，WeCAN 算法和 CAN 算法可以用于综合扩频波形，所获得的波形具有良好的相关特性，因此在频率选择性水声信道中具有良好的误比特率性能. 此外，波形的随机性有助于保护发射信息的安全.

19　隐蔽水声通信——非相干体制

第 18 章研究了如何使用相干 RAKE 接收机实现隐蔽水声通信，其选择了 CAN 序列或 WeCAN 序列作为探测波形. 如前所述，在时变水声信道中，如果码片信噪比较低，则无法精确估计信道. 这会使得相干检测方法失效(Smadi，Prabhu 2004；Yang，Yang 2008)，故而采用非相干方法会更加有利. 本章将研究非相干体制下的隐蔽水声通信及其波形设计问题. 具体来说，本章涉及两种非相干的收发设计问题：正交调制和 DPSK 调制，两者都应用了直接序列扩频技术和非相干 RAKE 接收技术(Brennan 1959). 虽然本章只考虑二元信息序列，但其中的推导可以很容易地推广到一般的 M 元情形.

对于正交调制，要减少水声信道多径效应的影响，希望其扩频序列集像 Gold 序列(Gold 1968)一样具有低相关特性(包括自相关和互相关). 对于 DPSK 调制，一种常见的设计方法是采用循环前缀，这样接收机在检测符号之前可以通过忽略前缀码片来消除符号间干扰(Pursley 1977；Tse，Viswanath 2005). 这就要求信号波形在特定时延上具有很低的甚至是零周期相关性，就像 Frank 序列(见式(1.23))那样. 然而，上述序列(Gold 序列和 Frank 序列)属于采用确定公式构造的恒模多相序列，它们要么长度受限，要么信号相位固定在若干星座点上. 这样的多相序列(特别是二元或二相序列)被暴力搜索方法检测到的可能性很大，因此从 LPI/LPD 的角度来看是不可取的. 与此相反，由于 Multi-WeCAN 序列集(见第 3 章)和 PeCAN 序列集(见第 9 章)具有任意长度和介于 0 和 2π 之间的任意相位，因此具有 LPI 或 LPD 性质以及所期望的相关特性.

19.1　基于 RAKE 接收机输出能量的正交信号检测

假设发射机将二元信息序列中的每个比特映射到两个正交扩频波形($\{\boldsymbol{x}_i\}_{i=1}^2$($\boldsymbol{x}_1^{\mathrm{H}}\boldsymbol{x}_2=0$))中的一个. 每个扩频波形由 P 个恒模码片组成(即 $\boldsymbol{x}_i=[x_i(1)\ \cdots\ x_i(P)]^{\mathrm{T}}$，其中，$i\in\{1,2\}$)，并从两个候选波形中选择一个来传递信息. 假设在某一个符号(比特)周期上发射扩频波形 $\boldsymbol{x}_1$. 接下来将重点放在检测该波形上(对 $\boldsymbol{x}_2$ 的检测类似). 于是，可将该问题表述为

$$\boldsymbol{y}=\boldsymbol{X}\boldsymbol{h}+\boldsymbol{e} \tag{19.1}$$

其中，$\boldsymbol{y}=[y(1)\ \cdots\ y(P+R-1)]^{\mathrm{T}}$ 和 $\boldsymbol{e}=[e(1)\ \cdots\ e(P+R-1)]^{\mathrm{T}}$ 分别代表量测项和噪声项. 假设噪声为复值白高斯随机过程，均值为 0，方差为 σ^2，则 $\boldsymbol{e}\sim CN(0,\sigma^2\boldsymbol{I})$. 信道冲激响应矢量为 $\boldsymbol{h}=[h(1)\ \cdots\ h(R)]$. 矩阵 $\boldsymbol{X}$ 包含所发射码片的多个移位副本，可通过下式表示：

$$
\boldsymbol{X}=\begin{bmatrix}
x_1(1) & x_i(P) & \cdots & x_i(P-R+3) & x_i(P-R+2) \\
\vdots & x_1(1) & & \vdots & x_i(P-R+3) \\
x_1(P) & \vdots & \vdots & x_i(P) & \vdots \\
x_j(1) & x_1(P) & & x_1(1) & x_i(P) \\
\vdots & x_j(1) & \vdots & \vdots & x_1(1) \\
x_j(R-2) & \vdots & \vdots & x_1(P) & \vdots \\
x_j(R-1) & x_j(R-2) & \cdots & x_j(1) & x_1(P)
\end{bmatrix}_{(P+R-1)\times R}. \tag{19.2}
$$

其中，$\boldsymbol{x}_i$和$\boldsymbol{x}_j$分别是在当前波形之前和之后发射的波形，下标$i,\ j\in\{1,2\}$. 由于原始比特序列的随机性，它们的取值无法确定.

将接收到的量测项表示为式(19.1)，所感兴趣的问题变为给定观测 $\boldsymbol{y}$，如何从中确定发射的是哪一个候选波形(本例为 $\boldsymbol{x}_1$). 由于本章主要讨论非相干检测，因此在检测过程中无需 $\boldsymbol{h}$ 的先验信息.

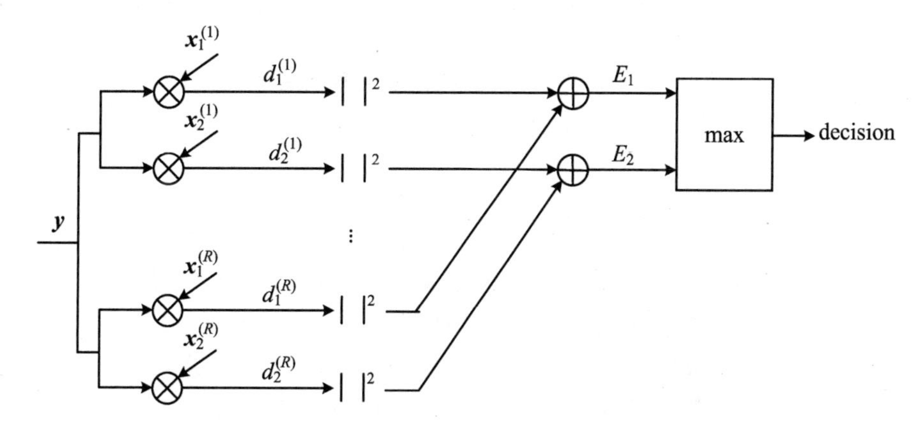

图 19.1 基于 RAKE 接收机输出能量的二元正交信号检测

基于 RAKE 接收机输出能量的二元正交信号检测器如图 19.1 所示. 信号检测大致分为两个阶段. 在第一阶段，将输入量测 $\boldsymbol{y}$ 投影到矢量$\boldsymbol{x}_m^{(r)}\in\mathbb{C}^{(P+R-1)\times 1}$上，该矢量是波形 $\boldsymbol{x}_m$ 对应于第 r 个信道抽头的移位副本(即路径响应为 $h(r)$)：

$$
\boldsymbol{x}_m^{(r)}=[\underbrace{0\cdots 0}_{r-1}\quad x_m(1)\quad x_m(2)\cdots x_m(P)\quad \underbrace{0\cdots 0}_{R-r}]^{\mathrm{T}}\quad (m=1,2,r=1,\cdots,R). \tag{19.3}
$$

类似于第 18 章，为了评估扩频波形对 RAKE 接收机中每个指峰输出的影响，对式(19.2)中的矩阵 $\boldsymbol{X}$ 进行分解. 将矩阵 $\boldsymbol{X}$ 重写为 $\boldsymbol{X}=\boldsymbol{X}_1+\boldsymbol{A}_{ij}$，其中 $\boldsymbol{X}_1$ 和 $\boldsymbol{A}_{ij}$ 的维度与 $\boldsymbol{X}$ 一致，矩阵 $\boldsymbol{X}_1$ 只包含 $\boldsymbol{x}_1$的移位副本：

$$
\boldsymbol{X}_1^{\mathrm{T}}=\begin{bmatrix}
x_1(1) & \cdots & x_1(P) & & \boldsymbol{0} \\
 & \ddots & & \ddots & \\
\boldsymbol{0} & & x_1(1) & \cdots & x_1(P)
\end{bmatrix}. \tag{19.4}
$$

而 $\boldsymbol{A}_{ij}=\boldsymbol{X}-\boldsymbol{X}_1$对应于相邻波形 $\boldsymbol{x}_i$和 $\boldsymbol{x}_j$的码片. 容易验证

$$
\boldsymbol{x}_m^{(r)\mathrm{H}}\boldsymbol{X}_1=[r_{1m}(r-1)\quad\cdots\quad r_{1m}(1)\quad r_{1m}(0)\quad r_{m1}^*(1)\quad\cdots\quad r_{m1}^*(R-r)]; \tag{19.5}
$$

$$
\boldsymbol{x}_m^{(r)\mathrm{H}}\boldsymbol{A}_{ij}=[r_{mj}^*(r-1)\quad\cdots\quad r_{mj}^*(P-1)\quad 0\quad r_{1m}(P-1)\quad\cdots\quad r_{im}(P-R+r)], \tag{19.6}
$$

其中，

$$r_{\tilde{i}\tilde{j}}(k)=\sum_{n=k+1}^{P}x_{\tilde{i}}(n)x_{\tilde{j}}^{*}(n-k)\quad(\tilde{i},\tilde{j}=1,2,k=0,\cdots,P-1)\tag{19.7}$$

表示波形集合$\{\boldsymbol{x}_1,\boldsymbol{x}_2\}$之间的相关. 当$\tilde{i}=\tilde{j}$时，$r_{\tilde{i}\tilde{j}}(k)$为$\boldsymbol{x}_{\tilde{i}}$的自相关，否则$r_{\tilde{i}\tilde{j}}(k)$为$\boldsymbol{x}_{\tilde{i}}$与$\boldsymbol{x}_{\tilde{j}}$之间的互相关.

利用式(19.5)和式(19.6)，可以将 RAKE 接收机指峰输出$d_m^{(r)}$(即$\boldsymbol{y}$向$\boldsymbol{x}_m^{(r)}$的投影)表示为

$$\begin{aligned}d_m^{(r)}&=\frac{\boldsymbol{x}_m^{(r)\mathrm{H}}\boldsymbol{y}}{\|\boldsymbol{x}_m\|}=\frac{\boldsymbol{x}_m^{(r)\mathrm{H}}(\boldsymbol{X}_1+\boldsymbol{A}_{ij})\boldsymbol{h}}{\|\boldsymbol{x}_m\|}+\frac{\boldsymbol{x}_m^{(r)\mathrm{H}}\boldsymbol{e}}{\|\boldsymbol{x}_m\|}\\&=\Big\{\sum_{q=1}^{r-1}[r_{1m}(r-q)+r_{mj}^{*}(P-r+q)]h(q)+r_{1m}(0)h(r)\\&\quad+\sum_{q=r+1}^{R}[r_{m1}^{*}(q-r)+r_{im}(P-q+r)]h(q)\Big\}\frac{1}{\|\boldsymbol{x}_m\|}+e_m^{(r)},\end{aligned}\tag{19.8}$$

其中，$i,j,m=1,2,\ r=1,2,\cdots,R,\ e_m^{(r)}=\boldsymbol{x}_m^{(r)\mathrm{H}}\boldsymbol{e}/\|\boldsymbol{x}_m\|$. 当$\boldsymbol{e}\sim CN(0,\sigma^2\boldsymbol{I})$时，归一化系数$1/\|\boldsymbol{x}_m\|$使得$e_m^{(r)}\sim CN(0,\sigma^2)$.

频率选择性信道将信号功率散射到R个可分辨的信道路径上，于是 RAKE 接收机的第二个阶段通过等增益合并方法，将散射在每一个候选矢量上的能量进行组合(Tse，Viswanath 2005；Brennan 1959)：

$$E_m=\sum_{r=1}^{R}|d_m^{(r)}|^2\quad(m=1,2).\tag{19.9}$$

通过用自相关函数和互相关函数表示指峰输出，式(19.8)揭示了如何建立扩频波形设计准则. 自相关函数和互相关函数以加权求和的形式影响指峰输出$d_m^{(r)}$，其中信道抽头系数为权值. 当不具备关于$\boldsymbol{h}$的先验信息时，所能做的就是设计扩频波形，使$\{r_{ii}(0)\}_{i=1}^{2}$(根据定义等于P)之外的所有相关函数为 0，即可以表示如下的数学表达式：

$$\begin{cases}r_{11}(k)=r_{22}(k)=0\quad(k\in\{1,\cdots,R-1\}\cup\{P-R+1,\cdots,P-1\})\\r_{12}(k)=r_{21}(k)=0\quad(k\in\{0,\cdots,R-1\}\cup\{P-R+1,\cdots,P-1\})\end{cases}\tag{19.10}$$

其中，假设了$P>2R-2$. 可以使用第 3 章所讨论的 Multi-WeCAN 算法来设计这样的序列集，使其在式(19.10)所示的感兴趣区域具有较低的相关系数.

将式(19.10)代入式(19.8)，并注意到$r_{11}(0)=r_{22}(0)=P$，可得

$$d_m^{(r)}=\begin{cases}\sqrt{P}h(r)+e_1^{(r)}&(m=1)\\e_2^{(r)}&(m=2)\end{cases},\tag{19.11}$$

因此，完全满足式(19.10)的两个波形可以将原来的多径问题分解为R个互不干扰的独立平坦衰落信道. 在理想情况下，误比特率性能可以表示如下(Simon，Alouini 1998)：

$$P_{\mathrm{BER}}=\frac{\mathrm{e}^{-\lambda}}{2^{2R-1}}\sum_{k=0}^{R-1}\Big[\frac{1}{k!}\sum_{n=1}^{R-1-k}\binom{2R-1}{n}\Big]\lambda^k,\tag{19.12}$$

其中，

$$\begin{aligned}\lambda&=\frac{P}{2}\cdot SNR,\\SNR&=\frac{\|\boldsymbol{h}\|^2}{\sigma^2},\end{aligned}\tag{19.13}$$

为 RAKE 处理前的接收码片信噪比.

19.2 基于 RAKE 接收机的 DPSK 信号解调

DPSK 是一种广泛使用的编码方案，它通过两个连续编码符号之间的相位差来传递信息. 据信道条件的不同，DPSK 的检测方法既可以是相干的（检测前最大比合并），也可以是非相干的（检测后等增益合并）（Wang，Moeneclaey 1992）. 在隐蔽通信中，通常首选非相干方法，其中通信的可靠性严重依赖于采用直接序列扩频技术所获得的处理增益以及信道抽头在至少两个连续的符号周期内保持稳定这一假设（Proakis 2001；Yang，Yang 2008）.

设$\{b_i\}$和$\{a_i\}$分别为原始信息符号和经过 DPSK 编码的符号. 为简单起见，考虑二元符号，其中$\{b_i\}$和$\{a_i\}$为 1 或 −1. 然而，本节所得的结果也可以推广到一般的 M 元符号（Proakis 2001）.

给定二元信息序列$\{b_i\}$，$\{a_i\}$可以采用下式递归地构造：

$$a_i = b_i a_{i-1} \quad (i = 1, 2, \cdots). \tag{19.14}$$

其中，a_0可以为 −1 或 1. 在典型的直接序列扩频应用中，编码后的 DPSK 符号（比特）$\{a_i\}$在经过水声信道传输之前，对共有波形（例如 $\tilde{\boldsymbol{x}}$）进行相位调制（或相乘）.

值得指出的是，这里讨论的 DPSK 调制与前一节中的正交调制有两个主要区别. 首先，DPSK 调制只需要一个波形，正交调制需要两种不同的正交波形. 其次，在 DPSK 的应用场景中，发送的信息是通过比较两个连续编码符号之间的相位差来确定的，而对于正交调制，它是通过从一组两个候选信号中选择一个波形来确定的.

图 19.2 所示为经过相位调制的扩频波形 $a_i\tilde{\boldsymbol{x}}$ 在 R 个可分辨的路径上传播. 多径效应体现在 $a_i\tilde{\boldsymbol{x}}$ 的移位副本上，其中 $\tilde{\boldsymbol{x}}$ 的码片长度为 $R+P-1$，并且由编码符号 a_i进行相位调制. 由于延迟扩展，对于具有 R 个可分辨路径的频率选择性信道，来自前一个符号周期中的波形 $a_{i-1}\tilde{\boldsymbol{x}}$ 对 $a_i\tilde{\boldsymbol{x}}$ 的前 $R-1$ 码片产生符号间干扰. 当只考虑输出 $\boldsymbol{y}_i$在余下的 P 个码片的取值时，$a_{i-1}\tilde{\boldsymbol{x}}$ 的影响不复存在，接收机可以忽略该符号间干扰. 通过考虑 $\boldsymbol{y}_i$，符号内干扰成

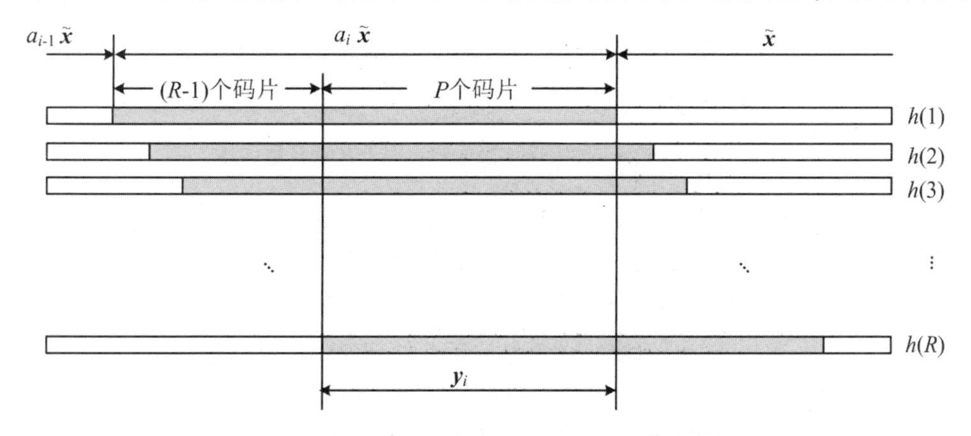

图 19.2 经过相位调制的扩频波形在具有 R 个路径的频率选择性信道上传播

为唯一可能的干扰源. 还应注意的是，由于丢弃了 $R-1$ 个前缀码片，这样的循环方案使数据率降低了 $(R-1)/(P+R-1)$(Tse，Viswanath 2005).

类似于 OFDM(正交频分复用)中所采用的循环前缀(Tse，Viswanath 2005)，共用波形 $\tilde{\boldsymbol{x}}$ 在数学上可以表示为

$$\tilde{\boldsymbol{x}} = [\underbrace{x(P-R+2) \quad \cdots \quad x(P)}_{R-1\text{个前缀码片}} \quad x(1) \quad x(2) \quad \cdots \quad x(P)]^{\mathrm{T}}, \tag{19.15}$$

其中，前 $R-1$ 个元素为前缀码片，它们是 $\tilde{\boldsymbol{x}}$ 最后 $R-1$ 个元素的副本. 基于图 19.2，$\boldsymbol{y}_i \in \mathbb{C}^{P\times 1}$ 可以表示为

$$\boldsymbol{y}_i = a_i \boldsymbol{X}\boldsymbol{h} + \boldsymbol{e}_i \quad (i = 1, 2, \cdots), \tag{19.16}$$

其中

$$\boldsymbol{X} = \begin{bmatrix} x(1) & x(P) & \cdots x(P-R+2) \\ x(2) & x(1) & \cdots x(P-R+3) \\ \vdots & \vdots & \vdots \\ x(P) & x(P-1) & \cdots x(P-R+1) \end{bmatrix}_{P\times R}, \tag{19.17}$$

信道冲激响应矢量 $\boldsymbol{h}$ 的定义与式(19.1)相同，$\boldsymbol{e}_i \in \mathbb{C}^{P\times 1}$ 为第 i 个符号周期的噪声矢量，服从分布 $\mathcal{CN}(0, \sigma^2\boldsymbol{I})$. 需要注意的是，$\boldsymbol{X}$，$\boldsymbol{h}$ 和符号周期 i 无关. 通过查看式(19.17)，可以看出循环前缀方案使得 $\boldsymbol{X}$ 具有循环移位特性(也可见式(19.1))，即 $\boldsymbol{X}$ 的第 r 列(记为 $\boldsymbol{x}_r$)可由第 1 列 x_1 循环移位 $r-1$ 次得到，其中 $r=2, \cdots, R$.

对应于上述调制方案的非相干 RAKE 接收机结构如图 19.3 所示. 接收机的第一个部分将 $R-1$ 个前缀码片移除，接下来设计 R 个 RAKE 接收机指峰来对多径到达信号进行组合. 在第 i 个符号周期内，第 r 个指峰将 y_i 投影到矢量 $\boldsymbol{x}_r$ 上(即 $\boldsymbol{X}$ 的第 r 列)，所得的输出为

$$d_i^{(r)} = \boldsymbol{x}_r^{\mathrm{H}} \boldsymbol{y}_i \quad (r = 1, \cdots, R). \tag{19.18}$$

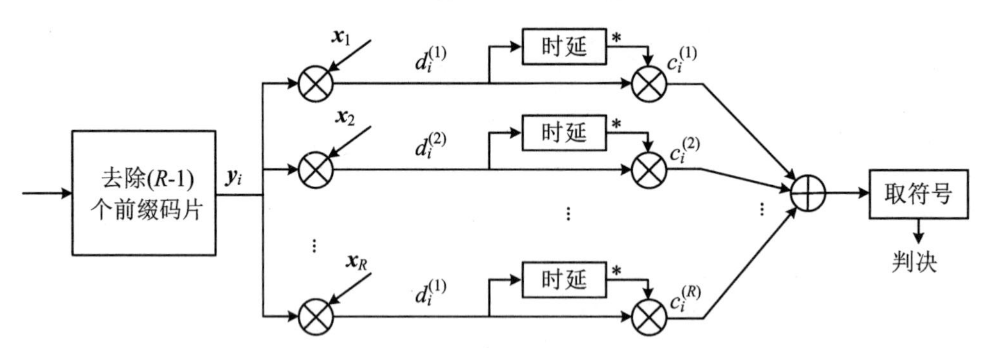

图 19.3　对于二元 DPSK 信号的非相干 RAKE 解调器

每个 RAKE 接收机的指峰紧跟着差分相位译码器，译码器将 $d_i^{(r)}$ 与 $d_{i-1}^{(r)}$ 进行相关. $d_{i-1}^{(r)}$ 的推导类似于式(19.18)，但是从上一个符号周期所得. 将相关输出记为 $c_i^{(r)}$，其中

$$c_i^{(r)} = d_{i-1}^{(r)*} d_i^{(r)} \quad (r = 1, \cdots, R) \tag{19.19}$$

等增益合并将 $\{c_i^{(r)}\}_{i=1}^{R}$ 求和，可生成估计信息比特 b_i 的充分统计量(Proakis 2001).

可以看出，如果矩阵 $\boldsymbol{X}$ 的列与列之间相互正交，式(19.18)可以写为

$$d_i^{(r)} = a_i P h(r) + \boldsymbol{x}_r^{\mathrm{H}} \boldsymbol{e}_i \quad (r = 1, \cdots, R). \tag{19.20}$$

这就意味着指峰输出没有受到任何符号内干扰. 因此，下面主要关注设计具有 P 码片的波

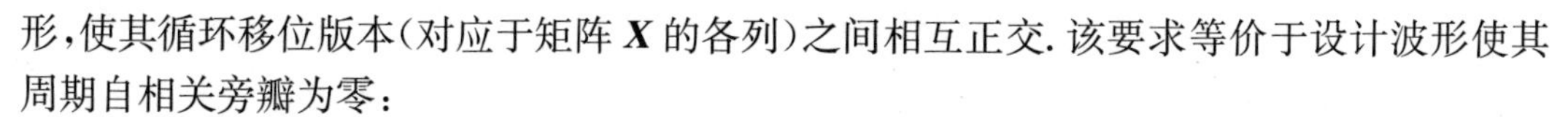

形,使其循环移位版本(对应于矩阵 $\boldsymbol{X}$ 的各列)之间相互正交.该要求等价于设计波形使其周期自相关旁瓣为零:

$$\tilde{r}_k = 0 \quad (k = 1, \cdots, R-1), \tag{19.21}$$

其中,$\{\tilde{r}_k\}$为周期自相关函数(也可见第 1 章的式(1.16)):

$$\tilde{r}_k = \sum_{n=1}^{P} x(n) x^*((n-k) \operatorname{mod} P) \quad (k = -(P-1), \cdots, 0, \cdots, (P-1)). \tag{19.22}$$

可以用第 9 章的 PeCAN 算法设计周期自相关旁瓣实际为 0 的恒模序列.

假设式(19.21)能够完全满足,则 RAKE 接收机的指峰输出见式(19.20),因此 $c_i^{(r)}$ 可以表示为

$$c_i^{(r)} = a_{i-1}^* a_i \mid h(r) \mid^2 P^2 + \Delta e, \tag{19.23}$$

其中,$\Delta e = Ph(r)^* a_{i-1}^* \boldsymbol{x}_r^* \boldsymbol{e}_i + Ph(r) a_i \boldsymbol{e}_{i-1}^* \boldsymbol{x}_r + \boldsymbol{e}_{i-1}^* \boldsymbol{x}_r \boldsymbol{x}_r^* \boldsymbol{e}_i$.

在平坦衰落信道中,$R=1$,可利用充分统计量 $\mathrm{Re}(c_i^{(1)})$ 的符号进行检测(Proakis 2001):

$$\hat{x}_i = \operatorname{sign}[\mathrm{Re}(c_i^{(1)})]. \tag{19.24}$$

另一方面,对于 $R>1$ 的频率选择性信道,充分统计量变成了 $\mathrm{Re}\left(\sum_{r=1}^{R} c_i^{(r)}\right)$. 类似于式(19.24),采用下式进行检测(Proakis 2001):

$$\hat{x}_i = \operatorname{sign}\left[\mathrm{Re}\left(\sum_{r=1}^{R} c_i^{(r)}\right)\right]. \tag{19.25}$$

根据(Proakis 2001;Simon,Alouini 1998),这种检测方法的误比特率性能为

$$P_{\mathrm{BER}} = \frac{e^{-\tilde{\lambda}}}{2^{2R-1}} \sum_{k=0}^{R-1} \left[\frac{1}{k!} \sum_{n=1}^{R-1-k} \binom{2R-1}{n}\right] \tilde{\lambda}^k, \tag{19.26}$$

其中,$\tilde{\lambda} = P\,SNR$,SNR 的定义见式(19.13).

19.3 P 和 R 对于性能的影响以及一种改进的 RAKE 体制

前面两节推导了采用直接序列扩频和 RAKE 接收机时,二元正交调制和二元 DPSK 调制的误比特率表达式.本节将分析参数 P 和 R 对误比特率性能的影响.由于频率选择性水声信道 R 值很大,导致误比特率性能严重下降,故而数值分析结果表明通信方案可能是不可靠的.在一定程度上,可以通过使用较长的扩频波形(对应于较大的 P)来克服性能下降.然而,水声通道的时变特性约束了所能取得的最大 P 值.这种困境令我们想到利用水声信道的稀疏特性,即确定信噪比最高的那些传播路径,并且只利用这些路径对应的输出进行检测.

19.3.1 P 和 R 对于误比特率性能的影响

式(19.13)定义的信噪比是评价通信隐蔽性的一个重要指标.例如,当信号频带内的信

噪比低于−8 dB 时，所发射的信号很难被窃听者检测到(Yang, Yang 2008). 通过比较式(19.12)和式(19.26)，可以看出对于二元正交调制，信噪比需要翻一番才能达到与 DPSK 调制相同的误比特率. 不同 P 和 R 值所对应的 DPSK 调制误比特率曲线如图 19.4 所示. 需要再次注意的是，这些曲线假设了使用理想的扩频波形.

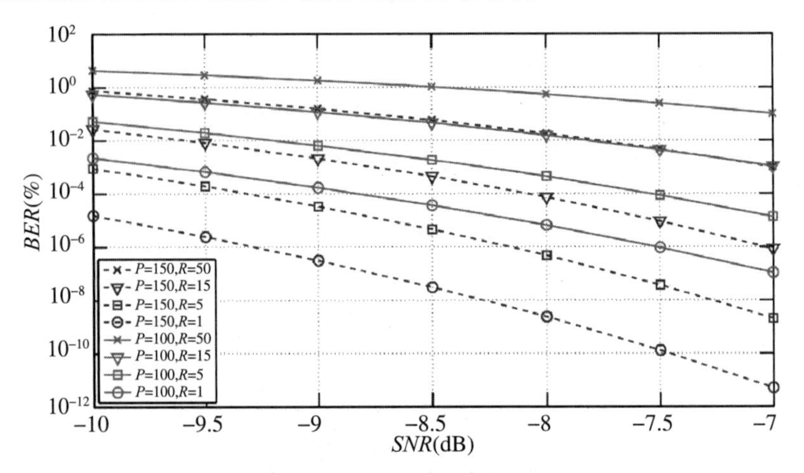

图 19.4　不同 P 和 R 下 DPSK 调制的误比特率曲线

从图 19.4 可以看出，固定处理增益 P，平坦衰落信道($R=1$)的误比特率性能最好. 随着 R 值的增加，误比特率性能下降严重（也可见相关文献(Proakis 2001)). 在水声应用中，R 值是由多个因素决定的，如声学条件、码片速率、接收端的采样方案和通信范围等. 对于典型的频率选择性水声信道，R 的值一般为 50 甚至更大. 当 $R=50$ 时，可以看到，对于 DPSK 调制，如果信噪比为−8 dB，使用 $P=100$ 的扩频波形的误比特率为 0.542 2%.

从理论上讲，由较大的 R 值引起的性能下降可以通过增加扩频波形的码片数(P)来弥补，如图 19.4 所示. 然而，较大的 P 值会降低正交调制和 DPSK 调制方案的数据率；另外，水声信道的时变特性限制了所能取得的最大 P 值. 因为受此约束，所以需要考虑一种不需增加 P 值来提升性能的方法.

19.3.2　基于主达路径的 RAKE 接收机

由于包括水声通信信道在内的许多信道只是由几个显著的时延和多普勒抽头组成的，因此可以认为它们是稀疏的(Carbonelli et al. 2007; Ling et al. 2011)，然而，截至目前，相关讨论还没有涉及这种稀疏性特征. 在稀疏频率选择性信道中进行水声通信时，与信道冲激响应零值相关联的路径不包含发送信号的信息，这些路径上的指峰输出仅包含噪声. RAKE 接收机的等增益合并方法不能区分这些无效路径和携带信号功率的路径. 实际上，在该方法中，指峰输出采用相同的权值进行加权求和. 因此，经过等增益合并后，噪声污染了具有高信噪比的可靠 RAKE 输出，因此误比特率性能很差.

一种缓解这一问题的方法是丢弃与信道冲激响应中零值相关的 RAKE 输出，只合并那些信噪比较高的输出(Proakis 2001). 相关文献(Sozer et al. 1999; Blackmon et al. 2002; Hursky et al. 2006)指出，可在每个 RAKE 接收机的指峰输出后级联阈值模块，当执行等增益合并时，丢弃那些能量低于阈值的输出. 然而，这时系统性能对阈值变得敏感，而如何选择阈值以获得最佳的性能并不简单.

另一种替代门限——RAKE 接收的方法是只使用 RAKE 接收机中信噪比最大的主分量输出(即具有最强功率的抽头,见文献[Stojanovic et al. 1994])来进行判决.这种方法之所以可行,是因为在相对温和的浅水环境中,显著的信道抽头与主达路径相关.因此,关键问题是如何确定主达路径(Stojanovic et al. 1994;Yang,Yang 2008).严格来说,试图甄别主达路径涉及了部分信道信息,违反了采用非相干处理的假设.另一方面,这也不属于相干接收体制,这是因为接收机没有抵消水声信道传播过程中引入的相移.下面将说明,只要成功地确定主达路径,并且该路径主导了信道功率,那么就能够显著提高这种混合接收方案的误比特率性能.

为了确定主达路径,首先需要发射一个已知的探测序列.该探测序列不仅有助于实现发射信息同步,也有助于确定主达路径(Sozer et al. 1999).例如,对于二元 DPSK 调制,可以通过重复 $\tilde{\boldsymbol{x}}$(如 α 次)来构造探测序列,其中 $\tilde{\boldsymbol{x}}$ 通过 PeCAN 波形加入前缀来构造,如同式(19.15)一样.仍然使用图 19.3 中的接收机结构,但是在探测模式中只对指峰输出 $\{d_i^{(r)}\}_{r=1}^{R}$ $(i=1,\cdots,\alpha)$感兴趣.基于式(19.20),第 r 个 RAKE 接收机指峰输出的样本均值,即 $\alpha^{-1}\sum_{i=1}^{\alpha}d_i^{(r)}$,所服从的分布为 $CN(Ph(r),P\sigma^2/\alpha)$,其中 $r=1,\cdots,R$.在统计意义上,增大 α 可减小样本均值的方差,使样本均值汇聚于 $Ph(r)$.因此,增大 α 有利于确定主达路径:只需选择样本均值范数最大的路径即可.然而要注意的是,增大 α 会降低净数据率.该方法也可以应用于正交调制中,只需发送 α 次 $\boldsymbol{x}_1$,并在探测期间将接收到的信息投影到 $\boldsymbol{x}_1$ 上.应当注意的是,如果信道是时不变的,则将使用单个较长的 WeCAN 波形或 PeCAN 波形作为探测波形.为了解决分段时不变的情况,可以级联几个较短的波形,以避免使用单一的探测波形.

当 RAKE 接收机只使用沿主达路径的输出时,可以导出误比特率的表达式.对于二元正交调制,将 R 设为 1,则式(19.12)可以简化为

$$P_{\mathrm{BER}}=\frac{1}{2}\exp\left(-\frac{\eta P\times\mathrm{SNR}}{2}\right),\tag{19.27}$$

其中,$\eta=|h(r)|^2/\|\boldsymbol{h}\|^2\in[0,1]$为主达路径与信道总功率之比.类似地,将 R 设为 1,则式(19.26)可以简化为

$$P_{\mathrm{BER}}=\frac{1}{2}\exp\left(-\frac{\eta P\times\mathrm{SNR}}{2}\right).\tag{19.28}$$

需要注意的是,在任一种情况下,仅使用主达路径时,所损失的功率比例为 $1-\eta$.对比式(19.27)和式(19.28),再次可以看到,为了达到相同的误比特率性能,正交调制所需信噪比是 DPSK 调制的两倍.图 19.5 绘制了不同 η 和 P 值下误比特率曲线与信噪比之间的关系.很明显,如果主达路径功率仅占总信道功率的 $\eta=0.25$,那么 $P=100$ 时的误比特率性能与图 19.4 中所示的 $R=50$ 的误比特率性能相当.然而,一般来说,主达路径功率占比 $\eta=0.25$是一个相当保守的假设.在实际应用中 η 越大,BER 性能越好(参见图 19.5).

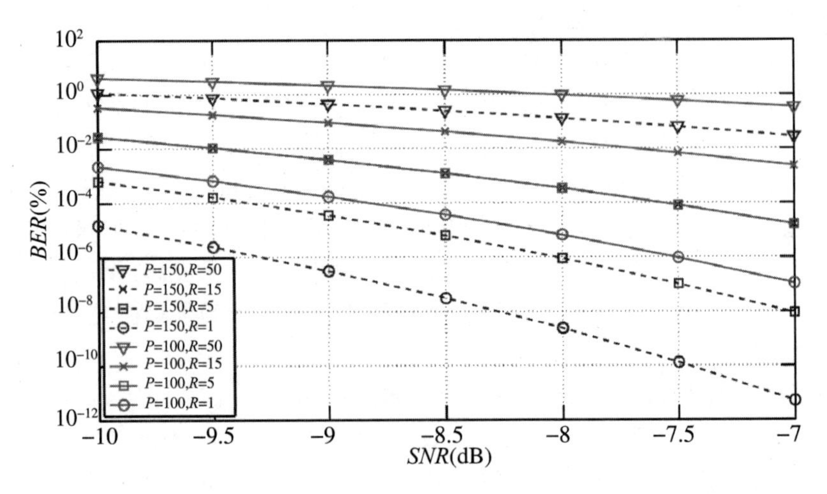

图 19.5　仅采用主达路径时，不同 η 和 P 值下的 DPSK 调制误比特率曲线

19.4　数 值 仿 真

本节评估了使用 Multi-WeCAN 波形和 PeCAN 波形时的误比特率性能，另外还分析了水声通信的隐蔽性. 首先考虑二元正交调制，然后再考虑二元 DPSK 调制.

19.4.1　二元正交调制

考虑模拟一个时不变频率选择性信道，抽头数为 $R=50$，如图 19.6 所示. 为了确保稀

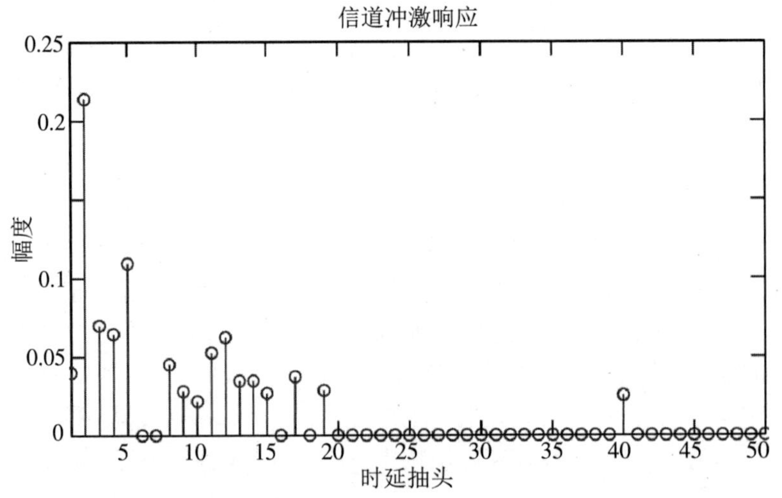

图 19.6　所模拟的信道冲激响应的幅度(抽头数为 $R=50$，其中 34 个为 0. 最显著的抽头为 $h(2)$，对应 $\eta=54.27\%$)

疏性，50个抽头中有34个是空抽头. 第二抽头 $h(2)$ 是主达路径，$\eta=54.27\%$. 使用两个Multi-WeCAN波形$\{\boldsymbol{x}_i\}_{i=1}^{2}$对信息符号(比特)进行扩频，其中码元长度为 $P=127$. 注意到Multi-WeCAN扩频波形长度可以是任意的，此处之所以设定为127，是为了满足Gold序列的长度约束(保证后续公平分析和比较).

基于Multi-WeCAN扩频波形，首先研究发射探测序列通过图19.6所示的信道后，算法识别主达路径的性能. 需要注意的是，这个仿真的信道是时不变的. 因此，可以采用单个长探测序列. 为了与上一节中方法一致，将 $\boldsymbol{x}_1$ 重复发射 α 次作为所构造的探测序列. 在接收端，将量测分别投影到$\{\boldsymbol{x}_1^{(r)}\}_{r=1}^{50}$(图19.1). 10次蒙特卡洛实验中RAKE接收机每个指峰样本均值的范数如图19.7所示，其中信噪比固定为−10 dB，使用了两个不同的 α 值，即5与30. 可以看到，α 取值较大时，图19.7(b)中曲线的方差要低于图19.7(a). 这有利于确定主达路径，也与上一节的说明相一致. 在这两种情况下，都成功地识别了主达路径 $h(2)$.

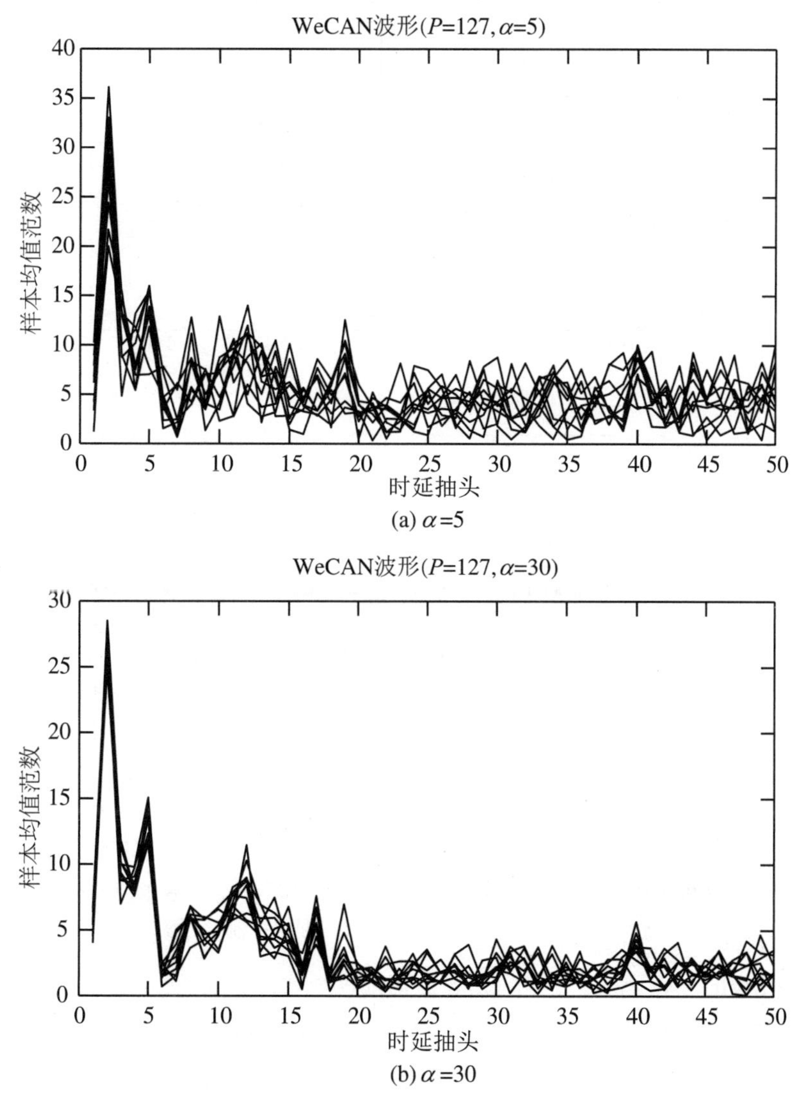

(a) $\alpha=5$

(b) $\alpha=30$

图19.7 信噪比为−10 dB时采用探测序列确定主达路径(10次蒙特卡洛实验结果)

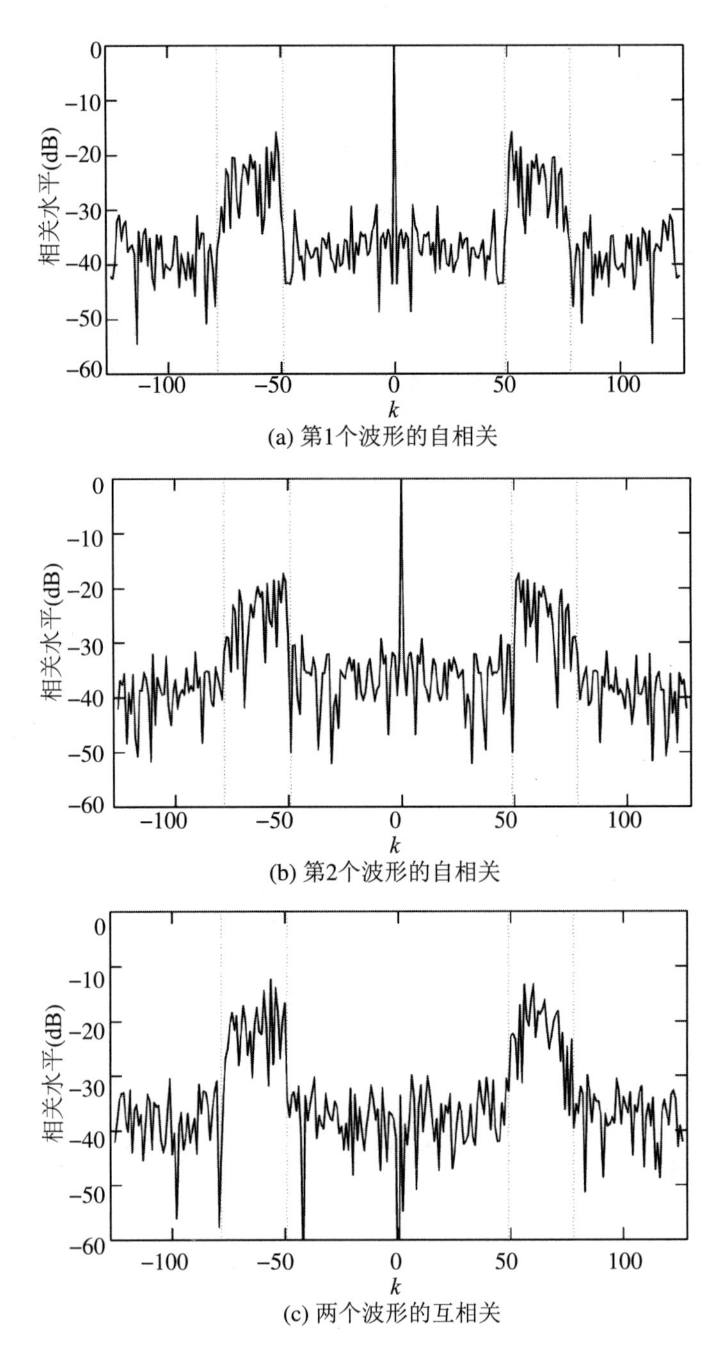

图 19.8 Multi-WeCAN 序列的相关水平（其中 $P=127$，所感兴趣的时延区域为 $[-126,-78)\cup[-49,49)\cup[78,126)$，即要抑制该区域的相关水平）

下面比较 Multi-WeCAN 波形和 Gold 波形的误比特率性能. 准确地说，由于只需要两种波形，在这种情况下，Gold 波形退化为 m 序列的一个优选对(Gold 1968). 优选对的生成多项式分别是[7 3 0]和[7 3 2 1 0]. 在评估误比特率性能之前，先研究这两种波形的相关水平. Multi-WeCAN 波形和 Gold 波形的自相关函数和互相关函数分别如图 19.8 和图 19.9 所示，其中相关水平定义如下：

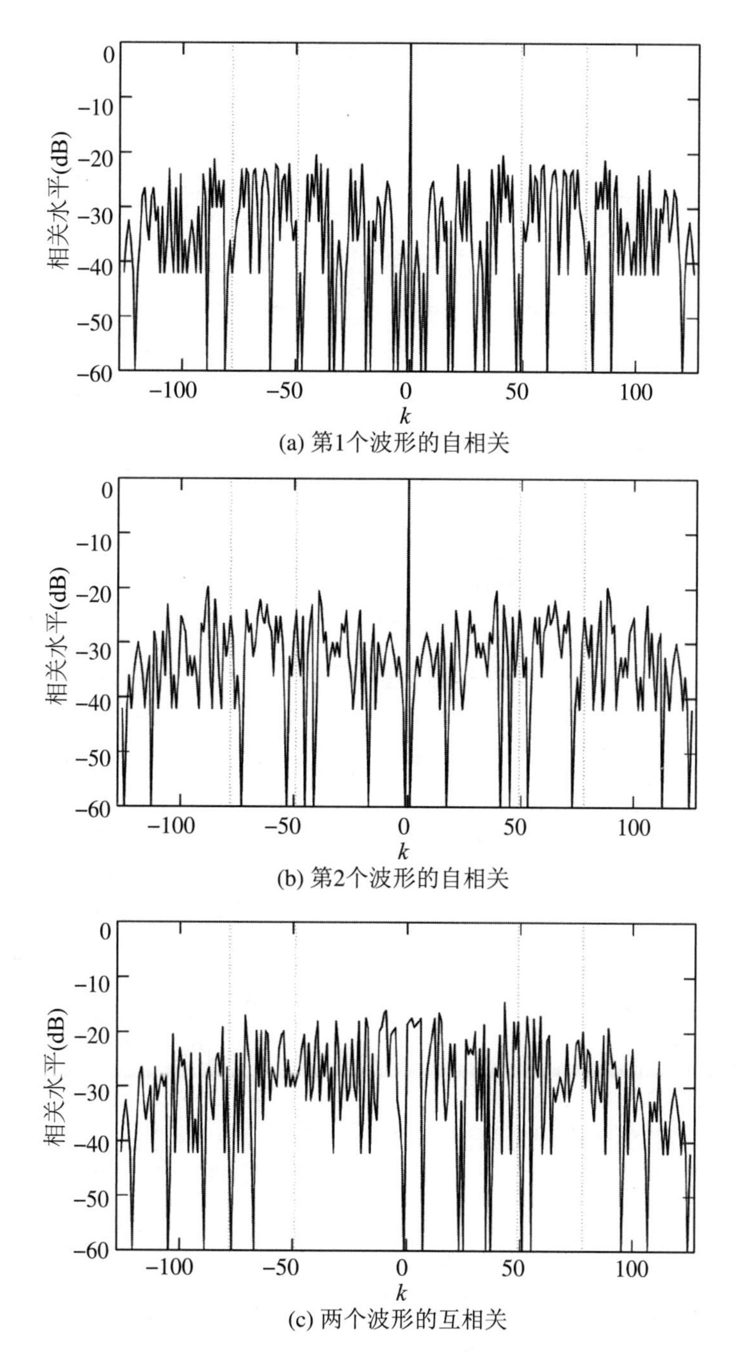

(a) 第1个波形的自相关

(b) 第2个波形的自相关

(c) 两个波形的互相关

图 19.9 Gold 序列的相关水平(其中 $P=127$,所感兴趣的时延区域为$[-126,-78)\cup[-49,49)\cup[78,126)$,即要抑制该区域的相关水平)

$$\text{相关水平} = 20\lg\left|\frac{r_{\tilde{i}\tilde{j}}(k)}{P}\right| \text{ dB} \quad (\tilde{i},\tilde{j}=1,2;k=0,1,\cdots,P-1), \tag{19.29}$$

$r_{\tilde{i}\tilde{j}}(k)$的定义见式(19.7).需要注意的是,Gold 序列的相关水平在某些时延处为 0,这些点在图 19.9 中以−60 dB 替代.总的来说,Multi-WeCAN 波形在感兴趣时延处的相关水平要比 Gold 序列要低.

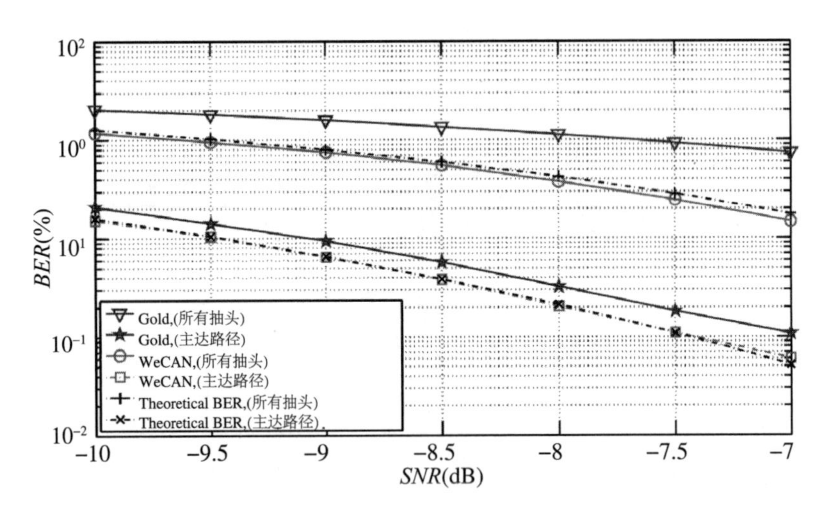

图 19.10 $P=127$ 的 Multi-WeCAN 序列和 Gold 序列的经验误比特率曲线(误比特率的理论值也在图中绘出,考虑了两种接收方案:一种基于所有的 $R=50$ 个指峰输出进行等增益合并;另一种只采用主达路径输出)

接下来评估误比特率性能. 所选择的信息序列包含 1 000 个符号(比特),每个符号被映射到所述波形之一. 量测值按式(19.1)构造,噪声矢量 $\boldsymbol{e}\sim\mathcal{CN}(0,\sigma^2\boldsymbol{I})$. 考虑图 19.6 所示的频率选择性信道. 此外研究两种接收方案:第一个方案基于所有 $R=50$ 个 RAKE 接收机的指峰输出实现等增益合并,如图 19.1 所示;另一个方案仅由主达路径决定,这里假设在探测模式下已经成功地确定了主达路径. 所得的经验误比特率曲线见图 19.10,理论误比特率参见式(19.12)和式(19.27),曲线中的每一个点由 1 000 次蒙特卡洛实验平均得到. 由于主达路径功率占总功率的 54.27%,仅用此路径上的 RAKE 接收机输出就可极大地改善误比特率性能. 注意到当采用 Multi-WeCAN 波形时,理论与经验误比特率曲线之间一致性很好,这是因为 Multi-WeCAN 波形在感兴趣时延区间内具有极低的相关旁瓣. 另一方面,在本例中,由于 Gold 序列在感兴趣时延区间内的相关旁瓣较高,所以它们的误比特率曲线偏离了理论值. 为了提高误比特率性能,在信道允许的情况下可以提高 P 值,或者采用一种复杂的信道编码方案,但是会降低数据率.

最后考虑通信方案的隐蔽性. 假设除了不掌握扩频波形$\{\boldsymbol{x}_i\}_{i=1}^2$,窃听方具有与合作接收机相同的关于通信细节的信息,如 $P=127$、主达路径的位置、报文结构和调制方式等. 窃听方试图通过产生一对扩频波形来检测发射信息,其码片具有独立随机产生的相位值. 图 19.11 给出了相应的误比特率性能,其中进行了 1 000 次独立的蒙特卡洛实验. 可以看到平均误比特率是 50%. 图中显示的错误下限或上限不是通过特定的实验产生的,而是指在 1 000次实验中的最小值和最大值. 从图 19.11 中可以看到,随机生成的扩频波形所获得的检测性能与随机猜测相当. 因此,Multi-WeCAN 波形具有期望的 LPI/LPD 特性. 另一方面,对于长度为 P 的 Gold 序列,窃听方可以通过穷尽所有长度为 P 的 m 序列优选对来获得 Gold 波形.

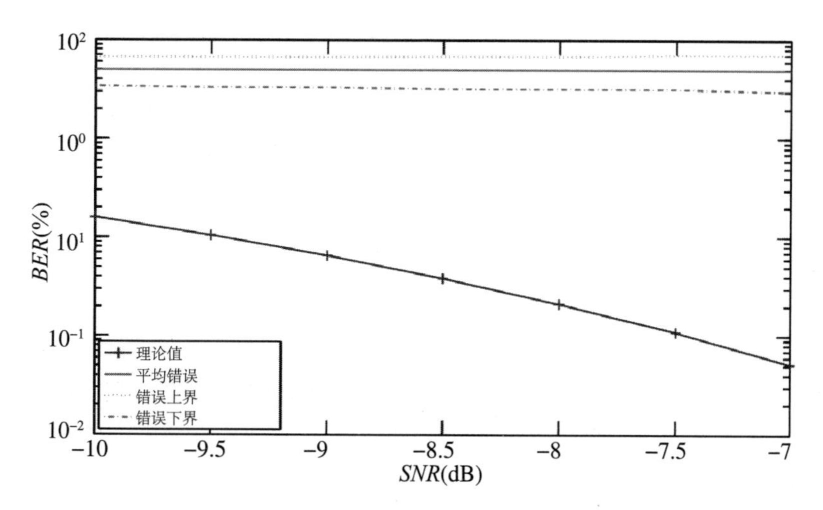

图 19.11　随机生成的恒模波形误比特率性能(平均误比特率为 50%,表明 Multi-WeCAN 波形具有期望的 LPI 或者 LPD 性能)

19.4.2　DPSK 调制

接下来考虑采用 DPSK 调制的情况. 首先研究 PeCAN 波形的周期自相关特性. $P=100$ 或 150 时两种不同的 PeCAN 波形的周期自相关水平如图 19.12 所示. 这两种 PeCAN 波形在非零时延处的相关旁瓣可以视为 0. 图 19.12 所示的旁瓣电平约为 −320 dB,即 10^{-16},这是 MATLAB 中的最小数值,因此可以认为是零.

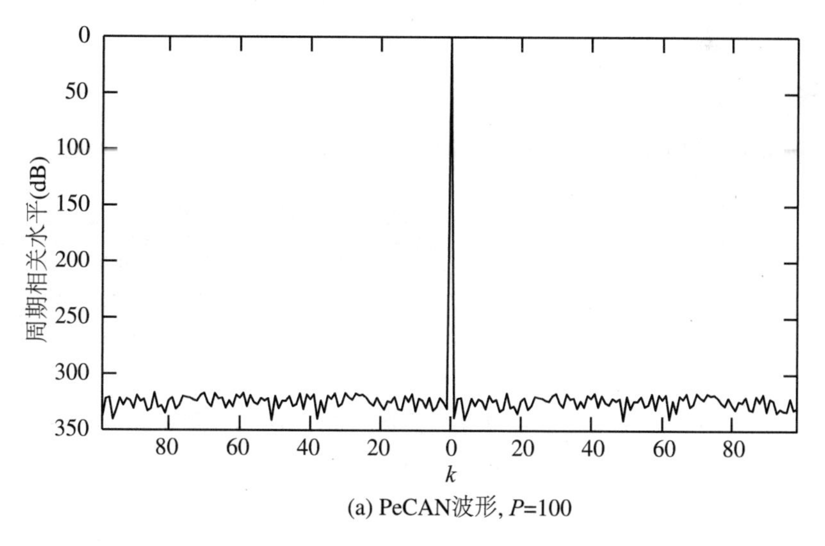

(a) PeCAN波形, P=100

图 19.12　PeCAN 波形的周期自相关水平

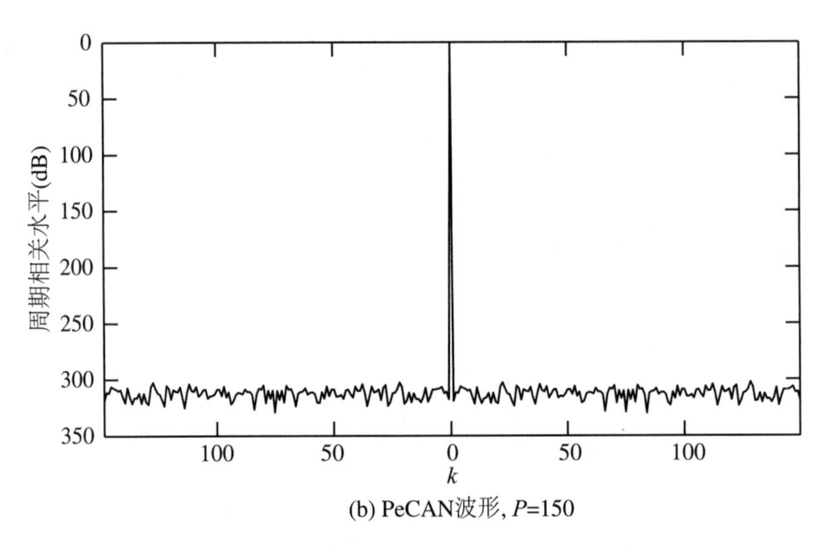

(b) PeCAN波形, P=150

图 19.12　PeCAN 波形的周期自相关水平(续)

接下来考虑主达路径的识别性能. 仍然使用图 19.6 所模拟的信道冲激响应. 将信噪比固定为−10 dB,通过将扩频波形 $\tilde{\boldsymbol{x}}$ 重复 5 次来构造探测序列,$\tilde{\boldsymbol{x}}$ 的码片长度等于 $P+49$. 图 19.13 所示的为从每一个 $\tilde{\boldsymbol{x}}$ 移除 49 个前缀码片后,10 次独立蒙特卡洛实验中,RAKE 接收机每一个指峰输出的样本均值范数. 在这两种情况下,都成功地确定了主达路径$h(2)$.

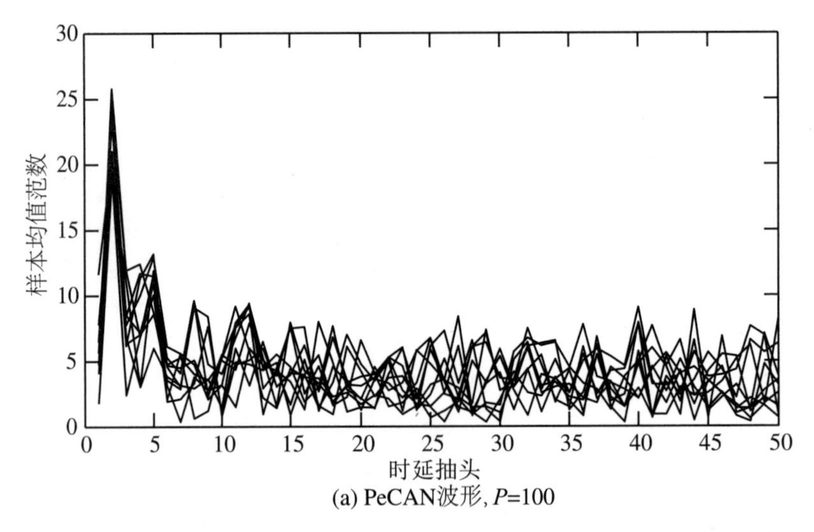

(a) PeCAN波形, P=100

图 19.13　当信噪比为−10 dB 时使用探测波形确定主达路径(显示了 10 次蒙特卡洛实验结果)

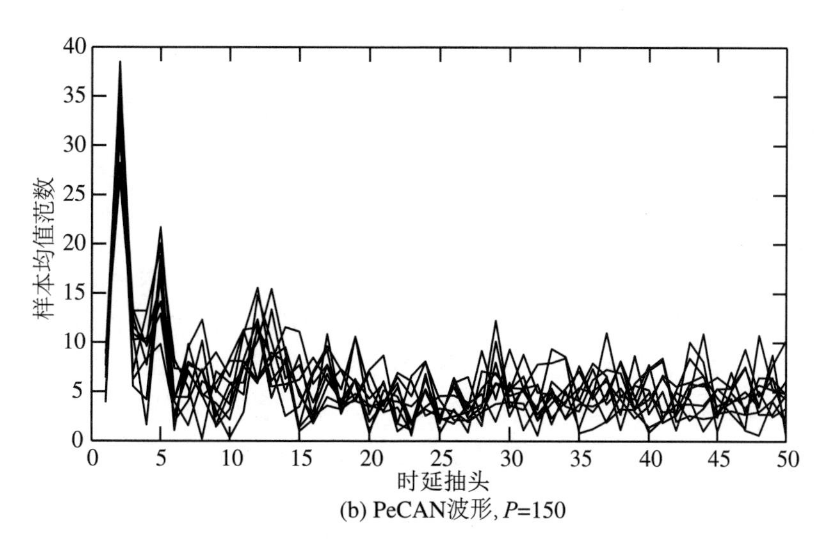

(b) PeCAN波形, P=150

图 19.13 当信噪比为−10 dB 时使用探测波形确定主达路径(显示了10次蒙特卡洛实验结果)(续)

原始信息序列包含 1 000 个二元符号$\{b_i\}_{i=1}^{1\,000}$，并且基于式(19.14)构造相应的编码符号$\{a_i\}_{i=1}^{1\,000}$. 然后，编码符号经相位调制再通过图 19.6 所示的频率选择性信道传输，其中信道抽头数为$R=50$. 这里再次考虑了两种接收方案：第一种方法使用传统的等增益合并方法，如图 19.2 所示，而另一个仅基于主达路径，假定已经在探测阶段成功识别了该路径，由此得到的经验误比特率性能及其理论值如图 19.14 所示. 图中的每个点都经过 2×10^6 次独立的蒙特卡洛实验平均. 可以看到，由于 PeCAN 波形的周期自相关副瓣几乎为零，误比特率经验曲线与理论值完全一致. 出于同样的原因，$P=100$ 的 Frank 序列的平均性能也与$P=100$的理论误比特率值相吻合，因此图中未显示出相应的曲线. 值得注意的是，不存在长度为 $P=150$ 的 Frank 序列，而且，一旦知道 P 也就猜到了 Frank 序列.

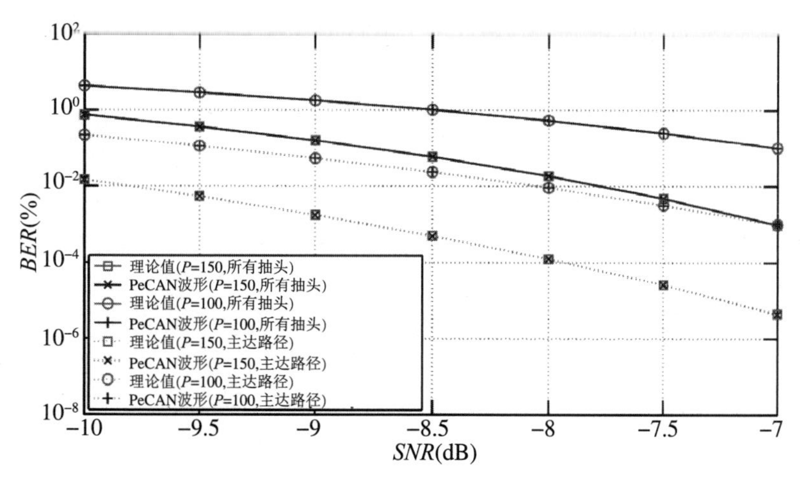

图 19.14 经验误比特率曲线及理论值(其中包含 $P=100$ 和 150 的两种不同的 PeCAN 波形，并考虑了两种接收方案：一种基于 RAKE 接收机所有的 $R=50$ 个指峰输出进行等增益合并，另一种是只使用主达路径. 每个点由 2×10^6 次独立的蒙特卡洛实验平均所得)

最后对通信方案的隐蔽性进行探讨. 假设除了未知扩频波形,窃听方与预期的接收者对通信细节的了解相同. 所得的误比特率性能如图 19.15 所示,其中的曲线是通过进行 1 000次独立蒙特卡洛实验获得的. 从图 19.11 观察到的结果同样适用于此处.

现在放宽假设条件,允许窃听方使用 PeCAN 算法来生成波形. 因此,仅有初始序列(见表 9.1 的步骤 0)是窃听方未知的信息. 再次进行 1 000 次独立的蒙特卡洛实验,每一次实验中随机产生初始序列,并利用所得的 PeCAN 扩频波形进行检测. 有趣的是,所得的误比特率结果与图 19.15 几乎相同. 由此可知,用不同初始随机序列得到的 PeCAN 波形几乎互不相关. 从 LPI/LPD 的视角来看,这正是所期望的特征. 注意到可以对 Multi-WeCAN 波形采用类似的分析,即先用独立的波形初始化算法,然后运行 Multi-WeCAN 算法生成窃听方波形. 然而,Multi-WeCAN 算法所需的实验时间过长.

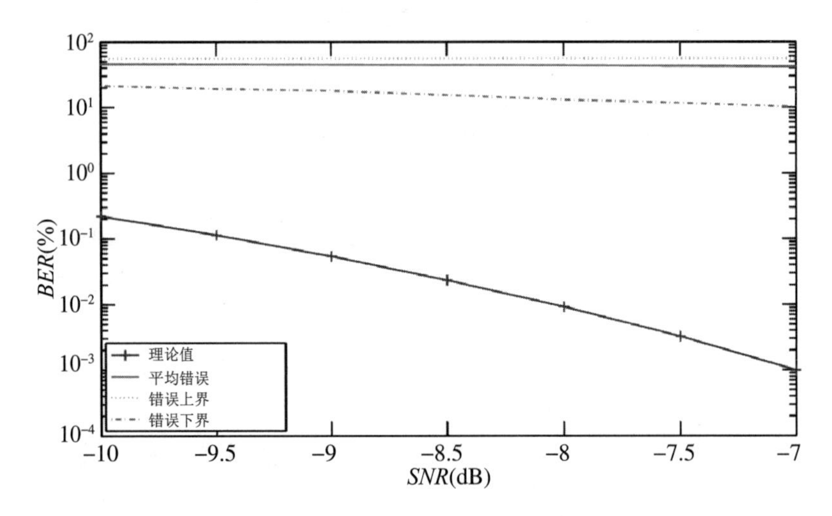

图 19.15　随机生成的恒模波形误比特率性能(平均误比特率为 50%,表明 PeCAN 波形具有期望的 LPI 或者 LPD 性能)

19.5　本章小结

本章研究了基于非相干体制的隐蔽水声通信(相对于第 18 章中讨论的相干体制). 对于二元正交调制方案,采用了 Multi-WeCAN 算法来综合两种扩频波形,使其具有良好自相关特性和互相关特性. 对于二元 DPSK 调制方案,通过使用循环前缀,PeCAN 序列可提高误比特率性能. 数值仿真表明了 Multi-WeCAN 波形和 PeCAN 波形在隐蔽通信中极其有用.

参 考 文 献

ABRAMOVICH Y I, FRAZER G J, 2008. Bounds on the volume and height distributions for the MIMO radar ambiguity function[J]. IEEE Signal Processing Letters, 15: 505-508.

ACKROYD M H, GHANI F, 1973. Optimum mismatched filters for sidelobe suppression[J]. IEEE Transactions on Aerospace and Electronic Systems, 9(2): 214-218.

BARKER R H, 1953. Group synchronizing of binary digital systems [C]// JACKSON W. Communication Theory. London: Butterworths.

BENEDETTO J J, KONSTANTINIDIS I, RANGASWAMY M, 2009. Phase-coded waveforms and their design: The role of the ambiguity function[J]. IEEE Signal Processing Magazine, 26(1): 22-31.

BLACKMON F, SOZER E M, STOJANOVIC M, et al, 2002. Performance comparison of RAKE and hypothesis feedback direct sequence spread spectrum techniques for underwater communication applications[C]// OCEANS'02 MTS/IEEE. Biloxi: 594-603.

BLISS D W, FORSYTHE K W, 2003. Multiple-input multiple-output (MIMO) radar and imaging: degrees of freedom and resolution[C]//37th Asilomar Conf on Signals, Systems and Computers. Pacific Grove: 54-59.

BLUNT S D, GERLACH K, 2006. Adaptive pulse compression via MMSE estimation[J]. IEEE Transactions on Aerospace and Electronic Systems, 42(2): 572-584.

BONAMI A, GARRIGOS G, JAMING P, 2007. Discrete radar ambiguity problems[J]. Applied and Computational Harmonic Analysis, 23: 388-414.

BORWEIN P, FERGUSON R, 2005. Polyphase sequences with low autocorrelation[J]. IEEE Transactions on Information Theory, 51(4): 1564-1567.

BOYD S, VANDENBERGHE L, 2004. Convex optimization[M]. Cambridge: Cambridge University Press.

BRENNAN D, 1959. Linear diversity combining techniques[J]. Proc. IRE (6): 1075-1102.

BRENNER A R, 1998. Polyphase barker sequences up to length 45 with small alphabets[J]. Electronics Letters, 34(16): 1576-1577.

CAPON J, 1969. High resolution frequency-wavenumber spectrum analysis[J]. Proceedings of the IEEE, 57: 1408-1418.

CARBONELLI C, VEDANTAM S, MITRA U, 2007. Sparse channel estimation with zero tap detection[J]. IEEE Transactions on Wireless Communications, 6(5): 1743-1753.

CARDONE G, CINCOTTI G, PAPPALARDO M, 2002. Design of wide-band arrays for low side-lobe level beam patterns by simulated annealing[J]. IEEE Transactions on Ultrasonics, Ferroelectrics and Frequency Control, 49(8).

CHEN C Y, VAIDYANATHAN P P, 2008. MIMO radar ambiguity properties and optimization using frequency-hopping waveforms[J]. IEEE Transactions on Signal Processing, 56(12): 5926-5936.

CHU D C, 1972. Polyphase codes with good periodic correlation properties (correspondence)[J]. IEEE Transactions on Information Theory, 18(4): 531-532.

COSTAS J P, 1984. A study of a class of detection waveforms having nearly ideal range-doppler ambiguity properties[J]. Proceedings of the IEEE, 72(8): 996-1009.

DELONG JR D F, HOFSTETTER E M, 1967. On the design of optimum radar waveforms for clutter rejection[J]. IEEE Transactions on Information Theory, 13(3): 454-463.

DELONG JR D F, HOFSTETTER E M, 1969. The design of clutter-resistant radar waveforms with limited dynamic range[J]. IEEE Transactions on Information Theory, 15(3): 376-385.

DENG H, 2004. Polyphase code design for orthogonal netted radar systems[J]. IEEE Transactions on Signal Processing, 52(11): 3126-3135.

DIAZ V, URENA J, MAZO M, et al, 1999. Using Golay complementary sequences for multi-mode ultrasonic operation [C]//IEEE 7th International Conf on Emerging Technologies and Factory Automation. UPC Barcelona.

DIEDERICH C J, HYNYNEN K, 1999. Ultrasound technology for hyperthermia [J]. Ultrasound in Medicine and Biology, 25(6): 871-887.

DOLPH C L, 1946. A current distribution for broadside arrays which optimizes the relationship between beam width and side-lobe level[J]. Proceedings of the IRE, 34(6): 335-348.

ELLIOTT R, 1975. Design of line source antennas for narrow beamwidth and asymmetric low sidelobes[J]. IEEE Transactions on Antennas and Propagation, 23(1): 100-107.

FALK M H, ISSELS R D, 2001. Hyperthermia in oncology[J]. International Journal of Hyperthermia, 17 (1): 1-18.

FAN P, DARNELL M, 1997. Construction and comparison of periodic digital sequence sets[J]. IEE Proceedings Communications, 144(6): 361-366.

FAN P, MOW W H, 2004. On optimal training sequence design for multiple-antenna systems over dispersive fading channels and its extensions (correspondence)[J]. IEEE Transactions on Vehicular Technology, 53(5): 1623-1626.

FAN P, SUEHIRO N, KUROYANAGI N, et al, 1999. Class of binary sequences with zero correlation zone [J]. IET Electronics Letters, 35(10): 777-779.

FENN A J, SATHIASEELAN V, KING G A, et al, 1996. Improved localization of energy deposition in adaptive phased-array hyperthermia treatment of cancer[J]. The Lincoln Laboratory Journal, 9(2): 187-195.

FIENUP J R, 1982. Phase retrieval algorithms: a comparison[J]. Applied Optics, 21(15): 2758-2769.

FISHLER E, HAIMOVICH A, BLUM R, et al, 2004. MIMO radar: an idea whose time has come[C]// IEEE Radar Conf. Philadelphia: 71-78.

FISHLER E, HAIMOVICH A, BLUM R, et al, 2004. Performance of MIMO radar systems: advantages of angular diversity[C]//38th Asilomar Conf on Signals, Systems and Computers. Pacific Grove : 305-309.

FISHLER E, HAIMOVICH A, BLUM R, et al, 2006. Spatial diversity in radars - models and detection performance[J]. IEEE Transactions on Signal Processing, 54(3): 823-838.

FLETCHER R, 1970. A new approach to variable metric algorithms[J]. The Computer Journal, 13(3): 317-322.

FORSYTHE K W, BLISS D W, 2005. Waveform correlation and optimization issues for MIMO radar[C]// 39th Asilomar Conf on Signals, Systems and Computers. Pacific Grove : 1306-1310.

FRAZER G, ABRAMOVICH Y JOHNSON B, 2007. Spatially waveform diverse radar: Perspectives for high frequency OTHR[C]//IEEE Radar Conf. Boston: 385-390.

FREEDMAN A, LEVANON, N, 1994. Properties of the periodic ambiguity function [J]. IEEE Transactions on Aerospace and Electronic Systems, 30(3): 938-941.

FREEDMAN A, LEVANON N, GABBAY S, 1995. Perfect periodic correlation sequences [J]. Signal Processing, 41(2): 165-174.

FRIEDLANDER, B, 2007. Waveform design for MIMO radars[J]. IEEE Transactions on Aerospace and Electronic Systems, 43(3): 1227-1238.

FRIESE M, ZOTTMANN H, 1994. Polyphase barker sequences up to length 31[J]. Electronics Letters, 30 (23): 1930-1931.

FUHRMANN D R, SAN ANTONIO G, 2004. Transmit beamforming for MIMO radar systems using partial signal correlation[C]//38th Asilomar Conf on Signals, Systems and Computers. Pacific Grove: 295-299.

FUHRMANN D R, SAN ANTONIO G, 2008. Transmit beamforming for MIMO radar systems using signal cross-correlation[J]. IEEE Transactions on Aerospace and Electronic Systems, 44(1): 1-16.

GERCHBERG R W, SAXTON W O, 1972. A practical algorithm for the determination of the phase from image and diffraction plane pictures[J]. Optik, 35: 237-246.

GETZ B, LEVANON N, 1995. Weight effects on the periodic ambiguity function[J]. IEEE Transactions on Aerospace and Electronic Systems, 31(1): 182-193.

GIANFELICE D, KHIAT A, AMARA M, et al, 2003. MR imaging-guided focused US ablation of breast cancer: histopathologic assessment of effectiveness-initial experience[J]. Radiology, 227: 849-855.

GLADKOVA I, CHEBANOV D, 2004. On the synthesis problem for a waveform having a nearly ideal ambiguity functions[C]//International Conf on Radar Systems. Toulouse.

GOLD R, 1967. Optimal binary sequences for spread spectrum multiplexing[J]. IEEE Transactions on Information Theory, IT, 13: 619-621.

GOLD R, 1968. Maximal recursive sequences with 3-valued recursive cross-correlation functions[J]. IEEE Transactions on Information Theory, 14(1): 154-156.

GOLUB G H, VAN LOAN C F, 1984. Matrix Computations[M]. Baltimore: Johns Hopkins University Press.

GUEY J C, BELL M R, 1998. Diversity waveform sets for delay doppler imaging[J]. IEEE Transactions on Information Theory, 44(4).

GUO B, LI J, 2008. Waveform diversity based ultrasound system for hyperthermia treatment of breast cancer[J]. IEEE Transactions on Biomedical Engineering, 55(2): 822-826.

GUO B, WANG Y, LI J, et al, 2006. Microwave imaging via adaptive beamforming methods for breast cancer detection[J]. Journal of Electromagnetic Waves and Applications, 20(1): 53-63.

HAN Y K, YANG K, 2009. New m-ary sequence families with low correlation and larger size[J]. IEEE Transactions on Information Theory, 55(4): 1815-1823.

HAYKIN S, 2006. Cognitive radar: a way of the future[J]. IEEE Signal Processing Magazine, 23(1): 30-40.

HEADRICK J M, SKOLNIK M I, 1974. Over-the-horizon radar in the HF band[J]. Proceedings of the IEEE, 62(6): 664-673.

HØHOLDT T, 2006. The merit factor problem for binary sequences[C]// FOSSORIER M, IMAI H, LIN S, et al. Applied algebra, algebraic algorithms and error-correcting codes. Heidelberg: Springer-Verlag, 3857: 51-59.

HUI H T, 2007. Decoupling methods for the mutual coupling effect in antenna arrays: a review[J]. Recent

Patents on Engineering,1(2):187-193.

HURSKY P,PORTER M B,SIDERIUS M,2006. Point-to-point underwater acoustic communications using spread-spectrum passive phase conjugation[J]. Journal of the Acoustical Society of America,120(1): 247-257.

ILTIS R A, FUXJAEGER A W, 1991. A digital DS spread-spectrum receiver with joint channel and Doppler shift estimation[J]. IEEE Transactions on Communications,39:1255-1267.

JAKOWATZ JR C V,WAHL D E,EICHEL P H,et al,1996. Spotlight-mode synthetic aperture Radar: A signal processing approach[M]. Norwell:Kluwer Academic Publishers.

JEDWAB J, 2005. A survey of the merit factor problem for binary sequences' sequences and their applications[M]// Helleseth T, Sarwate D, Song H Yet al. SETA 2004. Heidelberg: Springer-Verlag,3486: 30-55.

KASAMI T,1966. Weight distribution formula for some class of cyclic codes[R]. Champaign: University of Illinois.

KATSIBAS T K, ANTONOPOULOS C S, 2004. A general form of perfectly matched layers for three-dimensional problems of acoustic scattering in lossless and lossy fluid media[J]. IEEE Transactions on Ultrasonics, Ferroelectrics and Frequency Control,51(8):964-972.

KAY S,2007. Optimal signal design for detection of Gaussian point targets in stationary Gaussian clutter/reverberation[J]. IEEE Journal of Selected Topics in Signal Processing,1(1):31-41.

KHAN H A,ZHANG Y,JI C,et al,2006. Optimizing polyphase sequences for orthogonal netted radar[J]. IEEE Signal Processing Letters,13(10):589-592.

KILFOYLE D B,BAGGEROER A B,2000. The state of the art in underwater acoustic telemetry[J]. IEEE Journal of Oceanic Engineering,25, 4-27.

KREMKAU F W,1993. Diagnostic ultrasound: principles and instruments[M]. Philadelphia:[s. n.].

KRETSCHMER JR F F, GERLACH K, 1991. Low sidelobe radar waveforms derived from orthogonal matrices[J]. IEEE Transactions on Aerospace and Electronic Systems,27(1):92-102.

KRUGER R A,KOPECKY K K,AISEN A M,et al,1999. Thermoacoustic CT with radio waves: a medical imaging paradigm[J]. Radiology,211(1):275-278.

KUMAR P V,MORENO, O,1991. Prime-phase sequences with periodic correlation properties better than binary sequences[J]. IEEE Transactions on Information Theory,37(3):603-616.

LEBRET H, BOYD S, 1997. Antenna array pattern synthesis via convex optimization [J]. IEEE Transactions on Signal Processing,45(3):526-532.

LEVANON N,MOZESON, E,2004. Radar signals[M]. New York:Wiley.

LI J,STOICA P,1996. An adaptive filtering approach to spectral estimation and SAR imaging[J]. IEEE Transactions on Signal Processing,44(6):1469-1484.

LI J,STOICA P,2009. MIMO radar signal processing[M]. Hoboken:John Wiley & Sons, Inc.

LI J,STOICA P,XU L,et al,2007. On parameter identifiability of MIMO radar[J]. IEEE Signal Processing Letters,14(12):968-971.

LI J,STOICA P,ZHENG, X,2008. Signal synthesis and receiver design for MIMO radar imaging[J]. IEEE Transactions on Signal Processing,56(8):3959-3968.

LI J, XIE, Y, STOICA P, et al, 2007. Beampattern synthesis via a matrix approach for signal power estimation[J]. IEEE Transactions on Signal Processing,55(12):5643-5657.

LIN Z,1988. Wideband ambiguity function of broadband signals[J]. Acoustical Society of America,83(6): 2108-2116.

LINDENFELD M J,2004. Sparse frequency transmit and receive waveform design[J]. IEEE Transactions on Aerospace and Electronic Systems,40(3).

LING J, HE H, LI J, et al, 2010. Covert underwater acoustic communications: Transceiver structures, waveform designs and associated performances[C]//OCEANS Conf. Seattle:[s. n.].

LING J,TAN X, YARDIBI T, et al, 2009. Enhanced channel estimation and efficient symbol detection in MIMO underwater acoustic communications [C]//43th Asilomar Conf on Signals, Systems and Computers. Pacific Grove:[s. n.].

LING J,YARDIBI T,SU X,et al,2009. Enhanced channel estimation and symbol detection for high speed multi-input multi-output underwater acoustic communications[J]. Journal of the Acoustical Society of America,125(5):3067-3078.

LING J,ZHAO K,LI J,et al,2011. Multi-input multi-output underwater communications over sparse and frequency modulated acoustic channels[J]. Journal of the Acoustical Society of America,130(1): 249-262.

MAILLOUX R J,1982. Phased array theory and technology[J]. Proceedings of the IEEE,70(3):246-291.

MEANEY P M,FANNING M W,LI D,et al,2000. A clinical prototype for active microwave imaging of the breast[J]. IEEE Transactions on Microwave Theory and Techniques,48(11):1841-1853.

MOORE I C,CADA M,2004. Prolate spheroidal wave functions, an introduction to the slepian series and its properties[J]. Applied and Computational Harmonic Analysis,16(3):208-230.

OPPERMANN J, VUCETIC, B S, 1997. Complex spreading sequences with a wide range of correlation properties[J]. IEEE Transactions on Communications,45(3):365-375.

ORSI R, HELMKE, U, MOORE J B, 2004. A Newton-like method for solving rank constrained linear matrix inequalities[J]//43rd IEEE Conf on Decision and Control. Honolulu: 3138-3144.

PALMESE M, BERTOLOTTO G, PESCETTO A, et al, 2007. Spread spectrum modulation for acoustic communication in shallow water channel[C]//OCEANS'07 MTS/IEEE. Vancouver: 1-4.

PATTON L K, RIGLING, B D, 2008. Modulus constraints in adaptive radar waveform design[C]. IEEE Radar Conf. Rome.

PROAKIS J G,2001. Digital Communications[M]. 4 ed. New York:McGraw-Hill Inc.

PURSLEY M B, 1977. Performance evaluation for phase-coded spread-spectrum multiple access communication-part Ⅰ: System analysis[J]. IEEE Transactions on Communications(8):795-799.

RITCEY J A, GRIEP K R, 1995. Coded shift keyed spread spectrum for ocean acoustic telemetry[J]. OCEANS'95 MTS/IEEE. San Diego: 1386-1391.

ROBERTS, W,STOICA P, LI J, et al, 2010. Iterative adaptive approaches to MIMO radar imaging[J]. IEEE Journal of Selected Topics in Signal Processing (Special Issue on MIMO Radar and Its Applications),4(1):5-20.

ROBEY F C,COUTTS S,WEIKLE D D, et al, 2004. MIMO radar theory and experimental results[C]// 38th Asilomar Conf on Signals, Systems and Computers. Pacific Grove: 300-304.

RUMMLER W D,1967. A technique for improving the clutter performance of coherent pulse train signals [J]. IEEE Transactions on Aerospace and Electronic Systems,3(6):898-906.

SALZMAN J,AKAMINE D,LEFEVRE R,2001. Optimal waveforms and processing for sparse frequency UWB operation[C]//IEEE Radar Conf. Atlanta: 105-110.

SAN ANTONIO G,FUHRMANN D R,2005. Beampattern synthesis for wideband MIMO radar systems [C]//1st IEEE International Workshop on Computational Advances in Multi-Sensor Adaptive Processing. Puerto Vallarta: 105-108.

SARWATE D V,1979. Bounds on crosscorrelation and autocorrelation of sequences[J]. IEEE Transactions on Information Theory,IT-25(6):720-724.

SARWATE D V,1999. Meeting the Welch bound with equality[J]. SETA 1998. London: Springer:79-102.

SARWATE D V,PURSLEY M B,1980. Crosscorrelation properties of pseudorandom and related sequences [J]. Proceedings of the IEEE,68(5):593-619.

SCHOLNIK D R, COLEMAN J O, 2000. Formulating wideband array-pattern optimizations [C]// Proceeding of IEEE International Conf. on Phased Array Systems and Technology. [s. n.]:489-492.

SCHOTTEN H D,LÜKE H D,2005. On the search for low correlated binary sequences[J]. International Journal of Electronics and Communications,59(2):67-78.

SHARMA R,2010. Analysis of MIMO radar ambiguity functions and implications on clear region[C]// IEEE International Radar Conf. Washington DC:[s. n.] .

SIMON M,ALOUINI M,1998. A unified approach to the performance analysis of digital communication over generalized fading channels[J]. Proceedings of the IEEE,86(9):1860-1877.

SKOLNIK M I,2008. Radar handbook[M]. 3rd. New York:McGraw-Hill.

SMADI M A,PRABHU V K,2004. Analysis of partially coherent PSK system in wireless channels with equal-gain combining [J]. IEEE Canadian Conf Electrical Computer Engineering (CCECE' 04). Ontario: 99-102.

SOZER, E M,PROAKIS J G,STOJANOVIC M,et al,1999. Direct sequence spread spectrum based modem for under water acoustic communication and channel measurements[C]// OCEANS'99 MTS/IEEE. Seattle: 228-233.

SPAFFORD L J,1968. Optimum radar signal processing in clutter[J]. IEEE Transactions on Information Theory,14(5):734-743.

STEIN S,1981. Algorithms for ambiguity function processing[J]. IEEE Transactions on Acoustics, Speech and Signal Processing,29(3).

STIMSON G W,1998. Introduction to airborne radar[M]. Mendham:SciTech Publishing.

STOICA P,GANESAN G,2002. Maximum-SNR spatial-temporal formatting for MIMO channels[J]. IEEE Transactions on Signal Processing,50(12):3036-3042.

STOICA P,HE H,LI J,2009a. New algorithms for designing unimodular sequences with good correlation properties[J]. IEEE Transactions on Signal Processing,57(4):1415-1425.

STOICA P,HE H,LI J,2009b. On designing sequences with impulse-like periodic correlation[J]. IEEE Signal Processing Letters,16(8):703-706.

STOICA P,JAKOBSSON A,LI J,1998. Capon, APES and matched-filterbank spectral estimation[J]. Signal Processing,66(1):45-59.

STOICA P,LI H,LI J,1999. A new derivation of the APES filter[J]. IEEE Signal Processing Letter,6(8): 205-206.

STOICA P,LI J,XIE Y,2007. On probing signal design for MIMO radar[J]. IEEE Transactions on Signal Processing,55(8):4151-4161.

STOICA P,LI J,XUE M,2008. Transmit codes and receive filters for radar[J]. IEEE Signal Processing Magazine,25(6):94-109.

STOICA P,LI J,ZHU X,2008. Waveform synthesis for diversity-based transmit beampattern design[J]. IEEE Transactions on Signal Processing,56(6):2593-2598.

STOICA P,MOSES R L,2005. Spectral Analysis of Signals[M]. Upper Saddle River:Prentice-Hall.

STOJANOVIC M, CATIPOVIC J, PROAKIS J, 1994. Phase coherent digital communications for

underwater acoustic channels[J]. IEEE Journal of Oceanic Engineering,19(1):100-111.

STOJANOVIC M, FREITAG L, 2000. Hypothesis-feedback equalization for direct-sequence spread-spectrum underwater communications[C]// OCEANS'00 MTS/IEEE. Providence: 123-128.

STOJANOVIC M,FREITAG L,2004. MMSE acquisition of DSSS acoustic communications signals[C]// OCEANS'04 MTS/IEEE. Kobe: 14-19.

STOJANOVIC M,PROAKIS J G,RICE J A,et al,1998. Spread spectrum underwater acoustic telemetry [J]. OCEANS'98 MTS/IEEE : 650-654.

STURM J F,1999. Using SeDuMi 1. 02, a MATLAB toolbox for optimization over symmetric cones[J/OL]. Optimization Methods and Software Online,11-12:625-653. http: //www2. unimaas. nl/ sturm/software/sedumi. html.

STUTT C A,SPAFFORD L J,1968. A 'best' mismatched filter response for radar clutter discrimination [J]. IEEE Transactions on Information Theory,14(2):280-287.

SUEHIRO N,1994. A signal design without co-channel interference for approximately synchronized CDMA systems[J]. IEEE Journal on Selected Areas in Communications,12(5):837-841.

SUSSMAN S, 1962. Least-square synthesis of radar ambiguity functions[J]. IEEE Transactions on Information Theory,8(3):246-254.

SVANTESSON T,1999. Modeling and estimation of mutual coupling in a uniform linear array of dipoles [C]//1999 IEEE International Conf on Acoustics, Speech, and Signal Processing. Phoenix:[s. n.].

SZABO T,2004. Diagnostic ultrasound imaging: inside out[M]. Burlington:Elsevier Academic Press.

TANG X H,FAN P Z,MATSUFUJI S,2000. Lower bounds on correlation of spreading sequence set with low or zero correlation zone[J]. IEEE Electronic Letters,36(6):551-552.

TANG X,MOW W H,2008. A new systematic construction of zero correlation zone sequences based on interleaved perfect sequences[J]. IEEE Transactions on Information Theory,54(12):5729-5734.

TORII H,NAKAMURA M,SUEHIRO N,2004. A new class of zero-correlation zone sequences[J]. IEEE Transactions on Information Theory,50(3):559-565.

TREFETHEN L N,BAU D,1997. Numerical Linear Algebra[M]. Philadelphia: Society for Industrial and Applied Mathematics.

TROPP J A,DHILLON I S,HEATH R W,et al,2005. Designing structured tight frames via an alternating projection method[J]. IEEE Transactions on Information Theory,51(1):188-209.

TSE D, VISWANATH P, 2005. Fundamentals of wireless communication[M]. New York: Cambridge University Press.

TSIMENIDIS C C, HINTON O R, ADAMS A E, et al, 2001. Underwater acoustic receiver employing direct-sequence spread spectrum and spatial diversity combining for shallowwater multi-access networking[J]. IEEE Journal of Oceanic Engineering,26:594-603.

TURIN G L,1960. An introduction to matched filters[J]. IRE Transactions on Information Theory,6: 311-329.

VAN TREES H L, 2002. Optimum Array Processing: Detection, Estimation, and Modulation Theory [M]. New York:John Wiley & Sons.

VERNON C C, HAND J W, FIELD S B, et al, 1996. Radiotherapy with or without hyperthermia in the treatment of superficial localized breast cancer: results from five randomized controlled trials[J]. International Journal of Radiation Oncology Biology Physics,35(4):731-744.

WANG G, LU Y, 2011. Designing single/multiple sparse frequency transmit waveforms with sidelobe constraint[J]. IET Radar Sonar and Navigation,5(1):32-38.

WANG J, MOENECLAEY M, 1992. DS-SSMA star network over indoor radio multipath Rician fading channels[J]. Military Communications Conf. ,3:841-845.

WARD D B, KENNEDY R A, Williamson R C, 1996. FIR filter design for frequency invariant beamformers [J]. IEEE Signal Processing Letters, 3(3):69-71.

WEISS A J, PICARD J, 2008. Maximum-likelihood position estimation of network nodes using range measurements[J]. IET Signal Processing, 2(4):394-404.

WELCH L R, 1974. Lower bounds on the maximum correlation of signals[J]. IEEE Transactions on Information Theory, IT, 20(3):397-399.

WOLF J D, LEE G M, SUYO C E, 1968. Radar waveform synthesis by mean-square optimization techniques [J]. IEEE Transactions on Aerospace and Electronic Systems, 5(4):611-619.

WOODWARD P M, 1957. Probability and information theory with applications to radar[M]. New York: Pergamon.

XU L, LI J, STOICA P, 2006. Radar imaging via adaptive MIMO techniques[C]//14th European Signal Processing Conf. Florence, [s. n.] .

XU L, LI J, STOICA P, 2008. Target detection and parameter estimation for MIMO radar systems[J]. IEEE Transactions on Aerospace and Electronic Systems, 44(3):927-939.

YANG T C, YANG W B, 2008. Performance analysis of direct-sequence spread-spectrum underwater acoustic communications with low signal-to-noise-ratio input signals[J]. Journal of the Acoustical Society of America, 123(2):842-855.

YANG Y, BLUM R S, 2007a. MIMO radar waveform design based on mutual information and minimum mean-square error estimation[J]. IEEE Transactions on Aerospace and Electronic Systems, 43(1):330-343.

YANG Y, BLUM R S, 2007b. Minimax robust MIMO radar waveform design[J]. IEEE Journal of Selected Topics in Signal Processing, 1(1):147-155.

YARDIBI T, LI J, STOICA P, et al, 2010. Source localization and sensing: A nonparametric iterative adaptive approach based on weighted least squares[J]. IEEE Transactions on Aerospace and Electronic Systems, 46(1):425-443.

YUAN X, BORUP D, WISKIN J, et al, 1999. Simulation of acoustic wave propagation in dispersive media with relaxation losses by using FDTD method with PML absorbing boundary condition[J]. IEEE Transactions on Ultrasonics, Ferroelectrics, and Frequency Control, 46(1):14-23.

ZENG X, LI J, MCGOUGH R, 2010. A waveform diversity method for optimizing 3-D power depositions generated by ultrasound phased arrays[J]. IEEE Transactions on Biomedical Engineering, 57(1): 41-47.

ZHANG N, GOLOMB S W, 1993. Polyphase sequence with low autocorrelations[J]. IEEE Transactions on Information Theory, 39(3):1085-1089.

ZORASTER S, 1980. Minimum peak range sidelobe filters for binary phase-coded waveforms[J]. IEEE Transactions on Aerospace and Electronic Systems, 16(1):112-115.